JN105978

岐路に立つ
原子力を考える

吉川 榮和 監修

五福 明夫 編著

大学教育出版

まえがき

　東京電力（株）福島第一原子力発電所事故（福島事故）から 10 年。原子力発電は福島事故を契機に凋落し、再稼働は進まず、廃炉が増えて、放射性廃棄物の処理・処分問題が急を告げている。一方、高速炉を含めた核燃料サイクル技術の開発政策も矛盾を抱える。原子力にどのような立場をとるにしても原子力をどうするか、ますます避けて通れない問題になってきた。この原子力を巡る問題を複雑にした元凶に「安全神話」がある。

　原子力「安全神話」は、福島事故をもたらした原子力村を支配する集団思考の産物である。それは何に由来するのか、どんな機能を果たしたのか？　その功罪（もとは原子力推進にとって必要なものとして生みだされたが、今となってはその後者の罪がひときわ目立つものである）を考察し、現在の原子力の置かれた状況を総合的に俯瞰することなしには、どのような立場からも、これからの原子力のあるべき道を考え、判断することはできない。

　執筆者たちは、2020 年、新型コロナウイルス蔓延の中、執筆を進め、福島事故 10 年を期に本書を発刊した。本書で筆者らが執筆のために参考にしたデータは 2020 年 11 月末までである。事故を起こした原発と被災地の状況はその後も大幅に改善されたとは言える状況ではなさそうであり、事故の後始末がついたといえるようになるには少なくとも 100 年は要するともいわれる。そのことを含め、今や岐路にある原子力をどうするのか、広く社会的な議論に本書が参考になれば幸いである。

令和 3 年 3 月　京都にて　　　　　　　　　　　　　　　　監修者　吉川　榮和

岐路に立つ原子力を考える

目　次

第7章　福島事故のもたらした原子力の将来像変化　　（吉川榮和）

序　章

　福島事故と筆者(吉川)、それは2007年9月、共同研究者の社会心理学者である杉万俊夫先生と全国原発行脚で、東京電力（株）福島第一原子力発電所を訪問した時に始まる。そのとき現場で感じた危惧から、こんな低いところに非常用デイーゼル発電機を置いたら津波で水が入ってきたら大変な事態になる。防潮堤の高さはどうなっていますか？と聞いたら5.6mですとの答えでそれで大丈夫かなと心配した（当時私たちは原子力組織の安全文化醸成に関する研究プロジェクトで全国各地の原発サイトを訪問調査していた）。

　2011年3月の福島事故の後しばらくして杉万先生に出会った時に、「スウェーデンの大学に行く予定があり、そこで福島事故の講演を依頼されているが先生に予備知識を聞きたいのだが、あれはどうして起こったのですか？　防ぐことはできなかったのですか？」と聞かれた。そこで当時マスコミが喧伝していた、原子力推進派が事故前から日本の原発は技術が高いのでシビアアクシデント対策をする必要なし、という安全神話を業界に浸透させ、異論を封じていたこと、そういう原子力村という村社会の実態が非難されていることを説明したら、「えっそう、信じられない。それはホントの村社会でない、その原子力村の住人のあなたも同罪で言い訳は効かないですよ」と言われてがっくり、言葉を失った。

　社会心理学の杉万先生は、集団力学と命名して、集団の活動を支える無意識の規範（倫理）のあり方の現場研究を進めておられた。杉万先生によれば、集団力学（グループダイナミックスともいう）とは組織やコミュニティなどのグループ（集団）の中に研究者が飛び込み、現場の当事者とともに現場を改善・改革していく実践的学問である（杉万俊夫(2013)）。

　福島事故から約10年。この間様々な経過を経て、原子力を取り巻く状況は、筆者が1967年原子力の研究を始めた大学院学生の頃から2006年に京大を退職した頃までの40年間とはすっかり変貌した。原子力は今まさに岐路に立っている。本書では、杉万先生から見れば原子力村の住人だった筆者が、福島事故に至る原子力村凋落の遠因であった安全神話の由来をたどり、杉万先生のいう職能集団の不文律である無意識の規範（倫理）のあり方を考え、また福島事故の蹉跌のあと、原子力の置かれた状況、原子力界がなさねばならない責務を果たすうえでの高いハードル、社会の信頼を回復する道を考えてきた。

　しかし、事態は原子力が国民の信頼を回復して、原子力界が福島事故後の原子力政策をたてなおし、再び昔のように国策民営で軽水炉原発による原子力発電の推進と高速炉および核燃料サイクル技術を完成して、我が国のエネルギー自給と地球温暖化防止に貢献していくという方向に回帰するのは、なかなか考えられない状況に至っている。東日本大震災のもたらした未曽有の大津波は、日本のエネルギー政策の根幹を揺るがす天災であった。福島事

故というメルトダウン事故から 10 年をへても日本の原子力発電は容易に回復できない状況にあり、このままでは自然と脱原発になっていくようにもみえ、日本の 10 年後および 30 年後のエネルギー需給を定めるエネルギー基本計画の実現性が既に疑問視されている。

　福島事故から約 10 年。この間原発問題の報道や出版が巷にあふれ、そこでは原子力界の問題として原子力村による安全神話の流布をあげている。それは原子力村独特の体質とそこに流布された原子力安全神話によって福島事故が起こったという論調が大勢である。福島事故を契機に原子力は社会の信頼を失い、問題山積して今や日本の原子力は将来の岐路にある。

　集団力学の実践的研究者、杉万先生はいう。「職能集団（ギルド）にはその職能集団を破たんさせるようなことはしてはならないという不文律が共有されているものだ」と。安全神話についての独善的な暗黙の了解とは、「日本の原子力技術は世界一信頼性が高く、米国やソ連のような苛酷事故（シビアアクシデント）を絶対起こさないからその対策は不要である」という信念である。これに一寸でも疑義を挟むものは村から排除されるのである。原子力村にはそれを起こしたら業界の存立を危うくする苛酷事故（シビアアクシデント）への対策はしなくてよい、またその不備を言ってはならない、という不文律がまかり通っていた。なるほどこれは筆者にも驚きだ。だから杉万先生は、それを聞いて「信じられない」と言ったのである。

　福島事故の結果、原子力事業は各方面で行き詰まり、全体に八方ふさがりの状況になってきている。事故前は、５４基の原発によって電力供給の約３０％を担っていたが今では９基の原発再稼働で６％に低下、そのため日本のエネルギー状況は３つのE(エネルギー自給率、経済指標、地球温暖化防止への国際貢献)すべてが悪化している。これは福島事故後の日本全体が被っているアポリアを示すものである。いったい誰がこのような事態をもたらしたのか、誰の責任なのか？　福島事故の後始末（賠償、復興、廃炉）は誰が負担するのか？　本書ではこれらを把握し、福島事故が顕在化させた原子力のアポリア群を示して、脱原発への岐路にある原子力界がその現実を直視して、原子力に残された社会に貢献すべき将来の道を提起する。

　以下、第 1 章から第 6 章では、我が国の原子力開発に福島事故がもたらした影響を述べ、第 7 章以降において脱原発への岐路にある原子力において、なにが問題でどうしたらよいのかを論じる。

参考文献

杉万俊夫（2013）『グループ・ダイナミックス入門　組織と地域を変える実践学』　世界思想社、2013 年 4 月 20 日.

第 1 章 日本の原子力揺籃期から福島事故まで

1.1 日本の原子力開発の黎明期

1.1.1 原子核物理学の揺籃期から戦後原子力研究の開始まで

1901 年, レントゲンが第 1 回ノーベル物理学賞を受賞した X 線の発見をきっかけに,「原子核物理学」という新しい研究分野が 20 世紀初頭から始まった。その後、キュリー夫人によるアルファ線を放出するラジウムの発見やチャドウイックの中性子の発見、ラザフォードの散乱模型、ボーアの原子模型、アインシュタインの相対性理論など、20 世紀前半この分野の研究の発展は目覚ましかった。日本でも長岡半太郎の原子模型など戦前から原子核物理学の研究は始まっており、理研の仁科芳雄、東大の嵯峨根遼吉、京大の湯川秀樹、荒勝文策、阪大の菊池正士などが基礎研究に鋭意取り組んでいた。

1938 年オットーハーンとリーゼマイトナーによるウラニウムの核分裂反応発見の報は、原子核物理学における学術的に画期的な発見だっただけでなく、ドイツ・ナチス政権によるユダヤ人排斥政策を背景に、風雲急を告げる世界情勢にも重要な意味を持っていた。当時の世界は 1939 年 9 月欧州大戦開始、1941 年 6 月独ソ戦勃発、同年 12 月太平洋戦争開戦で米国参戦と第二次世界大戦に拡大していくが、1939 年欧州から米国に亡命したユダヤ系核物理学者たちが、ナチスドイツが先に原子爆弾を完成すると世界中がファシズムに支配される、米国が先に原爆を開発すべし、とルーズベルト大統領に進言した。1939 年 8 月 2 日付アインシュタイン署名の手紙を図 1-1 に示す。これが契機になって米国の原子核物理研究者たちを組織化していわゆるマンハッタン計画という秘密名で原爆開発プロジェクトが 1941 年 9 月から開始された。これが 1945 年 8 月 6 日広島（濃縮ウラン型爆弾通称リトル

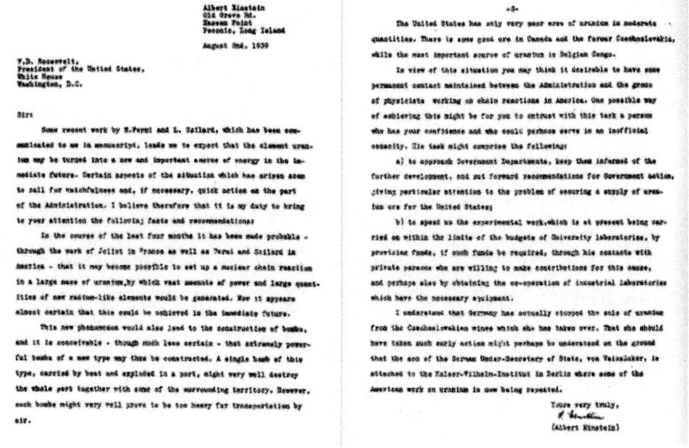

Albert Einstein
Old Grove Rd.
Nassau Point
Peconic, Long Island

August 2nd, 1939

F.D. Roosevelt,
President of the United States,
White House
Washington, D.C.

Sir:

Some recent work by E.Fermi and L. Szilard, which has been communicated to me in manuscript, leads me to expect that the element uranium may be turned into a new and important source of energy in the immediate future. Certain aspects of the situation which has arisen seem to call for watchfulness and, if necessary, quick action on the part of the Administration. I believe therefore that it is my duty to bring to your attention the following facts and recommendations:

In the course of the last four months it has been made probable - through the work of Joliot in France as well as Fermi and Szilard in America - that it may become possible to set up a nuclear chain reaction in a large mass of uranium,by which vast amounts of power and large quantities of new radium-like elements would be generated. Now it appears almost certain that this could be achieved in the immediate future.

This new phenomenon would also lead to the construction of bombs, and it is conceivable - though much less certain - that extremely powerful bombs of a new type may thus be constructed. A single bomb of this type, carried by boat and exploded in a port, might very well destroy the whole port together with some of the surrounding territory. However, such bombs might very well prove to be too heavy for transportation by air.

-2-

The United States has only very poor ores of uranium in moderate quantities. There is some good ore in Canada and the former Czechoslovakia, while the most important source of uranium is Belgian Congo.

In view of this situation you may think it desirable to have some permanent contact maintained between the Administration and the group of physicists working on chain reactions in America. One possible way of achieving this might be for you to entrust with this task a person who has your confidence and who could perhaps serve in an inofficial capacity. His task might comprise the following:

a) to approach Government Departments, keep them informed of the further development, and put forward recommendations for Government action, giving particular attention to the problem of securing a supply of uranium ore for the United States;

b) to speed up the experimental work,which is at present being carried on within the limits of the budgets of University laboratories, by providing funds, if such funds be required, through his contacts with private persons who are willing to make contributions for this cause, and perhaps also by obtaining the co-operation of industrial laboratories which have the necessary equipment.

I understand that Germany has actually stopped the sale of uranium from the Czechoslovakian mines which she has taken over. That she should have taken such early action might perhaps be understood on the ground that the son of the German Under-Secretary of State, von Weizsäcker, is attached to the Kaiser-Wilhelm-Institut in Berlin where some of the American work on uranium is now being repeated.

Yours very truly,
(Albert Einstein)

図 1-1　アインシュタインから米国ルーズベルト大統領にあてた 1939 年 8 月 2 日付手紙

ボーイ)、8 月 9 日長崎(プルトニウム型爆弾通称ファットマン)の投下、8 月 15 日の日本無条件降伏に繋がる。

　この間の日本の原子核物理学研究の状況は、2015 年京都大学学術出版会からの政池明氏の著書（政池明 (2018)）により明るみにされている。同書によると、1939 年欧州大戦勃発以来原子核物理の新しい研究成果の公表が抑制され、海外情報のない中で理研、京大、阪大、東大では高電圧加速器やサイクロトロンを自作して基礎実験研究を進めていた。京大理学部学生の花谷氏はウラン核分裂による中性子発生数のデータで 1940 年当時の世界では最も確かな値を出していたと戦後米国の調査団から評価された。

　こういった基礎実験研究の状況以上に、同書では①これら大学等原子核物理研究者の戦時下の軍部要請による原爆開発研究、②原爆投下後の被爆地への調査団の派遣と宿舎への山津波による遭難、③終戦直後原子核物理研究を行っていた大学等への米国派遣団による訪問調査と米軍による研究施設破壊や文書押収、④その後の占領軍による大学等での原子核物理研究の禁止、監視や発表禁止の実状を、米国国立文書館に保管されていた押収文書や日本側関係者の手記等の調査で明らかにされている。米国調査団は、①日本の理研および京大等大学の原子核物理研究のレベルは米国での 1940 年レベルにとどまっている、②陸海軍からの理研および京大等への原爆開発の委託研究ではウランの収集、分離等で原爆を製造できる段階ではなかった、と実情を評価。原爆に繋がらない基礎研究は禁止すべきでないと本国政府に提言したが、連合国占領軍としては日本人の原爆製造による米国への報復の芽を摘むため、研究施設の破壊、文書押収、原子力研究の禁止をすることとし、1952(昭和 26)年までの占領期間中は検閲により原子核基礎研究を監視するばかりでなく、原爆の被害状況等の公表も禁止したとしている。

　以上が、終戦後敗戦国の日本で、原子力研究が航空機の開発研究同様に占領軍によって禁止された事情であるが、国民一般には敗戦後間もなく 1949 年（昭和 24 年）、湯川秀樹博士の日本人初のノーベル物理学賞受賞は、アメリカの科学技術に負けたと敗戦に意気消沈していた日本国民に科学への希望をあたえた。1951 年（昭和 26 年）9 月 8 日にサンフランシスコ平和条約が全権委員によって署名され、同日、日本国とアメリカ合衆国との間の安全保障条約も署名され、翌年の 1952 年（昭和 27 年）4 月 28 日に発効した。

　1953（昭和 28）年 12 月、国連での米国大統領アイゼンハワーによるアトムズフォーピース演説を契機に日本での原子力平和利用研究の機運が生じ、1954 年 3 月国会予算審議に改進党議員・中曽根康弘氏の提案により「原子炉建造のための調査費 2 億 3500 万円」が可決された。そして 1955 年 11 月日米原子力協定に署名している。

　1956 年平和共存の機運の中で日ソ共同宣言が成立したことを受けて日本の国際連合加盟が実現、1956（昭和 31）年 12 月 18 日、日本は国際連合の 80 カ国目の加盟国となった。その後、ジュネーブ核軍縮会議には 1969 年に加盟している。ジュネーブ核軍縮会議は 1960 年 米英仏ソ共同コミュニケにより、本会議の起源となる 10 か国軍縮委員会がジュネーブに設置された。1962 年 には 18 か国軍縮委員会に拡大。1969 年 ジュネーブ軍縮委員会会議に

　日本が加盟。1978 年第 1 回国際連合軍縮特別総会が開催され、その決議に基づき、1979 年 ジュネーブ軍縮委員会が設置、1984 年 ジュネーブ軍縮会議となる。ジュネーブ軍縮会議およびその前身組織では、部分的核実験禁止条約（1963 年）、核拡散防止条約（1968 年）、海底における核兵器等設置禁止条約（1971 年）、生物兵器禁止条約（1972 年）、環境破壊兵器禁止条約（1977 年）、化学兵器禁止条約（1992 年）、と数多くの条約が締結されてきた。

　その頃に第五福竜丸事件があった。1954 年 3 月 1 日、ビキニ環礁でアメリカ軍の水素爆弾実験により発生した多量の放射性降下物（死の灰）を浴びた遠洋マグロ漁船の久保山愛吉無線長が約半年後の 9 月 23 日に死亡した。国内ではこれを端緒に原水爆禁止運動が勃発し盛んになった。

　しかし日本人は原爆と平和利用とは別物と割り切って、原子力の平和利用に国民の夢が一気に広がった。手塚治虫の鉄腕アトムが象徴する楽観的な原子力の時代の始まりだった。この間原子力研究のあり方は、我が国の学術界の大きな問題として論議され、日本学術会議では原子核の学術的研究は大いに行うべきであるが、原子力の研究は核兵器の製造に繋がる危険性があるから慎重にすべしとの意見が大勢を占めていた。そして 1954（昭和 29）年原子力平和利用への国連の動向や国会での原子力予算の通過を受けて我が国の原子力の研究、開発および利用の方向について第 3 期日本学術会議総会での激論の末に、2 つの決議を行った。1 つ目はビキニ事件に言及して原爆実験禁止について世界各国の科学者の協力を求めるものであり、その 2 つ目は平和利用の原子力の研究について公開、民主、自主の 3 つの原則の実行を求めるもので、この 3 原則は原子力基本法に取り入れられた。

　我が国は原子力の平和利用に限定して民主、自主、公開の 3 原則にのっとり原子力の研究開発を行うこととする原子力基本法が 1955 年 12 月に成立した。国の原子力政策を計画的に行うことを目的として 1956 年 1 月 1 日に総理府の附属機関（のち審議会等）として原子力委員会が設置され、大臣庁として科学技術庁が発足。委員長には国務大臣（科学技術庁長官）が充てられ、初代の原子力委員長には読売新聞社主の正力松太郎氏が就任した。日本原子力研究所法に基づき、1956（昭和 31）年 6 月に特殊法人として日本原子力研究所が茨城県東海村に設立された。産業界では 1956 年日本原子力産業会議が設立され、たちまち約 350 社が加入。大学では京大の原子核工学科設立（1957（昭和 32）年 4 月に大学院工学研究科原子核工学専攻が設置されたことにより、原子核工学教室が発足し、1958（昭和 33）年 4 月には工学部原子核工学科も設置された）を嚆矢に全国の国立大学、私立大学で原子力工学科の新設が相次ぎ、関西地区に大学共同利用の実験炉建設を求める運動が始まった（京大では当初宇治キャンパスに実験炉を建設する計画で京大工学研究所に学内準備組織が作られたが、立地について 2 転し、大阪府熊取町に京大原子炉実験所が 1963（昭和 38）年に設立された）。

　原子力委員会は 1956 年から概ね 5 年ごとに原子力開発利用長期計画を策定している。これに基づき研究開発から立地対策まで幅広く政府が関与するようになった。政府によって当時設立の原子力関係の主な事業体を表 1-1 にまとめる。

表 1-1　政府の主な原子力研究開発関連機関

名称	設立年	主な事業	現在
日本原子力研究所	1956 年	原子炉の総合研究や、最先端の核融合炉の研究に加え、医療や農業への放射線応用、それらの基礎研究など	2005 年日本原子力研究開発機構
原子燃料公社	1956 年	核原料物質の探鉱や核燃料の生産加工	1967 年動力炉・核燃料開発事業団に吸収
放射線医学総合研究所	1957 年	放射線の生体影響と放射線障害の診断・治療、社会的対策、放射線や同位元素を用いた疾病の治療と診断などの研究	2019 年量子科学技術研究開発機構
日本原子力船開発事業団	1963 年	原子力船むつの開発	1985 年日本原子力研究所に統合
動力炉・核燃料開発事業団	1967 年	高速増殖炉および新型転換炉の開発　核燃料生産加工、ウラン濃縮、再処理、廃棄物処分	2005 年日本原子力研究開発機構

1.1.2 核燃料サイクルの概要

　ここで我が国の原子力研究開発の当初から、原子力によるエネルギー利用の面で原子炉による原子力発電技術と、天然ウラン資源の有効利用のための究極の目標とされた核燃料サイクル技術の開発について若干の基礎知識をここで解説しておく。

　石油、石炭、天然ガスのような化石燃料と異なって原子炉中でのウラン燃料は 100%燃焼させることができない。原子力発電所で使用された核燃料（使用済み燃料）は、再利用しないで廃棄するワンススルー方式と、使用済み燃料を再処理して未分裂の U^{235}、プルトニウム、劣化ウランを分離し、通常の軽水炉や軽水炉の転換比を高めた新型転換炉、さらには高速増殖炉に核燃料として再利用するリサイクル方式とがある。プルサーマルはリサイクル方式の一つで、軽水炉の使用済み燃料を再処理し、取り出したプルトニウムを微濃縮ウランと混合させた核燃料（MOX 燃料）として、軽水炉の炉心全体の約 1/3 以下に入れて利用するものである。プルサーマルは天然ウラン中に 0.7%しかない U^{235} を軽水炉で 1 回だけ利用するワンススルー方式に比べて 2〜3 倍天然ウラン資源を有効利用できる。

　一方、高速増殖炉が核燃料サイクルに導入されると、軽水炉の使用済み燃料の再処理で回収した Pu^{239} をプルトニウム富化度の高い核燃料として全炉心に入れて利用するので、少なくとも 60〜70 倍の天然ウラン資源の利用が可能となり、原子力の経済性向上とエネルギー資源の確保の双方に貢献できる。

　そのため我が国の原子力開発では、軽水炉型原子力発電所の微濃縮燃料製造のためのウラン濃縮、軽水炉での使用済み燃料の再処理、そして高速増殖炉の開発を中心に核燃料サイクル技術の開発が進められてきた。図 1-2 にその核燃料サイクルの全体像を図示する。ウラン鉱山で採掘された鉱石を製錬工場でイエローケーキと呼んでいる酸化物 U_3O_8 の粉末にしてこれを転換工場でフッ化物 UF_6 にする。濃縮工場ではこれを 60℃以上の気体にして U^{235} の比率を高め（ウラン濃縮）、ついで再転換工場で濃縮した二酸化ウラン UO_2 にする。燃料成型加工工場では二酸化ウランの燃料ペレット（直径（BWR では 10mm、PWR では

8mm）、高さ 1cm の円柱状焼結体）を作り（MOX 燃料の場合は二酸化ウランに二酸化プルトニウムを混合した燃料ペレットを作る）、内径 1cm 程度、外径 1.2cm 程度、長さ 4m 程度の細長い筒状のジルコニウム被覆管に燃料ペレットを多数入れ、上にスプリングを入れて上下端部に端栓を嵌める。これが 1 本の燃料棒であり、多数の燃料棒を支持格子で束ねて取り扱いやすくした燃料集合体を製造する。燃料集合体の構成は BWR と PWR とで異なる。ここまでの流れをアップストリームないしフロントエンドという。

　一方、原子力発電所から出た使用済み燃料の後処理過程をダウンストリームないしバックエンドという。この図 1-2 では最近の原子力のバックエンドの多様な可能性を反映している。高レベル放射性廃棄物には、再処理工場で使用済み燃料を処理後に回収されるウラン、プルトニウムの後に残された高レベル放射性廃棄物を封じこめたガラス固化体以外に、中間貯蔵施設で一定期間冷却後の使用済み燃料そのものの直接処分の可能性がある。また使用を終えた原子力発電所を解体する際に生じる解体廃棄物もその対象になる。

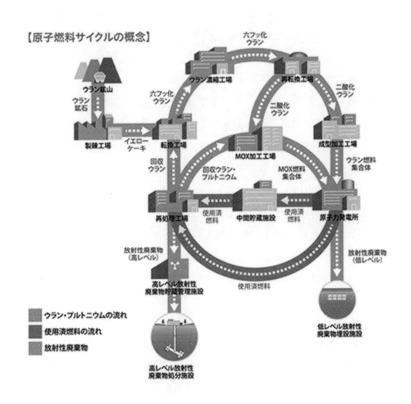

図 1-2　核燃料サイクルの全体像

1.1.3 軽水炉型原子力発電所とその核燃料

軽水炉型原子力発電所とは、天然ウラン中には約 0.7％しか存在しない U^{235} の比率をウラン濃縮工場で 2〜4％に高めた微濃縮の二酸化ウラン UO_2 を核燃料に、減速材及び冷却材に軽水 H_2O を使用する原子炉を用いるもので、米国で開発された原子力発電所である。沸騰水型原子炉（BWR）と加圧水型原子炉（PWR）の 2 種類がある。

1.2 原子力発電の開始と成長期

1.2.1 我が国の電力事業と原子力発電事業の性格

我が国での商用原子力発電の導入には民間の電力会社が参画する。ここで日本の電力会社の特徴を簡単に説明する(ただし電力自由化が導入されるまでの姿である)。

第 2 次世界大戦中発送電事業は国策会社である日本発送電株式会社に一本化され、配電部門は全国を 9 地域の 9 社に統合されていたが、戦後日本発送電は解散され、1952 年に地域別に発電、送配電、小売りの 3 部門を垂直統合する 9 つの民間会社になった(沖縄復帰後は 10 電力体制)。10 電力会社は、電気事業法によって　典型的な法定独占の公益事業としてそれぞれ排他的に供給地域を定め、供給義務や価格規制が課された（地域独占）。電気料金は認可制であり、電力会社が発電所や送電線などの設備投資にかかった経費（原価）を足して、これに数％程度の利益を上乗せした合計金額を回収できるように電気料金が上乗せされる。この料金算定方式を総括原価方式という。電力会社は発電所や送電線などの設備で運転して顧客から電気代を収入として得るが、総括原価方式で損はしない。

民間電力会社の原子力事業の参入は、1957 年原発の事業主体として電力 9 社と政府特殊法人の電源開発が共同出資して日本原子力発電が設立され、これが主体となって日本初の商用原発の東海発電所（天然ウランを燃料とし、黒鉛を減速材、冷却材に炭酸ガスを用いる原子炉を英国から導入）が 1966 年に運転開始した。それ以降は各電力会社が独自に原発を開発するようになり、関西電力の美浜発電所（1970 年、米国 WH（ウエスティングハウス社）製 PWR）、東京電力の福島第一発電所（1971 年、米国 GE(ジェネラルエレクトリック社)製ＢＷＲ）などが続いた。

その後民間電力会社により、建設された商用原子力発電所は米国開発の軽水炉型原子力発電所の BWR と PWR に大別される。BWR を採用した電力会社は、東京電力、中部電力、東北電力、中国電力、北陸電力の 5 社でこのうち ABWR を運転するのは東電、中部電力、北陸電力で、中国電力は建設済み。PWR を採用した電力会社は、関西電力、九州電力、四国電力、北海道電力の 4 社である。日本原子力発電は既に廃炉中の英国から輸入の東海発電所以外に、BWR と PWR を運転し、敦賀に APWR の建設計画がある。電源開発がフルモックス ABWR を建設中である。

1.2.1.1 国策民営とは

　我が国の原子力開発では、原子力事業の大きな方向や研究開発には国が深く関与する一方で、原子力発電のような事業運営は民間企業が推進する体制が取られた。これを国策民営という。さて国策民営とは分かりにくい言葉である。明治維新後の明治政府による殖産興業のように初めは国が事業を始め、事業が軌道に乗ったら民間に払い下げるというものではない。事実、日本原研が自主開発した動力用試験炉 JPDR を基に、電力会社が実用規模の日本型原発を国内メーカに発注して建設し、電力会社はそれで発電するのではなかった。民間電力会社は英国や米国の海外技術をターンキー契約で初号機を導入して 2 号機以降は国内メーカーが分担製作して技術を習得、あとはメーカーが自分で製作できるようになっていくという形をたどっている。そこで国策民営とはどういう意味なのかを調べた。

(1) 神田氏による国策民営の説明（福島事故の前）

　神田啓治らはその著『原子力政策学』の中で国策民営の定義そのものではないが原子力事業に政府の関与が格別に大きい理由を次のように説明している（神田啓二・中込良 (2009)、2-3 頁）。

　2006 年度の一次エネルギー供給に占める比率で、原子力は石油 44%、石炭 20%、天然ガス 15% に続く第 4 位の 11% で他のエネルギーより比重は低いが原子力は政府との関係で他より比重が高い。その理由を次のように 3 つ挙げる。

①原子力は元来軍事技術だから平和利用にあたって核兵器への転用に特段の注意を払うために政府の監視が必要。
②原子力の潜在的危険性のために平和利用でも安全確保に特段の注意を払う必要がある。一旦事故を起こすとその災厄は計り知れないので事業者の努力を待つだけでなく政府も安全規制や防災対策を強力に講じる必要がある。
③原子力は巨大技術であり社会全体に大きな波及効果を及ぼすため民間企業のみで賄えず費用回収も難しい。その技術の研究開発に政府は欠かせず、また開発された技術の実用化段階でも社会の受容のため広報施策や地域振興策などで政府の関与が求められる。

　神田氏の説明では、要するに①は核拡散防止のため、②は厳しい安全規制のため、③は研究開発段階だけでなく立地振興に政府の関与が必要という。これでは③は電力会社の原発の立地を助けるために税金をつぎ込む政策を正当化しているようだ。そして福島事故後の今となっては「②はどうだったのですか、国はちゃんとやってなかったではないですか、①についてはむしろ米国や IAEA が熱心で、日本政府が世界や国内に向かって率先しているように見えない」と言われる。

(2) 高橋氏の国策民営に対する説明（福島事故の後）

　一方、福島事故後出版された高橋洋氏は以下のように説明している（高橋洋（2017）、213-216頁）。

　　　　電力は公共財でなく政府が供給する必要はない。民間電力会社が営利事業として行う民営事業である。それがどうして国策と結びつくのか？　事実火力や水力発電は国策民営とは言わない。それがどうして原子力だけ国をあげて取り組む必要があるのか？

　高橋氏はその理由を3つ挙げる。

①エネルギー安全保障上の価値が高い。化石燃料を海外にほとんど依存する日本にとって核燃料サイクルにより準国産になる原子力が不可欠とされる。一般に安全保障は公共財であり、エネルギー安全保障もその一種とすると政府が主体的に関与する正当性がある。

②原子力開発には高い技術力が求められる。技術立国日本にふさわしい電源が原子力であり、その基礎研究には正の外部性が働くため政府が取り組む根拠になる。

③軍事に関係するからである。平和利用とは言え核不拡散や原子力協定は国際的な外交上の遵守事項になるし、原発は核兵器製造に不可欠なウラン濃縮やプルトニウムを扱うのでその技術力や産業基盤が軍事上の抑止力になる。これも国家政府が責任を持つものである。

　高橋氏の説明は、我が国の平和利用としての原子力を国策民営で行う理由を説明しているように思われる。とくに②については、核燃料サイクル技術はフランスから技術導入の再処理工場を除き、ウラン濃縮、新型転換炉、高速炉は自主開発で行うこととした。そのため科学技術庁傘下の日本原子力研究所などでの研究開発、文部省傘下での国立大学での原子力学科、付置研究所での原子力人材教育が政府予算で手厚く支援された。

　一方、当初は原子力には事業リスクが大きいからと民間が二の足を踏みそうなので国がいろいろ手当てをしていた（立地地域に国の予算で厚い手当てをする、事故を起こすと会社が立ちゆかないと危惧するので賠償制度を整備する、等）。ところが後になると政府が原子力は民営だから電力会社に自分でやれと厄介な問題を押し付ける（例えば再処理、プルサーマル、高レベル廃棄物処理など）。福島事故ではとうとう重大事故が現実になってそのあと始末は原子力損害賠償保険で賄いきれる程度で収まらない。福島事故後原発再稼働に前のめりだが、また事故が起こったらどうするのか？　そのときはそのときだ。要は原子力を国策で行うのは高橋氏のいう、③の核抑止力のためなのだ、ということなのか？

　福島事故前でも後でも解釈のはっきりしていない国策民営のあり方は今後はきちんとしておいた方がよいのではないか。

1.2.1.2 軽水炉技術の国産化と改良

　米国から技術導入された軽水炉技術は、日本メーカーが国産で製作できるようになった1970年代の後半に入ると、官民一体となって軽水炉技術の改良標準化に努力が傾注された。当時の通商産業省の主導で学識経験者、電力会社、メーカーの代表で「原子力発電設備改良標準化調査委員会」が設置されて、それまでの軽水炉の建設運転経験を踏まえ、自主技術による軽水炉の信頼性・安全性の一層の向上、稼働率の向上、作業者の被曝線量の低減などを目指した軽水炉改良標準化計画がスタートし、そして1980年代前半よりこの成果を取り入れた我が国独自の改良標準化発電所の建設が進められた。3次に渡る軽水炉改良標準化で、①格納容器大型化による保守点検スペースの確保・適正化を計る高張力鋼製格納容器やプレストレストコンクリート製格納容器、②機器・システムの改良では、PWR蒸気発生器細管の腐食による肉厚減少を防止する対策、原子炉容器蓋の着脱作業の改良、供用期間中検査の自動化、BWRステンレス製配管の応力腐食割れ対策、③信頼性および稼働率向上のための蒸気発生器伝熱管材料の開発、④定期点検の効率化と被曝量低減のための原子炉容器蓋の一体化構造物の開発、蒸気発生器マンホール蓋の開閉作業の改良、燃料検査システムの改良、⑤運転操作性の改良のためCRTを活用した監視システムなどを行った。

　これらの開発経験をベースに改良型軽水炉としてABWRおよびAPWRを1980年代半ばには開発を終了し、ABWRについては1996年運転開始の東電柏崎刈羽6号機を嚆矢に国内電力会社に導入されている（APWRについては日本原電が敦賀に建設予定だったが福島事故で中断）。ABWRは、GE型BWR特有の再循環ループを、ドイツ開発のインターナルポンプの採用により再循環系配管を無くすとともに、世界に先駆けて中央制御盤を含めた計装制御システムを全デジタル方式に改良したこと、プレストレストコンクリート方式の原子炉建屋など、当時世界で最先端を行く原子力発電所だった。

1.2.2 原子力の法制度の整備

　我が国の原子力研究開発利用の規制は1957（昭和32）年6月制定の原子炉等規制法、放射線障害防止法によって行われることとなり、一方民間事業者による原子力発電事業の参入を保護するための原子炉災害の賠償について、昭和36(1961)年6月17日原子炉の運転等により原子力損害が生じた場合における損害賠償に関する基本的制度として原子炉災害損害賠償法を定め、被害者の保護を図り、原子力事業の健全な発達に資することとした。

　我が国の原子炉等規制法や原子炉損害賠償法については、原子力発電の増大につれ福島事故以前からいろいろの問題点が指摘されていたが、福島事故を経て一挙に見直された。原子炉等規制法の改正については第8章、福島事故後の損害賠償の取り扱いについては第5章に詳しく論じる。

1.2.3 経済成長期の原子力発電

　かくて1960年代から70年代にかけての日本の高度経済成長期には我が国の国策民営に

よる原子力の研究開発利用の体制が次第に整い、原発が建設されていった。筆者の学生時代1970年3月の大阪万博の開会式に発電が開始されたばかりの日本原電敦賀からの送電を原子の灯と祝ったことを思い出す。

　当初は夢のエネルギーともてはやされた原発も70年代に入ると60年代からの公害反対運動の高まりから地域住民に原発反対運動が芽生える一方で、73年、79年のいわゆるオイルショックで石油の輸入原価が一挙に上昇する時代になってエネルギー源の多様化のため、輸入先が中東石油のように輸入先が偏らないで分散化できる天然ガスと原発が期待された。政府は原発の新規立地の滞りに対処するため、1974年電源三法を成立させ、電源立地促進対策を本格化させていった。電源三法とは電源開発促進法、電源開発促進対策特別会計法、発電用施設周辺地域整備法の3つである。目的税によって電気料金に課税して税収を特別会計に集める。ここから原発を受け入れる自治体に立地交付金を配分し、地域のインフラ整備や産業振興に活用する。これこそ国策民営事業ならではの政策的枠組みができ、それ以降1990年代にかけて原発は順調に伸びていった。そして日本は70年代の石油ショックを乗り切った。すなわち石油依存度を下げつつ、エネルギーミックスの多様化を進め、大幅な省エネ、エネルギー効率の向上を実現していった。これが日本経済の高度成長期の姿であった。

　米国からの技術導入により出発した我が国の原子力発電が1979年発生のスリーマイル島原子力発電所事故(TMI-2事故)や1986年発生のチェルノビル事故を経て日本がシビアアクシデント対策を実際に導入しようとする2000年頃の安全確保の考え方と、その後の福島事故に至るまでのわが国の状況は1.3に述べる。

1.2.4 米国カーター大統領による核不拡散政策と日本

　世界の原子力の情勢は70年代以降に、米国主導で大きなうねりが表れる。一つは米国で1979年発生のTMI-2原発事故に至る原子力発電の安全問題であり、もう一つは1974年インドの原爆実験を契機とする米国のカーター大統領による核不拡散政策の始まりである。

　1974年インドの原爆実験は、当時のインディラ・ガンジー首相の指令で、カナダから同国が輸入の重水炉による使用済み核燃料を化学処理してプルトニウムを抽出し原爆を製造したといわれる。カーター大統領による核不拡散政策の取り組みは、このようなインドの原爆保持に触発されたものである。このような核兵器の"火薬"であるプルトニウムの国際的拡散を防止するため、高速炉、再処理を中心とする核燃料サイクル技術を禁止させようとの米国の強硬な主張を受けて、1977年5月にオーストリアのザルツブルグで、IAEA主催のINFCE（International Nuclear Fuel Cycle Evaluation、国際核燃料サイクル評価に関する国際会議）が開催された。この時は日本ではちょうど1977年4月に動燃の高速実験炉「常陽」が初めて臨界になったときで、INFCE会議には動燃高速炉開発担当理事の大山彰先生と高速炉燃料グループリーダーの植松邦彦氏が日本から参加。大山先生は高速炉開発の国際動向に関するメインセッションで日本を代表して常陽臨界を発表して会場から大きな拍手を受けた。当時西ドイツカールスルーエ滞在の筆者は、このINFCE会議で高速炉炉心局所事

故の日本の安全評価に関する日本論文を発表しに出掛けた。これは筆者が初めて国際会議に参加し、論文発表したときだったが、ずいぶん大きな会場での同時通訳付き口頭発表で緊張した。後で気がついたが、この会場はミュージカル映画「サウンドオブミュージック」最後の場面で出てくるコンサートホールで、スイスに亡命するジュリーアンドリュース扮する音楽一家が歌い終わった後に舞台の幕間から一人ずつ挨拶して去っていくステージだった。

　筆者は滞在地のカールスルーエからザルツブルグまで直接鉄道で往復しただけで、当時この会議の背景はよく分かっていなかったが、後で思いおこすと当時の米国の動きは日本と西ドイツ、とくに西ドイツの核燃料サイクル技術開発に強い圧力をかけようとしているようだった。INFCE 会議には日本からたくさんマスメディアの記者が取材に来ていたが、動燃の再処理工場の運転開始にアメリカがどんな圧力をかけるか会議の成り行きに関心をもっているようだった（この INFCE 会議をスタートに IAEA の場で国際的な INFCE ワーキンググループが発足、日本では動燃に INFCE を担当する課室が設置され、ザルツブルグ会議参加の植松氏が担当された）。

1.3　原子力安全強化への取り組み—世界と我が国の福島事故にいたるまでの状況

1.3.1　IAEA による深層防護概念—TMI 事故とチェルノビル事故のインパクト

　1979 年の TMI-2 事故は最初の原子炉溶融事故であり、米国では 100 基を超えようとしていた原発もこれ以上の新規建設が全部ストップした。TMI-2 事故を契機に世界的に原発の安全性強化への取り組みが始まった。当時、米国から軽水炉原発を導入していた日本では大センセーションを引き起こし、運転中の関電大飯原発が急遽運転停止する騒ぎとなった。さらに 80 年代に入ると旧ソ連ウクライナで 1986 年世界最悪のチェルノビル原発事故が発生。ウクライナ近隣の欧州諸国にまで放射能汚染が拡がる事態となった。これは世界の原子力開発国にシビアアクシデント対策や原子力の組織文化面まで原子力の安全性強化への大きな動きを引き起こした。

　チェルノビル原発事故後に IAEA は、賢人会議と称して世界の原子力先進国から原子力安全のリーダーを集めて原子力安全のあり方を INSAG（the International Nuclear Safety Advisory Group）で討議し、その結果、チェルノビル原発事故をもたらした旧ソ連の原子力開発のあり方を教訓に、組織の安全文化を高めることを指摘。まず、原子力の安全性強化のために、原子力開発国に深層防護による原子力安全の確保を図るように勧告を行った。IAEA による 5 層の深層防護概念（IAEA（1996））を表 1-2 に示す。

1-2　IAEA の深層防護の概念

防護レベル	目的	目的達成に不可欠な手段
レベル1	異常運転や故障の防止	保守的設計および建設・運転における高い品質
レベル2	異常運転の制御および故障の検知	制御，制限および防護系、ならびにその他サーベランス特性
レベル3	設計基準内への事故の制御	工学的安全施設および事故時手順
レベル4	事故の進展防止およびシビアアクシデントの影響緩和を含む過酷なプラント状態の制御	補完的手段および格納容器の防護を含めたアクシデントマネジメント
レベル5	放射性物質の大規模な放出による放射線影響の緩和	サイト外の緊急時対応

1.3.2　IAEA による安全文化概念

　福島事故後、我が国の原子力界は組織問題として安全文化に欠けることは IAEA にとどまらず、事故後の国内の各種事故調査報告書でも指摘されている。筆者らは 1990 年代原子力学会ヒューマンマシンシステム（Human Machine System: HMS）部会等の場で我が国の原子力界の安全文化醸成を含めた人的要因の研究を慫慂していたが、2000 年代になって原子力界にどういうわけか安全神話が浸透してきてから、人的要因の研究は原子力界で敬遠されているなと思っていた矢先に 2011 年 3 月に福島事故を迎えた。

　さて、原子力分野における安全文化概念は、IAEA の INSAG（International Nuclear Safety Advisory Group、国際原子力安全諮問グループ）が取りまとめた旧ソ連チェルノブイリ事故の事故後検討会議の概要報告書（INSAG-1（1986））で「チェルノブイリ事故の根本原因は人的要因にあり、『安全文化』の欠如にあった」と明示的に示されたことが端緒になっている。その後 INSAG は、報告書「原子力発電所の基本安全原則」（INSAG-3（1988））、「安全文化」（INSAG-4（1991））などをとりまとめ、安全文化概念を施設の安全確保のための基本原則の一つとして位置づけるとともに、その概念を組織及び組織を構成する個人の特性と姿勢とを総合した、非常に広がりがあるものとした。さらにその後、安全文化の構成要素、組織が安全文化の構築について自己点検するための質問事項や安全文化の劣化の兆候などについて検討している。

　我が国では 2005（平成 17）年度の原子力安全白書（原子力委員会（2005））は、IAEA の INSAG 活動による安全文化の概念と適用方法の詳細を紹介している。その全体概要を本章の付録にまとめる。

　福島事故の調査において当時の日本の原子力界の各組織を IAEA の安全文化のこのような概念に則してそれぞれの安全文化の程度を評価すると、どの程度の評価だったろうか？このことは後述するが、その後の IAEA による福島事故の調査報告書では安全文化の欠如を厳しく指摘しているし、日本原子力学会による事故調査報告書でも指摘しているが我が

国の安全文化の劣化が顕著になってきたのは、平成 17 年度の白書が安全委員会から公表された以降であった。これは 1.3.3 節に述べることにする。

　福島事故の前でも、原子力事業界の心ある人々は IAEA の安全文化の勧めに学ぼうと積極的に取り組んでいた。例えば序章で述べた 2007 年 9 月の福島第一原子力発電所訪問の時にも筆者らの当時の調査対象の安全文化の組織活動に関連していえば、実は発電所所員から自主的な安全文化向上の学習活動の取り組みが紹介された。だがその福島第一原子力発電所であの大事故が起こった。それでは一体どこがおかしかったのか？　それは発電所現場での安全文化向上の学習活動が、決してシビアアクシデント対策の強化とは結びつかなかったところにあった。

1.3.3 シビアアクシデント対策を民間自主保安に委ねた日本

　日本の原子力界は 1990 年代に入ると、SA（Severe Accident；シビアアクシデント）対策（以下 SA 対策）や組織の安全文化の改善を重点とする世界の原子力界の潮流から次第に外れた動きを始める。

　1992 年原子力安全委員会は、日本の原発技術は信頼度が高く米国やソ連のような事故は起こさないと SA 対策は規制要件にはせずに民間の自主保安に任せた。その後日本の原子力界は明らかに安全文化のおかしい時代になっていった。この間の詳しい経緯については、第 3 章に述べる。

　その後、1999 年 9 月 30 日東海村 JCO 事故が発生した。JCO 事故は原発で起こった事故ではないが、我が国初の原子力施設の周辺住民が避難した事件であった。それも東海村村長の判断で周辺住民に避難を発令したことで政府は面子を失ったことから、原発災害に備えて原子力防災法の整備を急いだといわれる。JCO 事故とその後の状況は、原子力防災に関する第 4 章で詳しく述べる。なお、JCO 事故が起こったこと自体が当時の原子力界の安全文化に問題があったことの証拠ともいえるが、当時の官庁主導による事故調査の進め方そのものに様々な批判があった。

　いずれにせよ東海村 JCO 事故が契機となって 2000 年 4 月原子力防災法が制定されて、我が国に原子力緊急時対応体制が整備されていった。また翌年 2001 年に行われた中央省庁の編成替えに合わせて、実用原子力施設の安全規制は経産省外局の原子力安全・保安院が一括監督するようになった。このように JCO 事故を契機に、原子力規制は原子力安全・保安院が中心になって担うことになり、日本の原発は 2002 年から自主保安によるシビアアクシデント対策が整備され始めた。そして原子力安全委員会は、ダブルチェック体制における行政庁たる原子力安全・保安院の規制を監査する役割の存在に変貌した。

　筆者らはそのような日本の原子力規制の過渡期であった 1999 年から 3 年間、日本原子力学会関西支部に「先端原子力の社会的啓発に関する調査」特別専門委員会を構成して大学、メーカーおよび電力会社の原子力学会員による学会活動に取り組んだ。その間委員会が主催した一般向けの講演会の経験などから、原子力に携わる技術者の安全への努力と、原子力

に対して社会が持っている安全意識（安心感）との間に大きなギャップの存在を認識した。そこで同委員会は日本原子力学会の会員としての立場から社会への情報発信が必要と考え、『新しい原子力文明へ－原子力の技術的安全と社会的安心への道筋－』と題する出版を行った。2001 年末の出版当時の筆者らの委員会での原子力の状況認識は、以下のようなものであった（日本原子力学会「先端原子力の社会的啓発に関する調査」特別専門委員会（2001））。

①当時の日本の原子力発電技術は、原子燃料の製造や原発の建設・運転に関わる部分（フロント・エンド）は経験の蓄積や新知見の反映で技術体系は完成し、成熟してきていた。1995 年以降の当時日本の原子力発電の設備利用率は 80% を越えたが、これは当時世界的に高水準にあった。一方燃料の再処理、放射性廃棄物の処理・処分（バック・エンド）についても東海村における再処理工場の操業、青森県六ケ所村での再処理工場の建設によって技術的な見通しが得られ、高レベル放射性廃棄物処分についても 2000 年にその実施主体の原子力発電環境整備機構（NUMO）設立で体制は整いつつあった。

②しかし、米国 TMI-2 事故（1979 年）、旧ソ連チェルノブイル事故（1986 年）、高速炉もんじゅのナトリウム漏れ事故（1995 年）、JCO ウラン加工工場臨界事故（1999 年）などの事故発生で一般市民の原子力への目が厳しくなってきていた。その結果、1996 年 8 月新潟県巻町および 2001 年 11 月三重県海山町での原発誘致、2001 年 5 月新潟県刈羽村のプルサーマル住民投票でともに反対が上回るなど、原子力への社会の眼が難しくなってきていた。

筆者らの上記出版では、原子力事業界の技術に携わるものと社会一般の原子力の受け取り方の乖離は認識していたが、原子力界内部にいろいろと問題が生じていることの認識はまだなかった。とはいえ、1999 年 9 月末東海村での JCO 事故を契機に、日本の原子力界にいろいろと変動が目立つようになっていった。JCO 事故は本来原子力発電所の事故ではないが、施設内の核物質の取り扱い作業で臨界事態を生じさせて致死量の放射線被曝で 2 名の死者を出した上に、原子力施設外への放射線漏えいによる初めて周辺住民が避難する事態となった。

そのため JCO 事故の教訓をもとに、2001 年から①保安検査制度の導入、②自己申告制度の整備、③原子力災害特別措置法の創設、④原子力保安検査官、原子力防災専門官の配置があり、さらに⑤原子力安全委員会の内閣府への移行、⑥原子力安全・保安院の設置と、原子力規制上一連の重要な改革があった。なお国の原子力安全審査のダブルチェック制度、すなわち行政庁（原子力安全・保安院）と原子力安全委員会の 2 段階に分かれているのは世界に類のない日本独特の制度であった。

JCO 事故後、原子力安全・保安院によって整備された原子力緊急時対応システムの詳細については、2011 年 3 月福島事故の時期に発行された原子力学会誌に原子力安全・保安院の前川之則氏が解説記事を寄せている（前川之則（2011））。なお、福島事故後の国会、政府

等の事故調査報告書を見る限り双方の事故調査委員会は原子力緊急時対応システムを調査しなかったようだ。例えばそのシステム開発を担当した JNES 元職員は朝日新聞記者、烏賀陽氏の著書で福島事故時のいきさつをインタビューされ、記事に書かれている（烏賀陽弘道（2016））。JCO 事故を含めて福島事故前後の原子力防災の変遷と問題点については、第 4 章に述べる。

　1990 年代原子力安全委員会がシビアアクシデント対策は民間の自主保安に委ねると決定し、原子力事業者は 2002 年以降にアクシデントマネージメントを整備した。福島第一原子力発電所における自主保安によるシビアアクシデント対策の整備は、JCO 事故後原子力安全・保安院が導入した原子力防災体制とともに不十分だったことは、2011 年 3 月 11 日の福島事故で明らかになるのだが、2002 年の頃から原子力事業界は安全文化醸成活動による自浄効果もなく、次第に明らかに安全文化がおかしい時代になっていった。

　それを示す一例として、上述の 2005（平成 17）年度版原子力白書のように当初は IAEA の 5 層の深層防護を記載していたが、それ以降では、IAEA 多重防護概念の 3 層までだけを記載していた。これは事故後に日本原子力学会が福島事故を調査した報告書でも明確に指摘している（日本原子力学会東京電力福島第一原子力発電所事故に関する調査委員会（2014））。

　福島事故の後、日本の原子力技術は信頼度が高いからシビアアクシデントは起こさないとの安全神話の流布で、第 4、5 層に真剣に取り組んでいなかったことが福島事故の遠因と内外の様々な事故調査で厳しく指摘されている（このこと自体、IAEA による INSAG には我が国の原子力安全委員会から委員を出して参加していながら、国内原子力事業者には安全文化が浸透していなかった一例であり、日本の原子力界の安全文化劣化状況を示している。しかし筆者の当時の個人的経験から言っても、そういう状況にある国内の原子力界に対してたとえ INSAG の日本代表委員がいくら警鐘を鳴らしてもなんの効果もなく、反って疎まれるだけであっただろう）。

　福島事故後の原子力規制組織の抜本的改革とともに強化された原子炉規制基準の中でのシビアアクシデント対策は規制要件化され、また、原子力防災法での放射能放出事故時の緊急事態対応に係る部分は全面的に改訂されている。福島事故後の原子力防災法の改訂については第 4 章、シビアアクシデント対策の具体的な規制要件化については、第 8 章に述べる。

1.3.4　3S へ拡大された原発の安全規制

　一方、2001 年 9 月 11 日米国での同時多発テロ事件を反映して米国が日本側にも通知した B.5.b 項の提起や、2003 年 3 月 20 日イラク戦争での核兵器拡散の懸念から、過日の TMI-2 事故やチェルノビル事故のような機械技術の不備や操作する人、組織のあり方によってもたらされる重大事故以外に、保障措置、カーター大統領が提起した核兵器への技術の転用による核拡散防止に加えるに、核施設へのテロ行為防止まで国際的に原子力発電の 3 つの S

（Safety、Safeguard、Security）に対して取り組まなければならないという図 1-3 に示すような３Ｓに基づく核エネルギー枠組みの国際的イニシアティブが 2008 年のＧ８サミット（北海道千歳）で日本政府（第１次安倍政権）により初めて提唱された。

　ここでB.5.b 項とは、2001 年 9 月の米国同時多発テロ事件を受けて、米国原子力規制局 NRC が 2002 年 2 月 25 日付で、2002 年 8 月までに実施期限を切って原子力事業者に発行した暫定命令における以下の要求事項を言う（伊藤邦雄（2012））。

　　　設計基準を越える航空機衝突の影響を含めた様々な原因による大規模火災および爆発で施設の大部分が機能を喪失した状態でも容易に利用可能なリソースを使用して炉心冷却、格納容器、および使用済み燃料プールの冷却機能を維持または復旧するための緩和方策を採用すること。

　福島事故後の事故調査報告書には B.5.b 項について言及があり、これを東京電力が福島事故以前に実施しておれば、福島第一原子力発電所では爆発事故の連鎖は避けられただろうという指摘もある。しかし実際は、原子力安全・保安院は 2001 年 9 月の同時多発テロ後に米国からの B.5.b 項の通知を受けて米国 NRC に調査団を派遣。調査団は米国側から説明を受けた際に当該資料のコピーを要求したが、米国側から security に関わるからと手交を拒否された。調査団は日本に帰国して再度米国に公電で資料を要求するも返答がなかった。そこで原子力安全・保安院の担当官は原子力事業者に仮に B.5.b 項の対策を要求しても米国の

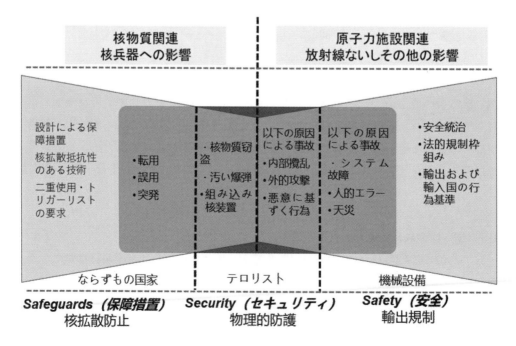

図 1-3　３Ｓに基づく核エネルギー枠組みの国際的イニシアティブ

資料もなしではどうせ屁理屈で難癖をつけて拒否されるだけだろう、と結論してこれに着手しなかったようである。

　なお福島事故後の再稼働に際し、5 年間の猶予で新規整備が要求されている"特重設備"（中央制御室から 100 メートル以上隔離したところの遠隔原子炉制御設備）だけがこのB.5.b 項の対策のように誤解されているが、福島事故後の再稼働で規制要求されているシビアアクシデント対策はこれだけではない（特重設備そのものは、security 事項として非公開情報にされている）。米国では TMI-2 事故後に同様の施設を既に設置している。日本でもテロリスト侵入等で中央制御室からの原子炉制御が不能になった場合の対処に原子炉建屋内に遠隔で原子炉を手動操作する簡易制御盤がある。筆者は昔この設備は見学したことがあるが、やはりあの程度のおざなりの操作盤では B.5.b 項の要求には対応できないのだろう、と推測している。

1.3.5 90 年代からの地球温暖化防止と電力自由化の動き

　90 年代からの原子力発電事業の動向に影響を与える大きな社会的な動きとして、世界的な地球温暖化防止への取り組みの開始と電力事業の自由化の動きがある。

1.3.5.1 地球温暖化防止への取り組み

　人類文明の発達により、世界中の産業活動の増大で排出される炭酸ガスやメタンガスなどの濃度が産業革命以来上昇してこれが地球温暖化をもたらすとの学説が 80 年代から次第に有力視され、国連は IPCC（Intergovernmental Panel on Climate Change、気候変動に関する政府間パネル）を設置し、科学的、技術的、経済社会的な観点から世界中の専門家の参画を得て評価報告書をとりまとめ、その勧告に基づいて国際社会が合理的な対策を取るように配慮を促した。この IPCC による勧告にはもともとはたして科学的に確実なのか限界があるとの懐疑論が付きまとっていた。その一方で想定される被害が許容されないほど広範囲で取り返しがつかない結果をもたらすならば、たとえ科学的根拠が完全でなくても予め対策を取っておいた方が賢明だろうという環境政策としての予防原則の適用が支配的になってきた。また地球規模の気候変動問題には、国内での環境汚染問題と異なって 3 つの問題点がある。①要因・被害の世界的な遍在と偏在、②時空を超えた責任関係、③グローバルな公共財としての地球環境。

　国連は、1992 年に地球環境サミットを開催し、気候変動枠組み条約を締結した。そこでは共通だが差異のある責任という精神に則して世界各国が気候変動対策に取り組むことになった。そしてこの条約に基づき世界中の締約国は毎年集まってその進捗を管理することになった。これが COP（Conference of the Parties、締約国会議）である。

　1997 年の COP3 京都会議では日本政府は議長国として各締約国が実行すべき具体的な排出削減の方策を規定する「京都議定書」の合意に導いた。この内容は、2008 年から 2012 年の第 1 約束期間において欧州は 8 ％、アメリカは 6 ％、日本は 6 ％、等の温室効果ガスの削

減目標（1990 年比）に合意したもので、排出削減を義務とした点で画期的であった。一方で当時の世界の排出量の約 20%を占める中国やその他の発展途上国は排出削減義務を負わず、これがために同じく 20%の排出量をしめる米国は国内で批准しなかった。そのため結果的には削減義務を負う国の排出量は世界全体の 30%に留まるものだった。この COP3 以降日本は炭酸ガス削減に原子力発電に大きな期待をしたが、欧州各国にはチェルノビル事故の印象もあり、原子力が環境にやさしいエネルギーという位置づけは認められなかった。COP3 はとくに太陽光発電や風力発電、バイオマスなどの再生可能エネルギーを増やしていこうという国際風潮に沿って行くことが日本にも求められる大きな契機になった。

　その後国連では改めて実効性のある削減方策を策定しようとしたが、これがポスト京都と呼ばれる過程である。その交渉は難航していたが、2015 年の COP21 会議で京都議定書後の新たな削減方策が合意された。これがパリ協定である。ここでは 21 世紀後半の産業革命からの地表平均気温の上昇を 1.5℃未満を目指すことを世界全体の共通目標を規定し、アメリカや中国を含むすべての締約国が参加し、法的拘束力を持つ形で排出量の削減に取り組むというものである。アメリカの削減目標は 2025 年に 26-28%（2005 年比）、欧州は 2030 年に 40%（1990 年比）、日本は 2030 年に 26%（2013 年比）、中国は GDP 当たりで 60-65%（2005 年比)である。京都議定書のような削減義務はなく、各国が自主的に削減目標を立てて、5 年毎にその目標を上方修正することやその行動を締約国間で監視していくものになっている。

　2010 年当時大量の原発新設計画が発表された米国を中心とした世界の原子力ルネサンス（原子力の復活）の風潮に、日本では民主党政権の鳩山内閣による原子力ルネサンスに便乗気味の原子力立国政策で、2010 年発表のエネルギー基本計画 2010 では原子力を 50%としたが、2011 年福島事故で原子力を拡大するどころの事態ではなくなった。その後、自公政権になってからのエネルギー基本計画の策定も地球温暖化防止の国際協調の場で日本は厳しい立場に立たされている。

1.3.5.2 電力事業の自由化の動き

　一方、1990 年前後から欧米先進国を中心に電力やガスの自由化が進められるようになった。特に英国及びノルウェーで始まった電力自由化の動きは、米国、北欧とこれも世界各国に広がっていった。これの背景には、従来公益事業として電力事業には高い資本投資を要し、規模の経済性より地域独占が認められていたが、ガスタービン技術の進歩などで小規模資本事業者も発電事業に市場参入を広げる自由市場化により、事業参加への機会均等で経済性を向上させようという動きが出てきた。

　電力事業には発電、送配電、小売りと 3 つの部門があるが、発電と小売りの分野は自由化になじむが、送配電のネットワーク部門は競争になじまず、今後も自然独占が続く。従来の発送電一貫体制からその市場自由化には、図 1-4 に示す 3 つの形態がある。各国の電力自由

化は、従来電力事業が国有企業だったか民間事業だったかでそれぞれ異なっているが、日本では、資源エネルギー庁の主導で 1990 年代から電力自由化の取り組みが始まった。第 1 段階の発電部門の自由化が 1995 年に開始され、独立発電事業者（IPP）の参画が始まった。第 2 段階の小売りの自由化は 2000 年から部分的な拡大が始まっている。しかし小売り市場への新規参入者の市場シェアは十分に拡大せず、2011 年度までは総消費電力量の 2%程度（自由化分野の 3%程度）にとどまっていた。その要因として発送電分離が実現されないなど競争環境の整備が進んでいないことが挙げられていた。この背景に既存電力会社が安定供給を損なうとの理由で発送電分離に協力しようとしなかったことがあげられていた。

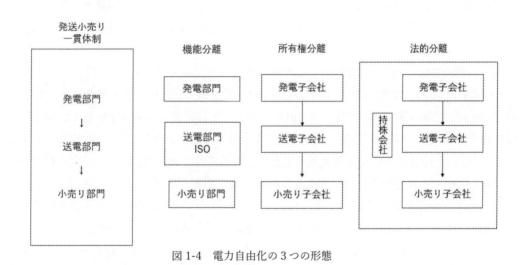

図 1-4　電力自由化の 3 つの形態

　このような既存電力会社の発送電分離への反対で進まなかった電力自由化の機運を変えたのが 2011 年 3 月の福島事故であった。それは福島から茨城にかけて太平洋岸に並んでいた原発と大規模火力の一斉運転停止による 1000 万 KW を越える電源脱落で最大 1800 万世帯の関東地域一円にもたらされた大規模な需給ひっ迫や計画停電である。その結果、地域別の独占体制が批判され、国内での公益的な系統運営の必要性や小規模な分散型電源の価値などが認識され、当時の民主党政権が電力システム改革を開始した。そこでは電力市場の自由化だけでなく、再生可能エネルギーの大量導入を想定した送電網の広域運用、デマンドレスポンスの本格運用など電力システム自体を分散型に構造改革する方向での議論が始まった。これは 2012 年 12 月の自公政権への交代後も継続され、2013 年 4 月「電力システムに関する改革方針」が自公政権の安倍内閣で閣議決定された。その後安倍内閣は、3 度にわたり電気事業法を改正し、2015 年 4 月電力広域的運営推進機関、同年 9 月電力取引監視等委員会を設置。さらに 2016 年 4 月電力小売り全面自由化、また発送電分離については 2020

年までの法的分離の実施が法定され、東京電力は 2016 年 4 月から前倒しで実施している。

　以上のように福島事故を契機に日本でもドイツ流の分散型エネルギーシステムへの改革がスタートしているように見えるが、このような流れの中で原子力発電については重要なベースロード電源という位置づけであるがどのような将来が予定されているのか、これが見えていないのも問題である。

　日本では、伝統的にエネルギーについては個別エネルギーに対する法律で運用してきたが（例えば原子力については 1955 年の原子力基本法）、最近はこのような地球温暖化防止への取り組みと電力自由化の動きも背景に、エネルギー間の調整を図ることの必要性が顕在化し、これまで縦割りであったエネルギー政策を総合的に推進させるため、2002 年議員立法でエネルギー政策基本法が制定された。そしてエネルギー基本計画によるエネルギー分野を横断した総合企画的な手法が始まったのは 2002 年以降になる。福島事故前後のエネルギー基本計画の変動については次に述べ、今後の動きについては第 7 章に述べる。

1.3.6 自民党政権から民主党政権へそして福島事故

　その後、民主党は 2009 年 8 月末の衆院選で自民党を破り、政権交代を果たした。9 月 16 日鳩山由紀夫首相で鳩山内閣が発足。2010 年 6 月 18 日発表のエネルギー基本計画では、環境政策重視の民主党鳩山政権による原子力立国政策として、2030 年までに原発 14 基新設を打ち出し、原発によって気候変動対策を行う方針を打ち出した。しかし鳩山由紀夫首相は 2010 年 6 月 1 日退陣表明し、菅直人内閣が 6 月 8 日発足。そして 2011 年 3 月 11 日の東日本大震災の津波で福島事故が発生した。そこで菅直人首相は東日本大地震と福島事故に対処することになるが、5 月 6 日首相は中部電力浜岡原発の全面停止を要請し、中部電力が了承。7 月 13 日首相が脱原発依存を表明。8 月 30 日には菅首相は辞意表明し、9 月 2 日野田内閣発足。2012 年 6 月 16 日野田内閣は関西電力大飯原子力発電所の再稼働決定。2012 年 11 月衆院解散。民主党大敗で自民党に政権が戻る。

　ここで 2011 年福島事故前の原子力の状況では、稼働中の原発は 54 基で、新設計画が 3 基で、米国、フランスに次ぐ世界第 3 位の原子力発電国で総電力量の約 30％を原子力発電で賄っていた。2011 年 3 月 11 日東日本大震災の巨大津波が引き起こした福島事故がもたらした当時の大きな問題はキーワードの時系列で列挙するにとどめる。

①福島第一原発メルトダウン事故発生
②事故対応の混乱
③福島地域の住民避難と環境汚染
④関東地域の計画停電
⑤東京電力の事故責任と損害賠償
⑥事故調査委員会による原因究明
⑦原子力規制の改革

⑧福島事故に関わる訴訟の頻発
⑨原発の運転停止と燃料費高騰
⑩原発規制基準の改正と再稼働申請
⑪政権の交代

　福島事故前後で日本の政権は 3 年間の民主党政権から自民党政権に回帰した。その間原子力政策もエネルギー基本計画もめまぐるしく変わった。その状況を表 1-3 に簡潔にまとめる。

　その後現在に至る状況については第 2 章に述べるが、その前に福島事故後、日本の大問題となった原発是非論争とは直接関係しないこの間のその他の原子力界の動きについて本節の次の 1.4 節に一括してまとめて述べる。

表 1-3　福島事故前後の原子力をめぐるエネルギー基本計画の変動

年	事項	内容	背景
2010 年	電源ミックスの実績	原子力 26％、再エネ（水力含む）11％	原発 54 基　建設中 3 基
2010 年 6 月	エネルギー基本計画 2010	原子力　50％、再エネ 20％ 2020 年までに原発 9 基、2030 年までにさらに 5 基以上新設の計画 要するに原子力ルネッサンスの波に乗り原発によって気候変動対策を達成するという原子力委員会による原子力立国構想にそうもの	民主党政権、鳩山首相による国連総会での国際公約である温室効果ガスの 25％削減（90 年比）達成のためゼロエミッションエネルギー70％達成のため
2012 年 9 月	革新的エネルギー・環境戦略	原子力　0％、再エネ 30％ 民主党政権、野田首相による新たな電源ミックス策定の結果　原発コストは 8.9 円／kwh＋事故リスク費用 1 兆円増すごとに 0.1 円/kwh を加算と他電源コストの比較も参照　官邸主導の政策決定に対して経済界大反対	民主党政権、野田首相 2030 年　脱原発のゼロシナリオ、事故前より比率を減らす 15 シナリオ、事故前を維持する 20~25 シナリオの討論型世論調査の結果　ゼロシナリオになった
2014 年 4 月	エネルギー基本計画 2014	原子力を 3E の観点から重要なベースロード電源と位置づけ可能な限り減らす一方で第稼働を進める	2012 年 12 月衆院選挙で民主党大敗　自公連立の安倍政権により民主党政権時代の革新的エネルギー環境戦略のゼロベース見直し　エネ庁による予定調和型議事進行に戻る
2015 年 7 月	長期エネルギー需給見通し	原子力　20-22％、再エネ 22-24％	2030 年の電源ミックスとして安倍政権閣議決定

1.4 軽水炉原発以外の原子力界の福島事故頃までの動き

1.4.1 原子力船むつ

　原子力船むつは原子炉を動力源とする船である。原子力船は軍艦を除くと世界でも数少なく、日本の「むつ」はソ連の原子力砕氷船「レーニン」、アメリカの貨客船「サバンナ」、西ドイツの鉱石運搬船「オットー・ハーン」に続く世界でも4番目の船である。名称は一般公募から選ばれたもので、進水時の母港・大湊港のある青森県むつ市にちなんでいる。

　1963（昭和38）年に観測船として建造計画が決まり、同年8月に「日本原子力船開発事業団」が設立された。1968（昭和43）年に着工して翌1969（昭和44）年6月12日に進水した。進水式には当時の明仁皇太子夫妻が出席し、美智子妃（当時）が支綱を切り、佐藤栄作首相らが拍手で送った。「原子力船進水記念」の記念切手が発行されるなど、当初の期待・歓迎は大きかった。1972（昭和47）年の9月6日にかけて、原子炉へ核燃料が装荷された。1974（昭和49）年に出力上昇試験が太平洋上で開始され、8月28日に初めて臨界に達した。しかし直後の9月1日の試験航行中に放射線漏れが発生した。原子炉内の高速中性子が遮蔽物の隙間からわずかに漏れたものだったが、メディアがセンセーショナルに報道した。この放射線漏れで帰港を余儀なくされるが、風評被害を恐れる地元むつ市の漁業関係者を中心とする市民が放射線漏れを起こした本船の帰港を拒否したため、洋上に漂泊せざるを得なかった。

　原子炉設計の際にウエスティングハウス社へ確認を取ったときに高速中性子が遮蔽体の隙間から漏れ出るストリーミング現象が起こると指摘されていたが、これがむつの遮蔽設計に反映されていなかった。これが放射線漏れの原因である。遮蔽設計の段階で、ストリーミング効果を考慮できる解析コードで再計算すればよかったのに800万円程度の計算費を惜しんでしなかったと聞いている（東電が事前の津波対策を講じなかったのも同じパターンである。どういうわけか日本の原子力開発の現場では同じような失敗が繰り返される）。

　1978（昭和53）年に長崎県佐世保市への回航・修理が決まり、10月16日に到着。1980（昭和55）年8月から1982（昭和57）年6月末にかけて放射線の遮蔽性の改修工事が行われた。1975年6月、当時の佐世保市長だった辻一三が「むつ」受け入れを表明し、地元経済界や佐世保市議会、長崎県議会もこれを支持したのは、経営不振に陥っていた佐世保重工業に工事を請け負わせて救済する意図があったためとされる。佐世保重工は存続できたが、長崎県漁連や労働団体は反対し、入港する「むつ」を抗議船団が取り囲んだ。その後、長い話し合いの末、むつ市の陸奥湾側にある大湊でなく、下北半島の津軽海峡側に新母港として関根浜港を整備することが決定。「むつ」は1982（昭和57）年8月にいったん大湊へ戻った後、1988（昭和63）年1月27日に、港開きされたばかりの関根浜港に入港した。この間、原子力船研究開発事業団は日本原子力研究所（現・日本原子力研究開発機構）に統合され、政府は「日本原子力研究所の原子力船の開発のために必要な研究に関する基本計画」

を策定した。

　1990（平成 2）年に、むつ市の関根浜港岸壁での低出力運転の試験と 4 度の試験航海、出力上昇試験と海上公試を実施。その結果、1991（平成 3）年 2 月に船舶と原子炉について合格証を得た。その後、1992（平成 4）年 2 月にかけて全ての航海を終了。解役に移り、1993（平成 5）年 5〜7 月に使用済み核燃料が取り出され、1995（平成 7）年 6 月に原子炉室を撤去して、海洋科学技術センターに船体が引き渡された。1 年間の試験航海中、「むつ」は原子力で地球 2 周以上の距離を航行した。機関士として乗り組み、後に原子力機構青森研究開発センター所長に就いた藪内典明は、アリューシャン列島沖合の最大波高 11 メートルに及ぶ荒海でも操舵性は良く、急な加速・減速、前進・後退の切り替えにも問題なく反応したと回想している。

　船体はその後、機関をディーゼルエンジンに換装して、海洋科学技術センターの後身である国立研究開発法人海洋研究開発機構（JAMSTEC）の「みらい」として運航されている。なお、原子力船「むつ」の操舵室・制御室、撤去された原子炉室がむつ科学技術館（むつ市）で展示されている。稼働実績がある原子炉を一般公開しているのは世界唯一で、見学は鉛ガラス越しとなっている。

　試験航海の直前放射線漏れ発覚で政治問題化して不幸な歴史をたどったが、技術開発に試行錯誤はつきものであり、全体を見れば原子力船の技術開発は成功していた。しかし当時の世界動向からみて原子力商船のニーズはなく打ち切りになった。原子力砕氷船の経験のあるロシアは、最近はしけ型原子力発電炉を開発し、北極海で就航させ、極寒地への動く熱電併給に供していると聞く。また北極海には接していない中国でも南シナ海方面の海洋開発用にロシアのようなはしけ型原子力発電所に興味を示している。

1.4.2 動燃事業団

　動力炉・核燃料開発事業団（動燃）は、新型動力炉とその核燃料と、核燃料サイクル技術の研究開発を使命として原子燃料公社を母体に 1967 年設立された。それまで日本原子力研究所(日本原研)では高速炉の設計研究を進めていたが、研究所当局と労組間の意見が分かれたため、新たに動燃を設立して高速炉や MOX 燃料、再処理の技術開発することになった。そのため日本原研の高速炉関係の研究者は日本原研から動燃に大挙移動した。

(1) ウラン濃縮

　岡山県人形峠の事業所ではウラン鉱の採掘試験を行っていたが、その後日本独自の遠心分離方式のウラン濃縮パイロットプラントがこの事業所に建設されて開発運転に成功。その技術を継承した実証プラントは民間主体の日本原燃が青森県六ケ所村に建設し、運転している。ウラン濃縮技術は核兵器に直結する機微技術であり、その詳細は国家機密になっている。

(2) 新型転換炉

　新型転換炉（Advanced　Thermal　Reactor：ATR）とは、プルトニウムや使用済み燃料の再処理後の回収ウラン、全炉心 MOX 燃料など核燃料利用上柔軟性のある熱中性子原子炉である。原子力委員会の決定により、重水減速沸騰軽水圧力管型方式の ATR 原型炉を国産で開発することを決定。動燃により原型炉ふげんとして敦賀市に建設され、1979 年営業運転を開始した。ふげんは我が国で初めて MOX 燃料利用の実績をあげている。配管の SCC 問題で 1 年近く停止したがそれ以外は良好な運転成績を残している。

　1982 年 ATR の実証炉を電源開発が設計、開発、運転する主体に決定。動燃はふげんの経験をベースに実証炉設計を取りまとめ 1983 年 12 月に電源開発に技術移転した。電源開発は青森県大間に建設準備を進めていたが、1995 年 8 月 25 日コスト高との電事連の申し入れによりキャンセルになった。

　動燃の ATR プロジェクトは 1998 年 2 月原子力委員会でふげんはあと 5 年運転し、2003 年 3 月運転停止と決定。その後ふげんは予定通り廃炉し、その後廃止措置プロジェクトを進めている。

　1995 年 12 月試運転中のもんじゅはナトリウム漏れ事故をおこし、その後 2010 年まで長期停止。このことが我が国のプルトニウム利用先をなくして、核拡散上問題視されている現状に鑑みると、ふげんを廃炉にせず動かしていれば　プルトニウムは使用できた。また大間にはその後電源開発がフルモックス ABWR の建設に切り替えるも福島事故までに運転開始に至らず、そのためにここでもプルトニウム利用が見通せない。ATR 実証炉は 1.8 倍軽水炉より建設コストが高いとキャンセルした電事連は、結局はもっと高いお金を今までかけて発電もできず、プルトニウムも利用できていない。
ATR プロジェクトは技術的に成功していたが、国策民営の"民側"の意向で、せっかくのふげんの MOX 活用の機会まで逸した。

(3) 高速増殖炉

　茨城県大洗町に設置の動燃大洗工学センターに建設された高速実験炉常陽は発電はせず、原子炉の発熱は空気冷却器で大気に放出されるものである。炉心の核燃料も濃縮ウランをベースにするものであった。1977 年 4 月に初臨界になり、その後は原型炉もんじゅ用の炉心設計や照射特性の実験を行っていた。福井県敦賀市白木地区に建設の高速原型炉もんじゅは、1995 年初臨界後、出力上昇試験中に 1995 年 12 月ナトリウム漏れ事故を起こし停止。その後設備改修を経て 2010 年運転再開するも燃料移送作業でトラブルを起こし停止。その後福島事故の影響で運転再開はできず 2018 年廃炉に決定。その安全審査の不備が係争となって最高裁まで訴訟がいったもんじゅに係る問題は、民間による高速実証炉計画を含め、第 3 章に述べる。

(4) 動燃東海事業所における核燃料サイクルに係る技術開発

　動力炉・核燃料開発事業団東海事業所は、1967 年 10 月原子燃料公社から改組以降、MOX 燃料の試験製造とフランス技術導入による使用済み燃料の再処理パイロット工場が中心で、従業員数で動燃最大の事業所だった。その主な沿革を以下に示す。

- 1971 年 6 月：再処理施設の建設着工
- 1977 年 　9 月：日米再処理交渉を経て、再処理施設でホット試験（使用済み燃料を用いた試験）開始
- 1977 年 11 月：プルトニウムを初抽出
- 1981 年 　1 月：再処理施設にて本格運転を開始
- 1990 年 11 月：使用済み燃料の累積処理量 500 トンを達成
- 1995 年 　1 月：ガラス固化技術開発施設にてガラス固化体の製造開始
- 1997 年 　3 月：アスファルト固化処理施設にて火災爆発事故発生。再処理施設の運転を停止
- 1998 年 10 月：核燃料サイクル開発機構東海事業所に改組
- 2000 年 11 月：再処理施設の運転を再開
- 2002 年 　6 月：使用済み燃料の累積処理量 1,000 トンを達成
- 2004 年 　7 月：プルトニウムを用いた「乾式再処理プロセス試験」を開始
- 2005 年 10 月：日本原子力研究所と統合、独立行政法人日本原子力研究開発機構（JAEA）核燃料サイクル工学研究所となる。
- 2006 年 　3 月：電気事業者との役務再処理完遂。

　JAEA は再処理業務を終えた本施設の廃止を検討し、原子力規制委員会東海再処理施設等安全監視チームに廃止作業工程の概略を記した文書を 2016 年 9 月 8 日に提出。これによれば全施設の廃止までにおよそ 70 年を必要としている。再処理工場の廃止措置計画は 2017 年 6 月 30 日に認可申請が行われ、2018 (平成 30)年 6 月 13 日に原子力規制委員会の認可を受けた。

　要するに 1977 年米国のカーター大統領による核不拡散政策により我が国の再処理工場の稼働に圧力はかかったが、日米原子力協定の交渉により、日本の高速炉と再処理技術の開発に米国の了解が得られた。動燃東海村の再処理工場でのアスファルト固化施設の火災で動燃の事業組織体は変更されたが、再処理事業そのものは成功裏に完了し、民間事業として日本原燃六ケ所村の再処理工場建設に技術移転され、東海村の再処理施設は解体廃止措置に移った。

1.4.3 日本原子力研究所の研究開発

　日本原子力研究所（日本原研）は我が国の原子力研究の揺籃期から現在に至るまで、原子

力研究を担ってきた中心的な原子力研究機関である。原子力研究の拡大とその後の編成替えのため元々全国各地に別個の目的で設置されたいくつかの研究機関を現在はくくり直して束ねる日本原子力研究開発研究機構という名称になっている。高速炉開発のため日本原研から分かれて設立された動燃も、今はこの日本原子力研究開発研究機構に組み入れられている。1956 年日本原子力研究所発足以降、2005 年の日本原子力研究開発研究機構への改称までの主な沿革は以下のとおりである。

- 1957 年：東海研究所設置、日本最初の原子炉 JRR-1 臨界
- 1960 年：JRR-2 臨界
- 1962 年：JRR-3 臨界（国産第 1 号原子炉）
- 1963 年：高崎研究所設置、動力試験炉(JPDR)の初発電に成功
- 1965 年：JRR-4 臨界
- 1967 年：大洗研究所設置
- 1968 年：材料試験炉 JMTR 臨界
- 1975 年：原子炉安全性試験炉 NSRR 臨界
- 1985 年：那珂研究所設置、むつ事業所設置（日本原子力船研究開発事業団統合）
- 1987 年：JT-60 臨界プラズマ条件目標領域達成
- 1992 年：JT-60 世界最高（当時）プラズマイオン温度 4.4 億度達成、原子力船むつ実験航海終了
- 1994 年：燃料サイクル安全工学研究施設（NUCEF）完成
- 1995 年：関西研究所設置
- 1997 年：Spring-8 放射光ファーストビーム発生
- 1998 年：高温ガス試験炉 HTTR 臨界
- 2002 年：地球シミュレータ完成、大強度陽子加速器施設（J-PARC）建設開始

　我が国の原子力研究の初期の研究炉 JRR1、2、3、4 の建設運営から動力用試験炉 JPDR の建設運営、材料試験炉 JMTR の建設運営以外に、原子炉安全性試験炉 NSRR や ROSA 試験装置等の安全性研究、核融合プラズマ装置 JT-60、Spring 8、J-PARC などの加速器施設、高温ガス試験炉 HTTR、地球シミュレータなどの原子力の基礎から大型実験まで広範囲の研究を支えてきたわが国有数の研究機関である。また上記沿革では見えないが、過去の研究炉 JRR シリーズや JPDR、ふげんの解体廃炉の経験から放射性廃棄物の処理処分の基礎研究をもとに、現在では青森県六ケ所村の日本原燃における低レベル放射性廃棄物埋設処分場や、原子力環境整備機構（NUMO）による高レベル放射性廃棄物処分場事業への寄与を行っている。なお福島事故以降の放射性廃棄物処理処分問題については、第 6 章に述べる。
　核融合の研究は、民生用エネルギー源として利用するには各国で巨額の費用を要するため 1985 年米ソ首脳会談で合意されて ITER（International Thermonuclear Experimental Reactor、国際熱核融合実験炉）計画がスタート。米ソ日欧で 1988 年概念設計が始まり、そ

の後中国、インド、韓国が加わった。2005 年フランスのカダラッシュに ITER の建設地が決定。日本原研那珂研究所での JT-60 から発展した量子科学技術研究開発機構は、ITER 協定に基づく活動を行う我が国の国内機関に指定されている。量子科学技術研究開発機構は、ITER 国内機関として我が国が分担する ITER 機器や設備の調達活動を進めるとともに、ITER 機構への人材提供の窓口としての役割を果たしている（佐藤　靖（2019））。

1.4.4 放射線総合医学研究所の経緯

　放射線総合医学研究所（放医研）の淵源には、1954 年 3 月 1 日ビキニ環礁での米国水爆実験でいわゆる死の灰を浴びて久保山愛吉さんが被曝した第五福竜丸事件があり、緊急被ばく治療のため 1957（昭和 32）年に発足した放射線医学に関する総合研究所である。発足当時は科学技術庁所管の国立研究所。SPECT(シングルフォトン断層撮影)用核種、PET(ポジトロン断層撮影)用核種、各種の治療用核種に大別される核医療用放射性同位元素の製造と利用展開、重度がん患者への重粒子線治療の開拓でも医学界に貢献している。

　1999（平成 11）年 10 月茨城県那珂郡東海村の JCO 東海事務所・転換試験棟で起きた東海村 JCO 事故で被曝した作業員 3 人が、緊急被ばく治療のためヘリコプターで放医研に救急搬送され入院。

　2001（平成 13）年独立行政法人化。2006（平成 18）年 国際原子力機関 IAEA の協力センターに認定。同年 同研究所内重粒子医科学センターで実施している重粒子線治療の登録患者数が治療開始以来延べ 3000 人を突破。2007（平成 19）年同研究所内重粒子医科学センター病院で、電子カルテシステムに「手のひら静脈生体認証装置」を導入。

　2011（平成 23）年福島事故で、福島第一原子力発電所 3 号機の復旧作業に従事していた作業員 3 名が福島県立医科大学附属病院より搬送され収容される。同事故により飛散した放射能による健康被害が懸念される福島県内住民の被曝調査が福島県の依頼により、当所および日本原子力研究開発機構で 6～8 月にかけて行われた。

　2015（平成 27）年 4 月 「独立行政法人放射線医学総合研究所」から「国立研究開発法人放射線医学総合研究所」に名称変更。8 月 26 日 原子力災害時の被曝医療の中心になる「高度被ばく医療支援センター」に指定。2016（平成 28）年 4 月 国立研究開発法人放射線医学総合研究所は日本原子力研究開発機構の一部の研究所を統合し国立研究開発法人量子科学技術研究開発機構に名称変更、放射線医学研究開発部門は引き続き放射線医学総合研究所の名を使用する。

　2019（平成 31)年)4 月 組織再編が行われ、放射線医学総合研究所は量子科学技術研究開発機構量子医学・医療部門の一部となる。

1.5 日独原子力比較論（1）─筆者の西ドイツ滞在経験を振り返って

　筆者は、若い頃に高速炉安全性研究で動燃事業団高速炉部に 7 年半在職（1974-81）中、CABRI プロジェクト（後述）へ動燃から派遣され 1976 年 7 月から 1978 年 1 月まで西ドイツのカールスルーエ原子力研究センター（KfK）原子炉開発研究所の客員研究員として滞在した。当時の西ドイツは高度経済成長時代の日本と同様にヨーロッパで最も経済が進んだ国として西はスペイン、南はイタリア、東はトルコ、ギリシア等バルカン諸国から出稼ぎ労働者が多数流入。また東ドイツ、ハンガリー等東欧共産圏からの脱国者は中立国オーストリアを経由して西ドイツに流入していた。当時ヨーロッパ共同体 EU はまだなかったが、フランスとドイツを中心に西ヨーロッパの大陸諸国は欧州共同体を形成していこうという機運であり、その欧州共同体活動の一つに原子力の研究開発に共同で取り組んでいた。

　CABRI プロジェクトとは、仏独共同の高速炉燃料安全性原子炉実験プログラムである。南仏エキサンプロバンス近郊のカダラシュ原子力研究センターにある CABRI 炉という原子炉を用いて高速炉用核燃料の破損実験を行うもので、ドイツではバーデンビュッテンブルク州カールスルーエ近郊のカールスルーエ原子力研究センター(KfK)がその実験計画立案と解析を分担した。当時動燃は分担金の少ないジュニアパートナーとして CABRI プロジェクトに参加したが、動燃からの派遣研究員として筆者の滞在した KfK の原子炉開発研究所にはベルギー、イタリア、オランダ等からの研究員が多数いた。当時の研究所の所長 Prof. Smidt はカールスルーエ工科大学の教授で西ドイツの原子力安全委員だったが、研究所所長の再選時期だった。その所長選挙だが所員全体の選挙で選ばれるが筆者のような外国からの客員研究員の立場でも選挙の投票権があった。当時の西ドイツでは市民が一緒になって物事を決めるという制度が普及。そのような当時の西ドイツで見聞したドイツの原子力事情は、日本とは大変様相が異なっていた。それは次の 4 点にまとめることができる。

①当時の西ドイツは、日本よりもはるかに核戦争に巻き込まれる危険の切迫感にあふれていた（西ドイツは米英仏 3 国の連合軍占領区域が合体して連邦共和国になったもので、筆者の滞在時も西ドイツの各地に米英仏 3 国の軍隊が駐留。北大西洋条約に基づいて各地に基地があった。また 1955 年の連邦基本法は、日本の平和憲法と異なってドイツ軍をもち、北大西洋条約のＮＡＴＯ軍に加盟。東ドイツは共産党政権下旧ソ連圏のワルシャワ条約国で、ワルシャワ条約国の中距離核ミサイル配備に対抗して西ドイツ領内にＮＡＴＯ軍の核ミサイル配備。それだけでなくワルシャワ軍の戦車軍団侵入への防備に NATO 軍の中性子爆弾の装備まで検討していた。第 2 次大戦後、再軍備が認められたことを受け、旧西ドイツでは 1950 年代に徴兵制が復活、兵役の代わりに病院や福祉施設などで社会奉仕活動に従事する良心的兵役拒否も認められていた。つまり共産圏と陸続きで対峙している最前線であったことから核戦争が現実に起こりうることを国

民全体としての認識度が、戦争放棄の平和憲法と米軍駐留で国防は人任せの日本とは全く異なっていた）。

②西ドイツの原子力開発も、戦後日本の平和利用の原子力開発とは様相が異なっていた（ドイツは第 2 次世界大戦前原子核物理の研究で世界をリードしていた。米国の原爆開発の秘密プロジェクト（マンハッタン計画）も亡命ドイツ人科学者たちが米大統領に提案し、軍部と協力して成功させたとも言える。西ドイツが戦後しばらくは原子力研究が連合軍により禁止されたことは日本と同様だが、アイゼンハワー大統領の Atoms for peace 演説後の西ドイツにおける原子力研究再開は、ヒトラー政権下にシュバルツバルドで行われていた原子炉研究のリーダなどによって研究炉、ウラン濃縮、再処理技術を自主開発で完成していった。そのような西ドイツの原子力研究の拠点は当時カールスルーエとユーリッヒにあり、カールスルーエは高速炉と再処理の研究開発センター、一方ユーリッヒでは独自設計の高温ガス炉開発を行っていた。軽水炉についてはエアランゲンのシーメンス社などでＢＷＲとＰＷＲの米国技術を取り入れて設計製作。ベルギー、オランダとの資本提携、およびヨーロッパ共同体としてフランスとの間で原子力共同研究プロジェクトを実施していた。また西ドイツは自国開発の原子力技術を南アフリカ、ブラジル、アルゼンチンに輸出し、これらの国の原子力開発に協力していた）。

③西ドイツの原子力反対運動は、日本の反原発運動ほど生易しいものでなかった（西ドイツでの原発は日本と違って内陸立地であり、ライン川、モーゼル川、ドナウ川など水量の多い内陸河川沿いに建設されるので原発温排水や放射能汚染に反対する市民運動の主役は、日本のように漁民ではなく、農民、山村地主などで、そこに 60 年代からの公害反対運動の流れを引いて都市住民や学生、労働者、さらにはベトナム戦争が世界中に火をつけた学園闘争の“赤軍派”が反核・反原発・環境保護運動になだれ込んでいた。シュバルツバルトを酸性雨公害から守れという環境保護運動の流れを引いてシュバルツバルト南麓に予定のビュール原発の建設予定地を原発反対派が占拠。それを警官隊が放水車で排除する風景がテレビで放映され、逆に反対派に市民の同情を生み、この原発建設は結局キャンセルされた。この実力占拠の反対運動は効果があるとみて、その後ブロックドルフ（原発立地予定）やゴアレーベン（再処理や放射性廃棄物処理場が立地予定）でも激しい反対運動が展開されていた。ライン川を越えてフランス側の原発サイトまで西ドイツの反原発派がデモするのを、“フランスの地方紙が第 2 次世界大戦後初のドイツ軍フランスに進撃と報じた”との記事を西ドイツの地方紙で読んだ記憶がある。ゴアレーベンは、ハノーバーに近い東ドイツとの国境近くの寒村で地元政府は誘致しようとしていた）。

④西ドイツの原子力反対運動は、とくに核燃料サイクル技術（高速増殖炉と再処理）に対して民主国家を否定する国家体制につながると反対が強かった。核燃料サイクル技術は核兵器の材料となる危険なプルトニウムを用いることから、とくに KfK は原子力反対運動のターゲットとされていた。筆者が滞在中一度 KfK の入り口ゲートに反核派が

押しかけ、放水がんの装甲車が来て警備した日があった。その日は KfK の講堂にウィーン郊外にある国際応用システム研究所 IIASA のヘッフェル博士が講演に来るというので筆者も聴講したものだ。当時はその関係が分からなかったが、今頃になって『原子力帝国』（ロベルト・ユンク著、山口裕弘訳、1989）を読んで当時の背景が理解できた（後述）。カールスルーエ市内のカールスルーエ工科大学の前には京大正門前のかつてのナカニシ屋のような学生向けの本屋があり、入り口にたくさん反原発のパンフレットやハードカバー本、簡易製本の資料集がテーブルに山積みされていた。その中には「悪魔の火　高速炉」という本もあったし、当時はそんな有名なベストセラーとも思わず買わなかったが、Der Atom-Staat という本も山積みされていた。当時ライン下流ベルギー、オランダ国境沿いのカルカールというまちに SNR300 という日本のもんじゅとほぼ同様の高速原型炉が建設中だったが、新聞に高速炉は憲法違反とする違憲訴訟の記事が出ていた。

　西ドイツにはルール地方など自国産石炭資源が豊富で、石炭火力が中心だったが、経済成長に伴う酸性雨が主要公害問題だった。筆者の西ドイツ滞在当時の印象では、ずいぶん反原発運動が激しいな、高速炉や再処理も反対が多いのだな、と日本との落差を感じていたが、最近 Der Atom-Staat(『原子力帝国』)の上記 1989 年翻訳本を見つけて読んだ。訳者の解説によると、著者のユンクは、ユダヤ人ジャーナリスト。戦前ナチス台頭でユダヤ人排斥のドイツからスイスに亡命。戦後、ニュルンベルグ戦犯裁判を傍聴、その後米国に渡りマンハッタン計画の関係者たちを訪問取材、ヨーロッパに帰国後はザルツブルグ在住。日本の原爆被災地の広島も訪問。大戦中の科学者の良心の問題を追及した出版でメディア界に台頭し、就中 1977 出版の"原子力帝国"はベストセラーとなり、西ドイツの反原発運動に思想的影響を与えた。筆者は最近読んだドイツの脱原発への歴史を主題とする出版（川名英之（2013））で、Der Atom-Staat を思い出し、西ドイツ滞在当時の様子を振り返り、自分の過去の記憶と結びついてきたわけである。以下、箇条書きで"原子力帝国"のポイントを記す。

①90 年代から興ってきた地球温暖化防止運動に影響を与えた米国のエイモリ・ロビンスを、ハードエネルギーパスからソフトエネルギーパスへの変革を提起する若きリーダーと紹介。一方、当時米国で増加する軽水炉原発の安全性評価に確率論を適用した 1975 年出版の原子炉安全研究で世界の原子力界に影響を与えた MIT のラスムッセン教授について、解析のためのデータは原子力事業者から提供を受けており、新たな確率論的解析法をまとって原発の安全性は高いと宣伝したオポチュニストと酷評（筆者注：原子力発電の確率論的リスク評価を米国以外で最初に実施したのは西ドイツである（German Risk Study）。その次に実施したのはフランス（フランスによる研究では原発停止時のリスクも無視できないという結果を導いている）。日本最初の確率論的リスク評価は動燃による高速炉もんじゅが対象で、軽水炉より 2 桁も炉心溶融確率が

低いという我田引水的な結果を出した）。

②米国オークリッジ国立研究所のアルビン・ワインバーグは、第 2 次大戦中マンハッタン計画で黒鉛原子炉の設計研究に関わり、原子炉物理の解析理論の著書で有名だが、戦後オークリッジ国立研究所の所長として平和な核エネルギーの推進者として"研究所の原子が巨大産業の原子へ成長"に貢献と、ユンクは原子力研究者が人類に申し出たファウストの契約、すなわちワインバーグを悪魔的誘惑者メフィストとして紹介。なおワインバーグは文献（Alvin M. Weinberg（1974））の出版によりトランスサイエンスの提唱者として有名である。日本では文系環境論学者がワインバーグのトランスサイエンスを好意的に引用する一方、ワインバーグがオークリッジで実験に成功したトリウム溶融塩原子炉は現在も日本、中国等の世界の若い原子力研究者たちが挑戦を続けている。尤もワインバーグは軽水炉路線に反対してトリウム溶融塩炉路線を主張したためオークリッジ国立研究所から追われたという。1957 年米国の原子力の平和利用視察のためオークリッジを訪問した日本政府使節団員の川本稔氏に、ワインバーグは米国の広島、長崎への原爆投下を謝るとともに、日本は国土が狭く、人口密度が高く、地震多発国という国土条件だ。放射性廃棄物の処理問題は将来禍根を残す、日本は原子力の平和利用とくに安価で豊富な電力という美名に乗せられて悪魔と取引してはならない、と忠告したという。

③戦前から核物理学者として有名なワイツゼッカーの弟子ヘッフェル博士は西ドイツ KfK の高速炉プロジェクトリーダーとして欧州原子力界の高速炉開発熱をあおる。ユンクは SNR300 のどんどん高騰していく建設予算と、KfK 内の高速炉の批判的研究者の排斥や研究者の論文公表を禁じる管理体制を批判。ヘッフェル博士は KfK から IIASA（オーストリアのウイーン近郊のラクセンブルグにあるシステム解析に関する国際高等研究所）の所長になり、IIASA 同僚のマルチェッテイとともにエネルギーセンター構想をぶち上げていた。ユンクは、このような原子力科学者をルーレットに未来をかけるあくどい賭博師とその危険性を指摘(当時欧州の英仏は核兵器所有国で既に高速炉と再処理技術は所有していた。フランスは実験炉 Rapsodie、原型炉 Phenix を運転、実証炉 Super Phenix を建設中で高速炉とラアーグ再処理工場でリードし、英国でも同様にドーンレイに高速炉（実験炉 DFR、原型炉 PFR）とセラフィールドに再処理工場（THORP））を建設し、両国はドイツから使用済み核燃料の再処理委託を受け入れていた。独仏ではプルサーマルは 70 年代に既に実施していた)。

④フランスのラアーグ再処理工場で頻発する放射能漏出事故、ウラルの核惨事、1974 年バイエルンのウルム近郊グントレミンゲン原発で作業中放射能を浴びて死んだ作業者 2 名の遺体埋葬などを挙げて放射能の恐ろしさとそれを隠す原子力界の秘密体質、抑圧体質、従業者管理体質の非人道性を指摘。

⑤要するに原子力は国家を管理統制して国民の思想の自由、基本的人権を奪うという倫理的観点から核兵器、原子力発電双方を否定する反核運動の理論的指導者だった。ユン

　クの描写する原子力帝国の世界は、英国の小説家ジョージ・オーウェルの小説『1984』の描く世界と通じるところがある。

　訳本中に解説を寄稿した市川定夫氏は、同氏がザルツブルグ会議の前日（1977 年 5 月 1 日）、ロベルト・ユンク氏と西ドイツの緑の党初代共同代表になるペトラ・ケリー氏の 3 人はレストランで夕食をともにし、翌日ザルツブルグ会議会場前で"原子力反対"と多国語で書いたポスターを掲げて並んだというエピソードを書いている。この会議は核兵器拡散につながる高速炉や再処理を国際的に管理していこうという IAEA の会議だったから世界中から来た会議参加者に彼らの主張をアピールしたのであろう。

　ゴルバチョフ大統領の時代、チェルノビル事故が引き金になってグラスノスチからソ連圏の崩壊と 1991 東西ドイツ統一。東ドイツ復興の過程でソ連型原発の閉鎖。西ドイツ時代の旧ソ連圏との核ミサイル配備の対峙もなくなり反核運動継続の理由がなくなったドイツでは、反原発運動を進めた緑の党のその後の政界進出により国政レベルで脱原発の主張が浸透していった。とくにカルカールでの高速炉 SNR300 のキャンセル、ゴアレーベンでの放射性廃棄物処分場反対運動。KfK での原子力研究からの撤退と環境とエネルギー研究への転換。それらがその後 90 年代から顕著になってきた地球温暖化防止への国連ベースの取り組みの中で、エイモリー・ロビンスの提起したソフトエネルギーパスへのドイツおよびヨーロッパでの展開に繋がっていったのであろう。

1.6　次章へのつなぎ

　第 1 章では最後に筆者の若い頃のドイツ滞在時の状況を回顧した。一方、日本では当時どうだったか？　日本では原爆の唯一の被爆国でありながら原子力の平和利用に夢をもち原発の推進を図ってきた。原子力推進は国民の大方の賛同を得ながら、原子力開発を進める原子力関係者は、TMI 事故やチェルノビル事故を経て世界の原子力国の潮流がシビアアクシデント対策強化に向かっているのに、それに背を向けて対策を怠った結果、福島事故を招来。何故なのか？

　日本では福島事故で脱原発の世論は高まっているもののドイツに比較すると反原発運動が国政を左右するほどの政治的影響力はないように見える。かといって原子力推進が政治家にも国民にももはや開発当初のような熱い期待感をもっているふしもない。これは一体どうしたことか？

　第 2 章では、福島事故以降の日本の原子力をめぐる社会動向と再び日独比較論の続きを述べる。

参考文献

政池明（2018），荒勝文策と原子核物理閣の黎明，京都大学学術出版会，　2018 年 3 月 31 日.

神田啓治・中込良廣（2009），原子力政策学，京都大学学術出版会，　2009 年 11 月 25 日.

高橋洋（2017），エネルギー政策学，岩波書店，　2017 年 11 月 22 日.

IAEA（1996），　DEFENCE IN DEPTH IN NUCLEAR SAFETY　INSAG-10　A Report by the International Nuclear Safety Advisory Group, INTERNATIONAL ATOMIC ENERGY AGENCY, VIENNA, 1996.

原子力委員会（2005），平成 17 年度原子力安全白書.

日本原子力学会「先端原子力の社会的啓発に関する調査」特別専門委員会（2001），新しい原子力文明へ—原子力の技術的安全と社会的安心への道筋—，ＥＲＣ出版, 2001 年 12 月 21 日.

前川之則（2011），事故やトラブル時にどう対応するか？原子力安全・保安院「緊急時対応センター」（ERC）について，日本原子力学会誌, Vol. 53, No. 4（2001），pp. 278-282.

烏賀陽弘道（2016），福島第一原発メルトダウンまでの 50 年　事故調査委員会も報道も素通りした未解明問題，明石書店, 2016 年 3 月 11 日, pp. 226-306.

日本原子力学会東京電力福島第一原子力発電所事故に関する調査委員会（2014），福島第一原子力発電所事故 その全貌と明日に向けた提言—学会事故調 最終報告書—，丸善出版，平成 26 年 3 月 11 日, p. 133.

伊藤邦雄（2012），解説記事「米国原子力発電所の大規模損傷事故時の緩和方策（B.5.b 項）」，保全学, Vol. 10, No. 4（2012）.

佐藤靖（2019），科学技術の現代史 システム、リスク、イノベーション，中公新書 2546, 2019 年 6 月, pp. 124-125.

ロベルト・ユンク著，山口裕弘訳（1989），原子力帝国, 社会思想社, 現代教養文庫 1281, 1989 年 3 月 31 日.

川名英之（2013），なぜ ドイツは 脱原発を選んだのか 巨大事故・市民運動・国家，合同出版, 2013 年.

Alvin M. Weinberg（1974），Science and Trans-Science, Minerva, Vol. 10, No. 2（1974），pp. 209-222.

付録　IAEA による原子力分野における安全文化概念

　原子力分野における安全文化概念は、IAEA の国際原子力安全諮問グループ（INSAG：the International Nuclear Safety Advisory Group）が旧ソ連のチェルノブイリ原子力発電所事故についてとりまとめたチェルノブイリ事故の事故後検討会議の概要報告書（INSAG-1、1986年）において「チェルノブイリ事故の根本原因は、いわゆる人的要因にあり、『安全文化』の欠如にあった」と記述、初めて明示的に示された。INSAG は、報告書「原子力発電所の基本安全原則」（INSAG-3、1988 年）、「安全文化」（INSAG-4、1991 年）などをとりまとめ、安全文化概念を施設の安全確保のための基本原則の一つとして位置づけるとともに、その概念を組織及び組織を構成する個人の特性と姿勢とを総合した、非常に広がりがあるものとした。さらにその後、安全文化の構成要素、組織が安全文化の構築について自己点検するための質問事項や安全文化の劣化の兆候などについて検討し、その結果を公表している。以下に概要を述べる。

（1）安全文化の概念の定義

　安全文化の概念を定義した INSAG-4 報告書では、安全文化を「原子力発電所の安全の問題には、その重要性にふさわしい注意が最優先で払われなければならない。安全文化とは、そうした組織や個人の特性と姿勢の総体である」と定義し、その普遍的特徴として、「安全文化を構成する一般的な要素は、第一に組織内に必要とされる枠組みと管理階層の責任、第二に組織内の枠組みに対応し、そこから利益をうけるすべての階層の従業員の姿勢である」としている。安全文化の主要な要素を図 1 に示す。

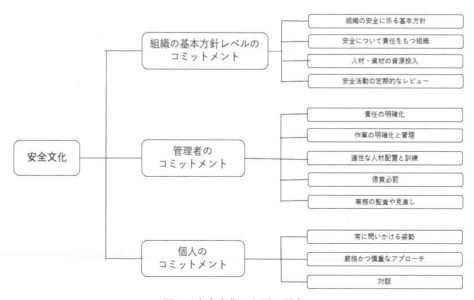

図 1　安全文化の主要な要素

　同報告書では、さらに政府機関、運転組織（各企業や発電所内、あるいは従業員）などが、それぞれ安全文化を構築するために何をすべきかを示しており、また、付属文書として安全文化の効果を自己評価するための質問リストを安全文化指標（Safety Culture Indicators）として提示している。

（2）安全文化の評価項目

　安全文化の概念の提示後、組織の安全文化を適切に評価する方法、評価項目を検討して、1996 年に IAEA の組織内安全文化評価チーム（ASCOT：Assessment of Safety Culture in Organizations Team）が、「ASCOT ガイドライン：安全文化に対する組織の自己検証とレビュー」をとりまとめ、組織の安全文化を自己評価するための評価項目を提案した。この評価項目は、規制機関と事業者それぞれの自己評価項目からなり、INSAG-4 で提示された基本的な評価項目である基本質問と、これに関連する具体的な指定質問、さらにこれらの質問の仕組みや活動成果などの評価の視点に係る質問などで構成している。

（3）安全マネージメントシステム

　INSAG-13 報告書「原子力発電所における運転安全のマネージメント」（1999）では、安全文化を強化し優れた運転実績を実現するための安全マネージメントシステムの構築方法を提示している。その目的は、個人や組織が持つ安全に対する良好な態度と行動を強化することにより、強固な安全文化を醸成することである。

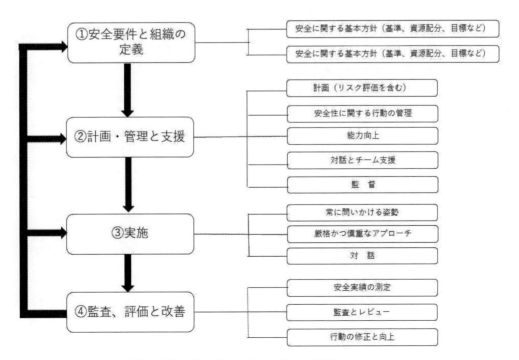

図 2　安全マネージメントシステムの仕組み

　安全マネージメントは、図2の左側に示すような PDCS の各要素である①、②、③、④のサイクルを回すことである。また付属文書では、これらの各要素が効果的に確立されているか否かを判断するための安全マネージメント指標（Safety Management Indicators）として自らに問いかける一連の事項の例を示している。例えば安全に関する基本方針については、

　　・すべての従業員に認識され、中間管理層に支持されているか？
　　・適正な資源配分が内容に盛り込まれており、それが適切に監視されているか？
　　・継続的な改善を意図して、意欲的で達成可能な目標が設定されているか？

などの質問を示し、指標の目的は、安全マネージメントの有効性を評価するための基礎を提供することにある。

（4）自己点検のための質問
　INSAG-15 報告書「安全文化を強化するための主要な実務課題」（2002）では、この安全マネージメントシステムの検討を深め、原子力利用を行う組織の各階層が、それぞれ安全文化の醸成にどのように貢献するか自己点検するための一連の質問項目の例を示して、安全文化の概念を日常的な表現で説明し、普遍的に適用可能な明確な基準に照らして組織の各階層が確認できるようにしている（表1参照）。

表1　組織の階層ごとに提示する事故検証のための質問項目の例

階層	質問数	質問例
トップマネージメント	6	組織の安全文化を強化し、高い安全性を達成するための明確な理念を持っているか？
原子力本部長	20	安全に対する期待を、合意の上でみんなに周知しているか？
発電所長と上級管理者	22	安全に対する期待を質したら、部下は答えてくれるか？
中間管理職	23	最近の管理者会議やチームの打ち合わせで安全は第一の議題だったか？
現場の監督者	18	最近のチームの打ち合わせで安全は第一の議題だったか？
作業員	19	業務に取り掛かる前に、業務の内容を理解しているか？

（5）劣化の兆候
　安全文化の劣化の兆候は、初期には必ずしも明確に把握できない場合もあり、予想以上に事態が悪化してしまう可能性がある。INSAG-13 と 15 の報告書では、このような安全文化の劣化の兆候を早期に検出するためには、自己点検が重要であり、安全文化は表2に示すような過程を経て劣化していくと分析し、これらの兆候を自己検知することが必要であるとしている。

表 2　典型的な安全文化劣化のパターン

劣化の徴候		現象
第 1 段階	過　信	良好な過去の実績、他者からの評価、根拠のない自己満足から生まれる
第 2 段階	慢　心	軽微な事象が起こり始める。監視機能が弱まり、自己満足から改善が遅れる、または見逃される
第 3 段階	無　視	多くの軽微な事象とともに、重要性の高い事象も起こり始める。しかしそれらは無関係な特殊事象として扱われて内部監査でも無視される。また改善計画も不完全なままで終わる。
第 4 段階	危　険	潜在的に過酷な事象が幾つか起きても、組織全体が内部監査や規制者など外部の批判があっても「妥当でない」として対応しない。
第 5 段階	崩　壊	（組織事故発生）規制当局など外部機関による特別検査が必要になる。経営管理者の退陣などが出てくる。修復、改善に多大なコストが必要である。

（6）総合マネージメントシステム

　IAEA は、2005 年、各種の安全基準文書をとりまとめて、原子力施設を総合的に管理するための総合マネージメントシステムを提示した。これは原子力施設の安全性、環境、セキュリティ、品質マネージメント、経済性を統合し単一のマネージメントシステムとして取り扱うことを目指している。総合マネージメントシステムの中では、安全文化の醸成を促進しなければならないものとし、そのための留意事項を表 3 のように指摘している。また、安全文化の特性として、「①安全が明確に認識された価値であること、②安全確保のための明確なリーダーシップ、③安全確保の明確な説明責任、④安全確保がすべての活動に組み込まれていること、⑤安全確保を学習によって向上させること」の 5 つを挙げ、各特性について解説を加えている。

表 3　総合マネージメントシステムにおける安全文化醸成の促進のための留意事項

番号	内　容
1	安全文化の主要な要素に対する理解を組織の内部で理解すること。
2	個人や技術、組織の相互作用を考慮に入れて個人とチームが業務を安全に、支障なく遂行できるように支援手段を提供すること。
3	学び、問いかける姿勢を組織内のあらゆるレベルで強化すること。
4	安全文化を常に向上させる手段を提供すること。
5	職員が安全に関する懸念事項を指摘してもそれが報復や差別につながらないような環境を作ること。
6	特に管理者の責務として安全文化を強固にするための重要な事項を理解して、従業員全員でこの考えを共有する手段を講じること。
7	安全文化を絶えず広げていくための道筋、よき行動例を示すこと。
8	あらゆるレベルで強固な安全文化を広げていくための行動、価値観、信念を促し、安全文化の劣化を初期の段階で摘み取るように監視すること。

（7）安全文化の評価と向上計画支援

　IAEA では、これまで蓄積した安全文化の考え方、その定着から向上に至る技術的、社会

的、心理的、文化的側面などを総合し、IAEA 加盟国の専門家で構成されるチームによる評価、向上計画支援の制度を運用している。安全文化評価レビューチーム（SCART：Safety Culture Assessment Review Team）は、専門家チームと事業者のメンバーが共同で安全文化の実情を分析し、さらに促進すべき点と改善すべき点を洗い出すもので、良好事例は他の事業者、他国にも広げることを支援している。安全文化向上計画（SCEP：Safety Culture Enhancement Programme）は、組織によって異なる安全文化を自己評価し、絶えず改善していく努力を支援することを目的としている。安全文化向上は、トップが計画し、全従業員が参加してやり遂げる長期的な運動である。IAEA はその自己評価手法、評価の方法、良い慣習を広めるための情報交換について助言などにより支援している。

(8) 運転安全性能指標

　IAEA は 1980 年代から、原子力発電所の運転安全性能を監視する指標（Operational Safety Performance Indicators for Nuclear Power Plants）について取り組んでいる。TECDOC－1141（2000 年）で示された原子力発電所の運転安全性能指標は現在、11 か国、12 の発電所で試運用されている。指標は 3 つの「安全運転方針」の下に、「概括的指標」—「戦略的指標」—「個別指標」の 3 つの階層で整理されている。3 つの「安全運転方針」の一つである「前向きな安全態度による発電所の運転」の下に、「概括的指標」である「安全に対する態度」と「改善努力」に係る指標群が位置づけられる。更にそれらの下に①法規制等の遵守、②ヒューマンパフォーマンス、③安全についての知見の蓄積、④安全意識等の戦略的指標群が位置づけられている。各指標群には、それぞれ関連する個別指標が挙げられ、「前向きな安全態度による発電所の運転」に係る指標については、安全文化との関連性が指摘されている。

第 2 章 福島事故の結末
― 様々な事故調査・検証の系譜と原発世論の変化

2.1 福島事故の様々な事故調査報告・検証の系譜

2.1.1 事故直後に出版された著書

　福島事故前からそれぞれ違った立場で原子力村に批判的だった 3 人の著者、飯田哲也、佐藤栄佐久、河野太郎は、福島事故後ほどなく共著（飯田哲也・佐藤栄佐久・河野太郎（2011））を出版した。著者らは福島事故以前とそのさなかのあり様から、福島事故後のエネルギー政策再編のために、福島事故調査を期待している。

　とくに第一著者飯田哲也は、京大原子核工学科を修了し、原子力企業に就職、そこから電力中央研究所に出向して原子力の学術界、産業界の現場、電力と国の裏舞台の 10 年余の体験中、反原発リーダーの人格にふれ、それまでのキャリアを捨ててスウェーデンに移り、そこで自然エネルギー推進に転向した経歴を持つ。

　飯田哲也はその原子力村での体験から、1 つに安全審査が実質的でなく空疎だ、2 つに技術の本質が底抜けだ、と日本の原子力の最も本質的欠陥を 2 つあげている。飯田哲也は、福島事故を招来した原子力村の虚構の諸相を論じ、福島事故後の電力システムの改革や自然エネルギー等によるエネルギーの再構築を提起している。このことは福島事故後約 10 年を経てますます現実になっている。本章の筆者には飯田哲也のいう日本の原子力の最も本質的な 2 つの欠陥は、日本が進めた原子力研究開発全体ではなく、国策民営で進められた技術導入原発の推進者たちだけを観察しての指摘と思うが、今後この欠陥が改善できなければ原発の再稼働は危険千万といえよう。

2.1.2 事故後の事故調査報告への科学ジャーナリストたちの評価

　2012 年 7 月までに行われた福島事故の調査には、事故を起こした当事者である東電によるものと、数人の著名民間有識者が自発的に取り組んだ事故調査、国会事故調査委員会によるもの、政府事故調査委員会によるものの 4 つがあった。国会事故調、政府事故調では、我が国における過日の JCO 事故等、原子力官庁主導の事故調査の反省から、原子力村のメンバーは利益相反するとして排除されて、それまで原子力界に比較的に無縁であった人達が国会および政府によって調査委員会の委員に選ばれて実施された。4 つの事故調報告はいずれも 2012 年前半に発行され、最も遅い政府事故調報告書でも 2012 年 7 月 23 日発行である。

　ここではその後 2013 年 1 月に発行の、日本科学技術ジャーナリスト会議による 4 つの事故調報告書の相互比較を論じた出版（日本科学技術ジャーナリスト会議（2013））を取り上げて、新聞、テレビ、学術出版界で実績のあったジャーナリストたちからみての、原子力村そのものにみられる"倫理性の欠如"の実相の考察を中心に述べる。

　日本科学技術ジャーナリスト会議 JASTJ とは科学ジャーナリストと自ら称する専門職業人が 1994 年に設立したもので、如何なる権威にも拘束されないジャーナリズムの原点にたった独立自由組織として運営。4 つの事故調報告書が出そろった 2012 年 7 月 JASTJ に事故報告再検証委員会を構成して、4 つの事故調報告はいずれも内容が不十分との認識の共有のもと、今後の疑問点解明を期待して 2012 年年内出版を期して 9 名のメンバーで執筆した。この本の著者たちは　朝日新聞、毎日新聞、日本経済新聞、TBS、岩波、NHK で科学報道に関与してきた経歴を持つ。

　この本では初めに福島事故の全体像と推移、我が国の原子力事業独特の背景を概説したのち、著者の科学ジャーナリストたちが 4 つの事故調査報告書を読み比べてどういう疑問を持ったか、13 項目を挙げて 4 つの事故調の違いを列挙し、かつそれぞれについて彼らの目で背景等を考察している。対象にしている 4 つの事故調報告書のタイトル、報告書作成者、調査の主眼、報告の発表日とそれぞれに対する JASTJ メンバーの全体的な評価を表 2-1 に示す。

表 2-1　日本科学技術ジャーナリスト会議 JASTJ が対象にしている 4 つの事故調報告書

事故調査報告書 （略称）	民間事故調	東電事故調	国会事故調	政府事故調
調査委員会名	福島原発事故独立検証委員会	福島原子力事故調査委員会	東京電力福島原子力発電所事故調査委員会	東京電力福島原子力発電所における事故調査・検証委員会
委員長	北澤宏一　前科学技術振興機構理事長	山﨑雅男　東電副社長　当時	黒川　清　元日本学術会議会長	畑村洋太郎　東大名誉教授
調査の方針	真実、独立、世界の見地から政府と東電の責任を検証する。具体的な事象を対象にするケーススタデイにより問題点を明らかにして事故の真相に迫り、背後の制度的問題点を浮き彫りにする	事故から多くの教訓を得るためとくに重要と思った点を中心に可能な限り現場確認、記録類の確認、関係者へのヒアリングによる情報収集を行い、得られた情報をもとに解析での事象進展の評価を合わせて客観的な解明し、安全性向上に寄与する対策を導く	憲政史上初めて政府からも事業者からも独立した調査委員会で過去の規制や事業者との構造のような問題の根幹に切り込む。国民による国民のための事故調査、過ちから学ぶ未来に向けた提言、日本の世界への責任という視点から総括した。	従来の原子力行政から独立した立場で技術的問題にとどまらず制度的問題も含め総括的な検討を任務として調査検証を行い、事故及び事故による被害の原因究明、被害の拡大防止、同種事故の再発防止のための政策提言を行う。
報告書発表	2012 年 2 月 27 日	2012 年 6 月 20 日	2012 年 7 月 2 日	2012 年 7 月 23 日
JASTJ による全体評価	最初にまとめられたが、スポンサーが非公表なことから信頼性を疑っている	事故を起こした当事者の報告書だが、教訓を学び再発防止につなげる危機感に乏しい。	国会がリードして設けた第三者委員会。この憲政史上初の結果を国会自身がどう受け止めるかを注目。	これも事故の当事者の報告書で取りまとめは官僚が支えた。分析と教訓の一般化に重点が置かれている。

　4つの事故調の違いを比較した項目は多岐にわたるので、その執筆者と疑問内容のみ表2-2に示す。この表中の Q13 は「原子力村の倫理」ととくに関係しているので、これを中心にして以下ではこの出版における科学ジャーナリストの挙げる主張を取り上げて議論する。

表 2-2　日本科学技術ジャーナリスト会議 JASTJ の著者たちの福島事故への疑問事項

疑問番号（執筆者）	疑問の内容
Q1（横山裕道）	地震か津波か？　なぜ直接的な原因が不明なのか？
Q2（堤佳辰）	ベントはなぜ遅れたか？
Q3（堤佳辰）	メルトダウンの真相は？　なぜ発表は迷走したのか？
Q4（柴田鉄治）	事故処理のリーダーは、なぜ決まらなかったのか？
Q5（柴田鉄治）	東電の全員撤退があったか、なぜはっきりしないのか？
Q6（高木　靭生）	テレビ会議の映像になぜ音声がないのか？
Q7（荒川文生）	なぜ原子力村は温存されたのか？
Q8（横山裕道）	なぜ個人の責任追及がないのか？
Q9（桶田　敦）	住民への情報伝達はなぜ遅れたのか？　また放射線被ばく情報の誤解と混乱はなぜ生じたか？
Q9+（林　衛）	放射線被ばく情報の誤解と混乱はなぜ生じたか？
Q10（林勝彦）	なぜ核燃料サイクル問題の検証がないのか？
Q11（高木　靭生）	原子力規制への提言が報告書によって違うのはなぜか？
Q12（小出五郎）	なぜ4つの報告書がこのまま忘れられようとしているのか？
Q13（小出五郎）	なぜ4つの報告書には倫理の視点が欠けているのか？

2.1.2.1　倫理性

　4つの事故調査報告書に共通することとして、原因究明がはっきりしていないこと、誰が責任を取るべきか、責任追及が一切されていないことを指摘し、事故調査における倫理の視点の重要性を取り上げている。以下がその議論のポイントである。

①負の遺産を未来世代に残すことの倫理性が検討されていないことを挙げて、先進国では常識的な科学技術の倫理の議論が日本には欠けていると指摘している。

②福島事故前は世界的な原子力ルネサンスの風潮から原子力推進に転じようとしていたドイツのメルケル首相は、福島事故を受けて、日本のような先端技術の進んだ国でも原子力事故を起こしたのを見てドイツも原子力発電の推進は難しいと再び脱原発に戻った。ドイツ政府は負の遺産を残してはならないという倫理を優先し、脱原発に戻った。このドイツの行き方は日本も見習うべき。

　この科学ジャーナリストたちは、倫理の意味を、社会の基盤をなす共通の認識、原理原則、社会の常識、いわば"民意"と規定している。そして"原発は負の遺産"というのが目下の民意とみている。本章の筆者には、"倫理"は"（その時々でよく変動するような）民意"というのではなくむしろ集団力学の社会心理学者杉万俊夫の唱える"社会の成員が共有する無意識の

規範"と考える方がより不変性があって倫理の意味に沿っていると考える。

　また、科学ジャーナリストたちは、世の中の基本原理は、①生命と健康を尊重する、②国土と環境を保全する、③社会の継続と文化を守る、というが、本章の筆者には、それは日本国憲法が規定している基本的人権や国民の持つべき義務責任感と考える。

　さて科学ジャーナリストたちは、日本を以下のように論じる。

・日本では、なぜか民意とは愚かな国民の感情に左右された思い込みとされて、価値の低いものと見なされている。
・だから政治家が迎合的に民意に沿うことは、政治家たるものの本来を損なう、と見下げる風潮がある。
・負の遺産の倫理観はしばしば青臭い議論として排除される。
・専門家と称する人達は倫理とは今更考えるまでもない分かり切ったことという意識が強い。

そして、

・"日本の原発ゼロを求める民意"は、原子力村の倫理の欠落を的確に突いているのでないか、と指摘している。

　本章の筆者としては、①日本の民意は福島後原発ゼロに傾いているか否か、と②原子力村には倫理が欠落しているか否かとは別個の問題と考え、①については本章2.3節の原子力世論のところ、②については第8章の原子力と倫理で論じることにする。

2.1.2.2　原子力村

　科学ジャーナリストたちは、4つの事故調報告書では原子力村とは言っていないがといいつつ、原子力村について次のように論じている。

・原子力関係者の集団、すなわち関係省庁の官僚、中央と地方の政治家と有力者、電力会社・関連メーカー・関連団体・労働組合・労組連合体、審議会などを渡り歩く常連の著明な学者、メディア関係者などを構成員とする原子力推進組織があり、それを原子力村と呼ぶ向きがある。
・その組織には、原子力推進、安全神話についての独善的な暗黙の了解があり、異論を唱えるものは排除する組織である。

　科学ジャーナリストたちは、東電事故調を除いた3事故調はいずれも原子力推進組織の問題点を挙げているが、人災を防ぐため村社会を脱皮して安全文化を育成する（民間事故調）とか、安全第一の7つの基本思想の所感（政府事故調）とかいった改善提案の提示にとどまり、原子力村には"甘い結論"になっていると指摘する。

2.1.2.3　原発ゼロへの取り組み課題

2011 年 9 月、当時の民主党政権は新しいエネルギー政策を決める「エネルギー・環境会議」を発足させた。そこでは表 2-3 のように「原発ゼロにした場合の課題」を提示している。

表 2-3　原発ゼロにした場合の課題

課題	項目
家庭・企業の問題	電力不足　電気料金の上昇　再生可能エネルギー開発が進んでいない　原子力技術と人材の喪失
原発立地自治体の課題	使用済み核燃料の保管　原発再稼働の受け入れ　使用済み燃料と富者性廃棄物の一時貯蔵と永久処分　原発中心の地域経済構造
政府の課題	温暖化防止への対処　政策変更に伴う省庁の構造改革　核燃料サイクル、安全保障の影響
海外諸国との関係に関する課題	日米関係（原子力協定、企業間協定など）　化石燃料価格の交渉　原発輸出への影響

科学ジャーナリストたちは、民主党政権（野田首相）はこういった課題があるから原発ゼロは不可能で、再稼働を進めたいのだろうが、それぞれの背景と解決のアイデアも示すこと、要はドイツのように、負の遺産を残さない倫理に立ち返って解決しなければならない、と結んでいる。

歴史的な事件に風化しつつある福島事故とはいえ、民意の大勢が脱原発を志向するならば、大方の国民に原子力発電はそのような日本国民の共有する"倫理"に合わないものと無意識に記憶に刻み込まれているのであろうが、福島事故後、世論が脱原発に転じているかどうか、それならばどういう要因が背後にあるのかについては、後述の原子力世論のところで述べる。

福島事故後、原発再稼働を目指す原子力事業界では、内外のこのような事故調の改善指摘に沿って、安全文化を学習する組織への脱皮、想定外事態にでも危機を克服する能力を学習訓練で体得、という方向の取り組みが強化されている。これらは第 8 章に紹介する。しかし、科学ジャーナリストは、原子力事業者のこのような姿を知ってか知らずか、事業者はもはやみそぎを受けたとして復権にいそしんでいるようだ、と批評している。原子力事業界は、せっかくの努力もマスコミにはそのように受け取られることもわきまえておくべきであろう。

もう 1 点は科学ジャーナリストたちの持ちだす理想の国ドイツへのナイーブな賛美である。この点は筆者（吉川）には大変な違和感があるので個人体験を含めての日独比較論を前章と本章の 2 か所に分けて述べ、日独の国情、文化の違いから、単にドイツの行き方に追随すれば日本もうまくいくというものではないことを述べることにしたい。

2.1.3 原子力学会事故調査最終報告書の論点と特徴

原子力学会の事故調査報告書（日本原子力学会　東京電力福島第一原子力発電所事故に関する調査委員会（2014））は、2014年3月11日に出版されているが、そのときまでに、すでに原子力規制委員会が2012年9月に発足しており、2012年12月民主党野田政権から自民党安倍政権へ交代の一方で、新規制基準が2013年6月に公表され、併せて防災対策指針も公表されている。その後再稼働申請が相次いだが、新規制審査合格、地元合意で再稼働が始まったのは2015年8月九州電力川内原発が初めてである。原子力学会の報告書を検討するときには、以上の経緯を頭に入れておかねばならない。

原子力学会報告書の作成には、学会の各部会からメンバーを出して参画し、当時の学会会長が取りまとめている。なお国会や政府による事故調査では当事者や個人の責任追及に偏すべきでないとの趣旨の、原子力学会声明（2011年7月7日）が公表されるや否や当時マスコミ等から非難をあびている。

さらに自民党政権後、初代原子力規制委員会の幾人かの委員が任期満了になり、この報告書作成に関与したメンバーが規制委員会委員に任命されているし、原子力規制庁幹部職員としても登用されている。ということは、この学会の事故調査報告書に盛られた内容は、再稼働のための規制委員会の新規制基準作り等に反映されている事項が多いと思われる。以下では、3つの問題に整理して紹介する。

2.1.3.1 さらにどのような新たな事項を取り扱っているか？

日本原子力学会の事故調査報告書では、事故を起こした福島第一発電所以外に、東日本大地震に襲われた太平洋岸に立地の他の発電所(福島第二発電所、女川発電所、東海第二発電所)を含めて設備概要、地震および津波への対応の相互比較の後、福島第一発電所で行われた事故対応について、緊急時対応計画、東電によって行われた事故時の緊急時活動とそれ以外（政府、自治体）による周辺住民に対する緊急時から以降の長期に渡る措置（住民避難、食品・飲料水の出荷・摂取制限、放射線計測と被曝線量測定、環境汚染と除染、放射性物質の放出量の推定、INES（International Nuclear and Radiological Event Scale、国際原子力・放射線事象評価尺度）による評価、事故後のコミュニケーション、所外からの支援活動、事故の分析評価と課題、原子力安全体制の分析評価と課題、事故の根本原因と提言、現在進行中の事故後対応を見出し語に、学会らしく専門的知見を主に記載している。

本報告書を他の公式、非公式事故調報告と比較すると、以下の事項は新たに検討されているものである。

①事故を起こした東電福島第一原子力発電所以外の東日本大地震に襲われた原子力発電所の状況を記載することにより、同様に地震と津波に襲われながら炉心溶融事故を招来しなかった原発との明暗を分けた要因（設備、人的対応等）を調べている。

②メルトダウンを起こした原発の事故解析に、米国導入のシビアアクシデント解析コー

ド（MAAP, MELCOR）以外に日本で開発した解析コード（SAMPSON,THALES）を用いている。事象進展解析やソースターム評価で重要度の高い現象やその知識レベルを表形式で分類している。

③IAEA による 5 層の深層防護概念について過去の原子力白書の記述でとくに第 4, 5 層を意図的に削除された時期とその削除した理由を掲載している。それによると原子力安全委員会の、「日本の原発は信頼性が高いからシビアアクシデントは起こさないが、より一層の安全向上のためにシビアアクシデント対策は民間が自主保安で対応して下さい」という認識が 4, 5 層を削除した理由であり、さらに 4, 5 層を原子力白書から削除した福島事故前の 2 代の安全委員長は、シビアアクシデント対策を安全委員会の議論で取り上げようとしたが、当時の原子力安全・保安院の幹部から寝た子を起こすなと文書で警告された、と記載している。

④原子力学会の事故調査報告書そのものは福島事故が起こったからには IAEA の深層防護概念を取り上げ、とくに 4,5 層にはどのように対応すべきかを熱心に議論している。

⑤福島事故の事故時の事象進展の解明に今後も調査が必要な事項を 50 項目程度上げている。

⑥2001 年 9 月 11 日米国の同時多発テロ事件に鑑み、当時米国から原子力安全・保安院に注意喚起のあった B.5.b 項を日本側が対応しなかったことから、今後核セキュリテイと核物質防護・保障措置に真面目に取り組むべしとの観点で福島事故当時の状況シナリオを想定しての対策検討がされている。また福島事故後の我が国での原子炉等規制法の改正すべき課題が記載されている。

⑦シビアアクシデント対応のための人材育成・教育訓練の強化を論じている。（筆者注：海外では欧米はおろか、韓国、中国でも採用している safety engineer（原子炉ごとに事故発生時に運転員を指揮する安全性の専門家を配置している）は日本では原子炉主任技術者を当てていたそうであるが、福島第一原子力発電所にはそれも配置していなかった。少なくとも原子炉 1 機毎に safety engineer を一人ずつ常置していれば福島事故では 7 機も一遍に指揮せねばならず苦労した福島第一原子力発電所の吉田昌郎所長は大変助かったはずだ）。

⑧事故時モニタリングの指揮系統になるはずのオフサイトセンターに設置の現地対策本部が地震で通信機能がダウンした上に放射線量も上がって福島市に移転のため機能せず。緊急時の総合モニタリング体制について政府による調整があったが、その後規制委員会によって環境放射線モニタリングの指針を改定したこと。

⑨初めての経験である汚染された地域の除染対策についての法律が整備され、除染の地域設定、減容技術、除染廃棄物の仮置き場、中間貯蔵施設・最終処分のガイドライン等を説明している。

⑩事前準備、対応および復旧のフェーズに分かれる緊急事態の各段階にどのように計画すべきかの解説と、福島事故前の ERSS と SPEEDI による計算ベースの対応は実際に

破たんしたことからこれを教訓にどのように改めるべきかの考察や、飲料水制限等の緊急事態管理について述べている。

2.1.3.2 その提言と活用の状況

日本原子力学会が事故調査報告書で行った提言とその後の反映状況を以下に述べる。

① 安全性向上に対する国、産業界、学界の役割について、国・規制支援機関については安全規制、事業者・メーカーについては安全対策の実施と遂行責任、学界・民間研究機関については安全研究について、それぞれ重要課題を列記して提言している。そこでは最大の問題として、安全規制組織に専門性と想定外の事故対策に欠ける点があった、組織体制に問題があったことをあげ、従来分散化されていた3つの S(Safety、Safeguard、Security)が原子力規制委員会になって一本化されたこと、2007年に IAEA の IRRS サービスで原子力安全・保安院に対して 10 件の改善勧告があったが、そのうち 3 件は新規制体制になって改善されている、と述べている。

② 学会事故調査委員会として福島事故の根本原因分析を行い、その直接原因として、a.不十分な津波対策、b.不十分な苛酷事故対策、c.不十分な緊急時対策、事故後対策、種々の緩和・回復策をあげ、背後要因として a.専門家自らの役割に関する認識不足、b.事業者の安全意識と安全に対する取り組みの不足、c.規制当局の安全に対する意識の不足、d.国際的取り組みから謙虚に学ぶ取り組みの不足、e.社会・経済にも関わる巨大複雑系としての原発の安全を確保するための俯瞰的な視野のある人材や組織運営基盤が形成されていなかったことをあげている。そのうえで 5 項の提言をしているが、それはとりもなおさずここに挙げられた 5 つの背後要因をどのように是正するかである。

③ 事故後の福島において進行中の検討課題として、a.汚染水浄化処理技術、トリチウム水対策、b.使用済み燃料取り出し、デブリの取り出し・保管、燃料インベントリと再臨界の可能性、廃止措置と放射性廃棄物の処理処分、住民と作業者の長期的健康管理を論じている。

2.1.3.3 科学ジャーナリストたちの指摘との対比

科学ジャーナリストの指摘する原子力関係者の希薄な倫理感および今後の原子力政策における再処理、高速炉、廃棄物処理など核燃サイクル技術の検討の有無について、学会事故調報告書では、原子力関係者の倫理および今後の原子力政策における核燃サイクル技術の検討という事項は見当たらなかった。本章の筆者が思うに、福島事故があっても日本では当然原子力発電は今後も続くし、核燃料サイクル技術を完成するという我が国の原子力政策はゆるぎないと思っているのではないか。

なお、原子力学会には倫理委員会があり、福島事故以前から学会倫理綱領を策定し、毎年

のように改訂、福島事故後にも改定を行っている。この倫理綱領や倫理委員会活動のありかたについては、本書の第 9 章に詳細に検討する。また、我が国の核燃サイクル技術開発の問題については第 7 章に述べる。

2.1.4　IAEA による福島事故調査報告書

　国際原子力機関 IAEA からは、日本人外交官出身の故天野之弥氏が IAEA 事務局長として事故後に何度も来日して、IAEA 加盟国の専門家と IAEA 職員の協力で調査した結果を本報告書と附属技術文書にまとめて IAEA 加盟各国及び関連国際機関に報告書を 2015 年 8 月に公表している（国際原子力機関（2015））。

　IAEA 報告書の目的は、世界中の政府、規制当局および原子力発電事業者が本報告に盛られた教訓に基づいて行動がとれるように、人的、組織的及び技術的要因を考慮し、何が、何故起こったのかについての理解のため提供することとしている。また事故を受けて日本および国際的に講じられた措置についても検討している。

　その内容は、(日本原子力学会や東京電力による事故調査報告は除外するが)原子力に対してかなり予断を持っている日本の科学ジャーナリストや必ずしも原子力分野に通暁しているとは言い難い調査者の聞き取り取材に基づく国内発行の事故に関する出版と比較して、それぞれの分担について原子力の専門性が深く、また利害関係がないメンバーが調査し、執筆を分担しているだけに、指摘内容には特段のバイアスはなく、世界の原子力関係者からの評価としては公正なものと思われる。

　一方、日本国内の公的調査報告書と比較すると、①周辺住民だけでなく、緊急作業者としての職業人への保護・被曝影響の配慮、②原発サイトの廃止措置、福島事故後の地域の環境復旧、除染廃棄物を含めた放射性廃棄物の管理や地域の経済社会活動の復興と将来の問題にまで渡って調査の対象としている。

　IAEA 報告書は和訳版も公開されているので、内容については述べないが、故天野事務局長による巻頭言で日本に言及した事項のみ以下に要約記載する。

　　①事故をもたらした大きな要因に、日本の原発は非常に安全でこんな事故は起こすとは考えられないという想定が事業者、規制者、政府に行き渡っており、備えが十分でなかった。
　　②規制の枠組みに弱点があり、責任がいくつもの機関に分散され、権限の所在が不明確だった。
　　③発電所の設計、緊急時の備えと対応の制度、重大な事故への対策の計画等に弱点があった。ごく短時間を越えた全電源の喪失はありえないと想定し、さらに同一発電所の複数の原子炉が同時に危機に陥る可能性を想定していなかった。大規模な自然災害と同時に原子力事故が発生する可能性への備えが欠けていた。
　　④福島事故以降は、日本は従来以上に国際基準に合致すべく規制制度を改革した。緊急

時への準備・対応の制度も強化された。規制当局にはより明確な責任と大きな権限が付与された。日本の新しい規制の枠組みは IAEA の統合規制評価サービス（IRRS）ミッションを通じて国際的専門家のレビューを受ける予定である。

⑤福島事故のような重大な原子力事故は2度と起こしてはならない。IAEA が福島事故の調査により得られた教訓は、IAEA の勧告する安全基準や支援プログラムの内容向上に反映することによって世界の原子力開発国の原子力安全向上に貢献していく。

2.1.5 規制改組と新規制基準の後も続く様々な出版

規制改革と新規制基準の後も福島事故検証を主題に出版されたもののうち、とくに次の2冊（烏賀陽弘道（2016），政治経済研究所 環境・廃棄物問題研究会（2018））を取り上げ、福島事故のもたらした問題の諸点の検討に供する。

2.1.5.1 『福島第一原発メルトダウンまでの 50 年』烏賀陽弘道著、明石書店、2016 年 3 月

避難住民の避難体験談や防災対策導入の際の行政担当者のマスコミへの内情暴露談が豊富で、ジャーナリステイックな本であるが事故調査委員会も報道も取り上げなかったとのタイトルに注目して検討した。この本で取り上げている主な未解明問題とそれぞれへの筆者のコメントを簡潔にまとめ、後続章で詳しく引用するか、本節で内容を紹介するかをまず表 2-4 で示す。

表 2-4　烏賀陽弘道氏が著書で取り上げている課題

番号	取り上げている内容	備考
A.1	原子力開発開始当初に日米で原子力損害保険をどのように考えて制度化したかの検討	後の(1)に述べる
A.2	商用原子力発電所を導入したときの英国との原子力協定で、原子力事故の責任についてどう取り扱ったかの検討	後の(2)に述べる
A.3	我が国で原子力賠償保険制度創設時のいきさつ	後の(3)に述べる
A.4	米国での原発巨大事故の被害予測と原子力損害賠償保険、政府との関わり	後の(4)に述べる
A.5	同様のことの日本での検討経緯	後の(5)に述べる
A.6	ソ連チェルノブイリ事故後のシビアアクシデント対策としての 1992 年の原子力安全委員会決定と福島事故後の安全委員長の反省と謝罪について	後の(6)に述べる
A.7	我が国の原子力基本法から始まる法令成立の裏面の無法の実態	後の(7)に述べる
A.8	福島第一原発の敷地工事と津波対策の関わり	後の(8)に述べる
A.9	30km に拡大した UPZ とその矛盾	4 章に引用する
A.10	放射能被害だけ受ける UPZ 外の非立地県の意見	4 章に引用する
A.11	元 NUPEC 緊急時対策技術開発室長として ERSS の改良と実用化を担当した M さんとのインタビュー	3、4 章に引用する

以下、表 2-4 に記載した事項について要約する。

(1) 原子力開発開始当初に日米で原子力損害保険をどのように考えて制度化したか？

　原子力の平和利用に際し、日米ともに原発導入に際し、電力会社は事故保険が可能ならば原子力発電事業に参入するという条件を出した。保険業界の結論は、事故の損害が大き過ぎ採算が取れないというもので、結局、民間保険会社と電力事業者の結ぶ原子力保険と、電力事業者が国と契約する原子力保障契約の 2 本立てで強制保険とした。地震噴火津波などの天災での損害には保険会社は免責であるが、原子力保険制度は国際的に何重にも担保する国際的な保険制度である。

　日米両国では 1960 年までに甚大な事故が起きた場合の損害を政府機関がシミュレーションで試算していた(米国の試算は論文で公表されている。日本では当初伏せられたが後日明るみに出た)。

　1961 年の制度発足時は支払い上限 50 億円だったが、その後定期的に見直し、71 年に 60億円、79 年に 100 億円、そして 2011 年 3 月 11 日当時は 1200 億円であった。なお、福島事故で東電が支払った賠償金は、5 兆 8243 億円（2016 年 1 月 15 日当時）で保険の上限を越える額は国が援助（財源は国民の税金）することとし、その根拠法が原子力損害賠償とその補償契約の 2 本立ての仕組みになった。保険会社の資本金の 5 ％を上限とし、その上限を越える損害は国が援助するという仕組みに大蔵省が抵抗した。つまり原発が事故を起こすと、保険会社どころか国家が破たんするほど巨額の損害がでることは当初から懸念されていた。

(2) 商用原子力発電所を導入したときの英国との原子力協定で、原子力事故の責任についてどう取り扱ったのか？

　最初の原発は英国からコールダーホール型を電力 9 社出資の日本原子力発電が導入した。1957 年 12 月からの日英原子力協定に事故に対する免責条項の挿入を英国が要求した。その背景に 1957 年 10 月 10 日ウインズケール原子炉の火災事故（740TBq の放射性ヨウ素131 の放出）があった。当時の正力原子力委員長は、このような一方的な免責条項は拒否すると言明したが、原子力の国際取引ではこのような条項が漸次慣習的なものになっている状況を理解して原子力開発に必要な体制整備の 1 つとして取り組まざるを得なくなった。

(3) 我が国で原子力賠償保険制度創設時のいきさつ

　日本では原子力発電を導入する決定が前のめりで先行し、では事故が起きたときの補償をどうするのかという法律や保険制度の整備が後回しになった。1958 年 10 月原子力委員会に原子力災害補償専門部会が発足し、1961 年原子力損害賠償法が発効。この時に日本政府は 1957 年に米国で出来たプライス－アンダーソン法を参考にした。米英という原子力先進国は、原発は絶対に安全という当初の認識から、事故は起こりうる、事故が起これば被害は甚大という方向に認識を転換していた。

(4) 米国での原発巨大事故の被害予測と原子力損害賠償保険、政府との関わり

　米国原子力委員会が 1957 年に公表の原発の事故シミュレーションの結果は WASH-740（ブルックヘブンレポート）およびその改訂版(1965)に公表されている。このシミュレーションの背景に原子力損害保険がある。1953 年 12 月米国大統領アイゼンハワーによるアトムズフォーピース国連演説による国際原子力発電市場への展開の前に、まず米国内の電力産業と保険業界に原子力発電に参入させるために事故の最大被害額を算出したものが WASH-740 だった。この算出結果をみて保険業界は参入を拒否したのを受けて原子力委員会が取った方法は、政府が保険金を出そうという制度で、これが 1957 年のプライス-アンダーソン法である。

(5) 同様のことの日本での検討経緯

　WASH-740 と同様の趣旨の原発事故被害の試算が 1960 年科学技術庁の委託で日本原子力産業会議が報告書を出している。1960 年の国家予算の 1 兆 7000 億円の 2 倍以上の被害を試算したこの資料は非公開だったが、1999 年阪大今中哲二氏により公開されている（このレポートの内容は 1979 年 4 月付け共産党機関紙「赤旗」に掲載）。また 1989 年 3 月の参議院科学技術特別委員会でも取り上げられているが、科学技術庁原子力局長はこのレポートの存在を否定した。

　以上をまとめると、保険業界だけでなく日本政府当局は遅くとも 1960 年 4 月には原発では事故は起こりえないどころか起きた場合は国家予算の 2 倍以上の莫大な損害がでることを知っていた。

(6) ソ連チェルノビル事故後のシビアアクシデント対策としての 1992 年の原子力安全委員会決定と福島事故後の原子力安全委員長の反省と謝罪について

　1986 年のチェルノビル事故以降の世界的な原発事故への不安を受けて、原子力安全委員会はシビアアクシデント対策について現行の多重防護の安全対策で十分との決定を下した。しかし、福島事故後、原子力安全委員長班目春樹氏は 2012 年 2 月 15 日国会事故調の聴聞会で安全指針に瑕疵があったこと、津波に対して十分な記載がなかったこと、長時間の全電源喪失について考えなくてもよいとまで解説していたと釈明し、国際的に安全基準を高める動きに逆行して何故そうしなくて良いかの言い訳づくりばかりで真面目に対応していなかった。そもそも苛酷事故を前提に考えていなかったのは大変な間違い、と証言した。

(7) 我が国の原子力基本法から始まる法令成立の裏面の無法の実態

　福島第一原子力発電所は国が立地基準を定める前に東電が場所を決めて建てはじめていた。立地指針という法律より先に福島第一原子力発電所の建設が始まっていた。班目委員長も立地審査指針における全身被曝線量と仮想事故想定のでたらめを認めた。

(8) 福島第一原子力発電所の敷地工事と津波対策の関わり

　海抜 35 メートルの丘陵地をわざわざ切り崩して 10 メートルにした。これは当時の原発建設工事の都合上だった。このために津波で事故を起こした(この辺のいきさつは添田孝史著の岩波新書に詳しいので割愛する)。

2.1.5.2 『福島事故後の原発の論点』政治経済研究所 環境・廃棄物問題研究会、本の泉社、2018 年 6 月

　この本の出版は政治経済研究所に 2004 年発足した環境・廃棄物問題研究会が、福島事故後数年間取り組んだ原子力問題の研究を取りまとめ、2018 年に出版したものである。既に原子力規制組織も改編され、再稼働も始まっていた時期である。この本で取り上げている主な問題とそれぞれへの筆者のコメントを簡潔にまとめる。

　同書に取り上げている問題を如何に紹介するかをまず表 2-5 に示し、次いでこの表の備考に従い、後続章で詳しく引用して検討するか、本節で述べる。

表 2-5　政治経済研究所 環境・廃棄物問題研究会による出版で取り上げている問題

番号	取り上げている内容	備考
B.1.	原発事故賠償の問題点と復興政策の課題	後の(1)に述べる 賠償制度そのものは第 5 章に詳述
B.2	福島事故とヒューマンファクター　IAEA 事故調査報告書の提起したもの	ヒューマンファクター分析関係は、後の(2)に述べる。 福島事故後の緊急時対応の不備についての指摘は、第 4 章に引用
B.3	我が日本の原子力防災対策を検証する	第 4 章に引用する
B.4	原発に依存しないという選択、ドイツの場合─原発と市民社会─	2．3　日独比較論に引用する

(1) 原発事故賠償の問題点と復興政策の課題

　除本理史氏は、福島事故が引き起こした深刻な環境汚染と甚大な社会経済的被害への実態に即した賠償を含む各種施策・措置、復興施策を論じている。内容は、原発事故賠償の仕組みと問題点、直接請求方式の問題点、責任論の観点から賠償の費用分担の批判的考察である。

　福島事故時の避難民の帰還政策の最前線である 20~30 ｋｍ圏の川内村での調査による住民帰還の実状を不均等な復興という視点から検討している。被害者の生活再建と被災地の再生に向けた課題として住居の確保、住民が主体となる内発的な地域再生について提言している。

　東電に賠償責任があり、国が損害賠償機構を経由して貸付を行う形で支援するというが、いつまでに償還できるのか、不透明な新潟原発の再稼働やそれ以外の原発の再稼働の帰趨、さらには賠償以外に国が支払っている仕組み (例えば帰宅困難区域に復興拠点を作る) など

国の責任があいまいなままに国費投入することの法的問題点を指摘する。

　2011 年 12 月の事故収束宣言以前から徐々に始まる避難地区の解除と住民帰還について、早く帰還できる区域ほど賠償が軽減されることや自主避難者への賠償の扱いなどで、両極に分かれる避難民、年齢層により異なる帰還の実態、さらには東日本地震被災地全体の公共インフラ復旧に加えるに除染という土木事業のもたらす住民構成の変化などの複雑な構造を図式化して、その 5 つの特徴、線引き問題、被害実態とのずれ、放射線被曝の健康影響への年代と意識、人により異なるインフラへのニーズ、除染をめぐる分断について論じている。

　被害者の生活再建と地域再生に向けての視点（賠償、支援策の打ち切りのもたらす問題と地域発展のあり方、外来的開発のもたらす問題、内発的発展という理念）から飯舘村を例に論じている。

(2) 福島事故とヒューマンファクター(IAEA 事故調査報告書の提起したもの)

　館野淳氏は、原子力学会事故調査報告は日本で横行している責任をあいまいにした論旨不明の人的要因分析と断定。事故発生の原因は、自然災害などの外部要因、ハード面、人的要因に 3 分されるが、IAEA の福島事故調査報告付属文書 2 を調べると、人的要因の分析は、IAEA による安全文化論の拡張版であり、原子力安全に関連する組織を、ステークホルダーとして規制当局、原子力事業者、公衆の 3 者に分けて、組織の間の基本的前提は何かを問う。その結論として今回の事故は知られていない未知の領域に属し、人を驚愕させるものであったという。その前提のもとに利害関係者が事故時、事故以前にどのような行動をとり、どのような相互作用を及ぼしたかという考察が IAEA の分析の柱になっていると紹介。

　日本では設計と手段があれば安全は十分に確保できるという前提が一般に流布した結果、関連する技術的基盤、人と組織との要因といった非技術的要因は十分に評価されず、強化されなかった。とくに発生確率の低い外部事象、事故対応手順の改善、複雑な事象に備える一般的行動などが軽視された。要するに日本では人的要因が一貫して軽視されたと強調している。

　それでは日本ではどうして装置の安全性のみを強調し、人的要因が軽視されたのか？この執筆者館野淳氏は、1960 年代の原子力揺籃期に戻り、日本原子力研究所の研究者たちのいう自主開発すべきとの意見を、政府産業界が押し切り海外の原子力技術を導入したことに求めている。日本の近代化はあらゆる分野で技術導入が花盛りで、まず導入し、それから自前化する方向だった。アメリカの原発技術は安全が実証済みという宣伝が横行し、電力、規制当局に根拠のない安全信仰を生み、福島事故につながった。館野淳氏は、安全神話の由来を次のように説明する。

　「日本では原子力関係者と集団を考察するときに、権限や情報量の多寡に応じて規制当局―原子力事業者―公衆という縦の系列でとらえがちだが、IAEA は利害関係者と呼んで独立して行動するグループとして取り扱っている」として、IAEA の指摘する問題点を表 2-6 のようにまとめている。

表 2-6　IAEA の指摘する日本の原子力安全の人的要因問題

要素	問題点
利害関係者①の規制当局	規制当局は十分な権限や能力を持たず、規制される事業者に敬意を払われていなかった。実力のない規制当局は事業者に癒着や妥協で規制行政をしていたが、公衆に疑問視されないように情報の秘匿が日常化していた。
利害関係者②の公衆	日本で原子力開発を始めようと決めたときに核という言葉が否定的認識を引き出す理由があった。そのため原子力技術が信頼できるもの、事故は全く起こりそうもないことを公衆に確約することが大切だった。施設の立地を決める最初の段階で自治体とコミュニテイへの金銭的な補償の提供に頼り、市民社会との契約と情報提供を伴う相互作用を通じて安全性を高める機会を持とうとせず、危険を想起させる事態を知らせないようにすることばかりに気を取られていた。
利害関係者③の電気事業者	安全技術についての思い込みは、津波を含む自然災害は設計基準に織り込み済みとの誤解に由来する。そのため AM では内部事象ばかりを取り上げていた。東電は 2002 年事故隠しスキャンダルの反省に特化した安全文化醸成のキャンペーンに努力していた。
欠陥安全体制の根底にあるもの	SA 対策を導入できなかったのは、安全神話を自分で否定することになり住民に不安を与えるからである。過度の安全宣伝、安全性強調のため正確な放射線リスク教育もなされず、透明性のある情報提供もしない。住民に安全を宣伝しながら、自らは危険を認識せよという矛盾が根本にある。
IAEA の推奨する強化策—安全文化の構築	IAEA の安全文化の構築では、常に新しい知見をもとに安全文化をリフレッシュする必要性を説くが、そんなことは果たして可能かと疑問を呈している。
安全文化と欠陥商品の軽水炉	IAEA でも規制委員会でも安全文化遵守の重要性を強調するが、それは軽水炉技術に根本的な弱点があり、それをカバーするためヒューマンマシンシステムとしての人にしわ寄せがきているのでないか。

　要するに、日本の原子力村の流布した安全神話には問題点があった。だが IAEA の流布しようとしている、不断の学習による安全文化のブラッシュアップといってもそれは、軽水炉技術という商品にもともと欠陥があるからでないか、と指摘している。

　本章の筆者は、欠陥商品を改善するためにはバックフィットという技術的改善策があったが、日本の原子力事業界は、福島事故前には、バックフィットは機械の改造を約束する言葉と用心し、バックチェックならよろしい、という言い方を原子力安全・保安院に要求し、強化された耐震基準を運用中の原発の耐震設計に適用するのでなく、適用するかどうかを検討することをバックチェックといっていたことを思い出す。

2.2　福島事故がもたらした原子力世論の変化

2.2.1　原子力の世論調査データの変遷にみる傾向

　前出の JASTJ の著者の一人柴田氏は、原子力の世論調査データの変遷に関する著書（柴田鉄治・友清裕昭（2014））の著者でもある。同氏はこの著で我が国の原子力への国民世論の歴史的変遷を、主要全国紙、NHK，原子力学会，政府機関等による世論調査データを使って、日本での原発世論の変遷の諸相を原子力開発当初のバラ色の 1950〜60 年代、反対が

生まれた 70 年代、反対が強まった 80 年代、90 年代以降の回復期、そして福島事故前後およびそれ以降にわけてその動向をたどり、また日本のメディアの傾向や海外の原子力世論の動向についても展望している。

　日本のメディアの傾向については、福島事故前は、たとえ TMI 事故やチェルノビル事故があっても「日本の原発技術は優秀だから日本ではこういう事故は起こらない」という国、電力の主張を受け入れ、原子力推進一色だったが、福島事故後、新聞論調は朝日・毎日・東京の批判派対読売・産経・日経の擁護派に 2 極分化したという。

　メディアにも原子力村の安全神話が浸透していたのは驚きだが、福島事故以降はいずれの調査においても原子力への世論が賛成から反対に転じていることを示している。

　ここでは大方の傾向を示すものとして、以下のグラフを例示する。

① 朝日新聞による福島事故以前から 2014 年 2 月までの原子力発電を利用することの賛否の比率変化を図 2-1 に示す。

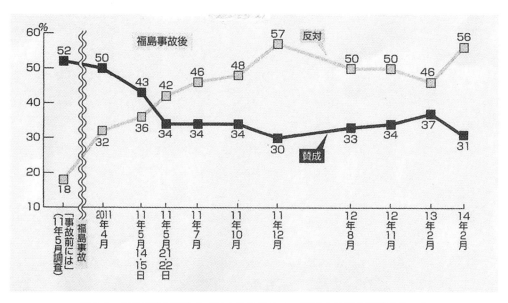

図 2-1　福島事故以前から 2014 年 2 月までの原子力発電を利用することの
賛否の比率変化（朝日新聞による）
出典：柴田鉄治・友清裕昭（2014）『福島原発事故と国民世論』ERC 出版、
2014　の 36 ページ
図 2 － 2　を転載

② 朝日新聞による福島事故直後から 2014 年 5 月までの停止中の原発の運転再開についての賛否の比率変化を図 2-2 に示す。

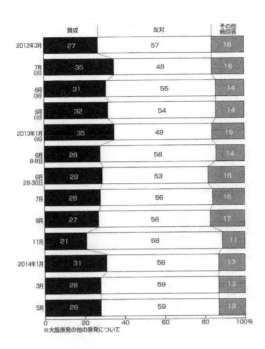

図 2-2　福島事故直後から 2014 年 5 月までの停止中の原発の運転再開についての
賛否の比率変化（朝日新聞による）
出典：柴田鉄治・友清裕昭（2014）『福島原発事故と国民世論』ERC 出版、2014　の５８ページ
図２−２２　を転載

③　NHK による福島事故後 2011 年 6 月から 2013 年 3 月までの今後の原子力発電につい
て、現状維持、減らすべきだ、すべて廃止すべきだ、その他の比率変化を図 2-3 に示す。

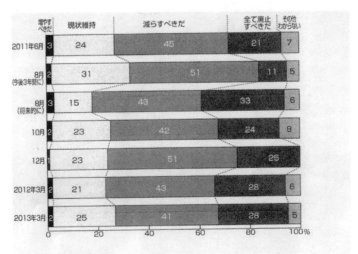

図 2-3　福島事故後 2011 年 6 月から 2013 年 3 月までの今後の原子力発電について、
現状維持、減らすべきだ、すべて廃止すべきだ、その他の比率変化（NHK による）
出典：柴田鉄治・友清裕昭（2014）『福島原発事故と国民世論』ERC 出版、2014　の６８ページ
図３−４　を転載

④ 日本原子力文化振興財団による核燃料サイクルの必要性に対する2007年1月から2012
年11月までの意見分布の比率変化を図2-4に示す。

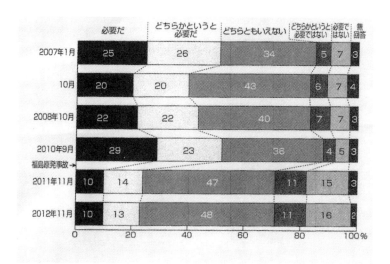

図2-4　核燃料サイクルの必要性に対する2007年1月から2012年11月までの
意見分布の比率変化（日本原子力文化財団による）
出典：柴田鉄治・友清裕昭（2014)『福島原発事故と国民世論』ERC出版、2014　の103ページ
図4－3　を転載

⑤ 日本原子力文化振興財団によるプルサーマルの必要性に対する2007年1月から2012
年11月までの意見分布の比率変化を図2-5に示す。

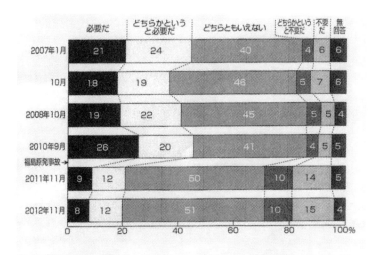

図2-5　プルサーマルの必要性に対する2007年1月から2012年11月までの
意見分布の比率変化（日本原子力文化振興財団による）
出典：柴田鉄治・友清裕昭（2014)『福島原発事故と国民世論』ERC出版、2014　の１０９ページ
図4－6　を転載

2.2.2 原子力世論の変化要因に見る福島事故の意味

　北田淳子氏（INSS）は、その著書（北田淳子（2019））で、柴田氏らと同じ原発世論の歴史的データの引用を基本にしつつ、原子力発電への国民一般の態度に影響を与えてきた要因として、科学万能の楽観時代から自然志向、科学技術の負の側面が強調される時代精神的背景、放射線への恐れに起因するもの、地球環境問題や民主的手続きに関わる社会的背景、国が強調するエネルギー政策上の要請、反原発運動の動向やマスコミの強調する側面などを広範に検討している。そして、その広範な検討から一歩進めて、個人レベルの原発への肯定ないし否定する態度を決めるモデルを導出している。この個人の原発態度の決定モデルを図示するものが図 2-6 である。この図の意味はその人の価値観が物質主義的であればベネフィットへの重みが強く、一方、脱物質主義的であればリスクへの重みが強くなる。原発へ肯定的か否定的かは、ベネフィットとリスクのどちら側が強いかで肯定側ないし否定側に振れるというものである。

　北田氏はこのモデルを原発世論の変動モデルに拡張し、リスク、効率性、脱物質主義の 3 つの強弱が原発世論を決めるとして、図 2-7 に示すような原発世論の変動モデルを提起している。

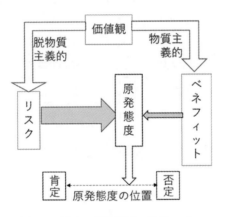

図 2-6　個人の原発態度の決定モデル

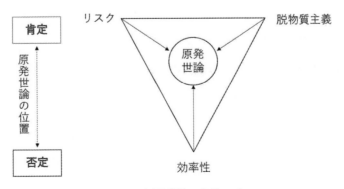

図 2-7　原発世論の変動モデル

　原発世論は、3つの要素、すなわちリスク、脱物質主義、効率性のそれぞれから矢印の方向の力を受けて逆三角形の中を上下に垂直に動く。原発世論の位置は、3つの力のバランスで決まり、上方向ほど肯定的、下方向ほど否定的な世論となる。さて、この原発世論の変動モデルを世論調査データとどのように結びつけるのかを、表2-7のように述べている。

表2-7　　3つの要素とその強弱をきめるもの

要素名	意味	要因	世論調査データの要因への関連付け
効率性	電力確保という目的に照らした機能面の評価	安定供給	経済効率性 環境適合性 代替オプションとの競合性
脱物質主義	どのような社会を実現するかの基本的価値観	経済成長志向か自然環境保護か	政策決定への参画可能性 科学技術を選好するか否か
リスク	危険性の評価	放射線被曝への恐れ度	原子力組織への信頼度 事故トラブル不祥事の発生度 大事故の発生実績 放射性廃棄物の処分の解決可能性

　北田氏はこのような原発世論の変動モデルにより、ドイツの原発世論と日本の原発世論の時代的変化を表2-8のように説明している。

表2-8　ドイツの原発世論と日本の原発世論の時代的変化

国	年	原発への世論	特徴	備考
ドイツ	2011年	否定的	福島事故で脱原発を決めた年	リスクと脱物質性の要素が勝って効率性の要素が下がった
日本	1993年	肯定的	安定期	利用容認7割
	2010年	肯定的	安定期 リスク後退 効率性亢進	原子力ルネサンス 成長戦略に原発活用
	2011年	否定的	動揺器 リスク活性化	福島事故後の動揺期
	2015年	否定的	安定期 リスク定着 効率性後退	福島原発事故から4年半 国内の原発長期停止

　「日本では、福島事故直後から原発世論は否定的になって定着した。福島事故直後はリスク要因から事故前の肯定的から否定的に世論が逆転したが、2015年にはリスク要因に加えるに、原発は無くても困らないという効率性の要因も加わった。一方、ドイツが2011年に否定的に変わったのは、リスクと価値観が効率性という要因を凌駕してしまった。ということはドイツには脱物質主義という価値観が背景にあり、日本と同じではない」と北田氏はいう。

2.2.3 世論の動向が福島事故後原発に否定的になった理由

　本章の筆者は、世論の動向が福島事故後原発に否定的になったのは、福島事故の状況をテレビ映像で見、キャスターたちの解説ぶりを聞いて、また新聞論調で読んで、こんなに危険な原発は日本人のもつ本来的な倫理感に沿わないという強い印象が植え付けられたのであろうと考えている。日本憲法にも謳われている国家としての 3 つの基本理念（"生命と健康を尊重する"、"国土と環境を保全する"、"社会の継続と文化を守る"）に沿う行動規範は、たとえ国家主義的な改憲論者であっても現在の日本人誰しもが共有し、将来も継承されるべき"倫理観"であり、日本人の基底にある"無意識の行動規範"である。

　歴史的な事件に風化しつつある福島事故とはいえ、民意の大勢が脱原発を志向する背景には、国や電力がどんな天災が来ても絶対安全といっていた原発が地震と津波の災害の中で起こした事故で福島の人たちが取りあえず着の身着のままで避難し、その後右往左往の挙句に家には帰れなくなり、避難先での長期滞在と生活の再建を迫られる姿を見て大方の国民には日本国民の共有する "倫理" に合わない、とんでもないものと無意識に記憶に刻み込まれているのであろうと考えた。テレビ報道で焼き付いているイメージ、地震と津波の災害の中で起こった原発事故が福島県の人々、自然環境にもたらした姿は、まさにこの素直な倫理感の 3 つの基本理念のどれにもそぐわない。さらにそんな危ない技術を"国や電力はどんな天災が来ても絶対安全といった"、"嘘をついていた"ということから、国や電力という組織への信頼度を一挙に下げ、原発に対して回復できないリスクイメージを与えてしまったのであろう。

2.3　日独原子力比較論（2）－1980 年代から福島事故を経て

　筆者は、第 1 章でドイツ滞在時の経験から日独比較論を述べたが、本節はその継続で福島事故以降の日独比較、就中福島事故後のドイツの脱原発に至る早い動きと日本の優柔不断の動きの比較論である。ここで筆者による 70 年代のドイツ滞在以降ドイツでの主な出来事を表 2-9 にまとめておく。

　1977 年 5 月ザルツブルグ INFCE 国際会議の会場入り口で『原子力帝国』の著者ユング氏らと原発反対のアピールをした反核・平和運動の緑の党のリーダだったペトラ・ケリーさんは 1992 年に早逝しているが、緑の党は 1982 年連邦議会に議席を獲得以来、酸性雨による環境汚染反対・原発反対へと運動を広げ、環境 NGO と連携して党勢を拡張していった。

　1986 年チェルノビル事故でドイツ南部一帯の放射能汚染を受け、西ドイツでは原発推進派だった CDU/CSU のコール政権は原発に頼らず、地球温暖化防止対策と再生可能エネルギー拡大政策推進に転換。さらに EU による電力自由化の指令を受けてドイツ国内の電力市場自由化を進めた結果、エネルギーシフトが進展。1990 年 10 月 1 日東西ドイツの統一が実現すると、旧東独のソ連型軽水炉 6 基の運転を停止。1994 年原子力法を改正し、"シビアアクシデントが発生しても施設敷地外に放射線被害が生じないように措置されていなけ

表 2-9　筆者の 1970 年代ドイツ滞在以降のドイツでの主な出来事

年ないし年代	事件または主な出来事
1970-80 年代	原子力発電所、高速炉、再処理施設、廃棄物処分施設の建設への反対運動が高まる。建設予定地の占拠や抗議運動で計画撤退や建設の中止が続く
1979 年 3 月 28 日	米国 TMI-2 事故
1986 年 4 月 26 日	旧ソ連チェルノビル原発事故
1998 年	緑の党が連立政権に参加
2002 年	脱原子力法（新設禁止と既存原発の段階的廃止、平均運転期間 32 年間）
2010 年 9 月	原発運転期間延長の法改正（平均 12 年延長）
2011 年 3 月 11 日	日本：東電福島第一原発事故発生
2011 年	脱原子力法制定により、既存原発 8 基を即時停止、残りの原発 9 基も 2022 年までに段階的に停止して廃止する

れば新規原発は許可しない”と規定。これによって原子力事業者による原発の新規建設は困難になった。

　東西ドイツ統一後 1998 年の連邦議会選挙で SPD は CDU/CSU を 53 議席上回る 298 議席で第 1 党となり、緑の党は 47 議席で第 3 党となった。その結果、SPD 党首のシュレーダーを首相、緑の党のフィッシャーを副首相・外相とする SPD と緑の党の連立政権が発足した。SPD のシュレーダーは再生可能エネルギー推進、脱原発の環境派であり、その後両党の合意により、原発の新設禁止と既存原発の段階的廃止、平均運転期間 32 年間を骨子とする脱原子力法が 2002 年に成立。これで一旦全原発を 2021 年に廃止するというドイツの脱原発が決まった。再処理も 2005 年 7 月で禁止。フランスのラアーグ再処理工場から送り返されてきた放射性廃棄物のゴアレーベンへの搬入については反対運動が強く、2011 年 11 月ゴアレーベンの HLW 処分場建設は白紙になった。電力自由化と発送電分離、風力の多い北ドイツから原発廃止で電力不足の南ドイツへの高圧送電線増強を進めた。

　その後 SPD の退潮で 2005 年 9 月 CDU/CSU と SPD の連立でメルケル政権が発足。緑の党は最下位の第 5 位に落ちた。そのときにはメルケル政権は原発全廃政策を受け継いだが、2009 年 9 月の連邦議会選挙で CDU/CSU と自由民主党の連立による第 2 次メルケル政権は産業競争力の維持、温室効果ガスの削減、電力の安定供給、電気料金の安定化を理由に、2010 年 9 月原発運転期間延長の法改正を行い、17 基の原発の平均 12 年運転延長を決めた。この決定には緑の党、SPD、環境 NGO、再生可能エネルギー事業者たちが猛烈な反対運動を展開した。環境保護 NGO はドイツで原発事故が起こった場合、損害賠償制度もないことを反対理由にしたという。2010 年 11 月世論調査では緑の党への支持は 20% まで復活したという。

　さてドイツではこういう状況下 2011 年 3 月 11 日、東電福島第一原発の事故発生を知る。メルケル首相はそのニュースに衝撃を受けて「科学的に考えられない事故が起きた。事故以前と以後では全く違う状況になった」と原発稼働延長政策の 3 か月凍結を直ちに決め、さ

らに稼働中の 17 基の原発のうち、老朽原発 8 基を 3 か月停止することにした。また福島事故後ドイツの各都市で自然発生的に反原発デモ、集会が繰り広げられた。

　3 月 25 日 EU 首脳会議は EU 域内 143 原発にストレステスト（包括的、透明性のあるリスクと安全性の評価）の実施を決定。それを受けてメルケル首相は、ドイツの全原発 17 基のストレステスト実施を原子炉安全委員会（RSK）に要請。RSK は原発のある州の原子炉安全協会（GRS）の協力を得て原子炉の安全性（地震、洪水、停電、冷却系停止、航空機衝突、ガス爆発、テロ攻撃、サイバー攻撃への耐久性）を 2 か月間の期限を切って調査した。その結果、5 月 14 日 RSK から大略以下の内容の報告書がメルケル首相に提出された。

　① ドイツの原発は停電と洪水に対して福島第一原発より高い安全措置が取られている。
　② 大型旅客機の墜落に最低限の耐久性を持つ原発は一つもなかった。

　ストレステスト報告書に携わった RSK 委員長ロルフ・ウィーラント氏は記者会見で、福島第一原発のある地域では過去に強い地震や津波があったことを指摘し、巨大な地震や津波を想定して対策を取っておくべきだったと指摘したという。

　「日本の原発は世界一信頼性が高く、TMI 事故やチェルノビル事故は起こりません。シビアアクシデント対策は不要です」という根拠なき安全神話のもとの原子力規制の欺瞞、それに異論をはさむこともない学会専門家やマスコミ・大衆社会の無知盲従をドイツに見抜かれたということであろう。なお日本では EU の行ったストレステストは、福島事故後停止の原発の再稼働を認めるかどうかを判断する前提として 2011 年 7 月に日本政府（菅直人首相）が導入し、実施している。

　でも当時のドイツは「ストレステストで確かめました、はい再稼働 OK」というような生易しい社会ではなかった。2011 年 3 月 26 日ドイツではベルリン、ミュンヘン、ハンブルグ、ケルンでメルケル政権の原発運転延長政策の撤回を求めて大規模デモが発生。2 つの州議会選挙で原発反対の SPD と緑の党が躍進して連立政権が州政府を構成。日本とドイツ、一体どちらが原発事故を起こした国なの？　と紛うばかりのありさまである。

　このような情勢下、メルケル首相は首相の諮問機関として「安全なエネルギー供給に関する倫理委員会」を発足させた。倫理委員会は、17 名の委員から構成されている。議長は Klaus Toepfer(CDU)（国連邦環境大臣、元国連環境計画委員長）、副議長は Matthias Kleiner（ドイツ学術振興会会長）で、政界からの議長と学術界からの副議長以外の委員も政界、産業界、学術界及び教会からの代表者で構成されている。2011 年 4 月 4 日から 5 月 28 日まで設置された、通称「倫理委員会」は、委員による非公開の議論と、テレビ中継による公開の議論を経て報告書「ドイツのエネルギー転換—未来のための共同事業」を提出した（安全なエネルギー供給に関する倫理委員会著、吉田文和、ミランダ・シュラーズ編訳（2013））。

　倫理委員会の委員たちの基本的な合意事項は、脱原発を 10 年以内に行うことである。そして脱原発に見合うエネルギーを保証するための代替エネルギーに関する決定は、社会の

価値判断に根拠を持ち、技術的、経済的な観点に優先されるべきで、持続性と自然と将来世代への責任を基本に、ドイツの「エネルギー大転換」を未来のための共同事業としてやっていこうという政策提起である。代替エネルギー源の創成についてはドイツの将来の国際競争力を開拓するためにあらゆる可能性、研究開発に注力すること、原子力については脱原発だから放置してよいというものでなく、核拡散防止、放射性廃棄物の最終処分、原子力施設の安全性について欧州と国際社会の重要な責務としてドイツの国際的な発言力をキープするため能力を維持発展すること、と提言している。

　前出の北田（2019）はドイツでチェルノビル事故のあった 1986 年に原著が出版されたウーリッヒ・ベックによる『危険社会』（ウーリッヒ・ベック

　著、東廉訳（1988））に言及している。これは西ドイツの 70 年代の反原発運動の理論的支柱であったロベルト・ユンクの『原子力帝国』の後、80 年代後半から新たに出現したドイツの反原発運動の方向を規定する理念を提起するものである。

　ウーリッヒ・ベックは倫理委員会の委員として参画しており、同報告書において第 4 章の倫理的立場の部分でベックによる「リスク社会論」の概念が委員会の共通認識として位置づけされている。これはドイツの脱原発を倫理的側面から方向付けたものといえる。

　とくに倫理委員会の「巨大技術の利益は過大評価してはならず、社会のリスクは過小評価してはならない」という共通認識は確率論的リスク評価のような損害×確率でリスクを数値に単純化したコスト対ベネフィット比較で物事を決めることを否定するもので、福島事故を起こした日本原子力事業界に今頃台頭している PRA 信奉者とは一線を画するものである。また報告書が引用するリスクマネージメントの権威であるノーベル賞受賞者の米国人経済学者ジョセフ・スティグリッツによることば「ミスをしたときのコストを他人が負担する場合、自己欺瞞が助長される。損失は社会に支払わせ、利益は私有化されるようなシステムはリスク管理に失敗する」は、福島事故を起こして日本社会に大きな負担を強いている、無責任な国策民営事業の原子力界が大いにかみしめるべき言葉である。いずれにせよメルケル政権は、この倫理委員会の提言をもとに、2022 年に完全脱原発を目標にドイツのエネルギー大転換の共同事業をドイツの将来の道の開拓と定めて政策を進めている。

2.4　まとめ－日本の原子力の現状からアポリア群を導く

2.4.1 全国の原子力発電関連施設の現状

　福島事故当時日本の全体で５４基の原子炉の状況は以下のようになっている。（運転再開 9：再稼働審査合格　8：審査中　11: 廃炉　15：　未定　8 ：計51基）である。事故を起こした福島第一発電所の 6 基の原子炉は、特定原子炉施設に指定された。

　プルサーマル発電をする原発では、東京電力福島第 1 原発事故後に再稼働したのは四国電力伊方 3 号機（愛媛県）、関西電力高浜 3、4 号機（福井県）と九州電力玄海 3 号機（佐賀県）の計 4 基のみ。審査中の電源開発による大間原発はフルモックス ABWR で、BWR で

のモックス燃料のビッグユーザとなる予定。核燃施設関連では日本原燃では濃縮・埋設施設は再稼働審査合格、再処理、MOX 燃料工場、ガラス固化体保管工場は審査中である。その他に使用済み燃料中間貯蔵施設が審査中。

　原子力施設新規制基準適合性審査状況については下記のＵＲＬを参照されたい。

http://www.genanshin.jp/facility/map/

　特定原子力施設とは、深刻な事故を起こしたため、国が 30〜40 年の長期にわたって管理する原子力施設である。2012（平成 24）年改正の原子炉等規制法に基づき、同年 11 月、国（原子力規制委員会）は東北地方太平洋沖地震の影響により重大事故を起こした東京電力（株）福島第一原子力発電所を、初めて特定原子力施設に指定した。特定原子力施設に指定すると、国は電力会社などの原子力施設事業者に対し、法的に廃炉作業の安全確保策などを盛り込んだ実施計画の提出や変更を命令できる。改正原子炉等規正法が施行される以前は、炉心が溶融した福島第一原発の安全規制も正常な原発と法的に同列で扱われていた。このため福島事故後、国は東京電力に作業計画を提出させていたが、法律に規定された手続きではなく、計画変更を求める権限もなかった。改正法施行で特定原子力施設に指定できるようになり、国による原子炉規制や監視を通じて管理を強めることができる。福島第一原発が特定原子力施設に指定されたことで、原子力規制委員会は東京電力に対し、原子炉などの監視、燃料の適切な貯蔵、汚染水の処理、作業員の被曝線量管理などの手法や手順を盛り込んだ実施計画を提出するよう要求。専門家を交えて実施計画の妥当性を審査し、2013 年 8 月に実施計画を認可した。ただし、海などに漏れ出している汚染水対策を早急に進めることなどの注文をつけた。国は「特定原子力施設監視・評価検討会」を随時開催し、作業の進捗状況や技術開発状況を踏まえ、福島第一原発の監視・評価を続ける。

2.4.2 原子力のアポリア群―原子力の今後の主な難問と本書の後続章との関係

　前章と本章では、我が国の原子力開発の過去から現在を振り返った。そして我が国の原子力の未来に向けてどんなことが問題となっているかも俯瞰してきた。ここでその主な観察をまとめて列挙しておく。

(1) 核兵器禁止と平和利用への考えはきちんとしているのか？

(2) 国策民営とは何だったのか？　国策民営では既存の電力会社だけ優遇してきたようにみえるが、つけは国民に、旨味は電力に、というのでなかったか？

(3) 安全神話は、70 年代原発反対運動に対して、推進側が国民全体に原発は絶対安全と保証をしたことに端を発しているようだが、安全神話はだれがなんのために？（我が国の福島事故前後の原子力安全と訴訟に係る国内経緯とその追跡は第 3 章に述べる）。

(4) 社会の信頼回復のための原子力界の倫理の考察は第 9 章に述べる。

(5) 原子力規制の改訂とそれが再稼働等にもたらしている問題は第 8 章に述べる。

（6）原子力防災は第4章に述べる。

（7）積み上がる借金—原子力賠償問題は第5章に述べる。

（8）複雑化した放射性廃棄物の処理処分問題は第6章に述べる。

（9）福島事故のもたらした現実を客観的に認識して原子力政策をどのように再構築するのが日本の将来に最善なのか？　これを国として速やかにまとめるのは政治の役割である。目下この問題を、日本政府はエネルギー基本計画の審議に委ねようとしているが、これまでのところ、問題の設定の仕方、議論の進め方を見る限り、現実認識から乖離しているため、一向に実効性がないようである。エネルギー基本計画はこれからの日本の方向を構想していけるのか？　これについては第7章に述べる。

　これらは福島事故が残した原子力発電の主要アポリア群である。

　日本では最近ドイツを模範にして速やかに脱原発と主張する向きがあり、マスコミがそれを意識的に取り上げている。ドイツの原子力との関わりは、日本とは初めから雰囲気が違った。ドイツはもともと原子核物理の研究では戦前から世界のトップであり、ドイツ系亡命科学者がアメリカのマンハッタン計画に協力し、戦後の原子力研究でも多数活躍。西ドイツは日本と同様原子力研究が禁止されたとはいえ、日本では戦後米国に原子力留学生が大挙して派遣され、学んできてから原子力が始まったのとは素地が違っていた。日本はこと原発については米国の完成技術を導入したことから安全は確立していると安易に認識していたが、ドイツでは大違い。アメリカコンプレックスのないドイツの原子力は規制も事業者もしっかりしていて、大きな事故もおこしていない。それでもドイツはTMI-2事故,チェルノビル事故を見て原子力への考えかたを改めていった。そして到頭日本の福島事故を見て脱原発に踏み切り、脱原発を前提にドイツの今後の社会の見取り図を短期間に立ててエネルギー転換の方向にかじを切った。ドイツは失敗するかもしれないがそれを織り込んで自分で率先して選んだ道に将来をかけている。

　日本はどうか？　アメリカ追随ながらその割に米国流の安全規制をしなかった。IAEAの勧告も無視。頻繁な組織改編と分断された組織間の抗争。原子力村の"サブ政治"に対抗する政治勢力もなし。これではドイツのように脱原発を主旨とするエネルギー転換にかじを取れる主体的な"サブ政治"は出てこない。原子力村の"サブ政治"も原子力政策を自らが混迷に貶めてきた。本当は自主技術開発で成果をあげているところもあったのにそれを正当に評価できず次から次へとつぶしてしまう不思議な体質。

　さてドイツはドイツ、日本は日本である。ドイツとは国の置かれた状況が異なることをわきまえつつ、福島事故のもたらした現実を客観的に認識して原子力政策をどのように再構築するのが日本の将来に最善なのか？　これを国として速やかにまとめるのは政治の責任である。だが、エネルギー基本計画の進め方、問題の設定の仕方、議論の進め方を見る限り、現実認識から乖離しているため、一向に纏まらない。これのあり方が最大のアポリアである。

　第3章から岐路に立つ原子力のこれからの道のための展望である。

参考文献

飯田哲也・佐藤栄佐久・河野太郎（2011），原子力ムラを越えて ポスト福島のエネルギー政策, NHK 出版, 2011 年 7 月 30 日.

日本科学技術ジャーナリスト会議（2013）， 4 つの「原発事故調」を比較・検証する 福島原発事故 1 3 のなぜ?, 水曜社, 2013 年 1 月 6 日.

日本原子力学会東京電力福島第一原子力発電所事故に関する調査委員会（2014），福島第一原子力発電所事故 その全貌と明日に向けた提言―学会事故調 最終報告書―, 丸善出版, 2014 年 3 月 11 日.

国際原子力機関（2015），福島第一原子力発電所事故 事務局長報告書, 2015 年 8 月.

烏賀陽弘道（2016），事故調査委員会も報道も素通りした未解明問題福島第一原発メルトダウンまでの 50 年, 明石書店, 2016 年 3 月.

政治経済研究所環境・廃棄物問題研究会（2018），福島原子力事故後の原発の論点, 本の泉社, 2018 年 6 月.

柴田鉄治・友清裕昭（2014），福島原発事故と国民世論, ERC 出版, 2014 年.

北田淳子（2019），原子力発電世論の力学 リスク・価値観・効率性のせめぎ合い, 大阪大学出版会, 2019 年 10 月 1 日.

安全なエネルギー供給に関する倫理委員会著、吉田文和、ミランダ・シュラーズ編訳（2013），ドイツ脱原発倫理委員会報告 社会共同によるエネルギーシフトの道筋（原題『ドイツのエネルギー大転換―未来のための共同事業』, 大月書店, 2013 年 7 月 19 日.

ウーリッヒ・ベック著、東廉訳（1988），危険社会, 二期出版, 1988 年 9 月 3 日.

第3章　原子力安全神話を検証する

　本章では、安全神話の由来を主題に、シビアアクシデントをめぐる福島事故前後の原子力規制の制度を取り巻く経緯と原子力訴訟の変遷から筆者の体験も交えて論じる。

3.1　原子力村と安全神話

　筆者は、"原子力村"とは我が国の原子力研究の発祥地である茨城県"東海村"のことかと思っていたが、さにあらず。福島事故の後、マスコミ報道により"原子力村"という言葉がすっかり人口に膾炙されるようになった。飯田らが福島事故後いち早く出版した本(飯田哲也・佐藤栄佐久・河野太郎（2011））の書名で使った"原子力ムラ"はいつしか"原子力村"として定着した。マスコミの言う"原子力村"とは、関係省庁の官僚、中央と地方の政治家と有力者、電力会社・関連メーカ・関連団体・労働組合・労組連合体、審議会などを渡り歩く常連の著名な学者、メディア関係者などを構成員とする原子力推進組織である。原子力村には、原子力推進と"安全神話"（日本の原発は安全だという強固な信念）について暗黙の了解があり、異論を唱えるものは排除する産官学組織連合体としている(日本科学技術ジャーナリスト会議（2013））。

　福島事故を契機に原子力に対してこういう特異なイメージが日本社会に定着の感がある。これでは原子力は日本社会で孤立する。それは福島事故後の原子力の正しい再建にとっていろいろな意味でまずい、と筆者は考える。だが社会に拡散された悪いイメージは原子力界自身が払拭する努力をしないとなかなか消えない。

　さてその安全神話についての暗黙の了解とは、"日本の原子力技術は世界一信頼性が高く、米国やソ連のような苛酷事故（シビアアクシデント）を絶対起こさないからその対策は不要である"、という信念である。原子力村にはそれを起こしたら業界の存立を危うくするのに、シビアアクシデント対策はしなくてよい、またその不備を言ってはならない、という不文律がまかり通っていた。

　集団力学を専門分野にする社会心理学者の杉万俊夫先生(杉万俊夫（2013））はいう。「ギルド、職能集団は、それを犯すと業界がたちまち危殆に瀕するという不文律（無意識の規範）を共有しているものだ」ところがこれを原子力村に当てはめると、「シビアアクシデントは犯してはならない」という原子力の本来あるべき不文律は、「日本の原発は優秀だからシビアアクシデントは起こさない。だからそんな対策は不要。対策が必要という人はムラから出ていってください」ということになるのである。

　このような原子力村と"原子力安全神話"は、福島事故直後から既に飯田らがマスコミや著書で批判していた(飯田哲也・佐藤栄佐久・河野太郎（2011））。そしてその後発表された民間事故調査報告書や国会事故調査報告書においても福島事故は、巨大津波という不可抗

力の自然災害によるものではなく、原子力村によってもたらされた人災であると厳しく批判している。しかし原子力村の "安全神話" がどうしてできたのかは、いずれの事故調査も明らかにはしていない。これを本章で解明する。筆者が本章の結論を先取りしていうと、以下のとおりである。

　国の原子力規制当局は、原子力は "国策民営事業" だから、国が方針を出して日本の官庁の "行政指導" という常とう手段で、シビアアクシデント対策を民間の自主保安で実行させようとした。だがそこで使われた "自主保安のすすめ" の行政指導を "日本の原発技術は高いからシビアアクシデントは起こらない。だから日本ではシビアアクシデント対策は不要と国が決めた"、と事業者のほうが換骨奪胎して、"規制の対象外" というところだけを誇張し、世界の動向を無視してシビアアクシデント対策はなおざりにした。原子力規制当局は、"それは違う。ちゃんとやるように厳しく行政指導でチェックする" とはいわなかったし、事実チェックもしていなかった。

　一方で、"日本の原発技術は高いからシビアアクシデントは起こらない" のほうは、原子力安全神話となっていった。それは日本社会で原子力開発を "円滑" に推進するため、とくに立地対策や原子力訴訟への対応のための方便だったが、それが逆に原子力界の内部ではシビアアクシデント対策は導入しなくてよいのだ、と捻じ曲げられてしまった。その結果 TMI－2 事故やチェルノビル事故を経て世界的動向になった原発へのシビアアクシデント対策の導入がわが国では不十分なままに 2011 年 3 月東日本大震災で大津波が原発を襲う事態を迎えたのである。

　福島事故を振り返って "シビアアクシデント対策を国が事前に規制していれば未然に防止できたのにそれを怠った。規制が悪かったからその制度を全部変えよう。そうすれば今後はうまくいく" と考えるのも早計である。我が国の原子炉規制の制度は福島事故以前から事故やトラブルがあるたびに頻繁に変更されてきた。その結果が今回の福島事故であった。だからまた制度をいじり直しても過去と同じ繰り返しになるかもしれない。以下、3.2 ではシビアアクシデント規制の経緯、3.3 では原子力訴訟の変遷を述べて、3.4 に本章をまとめて次章以降の展望のための考察を行う。

3.2　我が国のシビアアクシデント規制の経緯

　国会事故調報告書は、原子力事業者は "訴訟リスク" を恐れて規制にさまざまな圧力をかけ、結果として規制が虜にされたという意味の "規制の虜" という有名な言葉を報告書の冒頭に掲げている。(国会東京電力福島原子力発電所事故調査委員会報告書要約版 (2012)　28頁) "訴訟リスク" や "規制の虜" については本章の後半で述べる。一方、福島事故の遠因として、"日本の原発は十分安全性が高いのでシビアアクシデント対策を規制要件にせず"、と民間の

自主保安に任せた原子力安全委員会の決定があったとされる。その原子力安全委員会の決定には"共通問題懇談会"からの勧告があったことが、1992年5月28日に発行されている原子力安全委員会による"発電用軽水型原子炉施設におけるシビアアクシデント対策としてのアクシデントマネージメントについて"と題する資料（原子力安全委員会（1992））にその経緯が詳しく記載されている。この資料を読むと、当時の日本独特の原子力規制法制の性格やダブルチェック制度を反映して大変複雑な議論の結果シビアアクシデント対策を民間の自主保安に委ねたこと、そして規制当局がどのようにダブルチェックにより関与することになったかがわかる。

　以下、日本の原発にアクシデントマネージメントが実際に導入されるまでの経緯や、実際にそれが2000年代に日本の原発に適用されるまでの過程で起こったこと、そのアクシデントマネージメントの方針のどこに問題があったのかを振り返り、最後に福島事故を契機に変革された原子力規制の背景を述べる。

3.2.1 アクシデントマネージメントが導入されるまでの経緯
3.2.1.1 1992年3月～1994年10月：原子力安全委員会から原子力事業者・行政庁への具体的対応の要望と検討開始まで

　原子力安全委員会は、1992年3月5日、共通問題懇談会から「シビアアクシデント対策としてのアクシデントマネージメントに関する検討報告書－格納容器対策を中心として－」を受けた。原子力安全委員会は、報告書の内容を検討した結果、下記の方針で対応を行うこととした。

(1) 我が国の原子炉施設の安全性は、現行の安全規制の下に、設計、建設、運転の各階において、①異常の発生防止、②異常の拡大防止と事故への発展の防止、及び③放射性物質の異常な放出の防止、の多重防護の思想に基づき厳格な安全確保対策を行うことによって十分確保されている。これらの諸対策によってシビアアクシデントは工学的には現実に起こるとは考えられないほど発生の可能性は十分小さいものとなっており、原子炉施設のリスクは十分低くなっていると判断している。

(2) アクシデントマネージメントの整備はこの低いリスクを一層低減するものとして位置づけ、原子炉設置者において効果的なアクシデントマネージメントを自主的に整備し、万一の場合にこれを的確に実施できるようにすることを強く奨励することとした。

(3) 原子炉施設の安全性の一層の向上を図るため、原子炉設置者には、共通問題懇談会の答申が示す提案の具体的事項を参考にアクシデントマネージメントの整備を継続して進めることが必要である。

(4) また行政庁においては、共通問題懇談会の答申を踏まえ、アクシデントマネージメントの促進、整備等に関する行政庁の役割を明確にすると共に、その具体的な検討を継続して進めることが必要である。

（5）原子力安全委員会は、アクシデントマネージメントに関し、今後必要に応じ、具体的
　　方策及び施策について行政庁から報告を聴取することとするが、当面は以下のとおり
　　行う
　　a）今後新しく設置される原子炉施設については、当該原子炉の設置許可等に関わる安
　　　　全審査（ダブルチェック）の際に、アクシデントマネージメントの実施方針（設備上
　　　　の具体策、手順書の整備、要員の教育訓練等）について行政庁から報告を受け、検討
　　　　する。
　　b）運転中又は建設中の原子炉施設については、順次、当該原子炉施設のアクシデント
　　　　マネージメントの実施方針について行政庁から報告を受け、検討する。
　　c）上記a）及びb）の際には、当該原子炉施設に関する確率論的安全評価（PSA)につい
　　　　て行政庁から報告を受け、検討する。
（6）関係機関及び原子炉設置者においては、シビアアクシデントに関する研究を今後とも
　　継続して進めることが必要である。さらに、原子力安全委員会は、これらの成果の把握
　　に努めるとともに所要の検討を行っていく。

　安全委員会が上記の決定を行った 1992年当時の国及び民間原子力事業がアクシデント
マネージメントに取り組む体制を図3-1に図示する。

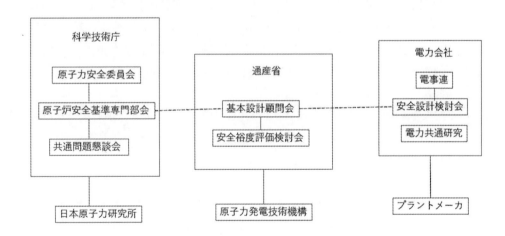

図3-1　国及び民間原子力事業がアクシデントマネージメントに取り組む体制

　なおこの図3-1に示す体制は1992年当時の国の省庁とそれぞれの傘下機関によるもので、
その後の国における原子力関係機関の制度変革で大幅に変わっていくが、これについては
後述する。
　原子力安全委員会は1992年5月に「発電用軽水型原子力施設におけるアクシデントマネー
ジメント(AM)策について」を公表し、原子力事業者とその監督行政にあたる通産省に対し、
対応すべき方針(事業者の自主的整備)を提示した。そこでは、シビアアクシデント対策は国

の規制要件とはせず事業者による自主保安によるものではあるが、実際にはAMのために①追加機能の導入、②AM運用手順、③PSAの整備とそれによるAM導入効果の確認、④人員の教育訓練、を監督官庁が事業者を指導して実施することを要請するものであった。

　そこで監督官庁である通産省は事業者に対し、1992年7月AMの計画的・速やかな整備等を要請した。その後1994年3月に事業者がAM策整備方針を決定し、通産省に報告。1994年10月に通産省が事業者のAM整備方針を検討し、原子力安全委員会に報告した。

3.2.1.2 1994年〜2004年：原子力事業者の検討結果の原子力安全・保安院への報告とAM導入まで

　その後、原子力界では1995年12月高速炉もんじゅのナトリウム漏えい事故の発生、1999年9月末東海村JCO事故とその後の原災法の導入等の大事件があって、原子力行政官庁の再編と傘下機関の改廃が行われたので、図3-1に記載の行政機関は大幅に変わった。すなわち科学技術庁は文部省に統合されて文部科学省になり、原子力安全委員会は原子力委員会とともに内閣府に移動し、通産省は経済産業省と名称が変わり、原子力発電事業者の監督はエネルギー資源庁から原子力安全・保安院(以下保安院と略す)に変更された。

　BWR、PWR双方の事業者は1994年から8年を要してAM対策を検討し、2002年にAM策の有効性評価に関する報告書を保安院に提出し、保安院が評価を行った。そして2004年には事業者がAM整備後、PSA報告書を保安院に提出し、保安院が評価を行った。

　事業者によって当時導入されたBWRとPWRに対するシビアアクシデント対策の例を表3-1及び表3-2に示す。AM整備結果の評価では、①基本要件の確認、②実施体制（組織、役割分担、意思決定）、③施設・設備（支援組織の使用施設、計測制御の有効性）、④知識ベース（手順書類、プラント状態の把握、AM策判断）⑤通報・連絡、⑥教育・訓練を対象とし、PSAによる有効性評価(AMによるリスクの減少)では、炉心健全性は炉心損傷頻度が2/3〜1/6に減少、格納容器健全性は格納容器破損頻度が1/5〜1/18に減少、と原子力安全解析所によって評価された(原子力安全・保安院（2002))。

　以上のように、1992年に始まり2004年にかけてどのように軽水炉原発にＡＭ策が導入されたかその経過を述べた。次の3.2.2では、以上に述べた我が国でのAM導入までの紆余曲折に限定せず、さらに時代を遡った過去から福島事故に至るまでの背景を述べる。そこでは米国TMI-2事故を契機に1980年代に始まった我が国の軽水炉原発のSA対策検討の経緯を振り返り、シビアアクシデント研究やその原子力規制政策についての専門家の議論を紹介する。

表 3-1　我が国の PWR のシビアアクシデント対策の例

目的	対策の例
原子炉の停止機能を強化する	手動による原子炉の停止
	ホウ酸水の緊急注入
	緊急の 2 次系による冷却及びその多様化
炉心冷却機能を強化する	ECCS の手動による起動
	主蒸気逃し弁操作による 2 次系強制冷却
	フィードアンドブリード
	冷却水の供給確保
	タービンバイパス系を活用して 2 次系から冷却
	代替水源の利用
FP の閉じ込め	手動による格納容器の隔離
	格納容器内を自然対流により冷却
	格納容器への注水
	一次系の強制減圧により直接炉心過熱（DCH）の防止
	水素ガスの計画的燃焼（アイスコンデンサ型格納容器の場合）
安全機能のサポート系を強化する	電源、補機冷却水、制御用空気の系統のバックアップを設ける
	号機間で電源を融通しあう

表 3-2　我が国の BWR のシビアアクシデント対策の例

目的	対策の例
原子炉の停止機能を強化する	手動による原子炉の停止
	ホウ酸水の緊急注入
	代替反応度制御、例えば自動停止失敗時に再循環ポンプを停止するなど
原子炉及び格納容器への注水	ECCS の手動による起動
	低圧にして有効に注水が行えるように手動による減圧
	格納容器注水（スプレイ）
	補給水系ないし消火系による代替除熱
	原子炉減圧機能を自動化する
格納容器の除熱	格納容器スプレイ
	圧力抑制プール経由のベント
	耐圧強化ベント（過圧防止にベントラインを利用する）
	代替除熱（ドライウエルクーラーや冷却水浄化系を利用）
	残留熱除去系の復旧
安全機能のサポート系を強化する	タービン駆動原子炉隔離時冷却系による炉心冷却と電源復旧
	号機間で電源を融通しあう

3.2.2 シビアアクシデント対応をめぐる我が国の歴史的経緯―TMI- 2 事故から福島事故まで

　1979 年に米国で発生した TMI-2 事故は、我が国の原子力界に大きなインパクトを与え、当時の原子力安全委員会では我が国の原子力安全性向上のため TMI-2 事故の教訓として実に 52 項目を摘出して原子力界での広範な取り組みを促した。それらは表 3-3 から表 3-8 に

示すように、基準関係 9 項目、審査関係 4 項目、設計関係 7 項目、運転管理関係 10 項目、防災関係 10 項目、安全研究関係 12 項目と多岐に渡っていた。

表 3-3　TMI-2 事故の教訓として我が国原発の安全確保に反映すべき基準関係の 9 項目

安全設計審査指針および関連技術基準	安全上重要な系統及び機器の分類
	原子炉計測制御系及びプロセス計測制御系の信頼性
	事故時に必要とされる系統及び機器
	緊急時中央指令所
	可燃性ガス濃度制御系
	中央制御室
安全評価審査指針	ヒューマンクレジットおよび単一故障
	運転時の異常な過渡変化および事故の解析条件
ECCS 安全評価指針（小破断 LOCA 事象についても留意する必要がある）	

表 3-4　TMI-2 事故の教訓として我が国原発の安全確保に反映すべき審査関係の 4 項目

安全上重要な系統及び機器の自動作動
技術的能力及び運転管理体制(運転等の段階でさらに十分に確認する必要がある)
制御室への接近可能性及び居住性(制御室の遮蔽、換気)
事故時に必要とする機器等(水素濃度制御装置、長期冷却系などの遮蔽)

表 3-5　TMI-2 事故の教訓として我が国原発の安全確保に反映すべき設計関係の 7 項目

小破断 LOCA 事象時の安全性
一次冷却材の状態監視方式(サブクール状態の常時監視など)
ガス対策(一次系内のガスの除去法など)
制御系のレイアウトなど(人間工学的観点からも検討する必要がある)
事故時における放射線及び放射性物質の測定
弁の信頼性(材質及び機器の信頼性)
運転員の誤操作防止対策

表 3-6　TMI-2 事故の教訓として我が国原発の安全確保に反映すべき運転管理関係の 10 項目

格納容器の隔離に対する運用(隔離方式の見直し)
ECCS 作動時における一次冷却材ポンプの作動条件
ECCS の停止操作及び切換操作
保修時における点検頻度など
手動弁の管理方式、例えば鍵管理、表示方式の検討
運転員の長期養成計画
運転員の誤操作防止対策
プラントの運転管理体制、原子炉主任技術者の位置づけ、技術的支援体制など
報告すべき異常事象
緊急時の放射線測定器及び防護用機材の点検整備(高線量率測定器など)

表 3-7　TMI-2 事故の教訓として我が国原発の安全確保に反映すべき防災関係の 10 項目

防災対策に関する専門的事項の調査審議について	防災計画立案地域の範囲
	防災活動上必要な対策指標（線量と温度）
	緊急時の環境モニタリング指針の作成
	環境放射能予測システムの開発
防災業務計画の円滑な遂行について	緊急時組織
	モニタリング設備
	一般公衆の被曝線量の評価
	緊急時連絡（電話回線とそれ以外の連絡方法）
	輸送手段の確保
	教育・訓練

表 3-8　TMI-2 事故の教訓として我が国原発の安全確保に反映すべき安全研究関係の 12 項目

関連する事象の改正と対応技術の確立	小破断 LOCA 時の二相流の実験及び解析
	自然循環炉心冷却に関する研究
	流量停滞時における炉心冷却機能に関する研究
	LOCA 条件下の格納容器内機器の信頼性の研究
	圧力容器ノズル部のサーマルショックに関する研究
人為的な誤操作による事故の発生を防ぐための研究	プラントの状態把握に必要な研究
軽水炉施設の信頼度解析研究等	プラント構成機器の信頼性の研究
	信頼度解析研究
	定量的リスク評価研究
事故時対策に関する研究	事故時対策用データバンクシステムに関する研究
	事故時放射性物質放出量解析システムに関する研究
	環境放射能予測システムに関する研究

　これらの表を一見すると、原子炉の損傷に至るプラントの事故挙動の理解やそれを診断し、対応するための計装制御系や誤操作防止や教育訓練等の人的要因、PSA 解析と原子力防災に係る課題が取り上げられている。

　また1986年に旧ソ連で発生の世界最大のチェルノビル事故ではシビアアクシデントの影響の甚大さで全世界に影響を与えた結果、表3-3から表3-8に示した研究課題への取り組み範囲を越えて、シビアアクシデントを起こさない固有安全炉の研究や防災対応、組織文化の問題などへ世界的に研究の取り組みが拡大した。

　1980-90年代に国際的に活発になったシビアアクシデント研究やマンマシン研究の動向に刺激を受けて、当時の日本でも産学官で積極的に研究が進められた。その当時本章の筆者が所属した京大原子エネルギー研究所の若林二郎教授らは、原子力学会にヒューマンマシンシステム部会を創設して異常診断や運転支援システム、緊急時運転手順などへの計算機応用、ヒューマンエラー防止のための広範なヒューマンファクター研究に産官学の研究者たちと取り組んだ。その成果の一つとして電力共研および通産省補助事業により、我が国が

90年代に世界に先駆けてフルデジタル計装制御系や計算機化中央制御室の実現を東電柏崎刈羽原子力発電所のABWRで実現したことが挙げられる。緊急時支援システムの研究についてはチェルノブイル事故後とくにJCO事故を契機に我が国で広範に取り込まれたが、これについては第4章に述べる。

　ここでは日本原子力研究所においてシビアアクシデント研究に取り組んできた杉本純氏と、主として資源エネルギー庁において原子力安全行政を担当された西脇由弘氏が、福島事故の1年後に日本原子力学会の専門委員会セッションでそれぞれの立場での福島事故に至る経緯と今後を展望しているので、それぞれ3.2.2.1節と3.2.2.2節にその発表概要を紹介し、ついで3.2.3節以降に福島事故後の原子力安全規制の改革の流れを展望する。

3.2.2.1 日本におけるシビアアクシデント研究の経緯

　福島事故後1年目の2012年3月19日原子力学会年会で杉本純氏（当時京大工学研究科原子核専攻）が核燃料部会セッションで掲題の講演を行っている。以下では杉本氏の講演された福島事故以前に行われていたシビアアクシデントの研究状況と福島事故以降の展開を要約する。

　軽水炉型原発で起こるシビアアクシデント現象は、PWR原発かBWR原発かで若干異なり、さらに使用済み燃料プールでも起こる可能性がある。当時日本原子力研究所で損傷炉心挙動の研究が広範に取り組まれていた。その取り組みの中心だった杉本純氏は、軽水炉型原発で問題となるシビアアクシデントに関わる基本的な現象を表3-9のように整理している。

表3-9　軽水炉型原発でのシビアアクシデントに関わる基本的現象の分類

注目する事項	注目するところ	関連現象名
溶融炉心物質の挙動	・炉心物質を溶融させるための主な熱源はなにか？（崩壊熱） ・冷却材、構造材との相互作用で機械的負荷（衝撃力）や格納容器内圧増加（ガス発生） ・冷却の可否と防護壁への影響が重要	炉容器内炉心の溶融進展と溶融炉心冷却
		高圧の溶融物の放出と格納容器直接加熱（DCH）
		溶融炉心と冷却材の相互作用（FCI,水蒸気爆発）
		炉容器外での溶融炉心の冷却
		溶融炉心とコンクリートの相互作用（MCCI）
核分裂生成物（FP）の移動挙動	・ガスあるいはエアロゾルなどで移行 ・一次系から格納容器内へ、格納容器から外部環境へ放出する時期、量、化学形が重要	FPの燃料からの放出、原子炉冷却系内移行および格納容器内挙動
		水素ガスの燃焼、爆燃、爆轟
		環境へのFP放出
防護壁の耐性喪失	・とくに格納容器壁は外部環境への最後の障壁 ・破損モード、時期が重要	原子炉冷却系配管の高温破損
		炉容器破損
		格納容器破損

　このようなシビアアクシデント時の広範な現象解明のための研究では、超高温の炉心融体、放射性物質の移動等、過酷環境下の複雑な熱流体力学、物理、化学の混合課題があり、合目的的な必要課題に限定して多分野にわたる多くの国内国外の研究者が実験および解析

双方の研究が進められてきたとしている。以下、杉本氏にそって、軽水炉シビアアクシデントの研究を紹介する。

(1) シビアアクシデントに係る実験研究

　関連要素現象として、内外の研究機関で行われていた実験研究のプロジェクトについて、燃料損傷と溶融について表3-10、核分裂生成物（Fission product：FP）の挙動に関する主な実験について表3-11に示す。

　これらはシビアアクシデント事象としては初期段階である。燃料からのFP放出現象の実験研究は、ホットセルを用いた模擬実験である。炉心損傷の結果出てきたFPのうち気体の放射性ヨウ素ガスの挙動がこの段階で最も研究された（エアロゾルとヨウ素挙動やヨウ素化学）。格納容器スプレイとは放射性ヨウ素を水スプレイで洗い落とすものである。BWRの場合は気相のFPガスがウエットウエル下部の水にどれだけ放射性ヨウ素が保持できるかが問題で、そのためプールスクラビングという現象が着目されている。FEBUSとはフランスのカダラッシュ原子力研究センターにある原子炉安全性実験を行う試験炉の名称で、この原子炉の炉心に試験用のループを設け、様々なタイプの原子炉燃料安全性試験を実施できるものとなっている。

　原子炉の炉心が溶融して、デブリと呼ばれる溶融炉心物質がメルトダウンしていく過程では圧力容器底部にデブリが固化していく過程や、圧力容器下部ヘッドをデブリが貫通して、デブリが格納容器の底にあるコンクリートベースマットに落下したときの挙動などである。原子炉圧力容器に下部ヘッドデブリ冷却メカニズムや、格納容器下部の水プールに溶融炉心物質が落下したときの水蒸気爆発現象や溶融炉心―冷却材相互作用（Molten core-concrete interaction: MCCI）の実験などは、軽水炉の格納容器のシビアアクシデントに対する耐性を模擬実験で確認する実験プロジェクトクトをALPHA計画といい、1990年代に日本原研で実施された。

表3-10　主な燃料損傷実験とその実験規模

実験名	実施機関（国）	実験の特徴	燃料バンドル本数	炉心長（m）
OECD/LOFT	INEL(米国)	試験用原子炉を用いるもの	121 本	1.6
PBF/SFD	INEL(米国)		32 本	0.9
ACRR	SNL(米国)		16 本	0.9
FLHT	AECL(カナダ)		12 本	3.6
PHEBUS	CEA(フランス)		21 本	0.8
NSRR	JAEA(日本)		4 本	0.5
CORA	KfK（ドイツ）	原子炉を用いない電気加熱実験	25 本	2.0
TMI-2　R&D	GPUNC(米国)	事故を起こした TMI-2 の事故後の損傷燃料集合体を分析したもの		

表3-11 FP挙動に関する主な実験

テーマ	実験プロジェクト名	機関（国名）
燃料からのFP放出	VI実験	ORNL(米国)
	EVA/VERCORS	IRSN(フランス)
	VEGA	JAEA(日本)
エアロゾルとヨウ素挙動	TOSQAN	IRSN(フランス)
	ARTIST	PSI（スイス）
	ICHEMM	ＥＣプロジェクト（ヨーロッパ共同体）
	STORM	JRC Ispra（ヨーロッパ共同体）
	Falcon	AEAT（英国）
	COPIAT	NUPEC/東芝（日本）
	WIND	JAEA(日本)
格納容器スプレイ	MISTRA	CEA(フランス)
	CARAIDAS	IRSN(フランス
	GIRAFFE-FP	NUPEC/東芝（日本）
プールスクラビング	PECA	CIEMAT（スペイン）
	Heron/Sandpiper	AEAT（英国）
	EPSI	JAEA(日本)
ヨウ素化学	RTF	AECL（カナダ）
	Harwell Co-60 Cell	AEAT（英国）
	Iodine Release Exp.	JNES/JAEA（日本）
総合試験	PHEBUS-FP	IRSN(フランス)

(2) シビアアクシデント解析コードの開発

　熱水力挙動と炉心損傷、核分裂生成物（FP）の移行など上記(1)で述べたような現象論的実験研究の成果を集大成して、シビアアクシデント時のプラント全体の挙動を解析するコードが世界の原子力開発機関で開発された。

　表3-12に代表的な軽水炉原子力発電所用のシビアアクシデント解析コードを示す。これらは簡略型シミュレーションと詳細解析用に分かれるが、確率論的評価や防災対応のために炉心損傷から格納容器破損までの様々な事故シナリオにおける事故進展の時間スケール、格納容器の破損モード、核分裂生成物の放出量の評価に利用される。

表3-12 代表的な軽水炉原子力発電所用のシビアアクシデント解析コード

解析コード名	開発機関（国名）	特徴
MAAP	EPRI/FAI（米国）	○上ほどより簡略な計算モデル（計算速度、可搬性で優り、確率論的評価や防災対応に利用）
THALES-2	JAEA(日本)	
ASTEC	EU	
MELCOR	SNL（米国）	○下ほどより詳細な解析モデル（計算速度、可搬性は劣るが、詳細な現象解析や推測に利用）
SCDAP/RELAP5	INL（米国）	
IMPACT	NUPEC(日本)	

(3) シビアアクシデント研究とAMとの関係

　シビアアクシデント研究の目的は、対象が軽水炉であれ、高速炉であれ、それぞれの原子炉プラントのシビアアクシデント時の諸現象を解析して作成された数理モデルの計算プログラムを統合してシビアアクシデント解析コードとして集大成する。これを用いて原子炉の様々な事故の模擬実験をコンピュータシミュレーションすることにより、リスクの定量化や安全裕度の評価を行うもので、確率論的安全評価やAM対策の立案に不可欠なツールである。シビアアクシデント解析と確率論的安全評価PSAあるいはAMとの関係を、PSAで用いる格納容器イベントツリーを用いて図3-2に例示する。

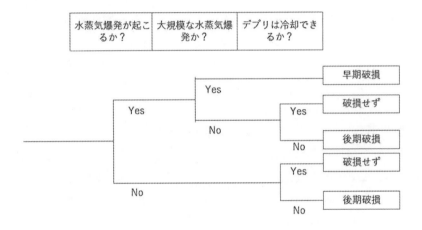

図3-2　格納容器イベントツリーの一例

　ここでは原子炉に炉心溶融が起こって炉心溶融物質が格納容器底部にメルトダウンして格納容器の底部にたまった水プールに落下した状況を考えると、①この時生じる溶融炉心物質冷却材相互作用（MCCI）で水蒸気爆発が生じるか否か？　②大規模な蒸気爆発で格納容器が壊れてしまうか否か？　③水蒸気爆発が生じないか、生じても小規模爆発で圧力容器が壊れなくても溶融炉心物質（デブリ）は冷却できるか否か？　を考えると、図3-2のようなイベントツリーになる。①では水蒸気爆発が生じるかどうかの判定パラメータ、②では格納容器の耐圧限度、③ではデブリの除熱能力によってどのようなシナリオをたどるか、それはどのような確率か、格納容器の破損確率はどの程度か、格納容器がどのように壊れて外部環境にFPがどの程度、どのように放出されるかが推定される。

(4) 福島事故とその後のSA研究の展開

　東西ドイツ統合の1990年頃、筆者の吉川の昔のカールスルーエ時代の友人が来日し、三菱重工神戸の見学に同行した。友人はカールスルーエ研究センターで当時実施の溶融炉心物質が格納容器ベースマットに落下してコンクリートと反応する実験の結果を紹介した。

その時、三菱の部長さんが発表を聞いて、「日本ではシビアアクシデントは考えなくてよいと国が決めたのでそういう情報は不要です」と言った。チェルノビル事故の印象も強かった当時のことで本当かな、と耳を疑った記憶があるが、今にして思うとそれは本当だった。我が国ではAM対策が民間の自主保安に任される頃から、どういうわけか原子力界には安全神話の流布によりシビアアクシデントに言及することが禁句になり、いつの間にかシビアアクシデント研究は下火になっていた。

　しかし、2011年3月福島事故が起こって以降、シビアアクシデント解析は急にリバイバルして脚光を浴びるようになった。それはまずは事故を起こした福島原発の事故過程の解析に、そしてその後は再稼働原発の審査にシビアアクシデント対策立案にシビアアクシデント解析が必要になったためである。

　今後長年月をかけて国際協力で取り組まれる事故を起こした福島原発の解体廃炉プロジェクトの過程で得られたデータはシビアアクシデント解析コードのモデル開発や検証に活用され、シビアアクシデントを"絶対に"起こさない次世代原発の設計開発に活用されることを期待したい。

3.2.2.2 我が国規制でのシビアアクシデント対策の変遷

　原子力学会年会で2012年3月21日、杉本純氏が3.2.2.1節に述べた発表を行った同時期に、西脇由弘氏（当時東大原子力国際専攻）が熱流動・計算科学技術合同企画セッションで掲題の講演を行っている。西脇由弘氏は、経産省官僚として原子力行政に携わったのち、福島事故以前に東大や東工大に移って原子力法制の改革に関わる研究を行っていたようで、該講演では我が国の原子力規制の揺籃期から、福島事故により原子力規制が環境省に移管される前夜までの約40年間の動きをエネルギー資源庁での原子力官僚としての視点から講演資料をまとめている。以下その講演の要点を、筆者の補足も交えて記載する。

（1）我が国の原子力揺籃期からTMI-2事故までの原子力規制
　原子炉等規制法の制定当初は原子力委員会が原子力政策全般を所掌していたが、1974年の日本分析化学研究所のデータねつ造事件および原子力船むつの放射線漏れ事件の後、有澤行政懇談会により1976年7月に、原子力行政体制を改革して強化するため、次の提言が政府に出された。①原子力委員会から原子力安全委員会の分離独立、②基本設計から詳細設計、運転管理まで単独官庁による規制の一貫化、③安全委員会による行政庁の安全規制の評価（いわゆる日本独特のダブルチェック制度）、④原発立地地域を対象とした公聴会の開催。その結果、①を受けて1979年10月に原子力安全委員会が発足、③を受けて1979年1月に科学技術庁に替って通産省が実用炉の設置許可を行う行政庁審査体制になった。
　一方、米国では第2次大戦中から軍事・民事両面で原子力行政を一元的に管轄していた原子力委員会（AEC）は、1975年初頭に原子力の開発と規制を分離して、エネルギー研究開発庁（ERDA）と米国原子力規制委員会（NRC）に分割改組され、さらに1977年にはERDAは

エネルギー省（DOE）に改組された。日本の1976年の有澤行政懇談会の提言による原子力委員会から原子力安全委員会の分離は米国のDOEとNRCの体制に倣ったものだが、原子力施設の設置許可権限を有する独立行政委員会である米国NRCとは異なり、原子力安全委員会は許認可権限を有する推進側の主務官庁に対する諮問委員会の位置づけであった。

　1979年米国で発生のTMI-2事故の後、世界の規制機関は炉心損傷防止を原子力安全の主要目標に位置付けた。そこでは炉心損傷防止は多重故障で発生することを前提に、①解析の重視、②確率論的安全評価の利用、③徴候ベースの手順書の整備に向けて規制機関の努力が払われた。既に述べたように日本ではTMI-2事故を受けて52項の教訓が設定された（表3-2参照）。

　この表3-2中には定量的リスク評価研究（いわゆるPSA）も含まれていたが、PSAは安全研究の範疇として科技庁所管の日本原研で実施されることになった。表中の防災関係ではTMI-2事故を契機に日本原研では事故時に放射性物質の環境への拡散挙動を計算するコードであるSPEEDIの開発が着手されている。

　原子力災害に対する緊急時対応計画は、1979年7月原子力発電所等に関わり当面とるべき措置として、国の中央防災会議において、①国と地方を結ぶ緊急連絡体制の準備、②緊急技術助言組織などの専門家支援の組織体制の整備、③緊急モニタリングや緊急医療派遣体制の整備などを定めた。その翌年1980年6月に原子力安全委員会が防災指針を決定。1995年1月阪神・淡路大震災後災害対策基本法に基づく防災基本計画の中に新たに第10編として原子力災害対策編が追加された。JCO事故の年1999年12月新たに原子力災害対策特別措置法が制定公布され、オフサイトセンターなどが設置されることになった。

　西脇氏によれば、当時設計基準事象を越える領域のシビアアクシデントの研究をエネ庁では行えなかったのは、原子力安全委員会が実用炉を担当する通産省にPSAを行わせて規制に利用するという発想がなかったと批判している。同氏はさらにそもそも電気事業法での規制が構造強度に偏しており、それに準拠するエネ庁の規制は、TMI事故以降の世界的な動向である解析重視、PSA重視の規制から乖離して工事認可段階の構造強度設計の適否を審査し、使用前検査で厳しい検査をしていた、と指摘している。

（2）チェルノビル事故後の世界の動きと対応
　旧ソ連でチェルノビル事故が発生した1986年4月26日は、筆者はNUPECの友人と一緒に米国テネシー州ノックスビルでの米国原子力学会主催の人的要因に関する最初のトピカルミーティングに出席後、ニューヨーク近郊のブルックヘブン国立研究所を訪問した日だった。当日同所では面会のアポがなかった米国原子力規制局Walter Kato博士が挨拶に来られた。「今朝ホテルのテレビでソ連原発の大事故のニュースで取材を受けておられましたが、どんな様子ですか？」と聞くと、「そうです。本来は日本に出張予定だったが、急遽取りやめて情報収集中です。ソ連原発から黒煙が立ち上っている写真が私の机の上にありますよ」と言ったのでびっくり。「どうしてわかったのですか？」と聞くと、「人工衛星から撮影した

もので駐車場の車も識別できるくらいはっきり分かります」との答え。これでは世界中アメリカに監視されているようなものだと思った。爆発したチェルノビル原発から立ち上った放射能の黒雲は近隣のウクライナ、ベラルーシだけでなくポーランド、スウェーデン、フィンランド等近隣諸国からドイツ南部にまで放射能を拡散し、日本にも地球を周回してフォールアウトして、世界中に大センセーションを引き起こした。

TMI-2事故を経験していた米国では、NRCがチェルノビル事故の前年1985年8月にシビアアクシデント政策声明書を出してシビアアクシデントに対する脆弱性を発見し、必要があれば規制措置を取ることを表明して全原発にIPE（Individual Plant Evaluation、個別プラント解析）の実施を要求、1992年に終了。1986年8月には安全目標政策を公表し、1987年12月にはシビアアクシデント時の格納容器の改善策を検討する格納容器性能改善プログラムを開始。1989年9月にはMARK-I型BWRに強化型ベントの自主整備を勧告している（MARK-I型BWRは福島第一原発1号機と同型）。1988年には全交流電源喪失に関する規則を発行して短時間の全交流電源喪失に対して原子炉停止と冷却機能を強化するように命じている(福島第一原発を巨大津波が襲った結果、長時間の全交流電源喪失事態に落ちいったことが福島原発爆発の原因)。さらにNRCは1992年地震等の外部事象のPSAの実施方法を示したガイダンスを発行して外部事象に対するIPEの実施を要求して1996年に終了。一方でNRCは1990年IPEの中で検討すべき一般的なAM戦略の候補を公表したことに応えて、産業界ではAMの方針を示したシビアアクシデントマネージメントガイドライン集（SAMGs）を作成して、各事業者に拘束力を持つ自主的措置としてこのガイドへの適合性を要求して、1999年に終了している。

　チェルノビル原発事故のときに放射性環境影響を受けた地理的に距離の近かった欧州諸国ではどうだったか？　当時西ドイツでは1986年12月フィルター付格納容器ベント設備の設置が勧告され、その後既設の原発に順次配備。フランスではAM手順の整備とサンドフィルター型の格納容器ベント設備の配備が1989年までに完了した。

　国際原子力機関のIAEAでは、チェルノビル事故後世界の原子力規制機関の賢人を集めて原子力発電の安全のあり方を審議する会議INSAGを開始し、1988年の第3回目のINSAG-3で原子力発電所のための基本安全原則を発行し、原子力各国の政府に原子力規制に注意を喚起している(INSAGには日本から原子力安全委員長が参加している）。この基本安全原則ではとくに原子力組織の安全文化の重要性を指摘すると同時に、IAEAのINSAG(国際原子力安全諮問委員会)の基本安全原則が示す定量的な安全目標（IAEA（2012））として、シビアアクシデントに関わり炉心損傷発生確率を10^{-4}／炉・年、大量の放射能の環境放出の確率はさらにその1桁以上下げるようにAM対策を取るように勧告している。

（3）チェルノビル事故時の日本の対応
　チェルノビル事故を受けての我が国の規制機関の対応は、3.2.1節に述べた原子力安全委員会での自主保安によるAM導入決定の経緯どおりである。今にして思えば米国や欧州の規

制対応とは大きな落差を感じるが、西脇氏はこれに関して以下のように言っている。

　日本の商用原子炉の現状では、TMI-2事故以降その52の教訓を反映してとられた安全対策によって設計基準事故の範囲を拡大する新たな措置は必要ないが、安全委員会の共通問題懇談会に格納容器検討ワーキンググループを設けて格納容器ベントなどの議論が開始されたこと、設計基準を越えた事態の知識を把握し、知識ベースを整備して運転管理に適宜反映すること、シビアアクシデントに関するこれまでの研究を一層推進させることとなった。TMI-2事故の教訓中の防災関係でのテーマである環境放射能予測システムは、日本原研で環境中放射能拡散解析コードSPEEDIとして開発が進められた、等々である。その一方で恐らくは西脇氏が在職中にコミットしたのであろう資源エネルギー庁(以降「エネ庁」と記す)の当時の取り組みである1986年8月公表のセーフティ21計画（表3-12）を紹介している。

　西脇氏によれば、セーフティ21計画は、チェルノビル事故の教訓という位置づけでなく実用炉の規制行政庁としての規制課題を克服するためのパッケージプランを提示したものとのことだが、表3-13には下のようなテーマが含まれていた。

　①ヒューマンエラー防止のための研究開発
　②シビアアクシデント時の原子炉挙動に関する解析的研究
　③確率論的安全評価法を用いた原子炉挙動の研究
　④緊急時事故拡大予測システムの整備
　⑤緊急時の運転マニュアル等の整備

　セーフティ21計画の実施により、商業用原子炉は設計基準事故からシビアアクシデントに至るまで一貫した規制が行えるようになるとして、エネ庁に園城寺次郎氏を委員長とするセーフティ21計画推進委員会を設置して計画の各項目の実施調整にあたり、その実施機関には図3-1に示した通産省傘下の原子力発電技術機構（NUPEC）が担当し、ヒューマンファクター関連ではヒューマンファクターセンター、シビアアクシデント解析やPSA整備では安全解析所が新設されるなど、日本原研や電力中央研究所や電力、メーカー連合などの関連機関と連携して研究開発実務が進められた。

　筆者も当時は京大原子エネルギー研究所助教授としてマンマシン系の研究に取り組んでいた頃であり、表3-13中の項目では、3(1)ヒューマンエラー防止の研究でヒューマンファクターセンター、4(1)緊急時対策の研究や、6(2)信頼性実証試験で、メーカやNUPECのメンバーと一緒に共同研究をした懐かしい記憶がある。とくに事故拡大予測システムは元々京大原子エネルギー研時代の上司若林教授のアイデアで、本書の第10章の執筆者五福明夫助手（当時）らと研究室で取り組んだ研究が参考にされた（Akio Gofuku, Hidekazu Yoshikawa, Shunsuke Hayashi, Kenji Shimizu, Jiro Wakabayashi,（1988））。

　これはPWR一次系だけの熱流動状態を実際の時間より10倍速く模擬するシミュレーターと、プラント計装では直接計測できない蒸気発生器の1次系から2次系への伝熱量、配管の

破断口や加圧器放出弁からの漏えい量などを、圧力計、流量計などの計測器信号や原子炉保護系、ポンプなどのon-off信号を用いて実時間推定するいくつかのカルマンフィルタとを組み合わせオンライン化して、PWRの小破断事故時のプラント挙動を実時間で追跡するシステムを提案したものである。この方法によるプラント状態の推定精度は、当時軽水炉の安全解析コードとして最先端の米国INL開発のRELAP4/MOD 6 によるシミュレーション結果と対比させて検証している。

表3-13　セーフティ 21 計画の概要　1986 年 8 月 14 日　通産省省議決定

1.	通商産業省による安全規制の充実		
	(1)	安全規制の高度化	
	(2)	新規分野への対応	
	(3)	第三者専門機関の活用	
2.	事業者による保安の充実		
	(1)	管理機能の充実	
	(2)	運転員、保修員の資質向上	
	(3)	運転、保修情報の活用	
3.	安全性向上のための研究、技術開発の推進		
	(1)	ヒューマン・エラー防止の研究、技術開発	
		①	ヒューマン・ファクター及びその設備への適用に関する研究
		②	運転支援システムの開発
		③	運転・保修マニュアルや教育訓練手法の高度化研究
	(2)	事故・故障の未然防止技術開発	
		①	劣化診断・評価技術の開発
		②	新素材を活用した機器、設備の開発
	(3)	原子炉の挙動等の研究	
4.	緊急時対策の充実		
	(1)	緊急時における情報の収集、分析、伝達の円滑化	
		①	緊急時情報連絡体制の高度化
		②	事故拡大予測システムの整備
	(2)	緊急時対応の円滑化	
		①	緊急時対応マニュアル等の充実
		②	研修、訓練の実施
		③	緊急時用機器の整備
5.	安全性に関する国際協力の推進		
	(1)	先進国協力の推進	
	(2)	発展途上国協力の推進	
	(3)	事故時の国際協力	
6.	その他		
	(1)	原子力発電安全月間の設定	
	(2)	信頼性実証試験	
	(3)	核物質防護条約批准のための所要の措置	
	(4)	本決定の見直し	

　京大の研究室での上記研究は論文研究だったが、NUPECでの事故拡大予測システムの開発整備は、原子力発電所中央制御室に設置のSPDSのデータをオンライン伝送して全国のどこの原発でも重大事故が起こったとき、どれほど放射能が外部に放出されるか、事故の進展を将来予測して今後どういう操作をすると事故を収束できるかを検討する、という大掛かりなシステム開発で、JCO事故後に原子力安全・保安院による原子力防災対応でのERSSとSPEEDIの開発整備に繋がるものである。これらについては第4章に述べる。

（4）JCO事故に至る90年代の我が国のAMをめぐるSA規制の動き
　その後エネ庁及び電気事業者はセーフティ21計画に基づき、1989年頃にはフェーズⅠのAMを整備し、原子力事業者が設立している運転訓練センターで多重故障を模擬した運転員の教育・訓練の実施に供されていた。

　しかしフェーズⅡのAM対策についてはフィルターベントの整備のような新たに大掛かりな設備工事が必要になることからその導入については慎重になっていた。ともあれ1992年の安全委員会におけるAM方針が出されたことから、我が国ではAMは事業者の自主的措置として2000年を目途にフィルターベントの代わりに配管の強度を強化した簡易型ベント系の設置などのAMが各事業者において整備されていった。

　西脇氏によれば、1992年AM整備方針の決定でシビアアクシデント対応の形が決まったことからエネ庁において気のゆるみが生じてPSAの整備、SA対応の深化への意欲も低下し、事業者の活動に対するエネ庁の厳格な確認もなく、中途半端に終わった。シビアアクシデント関連の研究も既に海外で進んでいるとして我が国の安全研究も減少して、日本のシビアアクシデント研究の主体だった日本原研の炉心損傷研究室（TMI-2事故後1984年設立）は2001年4月に廃止され、熱水力研究室に吸収された。セーフティ21計画で設立のNUPECのヒューマンファクターセンターも同時期のNUPECのJNESへの改組のときにJNES基準部に吸収された。

　このような90年代のSA研究の退潮には、①米国NRCの規制はシビアアクシデント対策に偏重した過剰規制であり、日本は米国に追従すべきでないとの民間側の主張、②エネ庁の事務系トップを中心にPSAの有用性やSA研究の必要性を疑念視する発言などによって次第にエネ庁予算でのPSA研究、SA研究、ヒューマンファクター研究の予算が減額されていった。その一方で、米国からは日本の規制は構造強度のチェックに偏重しすぎとの批判や日本の規制の能力レベルへの疑念が表明されると、米国NRCを敬遠して交流が減少し、次第に規制に関する親米派がエネ庁の原子力主流から疎外され、若手のエネ庁技官にも米国流規制に学ばない風潮が広がっていった。

　西脇氏は、このような90年代当時のエネ庁の風潮への批判が続くが、そこで1999年9月末に東海村JCO事故が発生。これを契機に2000年原子力防災法が急遽制定され、全国の原発立地にオフサイトセンターができて、そこにERSSを配置するなど原子力安全が公共工事化された（原子力防災法により整備が始まったERSSなどの原子力防災システムについては第4

章に述べる）。その後、2001年1月に省庁改編があって、エネ庁による規制は経産省に原子力安全・保安院を新設して規制が一括そちらに移行することになった。

　事業者によるAMの整備は2002年に報告されたことは既に述べたとおりであるが、1992年の原子力安全委員会によるAMへの対処方針表明後の10年間、裏面ではこのような動きがあったことが、西脇氏の資料から理解できる。

（5）原子力安全・保安院発足以降の福島事故までの動き

　原子力安全・保安院が2001年1月に発足以降の状況について、西脇氏の講演資料から注目される出来事は、2003年通産省傘下のNUPECがJNESに改組されたことである。その趣旨は専門性を持ったJNESと規制の実施を行う保安院の連携で、原子力事業の規制の実を向上させるところにあったが、人員数で同等の両者間で専門能力が高いJNESが本来原子力安全・保安院の任務である予算立案、企画実施、評価を肩代わりしていく一方で、米国NRCや原子力安全委員会の新たな動きへの原子力安全・保安院の対処に遅滞が生じていた。西脇氏が保安院発足以来の活動で問題があるとしてあげた事項を表3-14に示す。表には西脇氏が保安院を去って以降の福島事故直前まで保安院が取り組んでいた事項も筆者が補足している。当時、保安院、JNESと事業者との間では、耐震設計基準の引き上げと各事業者のそれへの対応についてのヒアリング（いわゆるバックチェック）、政府地震対策本部による巨大地震予想への原発での防潮堤の対応や溢水対策、トラブル対応ごとにマネージメント層まで責任の有無を問う根本原因分析の導入など懸案事項が多かった。

　以上、西脇氏によれば、通産省エネ庁では事業者を監督する行政官庁としてTMI-2事故やチェルノビル事故後の実用炉安全規制を高度化する枠組みとして、セーフテイ21計画に広範に取り組み、ヒューマンファクターセンターの発足、安全解析所による損傷炉心解析手法の整備、PSA整備、緊急時対応手順の整備など活発な取り組みがあった。しかし日本原研とエネ庁の協力関係上の問題や米国NRCのシビアアクシデント対策重視の規制に民間事業者の否定的な意見の高まりや経産省内部の事務系官僚の米国流規制方法への無理解などから、1992年AMの自主保安による導入枠組みの定まった以降は、シビアアクシデント研究は欧米で完了済なら日本では不要と次第にその方面の予算減や、2003年のJNES発足でヒューマンファクターセンターの廃止など、日本の安全規制は全体として世界の動向に遅れていった。

表3-14　　原子力安全・保安院発足以来の活動で問題があるとしてあげた事項

番号	事項(年)	経過
1	NRCによるB.5.b項の指摘（2002）	2001年9月米国での同時多発テロを受けてNRCは2002年に暫定保障措置命令を発し、B.5.b項（火災および爆発に対する緩和措置手段・方策の対応）を考慮するように保安院に連絡してきたが、放置されていた。
2	AM整備の安全委員会への報告(2002)	安全委員会からIPEの実施、IPEEEを実施、AMを加味したPSAの実施の指摘があったが、その後もされていない。1992年のAM実施の安全委員会決定も、保安院からの見直し提案もない。そもそも1992年の安全委員会によるAM実施も1986年検討開始時と内容はほぼ変わっていない。
3	2001年発生の台湾第3原発のSBOの報告(2001)	我が国のAMには影響がないと安全委員会に報告
4	安全委員会による安全目標に関する中間とりまとめの公表(2003)	福島事故後も決まっていない
5	定期安全レビューの法制化(2003)	従来実施の個別プラント解析（IPE）は実施しないことにした（個別プラントPSAを実施しないということ）
6	保安院による安全規制へのリスク情報活用の基本的考え方とその当面の実施計画の公表(2005)	検討と導入が遅れて先延ばしされている。具体的にはオンラインメンテナンスと前兆現象解析　の２つがある。 前兆現象解析とは、IAEA安全原則の3番目のもので、事故の前兆を特定しその影響を分析するとともにその再発防止の措置を講じるもの。
7	JNESによるトピカルレポート制度の提言(2005)	保安院が行うか安全委員会が行うかで調整つかず。その後2008年に保安院は安全審査時にトピカルレポートを参考にすることを決めたが、安全委員会はダブルチェック時に参考にするかどうか未定
8	JNESによる地震PSA改良(2008)	JNESの試解析では津波リスクが高いことが示させていたが、リスク活用検討会で検討もなく、規制に活かされたか不明
9	JNESによる前兆事象評価(2005から)	フランスのルブイエ原発で1999年発生の洪水による電源喪失事故の前兆事象解析を実施。我が国BWRの溢水の場合、条件付き炉心損傷確率が高くなると指摘
10	OECD/NEAによる多国間設計評価プログラム（MDEP）への参加(2006から)	原子力開発国で規制上の共通課題を取り上げて議論し、共通認識をまとめてIAEAにより国際標準に反映させようというもの。10課題のうちには、シビアアクシデント規制や安全目標、ベンダー検査など。日本はシビアアクシデント対策は自主保安に委ねられていることを前提に国際動向の把握のための参加。
11	耐震設計審査指針とバックチェック(200から)	2006年耐震指針の改訂と2007年7月中越沖地震の直撃を受けた新潟県柏崎刈羽原発の損傷を受けてのバックチェックを各原発に要請していた。

3.2.3　福島事故が露呈した我が国原子力安全規制の欠陥

　福島事故後の国会事故調、政府事故調、日本原子力学会事故調などの事故調査報告でも我が国の原子力安全規制の問題点は多々指摘されているが、ここでは原子力行政に直接関わってきた西脇氏らが福島事故前後に原子力法制研究会(後述)の活動で発信されている内容に注目して紹介する。

3.2.3.1 福島事故後の原子力法制研究会グループの反省と分析

　西脇氏は福島事故を振り返り、日本の規制が露呈した5つの問題点を挙げて将来改善すべき事項を多々論じている(以下では改善事項は筆者の観点で重要な1件だけ記す)。

　①規制機関の独立性が低い－内閣府の3条委員会にして政府、政党に左右されないようにする。

　②一貫性に欠け、一元化されていない－十分安全を担保する規制法にして事故は規制法違反として処罰、3S（Safety, Safeguard, Security）の一元管理、賠償も規制委員会に一体化。

　③緊急時の対策が不十分―原子炉規制法の目的を世界標準である"人と環境を放射線から防護する"とし、苛酷事故対策も義務化。

　④規制機関に原子力の専門性が欠けている－ノーリターンの専門集団にし、審議会行政でなく、透明性と自ら説明責任を果たせる規制機関にする。

　⑤規制の国際整合性が欠けていた－とくに世界に立ち遅れている検査制度の改善。

　西脇氏は福島事故後環境庁に移行する前の旧規制体制について図3-3に示し、国の安全規制機関と支援機関の構成、業務の分担マトリクスを表3-15のように示している（人員数は全体で1765名）。これらを見ると、日本の原子力規制に関わる国の機関は確かに複雑で重複している。縦割りで誰が調整しているのかも分からない。これでは縄張り争いと上層部の意向次第で方向が二転三転したのも無理がない。

　西脇氏は、2006年4月より東京大学大学院工学系研究科原子力国際専攻に移り、東京大学公共政策大学院と共同して原子力法制研究会を立ち上げ、原子力及び行政法の学者、電力中央研究所、経済産業省原子力安全・保安院、文部科学省、外務省、原子力安全基盤機構(JNES)、電力中央研究所、電力会社、重電メーカー、核燃料メーカー、日本原子力産業協会、電気事業連合会、日本電機工業会を網羅してメンバーを募って、福島事故前の2007年頃から原子力規制制度の改革のありかたの研究に鋭意取り組まれた。

　この研究会には東京大学公共政策大学院政策ビジョン研究センターの城山英明氏も参画されていた。城山氏は西脇氏同様に福島事故前から日本の原子力安全規制制度の改革を論じている。同氏は2010年4月発行の『ジュリスト』において、原子力安全規制体制と原子力安全委員会の課題として以下の5つの課題をあげている（城山英明(2010)）。

　①安全規制の独立性確保の在り方

　②ダブルチェックの再検討

　③コミュニケーションによる社会的信頼の確保機能の明示化

　④監査的機能の確保

　⑤専門的機能の確保

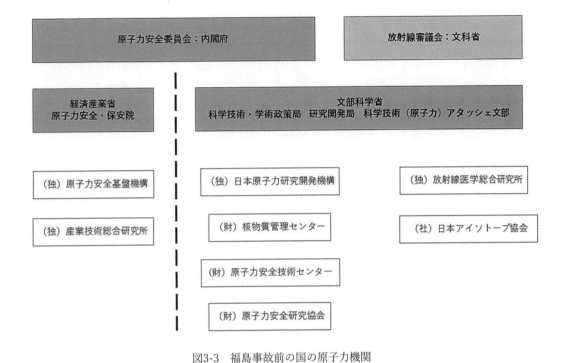

図3-3 福島事故前の国の原子力機関

表3-15 福島事故前のわが国の原子力規制機関と役割分担、法令根拠

	安全規制 (Safety regulation)		核拡散防止 (Non proliferation)		セキュリティ (Security)	
	事業・物質の安全規制	放射線安全	輸出入管理	保障措置 (safeguard)	核セキュリティ	サイバーセキュリティ
原子力委員会	平和利用、計画的遂行等の審査		政策審議	法令根拠ダブルチェック	法令根拠ダブルチェック	
原子力安全委員会	政策審議、規制調査、指針、ダブルチェック	政策指針審議				
文科省	研究炉 RI施設 等	放射線基準（放射線審議会）モニタリング		保障措置	研究炉 RI施設 等	
経産省	実用炉 サイクル施設 廃棄物施設、等		輸出入管理実務		実用炉 サイクル施設 廃棄物施設、等	
外務省			国際交渉		国際交渉	
厚労省	労働安全	健康影響				
国交省	輸送、船舶					
法令根拠	炉規法 電事法 労安法 RI法、 等	放射線障害防止の技術的基準に関する法律	外為法 貿易管理令 輸出令	炉規法	炉規法 放射線発散処罰法	

3.2.3.2　原子力安全規制の失敗はどうして起こったのか？

　城山氏は、福島事故後も原子力規制の改編に積極的に発言されている。同氏がどのような場で発表されたのかは不明であるが、原子力安全規制の「失敗」と題する資料がJSPS資料として検索された。

　城山英明、原子力安全規制の「失敗」

　https://www.jsps.go.jp/j-gakujutsuchosa/data/yoko04.pdf (As of April 28，2020)

　この資料の中で、シビアアクシデント対応についてのIAEA基準への国内対応の遅れの理由として原子力安全委員会委員長だった鈴木篤之氏と寺坂信昭原子力安全・保安院長の以下のような発言が掲載されている。

①鈴木篤之　原子力安全委員会委員長

　　　国際的に、例えばINSAGから示されている古典的なAMの構造で規制すべきと以前から言われている。だがただその通り導入すればよいかというと、各国ともその通りにはやっていない。それぞれの国の事情、社会的仕組みの問題がある。AMを日本で本格的にやろうとすると、途方もない作業になり、収拾がつかなくなる。
　　AMにしても津波にしても地元優先という日本の現実がどうしてもある。最初に地元に原子力発電所を建てたいと説明してから地元が了解するまで10年はかかる。しかし、その了解されるまでの間にも技術が進歩し、それを反映しようとすると、最初に言ったのと話が違うということになり、変えられない。だから、本当は建設時点での最新技術を使いたいのに日本では必ずしもそのようにできない。外国だと規制のあり方も違い、実際の設計はその時その時にやればよいようになっているところもある。そのように仕組みが違うのでAMについて国際的なやり方をそのまま日本が導入するのが遅れたといわれれば、その通りである。

②寺坂　信昭　原子力安全・保安院長

　　　シビアアクシデント対策の地元への説明はつらい。絶対安全という言葉はある種の禁句で絶対に使えないのだが、安全か安全でないかと言えば、当然安全だと判断してきている。そこにPSAのような確率的な評価でいくばくかのリスクが存在するという説明は特に地元との関係では非常に苦しい。原子力に理解のある方からも、原子力の安全はしっかり進めていくと一所懸命に説明いただいていたのに、なぜ今になってそのような問題点が残っているようなことをいうのか、という批判を受ける。まして批判的な人は当然話が違う。安全といっていたのに安全でない要素があるなら、そこの対策はどうするのか、という議論になってしまう。その場合はこのような理由で安全だと説明するが、腹を割った議論にはずっとならないままだった。

　本書の筆者の仮説であるが、1992年原子力安全委員会の"AMは民間自主保安の方針決定"の後、我が国原子力規制サークル内でSA対策を巡り、どうも国際派と国粋派の2派の抗争があって、次第に国粋派の発言力が強くなって2000年以降は原子力神話のもとSAをタブー視する風潮が原子力界に蔓延していったと考えると、当時の状況の推移と合致して分かり易い。つまり日本ではPSAの導入でも、地元に受容されやすいレベル1の内的事象のみで抑えられ、被害がもっと大きくなる地震や津波、火災など外部事象を扱うPSAの実施は抑制された。また設備面でも欧州のようなしっかりしたフィルターベントの設置は見送られた。IAEAの深層防護思想も設計基準事故までの第3層のみとし、シビアアクシデント対応や住民退避を伴う第4層、第5層の存在は隠された。

　あれやこれやで地震津波対策の遅れが、2011年3月11日東日本大震災により引き起こされた巨大津波で東電福島第一原発の連続爆発につながった。鈴木委員長や寺坂院長の発言から、その根底には地元への対応からSA対策の必要性を言いだしにくかった、という原子力規制のトップたちの及び腰の姿勢が際立って見える。

　つまり原子力安全神話には地元対応からその存在理由があったということである。今や国内では原発でシビアアクシデントが起こると福島のようになることは、原発立地だけでなく日本中に知れ渡ったから、このようなSA対策には及び腰の規制幹部もこれからは地元にSA対策やPSAを説明しやすくなったように思うが、それ以前に福島事故で"原子力の人は事業者だけでなく規制の人まで安全でないものを安全とうそをつく"、という印象を与えてしまった。実はこちらの方が今後の原子力にとって影響が大きい。

3.2.4　福島事故後の原子力はどうするのか？

　西脇、城山氏らの動きとは別に、環境経済・政策学を専門とする社会科学者の松岡俊二氏（早大アジア太平洋研究科教授）が福島事故1年の同時期2012年3月に福島事故後の原子力安全のあり方に関して論文を発表している。（松岡俊二（2012））

　福島事故以前から我が国の原子力安全規制の問題点を知っていた西脇、城山両氏とは異なり、松岡俊二氏はこの論文の中で、福島事故をスリランカ滞在中に知り、帰国後東京でその後の混乱を体験した社会科学者の観点から、日本政府や原子力規制機関の事故時対応をめぐってERSSやSPEEDI情報の取り扱いなどの問題点を考察し、さらに今後の原子力について思いをはせている。以下それを3点に分けて紹介する。

(1) 原子力安全規制の改革の道

　当時は民主党政権が2012年度から実施しようとしていた安全規制制度改革案が政界で取りざたされていたころだが、国会事故調や政府事故調の報告が発表される以前であり、松岡氏は重要課題として原子力安全規制に対する社会的信頼の回復をあげ、そのための考え方として以下をあげている。

①　取りあえずすべての原発運転の一旦停止
②　従来の安全基準の検証と新たな安全基準の設定
③　原発及び関連施設の徹底的な安全審査のやり直し
④　既存の安全審査組織や人員の徹底的な見直しと改革

(2) 将来にわたって原子力の安全規制をやめるわけにいかない

　日本社会がこれからも原発推進であれ、脱原発であれ、現在ある54基（当時）の商用原発がすぐになくなるわけでないし、放射性廃棄物がなくなるわけでない。原子炉の廃炉には数十年の歳月と多額の費用が必要だし、まして高レベル放射性廃棄物の処分は10万年以上の途方もないタイムフレームが必要である。日本社会は原子力発電に手を染めた以上、これからも原発推進であれ、脱原発であれ、卒原発であれ、半永久的に原子力安全規制を逃れることはできない。その際重要な問題は、①規制機関のあり方、②規制を受ける事業者のあり方、③市民社会による社会的な監視機能やガバナンスのあり方である。

(3) 国の原子力規制だけでなく、原子力事業者、電力事業のありかたも問題だ

　松岡氏は最後に原子力規制のあり方だけでなく、規制を受ける原子力事業者のあり方、電力業界のあり方についても言及している。松岡氏は、神田啓治監修の原子力政策学中の第2章の著者倉田健児氏による次の言説「日本の原子力安全は法律による規制だけをもって安全性を確保するのでなく、むしろ原子力事業者に対して、法令の遵守はもちろんのこと単にこれにとどまらず、自らの取り組みにより安全性の維持・向上を求めることによって必要な安全性を確保していくべき」（倉田　健児（2009））を引用して、この考え方は法規制だけでなく、さらに事業者の自主努力により一層高い安全性を目指す21世紀型規制を理想としていたのでないか、と評価した後原子力事業者に対して次のように苦言を呈する。

　　　"しかし実態は、福島原子力事故の東電対応に如実にみられたように、最低限の規制基準さえもごまかそうとする姿勢である。日本の電力企業の原発部門には、安全神話の中で今が最も安全だから、これ以上の安全性の向上は不要という慢心を生み出し、国策民営で規制官庁の経産省から天下り官僚を受け入れ、一体化してやってきたことから緊張感の欠如もあったのだろう、中でも発送配電統合、地域独占、総括原価方式による競争の欠如であろう。その結果、不健全で潰すには大きすぎる巨大独占企業を作り出した挙句にその資金力や組織力に社会全体が毒されるという悪循環を生んでしまっている。"

　そういわれれば、"シビアアクシデント対策は規制対象にしないが自主保安で自らの創意工夫で安全性を向上して下さい"という原子力安全委員会の方針は、いつの間にか改ざんされて、重電メーカの幹部には"日本ではシビアアクシデント対策はしないでよい、と国が決

めた"ということになり、ドイツからのお客さんにわざわざ、"シビアアクシデント模擬実験の情報は不要 です"、と言った理由がわかった。これがまさに原子力村の悪しき安全神話の姿だったのだ。

ともあれ福島事故後民主党政権は2011年8月に原子力規制制度を見直す案を閣議決定し、2012年1月環境省設置法改正案を国会に提出した。一方自民党塩崎議員を座長とするプロジェクトチームによって政府案の対抗法案を作成して2012年5月自公両党による衆議院議員提出法案として国会に上程。衆議院での審議過程で両案が調整され衆議院環境委員長提出法案として一本化されて参議院に送られ同年6月20日に可決成立した。

この規制改革法案作りでは西脇氏らの原子力法制研究会の考えが反映されていると、西脇氏は、日本原子力学会誌2014年3月号に原子力規制委員会設置法の成立の経緯と委員会発足後の課題を展望する解説を寄せている（西脇由弘（2014））。

原子力規制委員会の設置と同委員会が発足後の再稼働審査基準の公表は第7章、原子力防災体制の変化については第4章に述べる。

3.2.5　ここまでのまとめ

海外のTMI-2事故やチェルノビル事故のようなシビアアクシデントの発生に加えるに、国外国内での次第に大きくなる地震、津波災害への懸念、原発へのテロの恐れなどの動きに対し、国の原子力規制に責任を持つ当局がどういう姿勢だったか？　筆者として振り返ってみたい。そこでは、①原子力推進は不動の目標と国が決めた方針のもと、国策民営事業として進める、②日本の原発技術は成熟して信頼性が高く、十分安全性が高いという認識のもとに、③技術的にはシビアアクシデントを起こすことは考えられないが、念のために検討する、という一貫した姿勢で行われていることが特徴として挙げられる。

その念のための検討においては、従来の安全審査の枠組みを越えるような新たな安全確保上の検討課題（従来の設計基準事象の想定を越える自然災害やテロ対策等の問題や、確率論的安全評価法のような新しい安全評価手法の取り込みなど）に対して、当時の原子力安全委員会のAM決定の前提には、①現行の原子炉規制法と原子力防災法の法的枠組みで、監督官庁による行政指導の範囲内にシビアアクシデント対策をとどめたいこと、そして②現行の原子炉であれ、高速炉のような新型炉であれ、設置許可を求める安全審査の申請までに、設置申請者によってその設備建設のための安全設計と評価結果が既に集積されていること、があった。このような安全規制の仕方の根本には、わが国での原子力推進が国策民営事業として位置付けられているために、事業者が施設の立地の選定に始まって設計、認可、建設、運用までのプロセスが、規制による過剰な介入による中断や試行錯誤がなく、計画的にスムーズに進められることが期待されていた、と考えられる。

福島事故前、我が国原発の上記のような枠組みの行政指導型シビアアクシデント対策の導入が徹底しなかった理由として、①相次いだ官庁組織の改編、②推進と規制の分離の建て前に矛盾して国の進めた研究開発の重複や省庁間対立がネガティブに働いたこと、③米国

NRC流のシビアアクシデント対策重点の原子力規制に対して民間事業者や経産省上層部の忌避があった。その結果、我が国原発のシビアアクシデント対策は、米国NRCやIAEAを介して主導されていた原子力規制の最新の国際動向に取り残されていった。

　さらに原子力安全委員長や原子力安全・保安院院長という原子力規制機関のトップが地元に今更絶対安全でないとは言えない、AM対策やPSAは地元に説明しにくい、といった及び腰の姿勢のもと、地元対策上、原子力安全神話が原子力界で強調された。その結果、規制関係者ばかりでなく研究開発に携わるものにも今更シビアアクシデントを声高でいえない風潮がいきわたっていった。そしてこれが原子力界にあってシビアアクシデントの研究者の言動を自粛させるようになっていった、ということであろうか。このことは地元対策ばかりでなく、次の3.3に述べる原発訴訟対策としての原子力安全神話の効用にも繋がっている。

　それにしても日本の原発はそもそも米国技術の導入であり、TMI-2事故、チェルノビル事故を受けて米国を筆頭に欧米原子力国ではシビアアクシデント対策を原発に導入し、IAEAもシビアアクシデント対策を勧告し、組織の安全文化を高めるように世界各国に注意を促している最中を、日本原発は技術的に高いから米国やソ連のような事故を起こすことは考えられない、シビアアクシデント対策は必要がない、と言いきり、またシビアアクシデントに関する研究は必要ないとばかりに日本原研など国の機関の関連研究部門を整理していった。これはとても理解できないが、筆者の京大在職当時に経験した国立大学独立法人化の動きに照らすと、国の原子力関係機関も行財政改革、人員削減の格好の対象にされていたのであろうか？

3.3　原発訴訟と安全神話

　1970年代から原発の立地が進むにつれて、立地地域での反対運動が盛んになってきた。地元が原発建設を受けいれるうえで、原発は絶対安全といわないと立地が進まないという地元対策の都合から安全神話が必要だったことは、先述の原子力安全委員長や原子力安全・保安院長の発言の通りである。本節では視点を変えて反原発運動による原発訴訟と安全神話の関わりについて、筆者の若い頃の経験も交えて考察する。

3.3.1　我が国の反原発運動と福島事故以前の原発訴訟

　いざ原子力施設が身近に立つとなると誰もがそれを歓迎したわけでなかったことは、昭和30年代の関西地区の研究用原子炉が立地で難渋したことでもわかる。戦後日本の原子力研究揺籃期であるが、京大では湯川秀樹教授を委員長として大学共同利用研究所として関西研究用原子炉設置準備委員会が昭和31年11月30日発足。設置場所は当初宇治の火薬庫跡を想定していたが立地問題が紛糾して二転三転した。この間住民の京大原子炉建設の反対運動は京都・大阪・宇治・神戸と関西一帯に広がった。住民の反対理由は、万一原子炉が事故を起こすと放射性物質が淀川に流れ込み流域の上水道を汚染するというものだった

（木村磐根（2018））。

　京大原子炉は、結局、大阪府熊取町に立つことに決まり、建設開始は昭和 37 年、昭和 38 年 4 月京大原子炉実験所が正式に発足している。原子力に希望を抱いた当時で大学の研究用原子炉の建設であってさえ、この間足掛け 8 年もかかっている。広島、長崎の原爆とビキニ環礁での水爆実験で日本の漁船乗組員が被曝した事件は、日本人一般に原子力や放射能に対して本能的な恐怖感をもたらすものであった。そのような住民の原子力や放射能への恐怖感は、原発を立地しようとしても候補地域でなかなか設置への合意が得られない大きな理由であり、また自治体として合意は得られても立地地域内で様々な形で住民の反原発運動が頻発した。

　我が国の反原発運動は、地元が立地を了承するまでに事業者による用地の調査とその後の買収や漁業権補償への反対運動の段階から、用地や漁業権補償後の市町村や県による立地の了承へのさまざまな段階での反対運動が繰り広げられた。地方政治の段階での反対運動、そして建設され、運転される状況になっての反対運動で様々な団体（反原発地域市民団体、政党、労働組合、漁労、原水爆禁止運動団体、環境 NPO 等）が関与するようになり、様々な反対運動の形態が生み出されている。

　このような原発の反対運動は、政治学や社会学の学者がその学問領域の様々な観点から研究して論文発表している。例えば本田氏の研究論文がある（本田宏（2003））。本田宏氏によると、日本の反原発運動に占める割合では司法的手段が比率で 9.7％に上り、米国の 0％、フランスの 1.6％、西ドイツの 3％に比して極めて高いとしている。反原発運動での訴訟の比率は、ヨーロッパで反原発運動が盛んだった西ドイツのほうが原子力を国策として進めるフランスより高かったが、日本はその西ドイツよりはるかに大きくその 3 倍以上である。日本では司法的手段の有効性は後述の表 3-16 に示すように福島事故以前は極めて低かったのに、反原発運動の中で法廷闘争の比率がどうして高かったのか？

　このことは我が国の特徴として注目される。本書の筆者自らの若い頃のドイツでの経験から、日本の反原発運動はかなりドイツとは様子が違うようにドイツ在住のときにも思っていた（ドイツの反原発運動は日本と異なっていてデモ隊による実力占拠が目立った）。日本では反原子力を信条とする科学者たちが比較的早期から反原発の市民運動を育て、その後法曹界で環境運動を支援する弁護士団と反原発科学者たちの共同で訴訟という手段で反原発運動を発展させてきたところが日本の大きい特徴である。いわばインテリ型社会運動である。そしてその反原発運動のターゲットが、法廷に“原子力の安全を問う”形の訴訟が現れてきていた。そこでは、裁判官の前で原子力施設の安全性をめぐって原告と被告によって争われる法廷闘争が下級審から最高裁まで繰り広げられるようになった。

　それでは我が国の原子力訴訟が、どのような人達がどのような思いでだれに対して行われてきたか？　またどのような人達によって反原発運動が支えられてきたか？　福島事故の年 2011 年 11 月弁護士海渡氏によって出版された新書『原発訴訟』（海渡雄一（2011））を読むと、福島事故までのその歴史がよく分かる。さて福島事故までの原子力訴訟の裁判結

果がどのようなものだったかを海渡氏の同書（海渡雄一（2011），xx-xxi 頁）に掲載の主な原発訴訟の表に、筆者が補足と簡略化を行って表 3-16 に示す。

表 3-16　代表的な原発訴訟（福島事故以前）

番号	原子力施設名	訴訟種別、訴因	提訴年月日	結果
1	伊方 1 号炉	行政訴訟、設置許可取り消し	I973.8.27	1992.10.29　棄却
2	福島第二 1 号炉	行政訴訟、設置許可取り消し	1975.1.7	1992.10.29　棄却
3	東海第二	行政訴訟、設置許可取り消し	1973.10.27	2004.11.2　棄却
4	もんじゅ	行政訴訟設置許可無効確認＋民事運転差し止め	1985.9.26	2005.5.30 高裁判決破棄、原告控訴棄却
5	柏崎刈羽 1 号炉	行政訴訟、設置許可取り消し	1979.7.20	2009.4.23　棄却
6	伊方 2 号炉	行政訴訟、設置許可取り消し	1978.6.9	2000.12.15　棄却
7	ウラン濃縮施設	行政訴訟、加工事業許可取り消し	1989.7.13	2007.12.21　棄却
8	低レベル放射性廃棄物処分施設	行政訴訟、埋設事業許可取り消し	1991.11.7	2009.7.2　棄却
9	再処理施設	行政訴訟、指定処分取り消し	1993.12.3	係争中
10	高浜 2 号炉	民事訴訟、運転差し止め	1991.10 月	1993.12 月棄却
11	女川 1，2 号	民事訴訟、建設・運転差し止め	1981.12 月	2000.12 月棄却
12	志賀 1 号炉	民事訴訟、建設・運転差し止め	1988.12 月	2000. 12 月棄却
13	福島第二 3 号炉	民事訴訟、建設・運転差し止め	1991.4 月	2000。7 月　棄却
14	泊 1，2 号炉	民事訴訟、建設・運転差し止め	1988.2 月	1999.2 月棄却
15	志賀 2 号炉	民事訴訟、運転差し止め	1999.8 月	2010.10 月棄却
16	浜岡 1－4 号炉	民事訴訟、運転差し止め	2003.7 月	係争中（1－2 号炉廃炉決定）
17	島根 1，2 号炉	民事訴訟、運転差し止め	1999.4 月	係争中
18	大間	民事訴訟、建設・運転差し止め	2010.7 月	2018.3 月棄却

　海渡氏は、原子力開発について人々の抵抗をもたらす理由として、以下の 6 つを挙げている（海渡雄一（2011），ⅲ－ⅳ頁）。

①原発は潜在的危険性があまりにも大きく、重大事故は人々の健康と環境に取り返しのつかない被害をもたらす可能性がある。
②被曝労働がとりわけ下請け労働者に強いられ、労働そのものに差別的構造をもたらす。
③平常時でも一定の放射能を環境中に放出し環境汚染と健康被害を引き起こす可能性がある。
④放射性廃棄物の処分の見通しが立っていない。
⑤核燃料サイクルのかなめであるプルトニウムは毒性が強いばかりでなく、核兵器開発の拡散をもたらす。
⑥原子力発電を進めるために情報の統制が進み、社会そのものの表現の自由が失われ

る危険性がある。

　原子力には上記のような問題点があると昔から思われ、今でも思われている。これらの問題は何も日本だけでなく、世界の原子力開発国での共通認識であるが、日本人には原体験として原爆の恐怖感があって原子力開発への一層の拒否感が無意識に強く働くのであろう。

　福島事故以前では最終的には最高裁まで関わったものもすべて棄却になっているが、表3-16中の15番目の志賀2号炉は地裁で原告勝訴、4番目のもんじゅは高裁で原告勝訴の2件があった。志賀2号炉は基準地震動の選定に関わるもので、もんじゅは安全審査の不備を理由とする原告勝訴であった。これら2件を除いて他のものはすべての裁判の段階で棄却されている。これについては担当した裁判官に、安全神話（軽水炉原発は安全である）との心証がいきわたっており、行政庁による安全審査で合格した原発に対してあえて行政庁の裁量に異を唱える判決を出さなかった。裁判官には安全神話がいきわたっていたのは福島事故までのわが国での原発世論の原発を是とする大勢に沿ったものでもあった。

　ここで第2章2.1.5に述べた元四国電力・松野氏にインタビューした烏賀陽記者はその著で、裁判の場での安全神話の由来に関して次のような話を紹介している（烏賀陽弘道（2016））。

　軽水炉型原発では格納容器が絶対に壊れないという説（要するに安全神話）の出元として、表3-10の番号1の伊方原発設置許可を巡っての裁判で、ときの原子力安全委員長内田秀夫氏の証言が1992年10月29日原告破棄の最高裁却判決の根拠に採用されたことをあげている。つまり概判決において、"国の安全審査で設置許可基準を満たしている（格納容器が絶対に壊れないことを確認した）ので安全"というロジックである。しかし松野氏はさらに説明する。国は原子炉の設置許可の安全審査にあたって格納容器が破損して放射性物質が漏れだすような事故は想定していない。松野氏によると、壊れることを仮定すると最低10kmは放射能が出る。立地指針ではその範囲は非居住地域か低人口地帯でなければならない。でもそんな条件のところは日本中どこにも無い。だから格納容器は壊れないならば重大事故や仮想事故を仮定しても放射能放出は1km以内（つまり原発敷地内）に収まることになる。

　松野氏の説明を聞いて、烏賀陽記者は、何故オフサイトセンターが原発に近接していても良い、事故時避難道路も整備されていなくてよい、避難用のバスの手配も考えなくてよい、避難訓練も小規模でよい、という意味が氷解したという。松野氏のいうには、設置基準と実際に事故が起こるかどうかは別だ。しかし、設置基準を満たしているから原発事故は起きない。だから防災対策は不要。という論理でIAEAの5層の深層防護も日本では3層までで良かったのだ。

　要するに、軽水炉の安全性に関する行政訴訟では、その原子炉の格納容器は絶対に壊れないということを国の安全審査で審査し、設置許可基準を満たされている、との原子力規制当局の責任者の証言があれば裁判長は原告破棄にする。しかしこの論理は福島事故で破たん

した。設置許可基準を満たしたといっても格納容器は壊れたわけである。つまり、安全審査でパスしたからといって、"格納容器は絶対壊れない"とは言えないことを福島事故は示したのである。

3.3.2 もんじゅ裁判の経過

　さて、表3-16の4番目のもんじゅ裁判は軽水炉原発ではないが、もんじゅの安全審査が争点になっているので以下これを取り上げて論じる。

　高速原型炉もんじゅの設計、建設、運転、実証は、科学技術庁傘下の動燃事業団による国家プロジェクトであり、国の高額の原子力研究開発予算、電力業界の資金的支援、三菱、東芝、日立、富士電機等のメーカー各社の参加で重電業界の総力を挙げて実施されていた。軽水炉のように技術導入ではなく、日本原子力研究所による高速実験炉常陽の設計とその後の動燃発足後の常陽の建設・運転開始、その後の動燃による原型炉もんじゅの設計から始まるプロジェクト管理と、すべて自主開発によって実施された。もんじゅは設計が固まったのちに敦賀市にプラント建設が福井県に同意をえて工事が始まり、1980-82年に安全審査が行われた（一次審査は科学技術庁が行い、2次審査は原子力安全委員会が行った。ただしもんじゅ高裁裁判での行政訴訟の被告席には、原子力安全・保安院が当たっている）。

　もんじゅの提訴からその後の名古屋高裁での原告勝訴までの経過は以下の通りである。

1985年 9月26日	福井地裁提起
1987年12月25日	福井地裁　行政訴訟　原告適格なし
1992年 9月22日	最高裁　全員に原告適格あり　福井地裁に差し戻し
1995年12月 8日	もんじゅナトリウム漏れ事故
2000年 3月22日	福井地裁　行政、　民事訴訟双方で　原告請求棄却
2000年12月18日	名古屋高裁金沢支部　控訴審第1回口頭弁論　行政訴訟先行結審の方針
2003年 1月27日	名古屋高裁判決　被告上告
2005年 5月30日	最高裁「原判決を破棄する。被上告人らの控訴を棄却する」との判決

　もんじゅに対する告訴は1985年9月26日提訴に始まっている。まず、原告の適格性について1992年9月22日に最高裁で認められて福井地裁に差し戻されて実質審査が始まっているがこの福井地裁の段階では棄却されている。以下の経過は原告が高裁に上告して2000年12月18日第1回口頭弁論が名古屋高裁金沢支部で開始されてからの話である。

　裁判では、もんじゅは高速炉であり、技術的に成熟した軽水型原子力発電所とは異なる新型炉であり、冷却材に液体ナトリウムを用いることからその安全性について原告側が争点を絞った。裁判長は高速炉の安全審査の論点を理解するため原告と被告の間で非公開の進

行協議を行った。当時既に試運転に入っていたもんじゅが 1995 年末にナトリウム漏れ事故を起こし漏えいナトリウムと鋼製ライナーの反応に新しい知見が得られて改良工事を行ったこと、蒸気発生器の伝熱管破損事象伝搬に関する新知見や実験データの秘匿を原告団が暴き、もんじゅの炉心崩壊事故を解析した内部報告書が古本屋で原告団が見つけたことを利用しての、これらの材料をもとに裁判長の前で原告側が被告側を論破したようである。

　2003 年 1 月 27 日名古屋高裁金沢支部での判決では、裁判官が行政庁の安全審査の内容に踏込み、原告側の主張である①耐震設計に誤り、②ナトリウムによる腐食を考慮せず、③蒸気発生器破損の可能性、④炉心崩壊事故をめぐる判断に過誤、の 4 点のうち、①は退け、あとの②、③、④に看過しがたい重大な過誤があったことを根拠にして、裁判官が安全審査の不備から設置許可を無効としたというのがこの高裁での判決要旨である。原告がもんじゅの炉心崩壊事故の可能性を強調したのは 1986 年 4 月旧ソ連で発生の世界最大のチェルノブイル事故を想起させるためと思われる。

　名古屋高裁判決でもんじゅの設置許可処分に無効判決が下ったことは、当時大々的にマスコミ報道され、大センセーションを引き起こした。反原発運動を進める原告団には大きな喜びであったが、原発裁判はどうせ裁判所が門前払いすると高をくくっていた原子力界には驚天動地のニュースだった。当時安全審査に瑕疵があると断じられた原子力安全委員会は反論する声明を出しているし、日本原子力学会も反論声明を出したが、このもんじゅ高裁判決の最高裁への上告に際し、エネルギー政策研究所長神田啓二氏（京大名誉教授）は、判決がもんじゅの安全審査の不備を根拠とすることから大学を中心とした原子力の事情を知る幅広い学識経験者の判決に対する意見を集約した資料(図 3-4)を作成して 2003 年 6 月に発行している（神田啓二編、2013）。

図 3-4　「もんじゅ裁判についての学識経験者の意見」『エネルギー政策研究、特別号』の表紙

　この資料の内容は当時の原子力の状況を知る学識経験者のもんじゅ高裁判決の受け止め方を知るうえで参考となる。これについては当時の識者の高裁判決に寄せた主な意見を筆者にて以下の３つに分類し、考察した結果を付録に記す。

A 安全審査に３点の瑕疵があるとした判決に誤解があると反論するもの

　① ナトリウム漏えい時のライナーの安全性
　② 蒸気発生器伝熱管の多数破損事故の安全性
　③ もんじゅ安全審査における炉心崩壊事故の安全性

B 高裁判決の論理を評価した意見とそれへの反論

　① 予防原則に則した判決と評価
　② 予防原則によってリスクがゼロになることは決してありえない

C 高裁判決を聞いて原子力界に注意を促す意見

　① 高裁判決を契機に原子力法制には問題があると法律家や法学者から指摘
　② 　科学技術に関わる判断を司法に委ねるべきでないとの意見は考え物だ
　③ 技術論で論理的でないと判決を非難しても原子力へ共感は得られない
　④ 原子力安全神話を定着させようとする不遜な態度を反省する必要がある
　⑤ 今回のもんじゅ判決を契機に今後の再処理・プルトニウム利用政策を再考すべき

　さて最高裁判決ではどのようになったのか？　またもんじゅ裁判に対する当時の裁判官はどのように考えたであろうか？　参考文献（磯村健太郎・山口栄二（2013））に従って述べる。

　2005 年 5 月 30 日に最高裁では「原判決を破棄する。被上告人らの控訴を棄却する」との判決が出された。要するに高裁の判決を取り消すというもので、その理由は、高裁判決に看過しがたい過誤、欠落があるとした 3 つの事象の安全審査について、最高裁がみずから検討した結果いずれの点においても原子力安全委員会などの安全審査を不合理なものということはできない。安全審査の過程に看過しがたい過誤、欠落があるということはできず、この安全審査に依拠してされた本件処分に違法があるということはできない、というものであった。同判決は 5 人の判事の全員一致の意見で下されたもので、判決後ジャーナリストたちの取材には全員取材はうけないと申し合わせているので取材をうけないと断わられたとしている。

　同書（磯村健太郎・山口栄二（2013））では、下級審に差し戻す判決にならなかった理由や、高裁判決の判事による安全性の判断内容に踏み込んでその判断を否定する判決理由に

ついての法曹界のいろいろの意見が紹介されている。そこでは、①行政の裁量で進めていることに司法が異を唱えるまでには至らず、高裁判決の内容を検討してどこが足りないというより、全部間違っている、国の安全審査には瑕疵はない、ということだろう、と最高裁の判事を経験した方々の意見の一方で、②裁判所の守備範囲は限られる。政策決定を裁判所がするわけにはいかない。国の根幹にかかわる政策は国民全体の意志できめていくべきことだから、それは国会が決めるべきである、という意見を紹介している。

　いずれにせよ、もんじゅ裁判は、福島事故の前の安全神話が裁判官にまで及んでいる時代の裁判である。基本的には国民は全体として原発推進を支持し、核燃サイクル技術開発に賛同していた背景のもとでの国としての秩序を重んじるという司法的観点にそった判決だった。

3.3.3 もんじゅのその後

　もんじゅではナトリウム漏れ事故以降の運転再開までに紆余曲折があり、福島事故前年にやっと運転再開するもすぐに別のトラブルで停止。とうとう 2016 年 12 月廃炉決定に至った。もんじゅの歴史を振り返ると、もんじゅ裁判で焦点のあたった安全審査での高速炉の炉心崩壊事故問題そのものより、技術的には液体ナトリウム取扱いのむずかしさや、それを原子炉冷却材として用いる発電システムの複雑さからくるメンテナンスのむずかしさ、社会との関係ではリスクコミュニケーションや組織のガバナンスなどが最大の問題だったと思われる。なお、もんじゅと同時期に同じ規模、同じループ型構成の高速炉原型炉として開発が進められていた米国 CRBR および西ドイツ SNR300 も炉心崩壊事故問題で紛糾し、結局双方とも建設段階でプロジェクトは中断され、挫折している（CRBR は 1983 年キャンセル、SNR300 は 1990 年キャンセル）。もんじゅは幸いにも実際に運転まで経験し、その過程で得たいくつかの失敗による教訓も含めて貴重な経験が得られた。

3.3.4 福島事故後の原発訴訟

　もんじゅ裁判後福島事故前までの 1990—2010 年頃の原発訴訟では、軽水炉のトラブルやトラブル隠しの頻発、核燃サイクル施設の危険性、プルサーマルの安全性が取り上げられる一方、阪神・淡路大震災、中越沖地震などの国内で頻発し出した大地震とそれに伴う大津波への懸念が原発に影響を与えないか、という危惧の高まりが原発訴訟に影響を与えていた。浜岡原発、柏崎刈羽原発、六ケ所村核燃施設、青森大間、女川、敦賀、島根、伊方、玄海と全国の原発、原子力施設の海溝型地震と活断層による直下型地震への耐震基準の見直しに並行した訴訟が頻発。各原発の耐震強化バックチェックが進む前に 2011 年 3 月東日本大震災で福島事故が起こった。

　さて福島事故後であるが、現在の全国脱原発訴訟一覧については脱原発弁護団による下記の URL を参照されたい。

　脱原発弁護団　全国脱原発訴訟一覧　URL：http://www.datsugenpatsu.org/bengodan/list/

　これを一瞥すると福島事故後は表3-16に示した形式の訴訟に加えるに、検察審査会、刑事訴訟、損害賠償、さらには再稼働停止の仮執行処分で勝訴するなど新たなかたちの訴訟が非常に多くなっている。それらのうち地震関係で福島事故前から係争中のものを除き、以下の(1),(2),(3)では福島事故後の原発訴訟の新たな類型を述べ、(4)には福島事故の結果、今や安全神話が崩壊したことについて最高裁判事を経験した法曹家がどのように考えているか、その一端を紹介する。

(1) 再稼働後の運転差し止め訴訟

　福島事故後は、たとえ一段と安全審査をする基準が厳しくした原子力規制委員会で再稼働が認められても、裁判官が行政庁の裁量を尊重しない傾向が表れだしているようだ。これも福島事故後の脱原発に傾く世論の変化が反映されていると見ることができる。再稼働した九電川内原発、関電大飯原発、四電伊方原発では運転差し止め仮執行で運転停止の事態になった。

(2) 検察審査会への告訴による刑事訴訟

　東日本大震災の数年前から海溝型大地震の発生とそれに伴う大津波の東日本太平洋岸への襲来の恐れから原発サイトの津波対策（防潮堤および溢水対策）が地元自治体や原子力安全・保安院からの要請がありながら、東電福島第一では東北電力女川原発や日本原電東海と異なって対策を取らなかった責任を地域住民から当時の電力幹部に行政訴訟が起こされ、係争中である（海渡雄一編著（2018））。

(3) 福島事故被害者の損害賠償訴訟

　福島事故当時相次ぐ原発の爆発に伴い、多数の周辺住民が放射能被曝をさけるため急遽避難した後、全国各地に散らばって長期避難生活を強いられてきている。また国は汚染で立ち入り禁止した周辺地域は順次除染し、住民に帰還してもらうという除染政策を公表。その後除染できたところには住民が帰還できるが、もはや生活基盤が失われたと帰還しない人もでている。また帰還困難地域が除染されて全部解除されるまでにはさらに年月を要する。避難に伴う死亡や心身障害、生活基盤の喪失等への賠償・休業補償といった損害賠償はしなければならないが莫大な額に上る以外に、汚染された環境の除染に要する費用、事故原発の解体費用も必要である。それを誰がどのように支払うのか？　原子力損害賠償法では東電に無限責任・責任集中が課せられるが、東電を破産させても賄えないほど膨大な賠償額に達する（当初5兆円は下らないと推定）と予想されたことから、福島事故直後民主党政権は特別チームを編成してその解決法を検討し、その結果図3-5に示す支援機構スキームで対応することとした（遠藤典子（2013））。

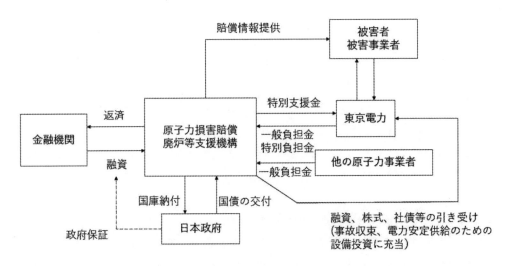

図 3-5　支援機構スキーム

　そのため損害賠償法を改正して原子力損害賠償支援機構法を国会に上程可決、原子力損害賠償支援機構を 9 月 12 日に設立。この機構を介して東電に国からの初期貸付金 1 兆円と国債を交付し、東電は被災者との賠償実務を担い、東電は毎年の収益から国へ金を返し、全額償還を終わるまで国の監督を受けることにした。東電の賠償金支払状況は東京電力による下記 URL に掲載されている。2020 年 4 月で累積額は既に 9.5 兆円になっている。東電の賠償金支払状況については東京電力による下記 URL に掲載されている。

https://www.tepco.co.jp/fukushima_hq/compensation/results/index-j.html

　莫大な人数の被災者への賠償は、東電への直接請求と原子力損害賠償支援機構の設置する紛争解決センターによる調停で、被災者に速やかな紛争解決をしてガイドラインに沿った基準で支給額を決定して支給することとしたが、この仕組みでは解決できないケースが多々あり、全国各地で集団訴訟が多数発生している（淡路剛久・吉村良一・除本理史（編）（2015）：除本理史・渡辺淑彦（編著）（2015））。

　例えば 2020 年 9 月 30 日には仙台高裁が福島事故による福島県、宮城県、茨城県、栃木県の住民（一審提訴時 3864 名）による東電および国に対する平穏生活圏侵害・「ふるさと喪失」に係る損害賠償請求に対し、東電・国に対する損害賠償責任を認める判決を出している。判決では平成 14 年 7 月 31 日地震調査研究推進本部による海溝型地震発生に関する長期予測に基づき東電福島第一原発への 10 m を超える津波到来の予見可能性、結果回避可能性をあげ、東電には防災対策の義務違反、国には規制権限不行使を理由に賠償を命じている（仙台高裁第 3 民事部（2020））。原子力賠償の経緯、詳細と課題については 5 章に述べる。

(4) 破たんした安全神話　それでは司法は今後原発訴訟をどのようにするだろうか？

　福島事故が起こり、国民の世論が脱原発に転じると司法の世界の見方も変わってくる。前

掲の文献（磯村健太郎・山口栄二（2013））によれば、元最高裁判事は今後の原発訴訟の動向が一転する根拠として、福島事故の国会事故調での班目春樹安全委員長への調書で、原子炉安全設計審査指針に誤りがあったことを明確に認めたことをあげている。原子力委員会委員長が原子炉安全設計審査指針に誤りがあったことを認める以上、その指針に基づいて審査され、設置されたすべての原子炉について設置許可処分が違法になるという。さらに別の匿名の元最高裁判事は、原発は違憲という視点を示唆している。さらに同氏によれば、原発はいままでは法律と政策の問題であって、憲法の次元ではないとされてきた。それを単なる政策論でなく、憲法論にひっかければ別の議論になる、と述べている。

3.4　本章のまとめと次章からの論点に向けての考察

　本章では、我が国の20年余の原子力開発の歴史を、原子力安全規制におけるシビアアクシデント対策と原子力訴訟の経緯を中心に展望した。その中で我が国の特有の原子力村とその不文律である原子力安全神話というキーワードを取り出し、神話の生成と福島事故を契機にその全面的破たんの露呈が原子力村の四面楚歌状況とその志向する原子力推進政策を最早再考せざるを得ない社会状況をもたらしたことを述べた。

　とくに2011年3月の福島事故を契機に、世論が脱原発志向に転じていることから、再稼働できる軽水炉原発が一挙に減少し、新増設も見込めないから軽水炉原発もここ20年で退役していけば原子力発電そのものがなくなっていく。高速炉発電の導入は遠のき、これでは使用済み燃料を再処理してもプルトニウムもウランも使い道がない。退役した軽水炉、もんじゅ、等々の解体処分、使用済み燃料の保管、高レベル放射性廃棄物の処理処分とバックエンドの放射性廃棄物の処理処分をどうするかが福島事故後ににわかに表面化してきた。

　我が国の原子力開発は、米国からの技術導入をスタートに国策民営事業として軽水炉原発の国産化を図ると同時に、ウラン―プルトニウム系列による核燃料サイクル技術（再処理と高速増殖炉）を自主開発し、宿命的な資源小国としてのエネルギーセキュリティの確立に寄与するためだったが、これまでの経過を見るに、筆者には我が国のこれまでの原子力開発政策には相当の転換を要すると思われる。そもそも幾多の失敗のたびに原子力に関する国の機関が改編、統廃合を繰り返し、複雑混迷の結果、いまやどこが国策の元締めかが分からない。その都度その都度の国策を明示するものが原子力委員会による原子力白書とすればその2019年版URLは以下のとおりである。

　原子力委員会による原子力白書2019年版については下記のURL参照
　http://www.aec.go.jp/jicst/NC/about/hakusho/hakusho2019/index_pdf30.htm

　これによれば、原子力白書の久方の刊行の事情に合わせて最近の原子力の動向を次のように総括している。

　「原子力白書」は、1956年の原子力委員会の設置以来、継続的に発刊。東京電力株式会

社福島第一原子力発電所事故（以下「東電福島第一原発事故」とする。）の対応及びその後の原子力委員会の見直しの議論と新委員会の立ち上げを行う中で 7 年間休止。しかしながら、我が国の原子力利用に関する現状及び取組の全体像について、国民の方々に説明責任を果たしていく重要性を踏まえ、平成29年度より「原子力白書（平成28年度版）」の発刊を再開したところ。そして最新版の平成30年度版では特集として我が国では役目を終えた研究や商業発電を目的とした原子力施設の廃止措置が本格化。他方で、欧米諸国では、商業用原子力発電所を始めとした多くの原子力施設の廃止措置の実績がある。先行事例を学び、効率的で生産的な廃止措置を計画・実施し、サイト周辺住民等との信頼関係を強化するなど取り組んでいくことが重要。

　原子力白書の第 1 章から第 10 章までには原子力の重点課題が上がっているが、軽水炉の再稼働促進も高速炉推進も何の記載もない。すると軽水炉の再稼働促進や高速炉推進は、原子力委員会の管轄外なのか？　ではどこが国策民営事業の原子力政策を統括しているのか？

　本章では、原子力安全神話は、原子力を推進すべき原子力村の首脳陣が日本社会にそして原子力界に喧伝したことから生まれたものだったことを述べた。要するに地元対策、訴訟対策の切り札である神話は原子力村の首脳陣が自らに課せられた使命達成のためだったが、神話が地に落ちてはもはやその首脳陣の使命達成のすべを失った。高速炉もんじゅの裁判では 2005 年最高裁で、もんじゅは安全神話のおかげで高裁判決を逆転してくれた。しかしこのときはせっかくチャンスを与えられたもんじゅは、政府の 2018 年廃炉決定で結局は実らなかった。

　本章を終わる前に、福島事故の国会事故調メンバーとして原子力村の外から参画した横山禎徳氏が、社会システムデザインの専門家の立場からその後出版の著書（横山禎徳（2019））に、原子力安全神話を取り上げているのでそのポイントを紹介する。何故安全神話が作られたかについては既に筆者がこれまで説明した。筆者は安全神話に絡む原子力村内部の実態は、"原子力業界の存立を危うくするシビアアクシデントを起こさないように安全対策を改善しようとする動きを余計なことをするなと押さえつけた"と説明した。

　それに対して、横山氏は図 3-6 に示すように「安全神話による思考停止」から出発して日本社会全体まで及ぼした不都合な真実としての社会的効果を描写する。

　横山氏は、福島事故以前の安全神話が日本社会全体にどのような悪循環をもたらしていたかを次のように説明する。

　　人間の作った機械や装置は 100%安全でない。使い方、使い手、使用寿命、気象や天候のような種々の要因でどんなものにも予測できないリスクがある。これは誰でも知っている事実のはずだが、日本の原発には論理的にも経験的にも根拠のない安全神話が人々の意識に浸透していた。政府、地方自治体、電力、地域住民、さら

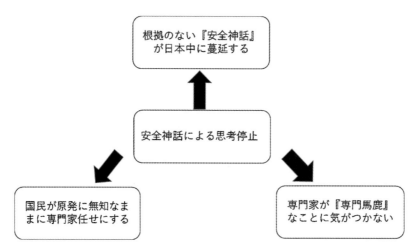

図 3-6　安全神話が作り出した 3 つの悪循環

には裁判官を含め多くの人が神話に対して正面から疑問を提起してこなかった。これが「根拠のない安全神話が日本中に蔓延する」という悪循環である。

　そこにはさらに 2 つの悪循環があった。まず、人々は原発に無知のまま専門家任せにしていた。福島原子力事故が起こるまで人々は原発をよく理解しようとせず、専門家任せにしていた。ところがその専門家たちは自分が専門馬鹿だということを知らない専門馬鹿だった。福島原子力事故が起こって初めて、多くの人はテレビ報道で原子力専門家の右往左往ぶりをみて半ば驚き、半ばあきれたわけである。福島現地ではそのおかげで沢山の人達がひどい目にあった。日本全体に電気代が上がっただけでなく福島原子力事故の後始末に余分に税金負担をこの先も続けることになる。

　横山氏は筆者と同じ年齢、広島生まれで被爆体験者である。建築デザインを出発点に長い海外経験から社会システムデザインとマネージメントの実務に展開、国会事故調に委員として参画された。同書では文系学者やマスコミの批判一辺倒の観点とは異なり、ソーシャルマネージメントの観点から原子力界が安全神話による悪循環から決別して原発の関係者（国民・地域住民、中央政府、地方自治体、電力会社、原発関連企業、大学・研究機関）の間で形成すべき良循環によって関与する社会的なサブシステムによって再構築していく道を図 3-6 のように提起している。しかし横山氏はその著では福島事故を経て 8 年、その後の原発の関係者の動きは同氏の提言してきた方向には必ずしも進んでいないとの述懐も述べている。とくに安全神話の裏返しの手直し、例えば規制機関の組織替えだけでは、結局、過去の繰り返しに終わると警告している。

良循環を生み出すためのサブシステム		原発の関係者					
		国民・地域住民	中央政府	地方自治体	電力会社	原発関連企業	大学・研究機関
1	市民、官僚、政治家、企業人、研究者の参加する公開討論システム	●	●	●	●	●	●
2	原発と放射線への市民の質問に丁寧に答えるシステム	●	●	●	●	●	●
3	国外国内の原発のあらゆるデータを蓄積して開示するシステム				●	●	
4	原発システムのマネージメント人材の育成・配置・評価システム		●	●	●	●	
5	緊急時に知力、体力、気力、決断力を発揮する人材の育成・配置・評価システム		●	●	●		
6	クリティカルな状況の時間軸に沿った意思決定システム			●	●		
7	緊急時に世界に向けてプロアクテイブに情報提供するシステム		●			●	
8	警察、消防、自衛隊の連携行動を推進するシステム		●	●			
9	人命保護・使用済み核燃料処理を重視する原発技術開発システム		●	●	●	●	●
10	原発科学者、技術者、放射線医学の専門家を募集、育成するシステム		●			●	●
11	法律、規則を守るだけでなく絶対に人を事故に巻き込まない事業者競争推進システム		●		●		
12	世界に開かれ、多様な人材を引き付ける廃炉技術開発・運営システム		●		●	●	●

図 3-7　原子力の良循環を生みだすサブシステム群の提起

　本章以降では、横山氏の図 3-7 に示した社会システムデザインの観点も念頭におき、今後の我が国の原子力の進む道を考察しながら論を進めていくこととする。

参考文献

飯田哲也・佐藤栄佐久・河野太郎（2011），原子力ムラを越えて　ポスト福島のエネルギー政策, NHK 出版, 2011 年 7 月 30 日.

日本科学技術ジャーナリスト会議（2013），4 つの「原発事故調」を比較・検証する 福島原発事故 1 3 のなぜ?, 水曜社, 2013 年 1 月 6 日.

杉万俊夫（2013），グループ・ダイナミックス入門―組織と地域を変える実践学, 世界思想社, 2013 年 4 月 20 日.

国会東京電力福島原子力発電所事故調査委員会報告書要約版（2012），平成 24 年 7 月 5 日, p. 28.

原子力安全委員会（1992），発電用軽水型原子炉施設におけるシビアアクシデント対策としてのアクシデントマネージメントについて, 1992 年 5 月 28 日.

IAEA（2012），Basic Safety Principles for Nuclear Power Plants, 75-INSAG-3 Rev. 1 INSAG-12.

原子力安全・保安院（2002），軽水型原子力発電所における AM の整備結果について―評価報告書, （2002），原子力安全解析所, INS/M02-01（2002）.

Akio Gofuku, Hidekazu Yoshikawa, Shunsuke Hayashi, Kenji Shimizu, Jiro Wakabayashi（1988），Diagnostic Techniques of a Small-Break Loss-of-Coolant Accident at a Pressurized Water Reactor Plant, Nuclear Technology, Vol. 81, June 1988, pp. 313-323.

城山英明（2010），原子力安全委員会の現状と課題 特集・安全確保のための取り組み―事故・インシデント等への対応を中心に, ジュリスト（No.1399），2010.4.15, pp.44－52.

松岡俊二（2012），福島第一原子力発電所事故と今後の原子力安全規制のあり方，アジア太平洋討究，No. 18（March, 2012），pp. 121-141.

倉田健児（2009），第2章 原子力技術の社会的受容とその獲得，神田啓治、中込良廣監修，原子力政策学，京都大学学術出版会，2009年11月25日.

西脇由弘（2014），福島原子力事故後の規制制度の改革と今後の課題 原子力規制委員会設置法の趣旨は実現されているか，日本原子力学会誌，Vol. 56, No. 3, 2014.

木村磐根（2018），木村毅一に関する証言と回想，p. 399-416，政池　明、荒勝文策と原子核物理学の黎明，京都大学学術出版会，2018年3月31日.

本田宏（2003），日本の原子力政治過程(3)－連合形成と紛争管理一，北大法学論集，54 (3), 2003-08-11.

海渡雄一（2011），原発訴訟，岩波書店，2011年11月18日.

烏賀陽弘道（2016），事故調査委員会も報道も素通りした未解明問題福島第一原発メルトダウンまでの50年，明石書店，2016年3月.

神田啓二編（2013），もんじゅ裁判についての学識経験者の意見，エネルギー政策研究，特別号，2003年6月.

磯村健太郎・山口栄二（2013），原発と裁判官 なぜ司法は「メルトダウン」をゆるしたのか，朝日新聞出版，2013年3月30日.

海渡雄一編著（2018），福島原発刑事訴訟支援団・福島原発告訴団，東電刑事裁判で明らかになったこと－予見・回避可能だった原発事故はなぜ起きたか，彩流社，2018年10月31日.

遠藤典子（2013），原子力損害賠償制度の研究 東京電力福島原発事故からの考察，2013年9月，岩波書店.

淡路剛久・吉村良一・除本理史（編）（2015），福島時原発事故賠償の研究，日本評論社，2015年5月.

除本理史・渡辺淑彦（編著）（2015），原発災害はなぜ非均等な復興をもたらすのか，ミネルヴァ書房，2015年6月.

仙台高裁第3民事部（2020），令和2年9月30日判決言い渡し（裁判長裁判官 上田哲、裁判官 島田英一郎、渡邉明子）

横山禎徳（2019），社会システム・デザイン 組み立て思考のアプローチ 「原発システム」の検証から考える，東京大学出版会，2019年2月.

付録 エネルギー政策研究特別号に見るもんじゅ高裁判決に対する
当時の学識経験者の意見

（神田啓二編、もんじゅ裁判についての学識経験者の意見、エネルギー政策研究、特別号、2003年6月）

　エネルギー政策研究特別号が参考資料として最高裁判所に当時提出されたかどうかは不明であるが、特別号には42名の学者がそれぞれA4で2ページ弱程度の意見を寄せている。そこには当時動燃や原研の関係者は含まれていない。意見の全体傾向は高裁判決を支持する意見は1名だけで、他はすべて高裁判決には概ね批判的な意見である。以下には、まず判決で安全審査に過誤があるとした3点への反論、判決の論理を評価した意見とそれへの反論、高裁判決を聞いて原子力界に注意を喚起する意見に分けて概資料での識者の代表的意見を紹介する（以下に記した代表的意見は匿名でその抜粋である）。

A 安全審査に3点の瑕疵があるとした判決に反論するもの
(1) ナトリウム漏えい時のライナーの安全性
　ナトリウム漏れ事故対策として、床に鋼板（ライナー）を敷いてコンクリートを保護している。当初の安全審査では、150m³のナトリウムの大漏えいを想定し、それが燃焼しても隣接ループと建屋の健全性は確保されることを確認している。しかしもんじゅナトリウム事故のような小漏えい（0.7m³）は対象外だった。1995年の事故後、2回目のナトリウム燃焼試験では、カメラの曇り防止目的で空気を燃焼面に吹き込んだふいご効果と狭い空間でコンクリート壁が高温となり、過剰な水分放出で苛性ソーダが生成されて溶融塩型腐食で鋼板が破損した。

　高裁判決では、2回目のナトリウム燃焼試験の欠如が当初の安全審査の重大な瑕疵とされた。だが、実際のもんじゅでのナトリウム事故でもライナー機能は十分確保されていた。また従来の多数の実験や外国の事故でも鋼板に穴が空いた事例の報告はない。大漏えいではナトリウムが保護層となり鋼板上を流れてナトリウム収容槽に回収されている。仮にライナーが破損しても小漏えいでは大事には至らない。ナトリウムとコンクリートの反応実験例では、ナトリウム燃焼中は発生した水素も燃焼し、酸素欠乏状態で蓄積する。改造計画では漏えい検出後は早く確実にナトリウムを回収できるように、配管を太く弁を二重化し、必要に応じて窒素注入ができるなどの改善がされている。

(2) 蒸気発生器伝熱管の多数破損事故
　判決趣旨は、SG伝熱管破損事故の解析では、ウエステージ型破損しか想定されておらず高温ラプチャー型破損が考慮されていないが、英国のPFR炉事故では高温ラプチャー型破損が発生したことに鑑み、もんじゅではこの形の破損の可能性を排除できない。SG伝熱管が破損し、破損伝搬が拡大すれば中間熱交換器の伝熱管が破壊され、発生した水素ガスが炉

心に至る可能性がある。その結果炉心崩壊をおこし、放射性物質の外部環境への恐れがある。このことから、看過しがたい過誤、欠落があったとしている。

　もんじゅの安全審査の時期は 1980~82 年に行われているが、英国の PFR 炉の SG での高温ラプチャーによる多数本の伝熱管破損が発生したのは 1987 年のため、あたかも安全審査後に高温ラプチャー破損の可能性が認識されたと判決で記述しているが、そうではない。高温ラプチャー現象はずっと以前から認識されている。動燃では大洗にある SWAT-3 というナトリウム水反応実験装置でその現象を実験研究の結果ナトリウム水反応事故を早く検出して SG を停止すれば高温ラプチャーには至らないことを確かめている。PFR で多数本の破損伝搬が生じたのはナトリウム水反応の検出システムが働かず長時間伝熱管が高温にさらされ続けたためである。もんじゅ SG ではナトリウム水反応の検出システムとして、ナトリウム水素計、カバーガス中水素計、ラプチャーデイスク検出器の 3 種類の検出器で微小リークから大リークまで確実に検出できるので英国の PFR のように長時間にわたりナトリウム水反応が継続することはない。

　また大リークすると S G 内の圧力が高くなってラプチャーデイスクが自動的に破れて水素ガスは大気中に放出され、 S G への水の供給も自動的に止めてナトリウム水反応の持続が終息し、原子炉も自動的に停止する。この過程で発生する圧力で中間熱交換器の伝熱管が発生しないことは実験でも解析でも確かめてある。またたとえ中間熱交換器の伝熱管が破損して水素ガスが原子炉一次系に侵入しても原子炉は既に停止しており、水素ガスが炉心に流入しても炉心崩壊に至ることはない。

(3) もんじゅ安全審査における HCDA の安全性確認に誤解がある

　もんじゅの基本設計の安全設計の安全審査において規制当局が行ったもんじゅ HCDA に対する評価は、当時の最新的技術的知見を勘案しつつ、後続の審査段階までにさらに検討課題を課すなど、細心の注意を払ってもんじゅの HCDA への安全余裕を確認したものであって、高裁判決での具体的な根拠もなく専門技術的判断を否定し、行政処分の無効要件について明白性の要件を不要としたことは不当である。

　もんじゅ安全審査では、軽水炉とは異なるナトリウムを冷却材とする運転経験の少ない新型炉であり、我が国最初の高速炉発電プラントであることに鑑みて、米国や西独での類似プラント構成の高速炉の HCDA 評価の状況も踏まえてとくに第 5 項事象という位置づけにして HCDA 解析が行われた。高速炉の仮想的炉心崩壊事故 HCDA とは、例えば原子炉冷却材ポンプ停止事故の際に、原子炉を停止させるため作動すべき 2 重化した制御棒挿入系統の双方ともが故障して制御棒が入らないと仮定するという 3 重故障の仮定や、高速炉のナトリウム冷却系の圧力は 6 気圧程度の低圧であるが軽水炉の 150 気圧もの高圧冷却系の配管と同様に瞬時ギロチン破断するという、極端なナトリウム冷却材喪失事態を仮定したときに起こる事故であり、当時の軽水炉の安全審査でも評価されていなかった仮想的に炉心損傷を起こす事態での安全裕度を確かめるものであった。申請者の動燃は当時米国で開

発が最も進んでいた HCDA 解析コード（SAS3D や SIMMER など）を導入し、保守的に設定した解析条件のもとに多角的に評価して安全裕度を確かめた結果を提出し、安全審査では米国や西独の類似条件の高速炉（CRBR、SNR300）の HCDA 評価と比較し参考にしつつ、工事認可や運転許可の段階に至るまでの宿題としてもんじゅの PSA を行って HCDA 事象の確率評価による安全裕度の確認を課した。その後動燃はもんじゅ HCDA の発生確率は軽水炉の炉心損傷確率より 2 桁低いことや HCDA により炉容器に与える動的圧力荷重に対して十分裕度を持つことを報告し、審査側が確認している。

B 高裁判決の論理を評価した意見とそれへの反論
(1) 予防原則に則した判決と評価

　今回の判決は 21 世紀に人間社会が強力な技術と付き合っていくために不可欠な知恵である予防原則思想をもんじゅの安全性に関して具体的に適用した未来志向の判決であり、今後の高度技術関連訴訟の判決の模範となるものだ。予防原則思想によれば、公衆の生命・健康への重大な影響が懸念される技術を社会に導入しようとする関係者は、高度の注意義務を負わないといけない。その技術が十分安全であると推定するに足る状況証拠をそろえるとともに、不測の事態に備えた措置を取らねばならない。それでもなお残る不確実な危険性については安全側に立った措置を講じる必要がある。予防原則思想の課題の一つは必要十分な警戒水準の度合いについて必ずしも明確な基準を持たないことだが、今回の判決は一つの具体的基準を示唆している。

　この判決の重要なポイントは 3 つある。第一は高速増殖炉技術が未熟な幼稚段階にあることを重視し、幼稚技術については予防原則の観点から安全・環境リスクに関する特別の注意義務を政府が負うと判断したことにある（商業用軽水炉とは次元の異なる高度の注意義務が課せられる）。第 2 のポイントは安全に関して政府側に大きな立証責任を課し、安全審査が手続き面でも内容面でも期待すべき水準に達していないことを理由に無効判決を下した点にある（安全審査を不十分と裁判所が認めたのは 3 点ある。1 つ目はナトリウム漏えい火災で 1995 のもんじゅ事故で明らかになった。2 つ目は蒸気発生器伝熱管の大量破損事故で 1988 年英国 PFR 事故であきらかになった。3 つ目は炉心崩壊事故でこれは炉形は違うが旧ソ連チェルノビル事故で明らかになった）。第 3 のポイントは無効要件は違法の重大性をもって足り、明白性の要件を不要とした点である。そして重大性の基準として具体的危険性を否定できない場合としている。

　国の安全審査には多くの重大な欠落事項があることが具体的危険性を否定できないことの決定的根拠と見なされ、それが原子炉等設置法違反に当たると判断された。これは単純明快な論理である。不確実なリスクに満ちた高度技術に関しては一般に専門家の間でも意見が一致することは珍しい。したがって違法の明白性を立証するように要求することは高度技術には本質的になじまない。そこで裁判所は重大性を以て足りると判断したと思われる。

（2）予防原則によってリスクがゼロになることは決してありえない

　予防原則とは、将来にわたり重大な災禍をもたらす潜在的可能性がないと立証されない限り、ある対象を許容すべきではないとする考え方である。この考え方に従うならば、リスクがゼロである対象はこの世に存在せず、また科学が発達しようとも人間が全知全能になることはないので、あらゆる人間の営みを拒絶しなければならなくなる。また、ある対象を排除することによって別の新たなリスクが発生するため（たとえば新薬に副作用があるからといって許可しなければ患者は治療を受けられない）、予防原則によってリスクがゼロになることは決してない。このように、最悪の事態における潜在的危険の有無のみをもって判断を下すことは本質的矛盾があり、発生確率も考慮したリスクの大きさを議論せざるを得ない。

　人間の知識は常に不完全なのでリスクの評価は必ず不確かさを含んでいる。この問題に対しては安全審査の時点で不確かさを考慮して十分な安全余裕を見込んで設計しているかを確認すること、また後に新たな知見が得られた時点で再評価を行い安全余裕が適正であったかをチェックすることにより対応する以外に方法がない。したがって安全審査以降に得られた知見を考慮していないことだけを以て設置許可を無効にしたのでは如何なる安全審査制度も成立し得なくなる。

C　高裁判決を聞いて原子力界に注意を促す意見
（1）高裁判決を契機に原子力法制には問題があると法律家や法学者から指摘

　法律家や法学者の間にはもんじゅ高裁判決には仮定の積み重ねが多く最終判断に無理が見られるという批判もある。しかし、2つの法学専門誌がはやばやと高裁判決に対して肯定的な二人の行政法学者の論文を掲載したのは法学者、法律家、法科学生、そして最終的にはマスコミやその受け手の大多数の国民に対してそれなりのインパクトを考えての編集だったのでないか。

　半世紀前に制定された原子炉等規制法の基本的考え方について何ら変更を要しないとすることには疑問を禁じ得ない。高度な専門技術的課題に対する司法判断の流れについて、初期には司法は行政の判断を尊重し、原則として行政の判断に介入しない立場を取っていた。しかし、その後各地で公害が発生したことなどから行政に対する不信感が生まれ、その結果、司法が行政の判断に介入する流れが生じている、司法が関与しないというわけにいかなくなってきたというわけである。原子炉設置許可に際しての安全審査については原子炉施設が災害防止上支障ないものであることを実体的に満足すること（実体的安全性）はもとより災害防止上支障がないものであることの許可基準の具体的審査基準やそれに則った行政判断の過程の形を示していくこと（手続き的安全性）が必要である。要するに現行の原子力法制には検討すべき課題が多い。

（2）科学技術に関わる判断を司法に委ねるべきでないとの意見は考え物だ

　裁判官が科学技術の知識に疎いことをもって本件のような判断を裁判に委ねるべきでないとの意見が聞かれる。しかし、社会的決定を行政や専門家に完全に委ねてしまうテクノクラートモデルはもはや通用しなくなり、非専門家を交えた公開の場での協議を通じて合意を形成することが発展した民主社会における潮流になっている。非専門家である裁判官が、原告、被告双方の主張を聞きながら第三者的市民の立場で判断を下すという意味で、裁判は科学技術に関する社会的合意形成の一つの場である。こうした公共の場での論戦を忌避し、専門家のみに判断をゆだねるべきとする技術専制主義的主張が社会的支持を得られるとは到底考えられない。原子力界でこのような意見が支配的になるとすればその存続にとって最大のリスクになることを懸念する。

（3）技術論で論理的でないと判決を非難しても原子力へ共感は得られない

　原子力専門家がこの判決文を技術論に基づいて反駁しても一般社会が現在抱いている原子力開発に対する不安感は恐らく払しょくできないだろう。要するに原子力の専門家から見れば技術論的な妥当性を欠く判決であれ、一般社会が持つ不安感情を確かに表現しており、恐らくは総人口の半分以上を占める非技術系人口には支持されているだろう。だからこの判決に技術論から細かく反論しても恐らくは共感は得られず、反って小うるさいな、と思われるだけだろう。むしろ裁判の世界は何も技術的に論理的である必要はなく、社会的通念や前例が重んじられているのでないか？　非技術系の人々に原子力から聞こえてくる話は、安全審査の論理より、JCO 事故、東電のひび割れ隠し、中電の配管破断など正に論より証拠ともいえる原子力不安材料なのであり、その趨勢が無意識に裁判官の判決に影響したと想像できる。

（4）原子力安全神話を定着させようとする不遜な態度を反省する必要がある

　原子力に携わっている者は、何故今回の判決が下ったのか、胸に手を当てて冷静に自省の必要がある。まず説明責任を十分に果たさず、今は既に崩壊し去った原子力安全神話を定着させようとした不遜な態度を反省する必要がある。次に社会的責任を十分に自覚せず、国民に不信感を与える不祥事を相次いで引き起こした研究開発及び利用の姿勢について猛省する必要がある。科学技術の成果としての原子力の開発利用段階で神話を生み出したことは恥ずべきことであり、いったん醸成された不信感を払しょくするのは並大抵なことではない。原子力関係者は、今回の判決の底に流れるものに思いを致し、今一度初心に立ち返って自らの姿勢を正すことが必要である。

（5）今回のもんじゅ判決を契機に今後の再処理・プルトニウム利用政策を再考すべき

　今回のもんじゅ判決でもんじゅの運転再開がさらに大きく遅れることは必至。プルサーマル実施の目途が立っていない現状に鑑み、我が国のプルトニウム利用は中断を余儀なく

される。判決以前からプルトニウム利用計画は難問が山積していたことに鑑み、政府はこの機会に再処理・プルトニウム利用政策を再考すべき。世界的に見てもプルトニウム利用は進展していない。その理由は経済性が良くないことだが、回収したプルトニウムの核兵器転用の可能性も心配されている。核燃料サイクル政策はゆるがないなどと強弁するのは時代錯誤だ。

2003 年発行のエネルギー政策研究特別号には、その他の意見もあったが、紹介した寄稿意見のうち A、B に分類したものは　高裁判決に直接関係したものである。一方 C に分類した意見には、福島事故およびその後 10 年余の現在のわが国原子力の姿を予感させる意見も寄せられていたことは驚きだ。それは既に当時から原子力村や原子力安全神話ということばが原子力界の中にあってそういう風潮を戒めていたこと、原子力規制法規への批判がでていたこと、再処理・プルトニウム利用政策継続への批判がでていたことなどである。これら有識者の声を見ると、どうして当時の原子力界の指導層には軌道を修正できなかったのかと思われるところがある。

第4章　原子力防災計画を考え直す

「原発は決して安全ではありません。まさかの時のためにしっかり住民の防災訓練をお願いします」と原発建設の前に言われていたら、いくら原発に理解のある自治体の長でも前向きに誘致しただろうか？　原発建設のときには、そんな言い方ではなく、原発は絶対に事故は起こりません、ということだっただろう。しかし福島事故の後、原発を再稼働するときには、電力会社の人は自治体の長はじめ住民の皆さんに次のような言い方をしているのでないか？

　　　福島事故の後、国の安全基準は厳しくなったのでそれに適合するように安全対策は強化しました。昔のように事故は絶対に起こりませんとは金輪際言いませんが、皆さんのために国の防災指針も厳しくなりました。住民の皆さんでこれに沿って退避計画を立ててください。皆さんの防災計画作りや避難訓練には、国の方も協力されます。皆さんに納得いただかないと原発の運転を再開できませんので、どうかよろしくご理解のほどをお願いいたします。

　何故そのような言い方になったのか？　原子力の防災計画が初めから必要と判っていたら原子力の立地は進んだのか？　多分それでは原発の立地はそう容易に進まなかったであろう。だが原発の防災計画作りは福島事故以前からされていた。でも福島事故の時にはその効果はなかったのである。

　本章では、原子力防災計画の歴史的な経緯を説明し、次いで福島事故後のやり方である、立地地域の皆さんに避難計画を作ってもらい、まさかのときには避難できるようによく訓練をしておいてもらおうというやり方なら良いのか、この問題が主題である。

4.1　原子力防災計画の歴史的な経緯

　筆者は京大エネルギー科学研究科在職時、平成 10 (1998)年 11 月 27 日の研究談話会（京大大学院エネルギー科学研究科エネルギー社会・環境科学専攻 (2001)）で、毎日新聞社論説委員横山裕道氏に『原子力と新聞報道』と題する講演をお願いした（横山氏は第 2 章で紹介した科学ジャーナリストによる著書『4 つの原発事故調を比較・検証する福島原発事故 13 のなぜ？』の著者の 1 人である）。講演を依頼した当時は、国民の原子力開発への支持は 50% を超え、原子力は電力供給の 3 分の 1 を越えていたが、1995 年もんじゅナトリウム漏れ事故、1997 年東海村再処理工場火災事故と連続した動燃不祥事を発端に、原子力開発への国、事業者の姿勢に、マスコミの批判的な論調が目立つようになっていた。横山裕道氏は講演中、「マスコミの原子力報道に偏向があるとの批判は承知している。原子力ファミリーという

116

言葉があるが、その中だけで議論するのはもうやめにしてもらいたい。原子力業界、通産省、科学技術庁は国民の信頼を得ていないし、国の審議会も委員構成に問題がある。原子力の専門家は既に2つに色分けされている。新聞記事では公平のために両論を取り上げるようにしている」と発言された。

当日の研究談話会では、そのあと、横山氏も加わって頂いて『パネルデイスカッション原子力情報発信の今』になった。このパネルでは元福井県副知事渡辺智氏が3番目に登壇された。渡辺氏の登壇前には原子力安全システム研究所（INSS）社会システム研究所および電力中央研究所社会経済研究所のパネリスト2名よりそれぞれの実施されている原子力世論調査結果の話があり、2名とも国や電力会社は信頼されていない、新聞報道やNHKの方が市民に信頼されているとの紹介があった。それを受けて3番目に登壇された渡辺氏は次のような話をされた。

　　一般国民は新聞報道を一番信頼しているという調査結果だそうだが、私たちから見れば新聞報道は過剰すぎる。厳しいのは悪いことではないが、正しいかどうかになると首をかしげたくなる。原子力の避難訓練は無意味だ。避難訓練は事故を想定しないとできないが、地元ではどういう想定をするのかわからない。国や電力が避難訓練をしなさいということなら、福井県は原子力をもうやめたい。

この研究談話会を筆者らが行った当時の時代背景は、1995年末の動燃もんじゅのナトリウム漏れ事故でもんじゅは永久停止してほしいという21万人署名があり、原発立地および隣接する23市町村から「原子力安全委員会は本当に国民の期待に応えた規制をやっているのか不安だからもっと根本的に改革して下さい」という要望が国に出されていた時代である。そして渡辺氏の話で唐突感を与える原子力防災訓練だが、4.2に述べるように当時は既に関連法律もあり、原子力防災訓練は原発立地自治体で行っていた。

ではなぜ1998年当時福井県副知事はこのような防災訓練に否定的発言をしたのか？　その理由は、山本定明氏による著書（山本定明（1993））を見ればよく理解できる。以下、同氏の主張されるポイントを同書より要約する。

(1)原発立地自治体は、消防庁による『地域防災計画（原子力防災対策関係）作成マニュアル』に則して原子力防災計画を立案する。そのマニュアルは4つの防災訓練をあげている。①緊急時通信連絡訓練、②緊急時環境モニタリング、③前記の①と②および住民に対する情報連絡を組み合わせた訓練、④国の支援を含めた総合訓練。山本氏は、福井県では①緊急時通信連絡訓練がほとんどで、1992年3月に②の緊急時環境モニタリングを実施したときは画期的と報道された。③、④はやっていない。実はこれが日本の実状である。④をやったところは泊原発のある北海道、東海原発のある茨城、志賀原発のある石川だけだ。

(2)日本の原発の安全審査では住民の安全に関わる防災計画は審査対象になっていない。
　　一方米国では緊急時計画が整備されていないと原発運転のライセンスは出されない。
(3)福井県の原子力防災訓練が貧弱な理由だが、敦賀市長の発言に「地方自治体では原発
　　防災に対応できない」という聞きようによっては無責任に取れる発言がある。そこには
　　原発には事故がないという国、電力の安全神話を信じてきたのに、今更防災体制が必要
　　といわれても防災訓練などできない、という憤懣がある。
(4)原発の建設、運転においては、自治体が一旦設置に賛成すると、その後は国の通産省
　　と電力会社のやり取りで一方的に進行し、試運転段階で自治体には災害対策基本法に
　　基づいて原子力防災計画を作る責任がある。だから本来自治体は原子力施設の設置に
　　賛成する前に防災体制を作るのにどれだけの努力が必要かを予め十分検討すべきだが、
　　そうは見えないようだ。

　1973 年発行の山本氏の小冊子は、我が国の原子力防災のありかたに重大な問題提起をし
ていた。その後、1999 年 JCO 事故、2011 年福島事故を経て原発再稼働の今、我が国の原
子力防災体制は、山本氏の問題提起にどれだけこたえたものになっているのか、注意して頂
ければ幸いである。
　IAEA による原子炉の安全に関する深層防護の第 4、5 層を考慮する上で問題点が 2 つあ
る。一つは第 4 層の問題でこれはプラント外に放射能を絶対に漏らさないように行う事業
者内でのシビアアクシデント（SA）対策である。もう一つが、第 5 層の問題でこれは第 4
層のプラントの放射能格納機能が維持できなくなって周辺環境に放射能物質が放散される
事態への対応である。ここではたとえ原子炉がシビアアクシデントを起こしても原発敷地
外には絶対に放射能を放散しない対応がとられるか取られないかで、その後の第 5 層の対
応は全然違ってくる。もし原発の格納容器は絶対に壊れませんという安全神話が正しいな
ら、第 5 層の防護は不要であり、楽である。それでも外部に放射能を漏らさないよう格納容
器が本当に大丈夫かどうかはいつもモニタリングし、危ない状態になったら、それを周りの
住民に知らせることは必要であり、まさかの時にはどのように避難するか行動計画を立て
ておくことは必要である。
　本章ではそのような第 5 層の問題のうち、主に住民が緊急事態になって急遽退避をせね
ばならないときの緊急事態に関わる原子力防災計画の変遷を述べて、福島事故の実際の経
験の反省をもとに、再稼働のために急遽改定されたはずの原子力防災指針とそれに依然と
して残る問題点やその改善への考え方を論じる。

4.2　原子力防災計画導入の経緯と JCO 事故後の緊急時対応システムの導入

4.2.1 日本の原子力防災計画のスタートは TMI-2 事故の年だった

　我が国の原子力災害に対する緊急時対応計画は 1979 年 7 月国の中央防災会議決定の「原

子力発電所等に係わる当面とるべき措置について」に端を発している。その年に米国で発生
の TMI-2 事故を受けて、原発等で緊急事態発生の場合に備えて国と地方を結ぶ緊急連絡体
制の整備、緊急技術助言組織などの専門家支援の組織体制の整備、緊急モニタリングや緊急
医療派遣体制の整備などの国の役割を具体的に示した。原子力安全委員会は翌年 1980 年 6
月に「原子力発電所等の防災対策について」(防災指針)を決定した。防災指針は、原子力
災害特有の事象に着目し、原子力発電所等の周辺における防災活動の円滑な実施が行える
ように技術的、専門的事項を検討した結果をまとめたものである。

4.2.2 阪神淡路大震災と東海村 JCO 事故

　1995 年 1 月の阪神淡路大震災のあと「災害対策基本法」に基づく防災基本計画に災害の
種類ごとの詳細な対応が定められることになった。そのときに、「第 10 編原子力災害対策
編」が追加され、原子力災害対策に係る各機関の責務および役割が一層明確化された。その
後 1999 年の東海村 JCO ウラン加工工場での臨界事故を受けて、同年 12 月に災対法および
炉規法の特別法としてあらたに「原子力災害対策特別措置法」(原災法)が制定公布された。
この原災法が成立した臨時国会では、通信連絡機能の強化、放射線モニタリングの強化、オ
フサイトセンターの整備、防災資機材の整備、緊急医療体制の整備などの予算措置と必要な
施策をまとめ補正予算で手当てされた。

　1999 年 9 月 30 日東海村 JCO 事故の発生は我が国初の原子力施設周辺の住民退避事件で
あり、それも東海村村長の判断で周辺住民に避難を発令したことで政府は面子を失ったこ
とから、原発災害に備えて原子力防災法の整備を急いだといわれる。

　東海村 JCO 事故を起こした JCO とは、東海村にあった住友鉱山の子会社で、核燃料製造
過程での一工程である再転換 (第 1 章の核燃料サイクルの図 1-1 参照) を行う会社で、茨城
県大洗町の動燃・高速実験炉常陽の濃縮ウラン燃料の製造に必要な均質ＵＯ₂粉末の供給を
請負っていた。この仕事は定期的に大量の作業があるわけでないので同社の試験用装置の
ある建屋内で従業員 2 人が手作業の手間を省くため本来の装置ではない別の装置内に UO₂
溶液を注ぎ込む作業中、臨界事故が発生した。そのとき発生した強力な中性子線で従業員 2
名が致死量の照射を浴びて千葉の放医研に治療のためヘリコプター空輸されるもほどなく
死亡、少し離れた位置で作業を監督していた従業員 1 名は死亡にはいたらない程度の被曝
を受けたという事件である。

　これ自身は原発の事故ではないが、装置内の濃縮ウラン溶液が臨界を維持していたため
中性子線が工場周辺まで広がり東海村長の判断で周辺住民が避難。警察は近隣住民が立ち
入らないように交通規制をした。装置の臨界状態は原子力安全委員住田健二氏の指揮で
JCO 従業員が被曝覚悟で装置の水抜き作業を行って未臨界にし、放射線漏えい事態を収め
た。なお、事故後の被害者等への賠償については JCO 自身が全額支払えず、JCO の親会社
の住友鉱山が全額支払った。

4.2.3　原子力防災法の制定と原子力安全・保安院による原子力緊急事態対応体制

　東海村 JCO 事故が契機となってその翌年 2000 年 4 月原子力防災法が制定され、2001 年 1 月発足の原子力安全・保安院によって我が国に原子力緊急事態対応体制が整備されていった。原子力安全・保安院の前川氏による我が国に原子力緊急事態対応体制が整備された経緯の記事が、期せずして 2011 年 3 月福島事故の月に発行された日本原子力学会誌に掲載されている。（前川之則（2011））以下この記事をもとに紹介する。

　原子力安全・保安院によって当時整備された原子力緊急事態対応体制を図 4-1 に示す。

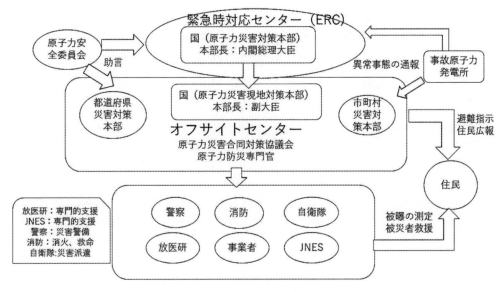

図 4-1　原子力緊急事態対応体制

　前川氏によれば、この原子力緊急事態対応体制は JCO 事故の教訓から、①国が中心になって原子力防災体制を構築し、県、市町村、事業者との連携を図る、②事業者には「異常事態の通報義務」を明確にし、そのための情報収集を強化する、③原子力防災の中心として緊急事態応急対策拠点施設（いわゆるオフサイトセンター）を定め、情報の集約と発信、災害からの防護措置の調整、決定、実施を行う、④国からの適切な情報提供を行うとともに、県、市町村を中心に住民への伝達体制を整備、維持するというものである。原子力施設のある現地では関係機関はオフサイトセンターに参集して情報共有と対策協議を行う一方、国レベルでは原子力災害対策本部は首相を本部長として首相官邸に設置されるが、実質的な本部事務局は実用炉については、原子力安全・保安院に設置された緊急時対応センター（ERC）がその中心になる。ERC は司令部であり、オフサイトセンターは前線指揮所である。

　原子力安全・保安院の ERC は 2001 年 1 月に原子力安全・保安院の発足に際して設置されたもので、緊急時には約 245 ㎡の部屋に約 130 名が表 4-1 のような班体制で 7 つの機能を担う。

表 4-1　原子力安全・保安院の ERC における班体制

班名称	役割
総括班	事務局内の総合調整、関係省庁との調整、防護対策の総合調整
広報班	プレス対応、広報資料の作成
プラント班	事故の情報収集、事故進展の予測
放射線班	放射線モニタリング計画、影響の予測
住民安全班	住民避難の防護措置の検討、防護措置実施調整
医療班	住民等への緊急医療措置への対応
運営支援班	防災活動全般の兵站管理、衛生管理

　原子力安全・保安院の ERC には TV 会議システム、大型表示装置、LAN、FAX，プリンタ、電話回線、衛星電話、緊急時対策支援システム（ERSS）の端末、緊急時迅速放射能影響予測ネットワークシステム（SPEEDI）の端末がおかれている。2009 年には図 4-2 に示すような全体システムが整備されて、その後、官邸、原子力安全・保安院の ERC、各所のオフサイトセンター、各都道府県市町村の本部を大容量の多重化した専用ネットワークで接続し、地域対応の拠点となるオフサイトセンターと接続して住民総合訓練が行われた。

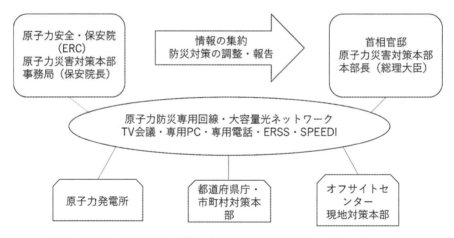

図 4-2　ERSS―SPEEDI を中核とする緊急時対策支援ネットワークシステム

　前川氏は、原子力安全・保安院はじめ公務員は 3 年で部署を交代するので、経験が伝わりにくいことを懸念するとともに、2010 年 12 月原子力安全委員会は「防災指針への国際基準の取り入れの検討」を進めるとの方針を紹介している。これはまさに福島事故の 3 か月前だったが、原子力安全委員会ではどういうところが課題と考えていたのであろうか？
　さて実際福島事故で問題になった ERSS、SPEEDI、オフサイトセンターおよび事故時の対応の仕方について、以下説明する。

(1) 緊急時対策支援システム（ERSS）
　ERSS は、原子力発電所等で原子力災害やそれに至る恐れのある事故が発生した場合、原

子力事業者から送られてきた情報をもとにコンピュータで事故状況の把握を行うとともに、今後の事故進展の予測を行うシステムで、原子力安全基盤機構（JNES）が維持管理していた。ERSS の全体概要を図 4-3 に示す。

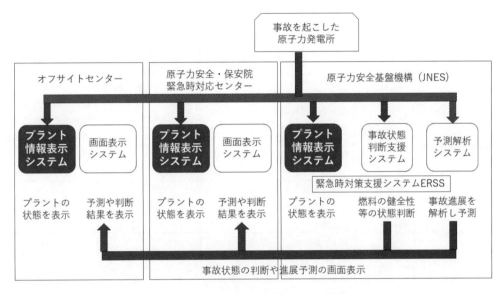

図 4-3　ERSS の全体システム構成

　図 4-3 中のプラント情報表示システムは、各発電所の中央制御室に設置してある安全パラメータ表示システム（Safety Parameter Display System: SPDS）という原発の安全上の重要情報をコンピュータ画面に表示するシステムのデータを、通信回線で保安院の ERC、オフサイトセンターおよび JNES の ERSS に伝送するようにしたものである（元来は原発が事故を起こしたときは原発中央制御室からプラント安全上の重要情報をファックスで安全規制当局に送るようになっていたが、これをオンライン化したもの）。JNES では原発の事故時には SPDS データをもとに ERSS の事故状態判断支援システムでどんな事故状態で核燃料は健全かどうかを判断するとともに、予測解析システムで今後の事故の進展を解析し、予測するものである。この 2 つのシステムで状態を診断して将来を予測した結果は、ERC および全国のオフサイトセンターにオンライン伝送されて、それぞれの画面表示システムに表示されて、事故時の対応支援に供される。
　プラント情報表示システムは全国の原子力発電所に常時接続され、全国のすべての原発、もんじゅ等の核燃施設の止める、冷やす、閉じ込めるという安全機能の状態をリアルタイムで確認でき、災害時だけでなく、運転中の状況の確認、大規模自然災害時の迅速な状況把握に十分活用できる。

(2) 緊急時迅速放射能影響予測（SPEEDI）ネットワークシステム
　SPEEDI は原子力施設から大量の放射性物質放出の危惧が発生した緊急時に、周辺環境

における放射性物質の大気中濃度や被曝線量などを、放出源情報、地形データから迅速に予測するシステムである。SPEEDIで入力データとして使用される各種データは、表4-2にそのデータの種類、内容、入力の方法、用途に応じて分類して記載した。

表4-2　SPEEDIの入力データの分類

データの性質	項目	内容	入力データの準備方法	用途
時間変化のある情報	気象データ	風向、風速、降水量、大気安定度、日射量、放射収支量	地方公共団体の観測器からオンライン入力	局地気象予測計算、風速場予測計算
		GPVデータ（風速U,V成分、気圧、気温、降水量、比湿、雪量）アメダスデータ	日本気象協会からオンライン入力	濃度予測計算、線量予測計算
	放射性物質の放出源情報	サイトおよび施設名、放出開始時刻、放出継続時間、核種名とその放出率	ＥＲＳＳ計算結果からの手入力	濃度予測計算、線量予測計算
格納データ	地理情報	地名、海岸線、河川、道路、鉄道、緯度経度線等	データベースから自動的に検索	出力する図の下絵
	社会環境情報	人口分布、学校、病院、避難施設等		出力する図の下絵
	サイトデータ	サイト名、施設名、緯度、経度、スタック海抜高度、炉形		濃度予測計算のための放出点情報
	線量換算係数	実効線量への核種別換算係数		線量予測計算
	核種組成比率データ	希ガスとヨウ素の炉形、燃焼度別の燃料棒内組成比率		希ガス、ヨウ素の同位体の環境中組成比率の推定
	地形データ	50mおよび250m数値地図、土地利用データ		局地気象予測計算、風速場予測計算、濃度予測計算、線量予測計算

　このSPEEDIはTMI-2事故の教訓をもとに原子力安全委員会が日本で研究開発に取り組むべき課題（第3章3.2.6の表3-2中のE.　防災関係で環境放射能予測システムの開発）として当時の日本原研が開発したもので、開発後は日本原研傘下の原子力安全技術センターが維持管理していた。事故原発から放出された放射性物質は環境中をどのように拡散するかを計算するために必要な、（時間変化のある情報としての）放射性物質の放出源情報は、ERSSの計算結果を用いて手入力される。SPEEDIの管理主体の違いでERSSを管理するJNESとは離れたところで計算を行うものである。またJCO事故のように中性子線が遮蔽物から漏れ出て拡散するような場合は計算できない。

（3）緊急事態応急対策拠点施設（オフサイトセンター）

　原子力災害対策措置法では、国、地方自治体、原子力事業者、原子力の専門家等関係者が一体となって情報を共有し、連携して原子力事故時に対応するため、各地域の原子力施設ごとにオフサイトセンターが平常時から指定されている。

　福島事故当時の全国のオフサイトセンターを表 4-3 に示す。表中の原子力施設は経産省が管轄する実用型原発だけではなく、高速炉もんじゅのような研究開発段階の原子炉や各種の核燃施設、大学、民間会社の研究用原子炉、さらには米軍の原子力艦艇が入港する横須賀港も対象になっている。オフサイトセンターにおいても ERC と同様に 7 つの機能班体制を構築し、プラント状況の把握、環境放射能の測定、住民避難や被災者の救援、原子力施設の復旧のような防災業務に対応する。そのための通信施設や TV 会議システムを設置し、ERSS や SPEEDI の端末の整備も ERC と同様に行われている。

表 4-3　日本全国のオフサイトセンター（2011 年 3 月当時）

所在地	施設名	管轄		対象原子力施設
		経産省	文科省	
北海道（共和町）	北海道原子力防災センター	○		北電泊原発
青森県（六ケ所村）	六ケ所オフサイトセンター	○	○	日本原燃核燃施設
青森県（東通村）	東通オフサイトセンター	○		東北電力東通原発
青森県（むつ）	むつオフサイトセンター	○		
青森県（大間）	大間オフサイトセンター	○		電源開発大間原発
宮城県（女川町）	宮城県原子力防災対策センター	○		東北電力女川原発
福島県（大熊町）	福島県原子力災害対策センター	○		東電福島原発
新潟県（柏崎市）	新潟県柏崎刈羽原子力防災センター	○		東電柏崎刈羽原発
茨城県（ひたちなか市）	茨城県原子力オフサイトセンター	○	○	原電東海原発日本原研研究炉、動燃核燃施設、常陽
神奈川県（川崎市）	神奈川県川崎オフサイトセンター		○	東芝研究炉
神奈川県（横須賀市）	神奈川県横須賀オフサイトセンター	○		横須賀港原子力艦艇
静岡県（御前崎市）	静岡県浜岡原子力防災センター	○		中部電力浜岡原発
石川県（志賀町）	石川県志賀オフサイトセンター	○		北陸電力志賀原発
福井県（敦賀市）	福井県敦賀原子力防災センター	○		原電敦賀原発、動燃もんじゅ、ふげん
福井県（美浜町）	福井県美浜原子力防災センター	○		関電美浜原発
福井県（おおい町）	福井県大飯原子力防災センター	○		関電大飯原発
福井県（高浜町）	福井県高浜原子力防災センター	○		関電高浜原発
大阪府（東大阪市）	大阪府東大阪オフサイトセンター		○	近畿大学 原子力研究所
大阪府（熊取町）	大阪府熊取オフサイトセンター	○	○	住友原子力、京大実験炉
岡山県（鏡野町）	上斎原オフサイトセンター		○	動燃人形峠環境技術センター
島根県（松江市）	島根県原子力防災センター		○	中国電力島根原発
愛媛県（伊方町）	愛媛県オフサイトセンター	○		四国電力伊方原発
佐賀県（唐津市）	佐賀県オフサイトセンター	○		九州電力玄海原発
鹿児島県（薩摩川内市）	鹿児島県原子力防災センター	○		九州電力川内原発

　なお指定されたオフサイトセンターが事故の進展により施設内の被曝管理が困難になった場合や大地震、洪水、火災等により使用不可能になった場合を考え、移動可能な距離の既成の会議室等を代替の施設として選定し、移動手順の整備も行われている。

(4) 緊急事態での対応

　さて実際に原子力施設に緊急事態が発生した場合にどのように対応するのかについては、前川氏による記事には具体的に記載されていなかった。そこで筆者において日本原子力学会事故調査報告書（日本原子力学会（2014）228-274頁）を参照し、福島事故前には実際に事故が起こった際にはどのように対応すると考えていたのかを想像して分かり易く図示したのが図4-4である。

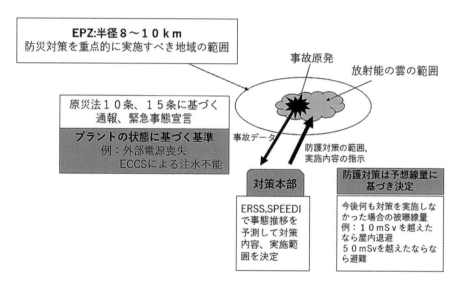

図4-4　福島事故前の緊急事態での対応の仕方

以下前川氏によるその説明である。

　　防災対策を重点的に実施すべき地域の範囲（EPZ）は、プラントから半径8〜10km
　となっている（この数字の根拠は不明。福島原子力事故当時には3km、10km、20kmと
　次第に拡大されていった）。通報基準（原災法10条）、緊急事態宣言（原災法15条）
　は、プラントの状態に基づく基準による。（福島原子力事故では外部電源喪失で10条
　通報、ECCSによる注水不能で15条緊急事態宣言が対応した）。事故プラントから伝
　送されたプラントデータをもとに、東京のJNESのERSSによりプラント状態の診断と
　事故進展が予測され、その結果が入力データとして原子力安全技術センターのSPEEDI
　に送られてSPEEDIのシミュレーションでどの方向にどのように放射能が放出拡散し、
　原発周辺の住民がどのように被曝するかが計算される。オフサイトセンターの対策本

部は、このようにして計算された何も防護対策を実施しない場合には、どの地域の住民がどの程度の被曝を受けるかの計算データをみて、それが 10 mSv 以上なら屋内退避しなさい、50 mSV 以上になったならどの方向に避難しなさい、といった指示をどこそこの地域住民に伝達する。

　しかし原子力学会事故調査報告書の指摘（日本原子力学会 (2014) 248-250 頁）によると、前川氏による上記の記事のやり方は IAEA の定める基本原則に当時の日本はそれに沿っていなかったこと、日本では当時原子力安全委員会と原子力安全・保安院とが並存し、ダブルチェックと言いながら双方の指示には整合性もなかったことを指摘している。そしてその根本に、日本では放射能放出事故は起こらないという安全神話のもとに福島事故で実際化したような緊急事態は起こりえないとして規制側も事業側も十分な整備を怠ってきた、と批判している。

4.3　福島事故での緊急時対応とその現実の姿

　福島事故で実際に被災地の避難民が経験した緊急時対応の姿は、全国の国民が当時テレビ、新聞報道で連日のごとく報じられたし、その後の事故調査報告やその後現在まで続くおびただしい出版で多方面にわたってくわしく論じられている。本書ではそれを繰り返さないがごく簡単にまとめると、次のようにいえよう。

①日本では原発事故が地震と津波によって引き起こされるという複合災害の事態を想定していなかった。だがそれが起こった。その時には原子力緊急事態対応体制もオフサイトセンターも全く機能せず、地元への連絡もほとんどないか混乱し、避難民の避難も難渋した。
②せっかく整備したネットワークシステムがダウンして機能しなかった。福島現地と東京の首相官邸との連絡は、東電の持つ災害用ネットワークに依存することとなった。
③すべてがその場その場の刹那的な行動に近かった。

　要するに原子力安全・保安院によって当時整備された原子力緊急事態対応体制は全く機能せず、結果としてその場しのぎの行動になった。また福島事故後 10 年余を経過した今日もまだ緊急事態宣言が解除されない帰還困難地域も残る今日、除染や解除、地域の復興まで考えるとまだまだ解決されない課題も残っている。
　原子力防災については事故調査報告以外にも混乱を極めた住民退避について被災者自身たちや様々な識者がいろいろと論じているが、ここではまず第 3 章で紹介した烏賀陽記者による事故調も全く取り上げられなかった実情を調査した出版中で、ERSS の開発当事者だった松野元氏と永嶋國雄氏との興味深いインタビュー結果を引用し、以下のその概要を述

べる(烏賀陽弘道(2016))。

　四国電力から NUPEC（JNES の前身）に出向して緊急時対策技術開発室長として ERSS の改良と実用化を担当した松野元さんは ERSS 開発を通じ、SPEEDI にも精通し、原子力防災研修の講師も担当されたが、福島事故時いろいろ話題になった SPEEDI について以下のような話をした。

①SPEEDI が壊れていても全交流喪失事故と分かっているから簡単に事故の進展予測はできる。そもそも 15 条通報が住民避難のスタートであるべきで、メルトダウンの有無などの論争は何の意味もなかった。これが子供の甲状腺がん防止のため被曝から 24 時間以内のヨウ素剤服用のきっかけになる。

②緊急事態宣言発令が遅れたのは官邸（当時は菅直人首相）に一刻を争うという切迫感がなかったのだろうと指摘。

③班目原子力安全委員長のいう情報が入ってこなかったから総理に助言できなかったとの言い訳はおかしい。情報がなくても予測できるのが専門家たるゆえんだ。全電源喪失という情報しかないところでこれの意味するところを説明できないといけない。

④ERSS からの入力がないので SPEEDI の予測は役に立たないと放置されたというが、それがなくても SPEEDI の結果で避難すべき方向は分かるし、安定ヨウ素剤の服用指示をだすべきだった。津波が来るまでの 1 時間に ERSS の予測計算もできたし、できなくても SPEEDI に適当な値を入れておおよそのプルーム拡散の様子も見当がつけられる。

⑤東芝からの出向で松野氏とともに ERSS の開発に従事した永嶋國雄氏は、同氏らが ERSS の簡易版として開発した PBS はパソコンで事故進展が短時間に予測できるという。福島事故時 JNES はこの PBS を用いて福島第一の事故進展予測をした出力結果を原子力安全・保安院 ERC に届けたがこれの意味を分かる人がおらず、放置されたという。

⑥事故と対策を予見できる人材が内部に居たのに無視され、知見が死蔵されたのはどうしてか、との烏賀陽記者の質問に、松野氏は生かされなかったのは痛恨だが、誰も私のいうことは聞いてくれなかったので家で家内に話した。しかし妻にも嫌がられて私の代わりにハンガーにかけたセーターに話していなさい、といわれた。

　国会事故調も政府事故調も JNES の管轄だった ERSS や PBS のことは調査していないし、まして当時の原子力安全神話が及ぼした我が国の原子力防災全般への取り組み、具体的な原子力緊急時対応システムの設計や運用に及ぼした組織的な制約とその背景までは調査が及んでいない。第 2 章 2.1.3 に紹介した日本原子力学会事故調査報告書(日本原子力学会(2014))では、福島事故時に機能しなかった原子力防災に関連した記述が広範囲にあり、種々の改善案を提案している。次節ではその日本原子力学会事故調査報告書の指摘を、筆者にて補足してその要点を紹介する。

4.4　日本原子力学会事故報告書での原子力防災の評価と改良検討

4.4.1 原子力防災用解析シミュレーションについて

　JCO 事故後 10 年をかけて保安院が整備した原子力緊急事態対応体制は、ERSS と SPEEDI というコンピュータによる解析予測を中心に据えたシステムであったことから、まずそこに用いられた原子力防災用解析シミュレーションのあり方を考察する。

　日本原子力学会福島事故報告書(日本原子力学会 （2014）) ではその 6.8 章解析シミュレーションにおいて、福島事故前に整備されていた原子力緊急事態対応体制の主要解析ツールの ERSS と SPEEDI のうち、SPEEDI を詳細に記載し、国会及び政府事故調の報告書では役に立たなかったと批判されている SPEEDI の問題点をあげながらも全体としてはポジティブな評価をしている。一方 ERSS については全く触れていない。これは国会及び政府事故調の報告書でも全く同じである。

　ERSS については国会事故調、政府事故調、原子力学会事故調ばかりでなく、福島事故当時の日本原子力学会誌に寄稿された前川氏による ERC についての解説記事（前川之則 (2011)) でもその詳しい技術的内容が全く不明である。わずかに烏賀陽記者の本に出てくる NUPEC で ERSS の整備を行った松野元氏と永嶋國雄氏へのインタビュー記事で、両氏が米国で開発されたシビアアクシデント解析コード MAAP および MELCOR を用いて日本全国の軽水炉原発のシビアアクシデント解析を行ってプラントデータベースを ERSS に組み込んだことやパソコンで動くスタンドアロンの簡易ソフト PBS を作成したことを説明している程度である。

　筆者は、福島事故後の組織改編で JNES が原子力規制庁に吸収された（2014 年3 月 1 日 JNES 廃止）頃に ERSS はどうなったか、また ERSS に関する報告書はないのかと旧 JNES の知人に問い合わせたが、ERSS を含めた緊急時対応システムの管理は規制庁に引き継がれたが、JNES 時代には内部にあった ERSS 開発に関する技術報告書は、JNES が規制庁に移転の際に廃棄処分されたとの返事があった。福島事故調査に関わる一連の報告書での ERSS の一貫した無視は、筆者には奇異に感じるが資料が無いものは仕方がないので、以下では原子力学会報告における SPEEDI やシビアアクシデント解析に関する記述に沿って、原子力防災用解析シミュレーションの評価と課題を紹介する。

(1) 福島事故当時地震による通信途絶のため、元来 ERSS で計算するソースターム情報が SPEEDI に提供されなかったことから SPEEDI が本来機能を発揮しなかったが SPEEDI 自身は ERSS からの入力がなくてもプルームの拡散方向がある程度推定できた。しかし事故当時それの公表を差し止められたことから避難行動の参考にされなかったことが批判された。なお原子力学会事故調査書においては、SPEEDI は、①平成 20 年 3 月原子力委員会公布の環境放射線指針に従って事故時も安定に役割を果たしたこ

と、②SPEEDI 開発にタッチした専門家の参集により、環境モニタリングデータと SPEEDI シミュレーション結果の併用により、ソースターム放出量の逆推定がある程度可能になったことから、福島事故後は規制庁に SPEEDI と環境モニタリングを一元化して緊急時モニタリングの体制が整う前からの予防的緊急防護対策から、緊急時対応およびその後の期間に一貫して行うべき防護対策としての避難や屋内退避、ヨウ素剤服用のタイミング判断、ベントなどのタイミング判断、広域被曝分布の予測による食品検査地域の指定などに活用できた、と評価したうえで、さらなる技術開発課題を提起している。

(2) シビアアクシデント時の事象進展解析とソースターム評価については、米国で開発の MAAP，MELCOR 以外に日本原研で開発の THALES とエネルギー総合研究所で開発の SAMPSON コードも加えて評価している。その目的として、福島第一原子力発電所の事故ユニットの燃料デブリの取り出しを含む中長期的な廃止措置への利用も含め、事象進展解析とソースターム評価双方での解析精度をさらに高めるための研究テーマのランク付けを提起している。

　本章の筆者には、上記の(1),(2)に述べた SPEEDI やシビアアクシデント解析のコード群の研究開発は今後どこが中心になるのか、また、規制庁に引き継がれたように思われる ERSS は元来図 4-1 に記載の原子力緊急事態対応体制の中核であり、ERSS の機能である事故診断と事故進展予測を含めて全体が今後どのようになるのかについては不明であった。

4.4.2 緊急事態への準備と対応について

　原子力学会事故調査報告(日本原子力学会（2014)）では、福島事故で露呈した緊急事態への準備と対応の課題のうち、放射線防護の観点から見た緊急防護措置実施の考え方と課題について考察している。そして福島事故以前の緊急時対応スキームにおいて全く欠落していた緊急時対応の時間的推移にそっての特に避難などの緊急防護措置、飲食物に関する制限措置、緊急防護措置の解除、長期的防護措置について検討している。緊急事態への対応では、関係機関が緊急事態の時間的推移に対して一貫した共通の意思決定のスキームを策定すべしとして、緊急事態の時間的推移に従った各段階の緊急事態管理の考え方を図 4-5 に示す。

　緊急事態は準備、対応及び復旧の３つの段階に大別し、対応段階ではさらに初期における初期対応と危機管理、中期における影響管理と復旧への移行に区分する。初期の対応段階では得られる情報も少なく不確かさが大きいので予め決められた迅速な対応が求められる。時間の経過とともに情報量が増してくるが影響管理や復旧の移行期では緊急対応に関わる関与者間の調整が重要になってくる。福島事故では放射線被曝に関する 2007 年の ICRP の勧告の考え方が反映されていなかったことが混乱を生んだが、図 4-5 に示すように初期及

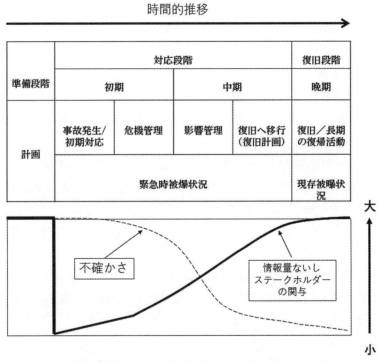

図 4-5　緊急事態の時間的推移に従った各段階の緊急事態管理

び中期の対応段階では、次の 4.4.2.1 節に述べる ICRP 勧告の緊急時被曝状況、復旧段階では現存被曝状況の考え方を適用すべきであるとしている。

4.4.2.1 ICRP 勧告による被曝状況に応じた線量制限の原則

　ICRP は被曝状況を「緊急時被曝状況」「現存被曝状況」「計画被曝状況」に 3 分類し、それぞれの被曝状況に応じた線量制限の原則を勧告している。この 3 分類に基づく放射線防護は ICRP 勧告 103（2007 年）によるもので、被曝線量を最大限ここまでに抑えようという趣旨の「参考レベル」という新たな概念が盛り込まれている。

　「計画被曝状況」は放射線源が管理された状況で、放射線作業に従事する人が日常的に業務を行う場合に相当する。ICRP は平時における一般人の線量限度を 1 mSv ／年と勧告している。一方、原発事故のような平時でない場合の線量限度をどのようにするかで、まず突発的事態に対処するため短期的に被曝作業をせざるを得ない場合の「緊急時被曝状況」では 20-100 mSv ／年、緊急事態後に長期にわたって被曝作業を持続する場合の「現存被曝状況」では 1-20 mSv ／年の範囲で出来るだけ低いところで「参考レベル」を設定するというものである。

　「計画被曝状況」では、①正当化の原則（被曝状況を変化させる決定は、常に害よりも便益を大きくする）、②最適化の原則（合理的に達成できる防護のうちで最善の方法を選ぶ）、

③線量限度遵守の原則（線量限度を超えて被曝しない）の3原則に基づき、①→②→③の順で適用されてすべてをクリアしなければならない。

　「緊急時被爆状況」と「現存被爆状況」では放射線源は管理できていないので③は適用されず、代わりに「参考レベル」が適用される。②で重要なのは「合理的に」ということで最善の手段は必ずしも残存線量が最も低いものとはしていない。このことは福島事故の被災地において見られたように「放射線被ばくによる被害」には背反する「放射線被曝を避けることによる被害」があって、一方を避けると他方を被るというジレンマが生じるからである。

4.4.2.2　原子力・放射線緊急事態と地震のような通常の緊急事態の考慮

　IAEA の勧告では、緊急事態に対する準備では原子力または放射線の緊急事態と地震のような通常の緊急事態を考慮しなければならないと規定されているが、我が国の福島事故以前の緊急時対応の前提では格納容器の健全性は失われないとし、また中越沖地震を経験しながら地震との複合災害への備えを怠ってきた。そしてアクシデントマネージメントにおいても事業者はオンサイト、国と地方公共団体はオフサイトの防災計画と明確な役割区分を原子力災害措置法で規定していた。しかし諸外国の例からみて事業者の防災計画もオンサイトに特化せずオフサイトとの観点からもその関与をチェックすべきと原子力学会事故調査報告は提言している。

　また JCO 事故の反省から原災法では初動対応は国による集中的管理が前面にでている。しかし、これは図 4-5 の緊急事態管理の時間的推移を考えると逆行した考え方である。原子力災害は特別な災害という考え方より、自然災害との複合災害でなくても緊急事態では自然災害での緊急時対応に共通するところが多く、消防、警察、自衛隊と共通の基盤があるのでできるだけ統合すべきことを提言している。

　とくに複合災害時のインフラへの影響として、ERSS のネットワークの崩壊による情報通信インフラの途絶やオフサイトセンターが機能を果たさなかったことからこれらについて再考すべきことをあげる以外に、緊急資材のサイトへの受け入れ態勢の問題も上げている。

　実際に福島事故時には図 4-6 に示すように、原子力安全・保安院が整備した原子力防災ネットワークはダウンし、そのため事故時に唯一活きていた東電防災回線に頼るため首相官邸の原災本部が東電本店の対策本部に移動したことから、政府においては今後の原子力災害と自然災害とが複合する事態にもレジリエントな防災ネットワークを整備することが強く求められる。

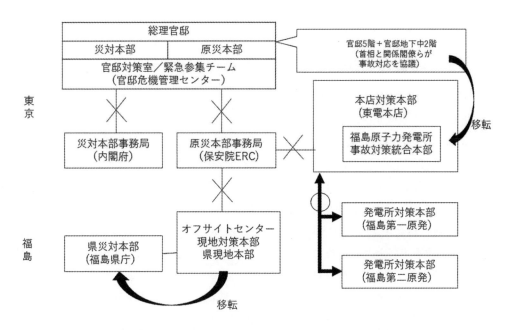

図4-6 福島事故時の実際の情報連絡の経路（×は機能せず、○だけが活きていた）

4.4.3 核セキュリテイと核物質防護・保障措置

　福島事故は、地震と津波により外部電源や海岸側に設置の非常用デイーゼル発電機や最終の放熱源の海水ポンプが機能しなくなったことで、全電源喪失、冷却機能の喪失、使用済み燃料プールの冷却機能が喪失したことが事故発生の主要原因であった。このような事態は自然災害でなくても妨害破壊行為でも起こりうることから、核セキュリテイ対策の重要性が改めて認識された。原子力学会事故調査報告書（日本原子力学会（2014））ではテロに対する原子力施設の脆弱性が明らかになったとして、従来我が国ではあまり進んでいなかった核セキュリテイと核物質防護・保障措置における課題を広範に提言している。

　その中には、①事故を起こした福島第一原発の警備上の課題、②原子力施設一般の事故時及び事故後の警備上の課題、③治安当局と事業者の協力による原子力施設への銃器をもつ不法侵入者への対応、④国家安全保障の中での核セキュリテイの法制や基準、⑤安全とセキュリテイのインタフェースの調整と協同、⑥人材育成や要員の信頼性の確認、などを課題としている。

　保障措置や核物質管理については、原子力安全神話が崩壊して事故を起こした国家として日本の国際的な信頼性の低下は核不拡散や保障措置にも及ぶ可能性があるとの危惧のもと、事故を起こして脱原発を志向する社会運動の高まる中、一部の政治家の原子力の維持は国家安全保障からも必要という対抗的な意見が聞かれることは、原子力は平和利用に徹するとの日本の姿勢に国際的な疑いを招きかねない。そういう意味でも保障措置下にある核物質の転用や未申告の核物質および原子力活動が存在しないことの証明のために核物質防護・保障措置活動に注力することが大事であるとしている。

4.5　福島事故後の原子力防災の変更と再稼働開始後の課題

4.5.1 福島事故後の原子力防災全体の変更

（1）法制上の主な改正

　福島事故後原子力規制が大幅に改革され、内閣府所属の原子力安全委員会と経産省所属の原子力安全・保安院は廃止されて、環境省に第3条委員会として原子力規制委員会、その事務局として原子力規制庁が発足した。また原子力安全・保安院の傘下であった独立行政法人原子力安全技術基盤機構は原子力規制庁に吸収された。

　原子力規制委員会のもとでの原子炉規制法の改革と併せて原子力災害対策特別措置法（原災法）の改正も行われた。この改正は、第2条における原子力災害の定義を「原子力緊急事態により国民の生命、身体又は財産に生じる被害をいう」とされ、原子力緊急事態とは「原子力事業者の原子炉の運転等(略)により放射性物質又は放射線が異常な水準で当該原子力事業者の原子力事業所外へ放出された事態をいう」とされた。

（2）原子力災害対策指針の修正事項の具体的な説明

　原子力災害対策指針では以下のような改正が行われた。

①原子力災害対策重点区域として PAZ（Precautionary Action Zone）と UPZ(Urgent Protective action Zone)が新たに導入された。PAZ とは原子力施設から概ね半径5km圏内で、放射性物質が放出される前の段階から急速に進展する事故事態になっても放射線被ばくによる重篤な確定的影響を回避し、または最小化するため予防的に避難等を行う。一方、UPZ は PAZ の外側の概ね半径30km圏内で、確率的影響のリスクを低減するため予防的な防護措置を含め、段階的に屋内退避、避難、一次移転を行う。

②防護対策にタイムラインを導入して時系列的に整備することにより、関係機関が緊急事態の進展に対して一貫した共通の意思決定戦略を策定するようにした。これは日本原子力学会事故調査報告書（日本原子力学会(2014)）で提起しているもので図4-5と基本的に同じである。時間的推移に沿って緊急事態に対する準備、事故に対する対応、および復旧と分ける緊急事態に対する準備する段階である。準備段階では、平常時から適切な緊急時計画を作成し、準備し、維持するとともに訓練によって実効的なものにする必要がある。とくに対応については、初期対応談と中期対応段階に分かれる。初期対応段階は事故発生・初期対応と危機管理、中期対応段階は影響管理、復旧へ以降するための復旧計画に分ける。復旧とは復旧・長期の復帰活動を行う段階である。

③緊急時管理のタイムラインに沿って各段階での被曝許容量を ICRP の勧告に沿って緊急時被爆状況、現存被曝状況および計画的被曝状況に分ける。具体的には図4-7に示すようなタイムラインに沿っての許容被曝線量を時間的に変化させるものである。

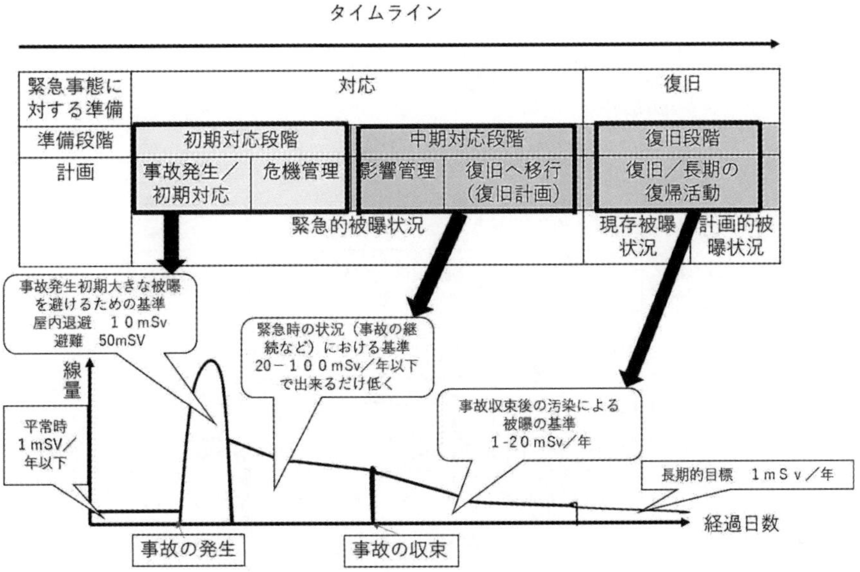

図 4-7　タイムラインに沿っての許容被曝線量の時間的変化

④初期対応段階では情報が限られた中でも放射性物質の放出される前から迅速な防護措置を講じることが必要なために、A.施設の状態に基づき緊急事態区分を決定し、予防的防護措置を実行するものと　B.観測可能な指標に基づき、緊急防護措置などを実行するものがある。

⑤前記④において A の方法を緊急時活動レベル EAL(Emergency Action Level)に基づき意思決定をする方法である。これは放射性物質が放出される前であり、原子力施設の状態等に対して予め決められた判断基準（EAL）に基づいて事業者が緊急事態区分を通報する。この段階の防護措置の考え方として、緊急事態区分と緊急時活動レベル(EAL)を設定する。具体的には図 4-8 に示すように事故発生後 3 つの緊急事態区分として、警戒事態、施設敷地緊急事態および*全面緊急事態*のそれぞれに適切な緊急時活動レベル EAL を設定する。それに基づいて PAZ 内での予防的避難や UPZ で屋内退避等を行うものである。

⑥前記④において B の方法を運用上の介入レベル OIL（Operational Intervention Level）に基づく意思決定する方法である。観測可能な指標等をモニタリングし、予め決められた判断基準（OIL）に基づいて避難、一次移転等を行うものである。

⑦PAZ 内及び UPZ 内の住民に対する事態の進展に応じた防護措置の判断基準を図 4-9 に示す。

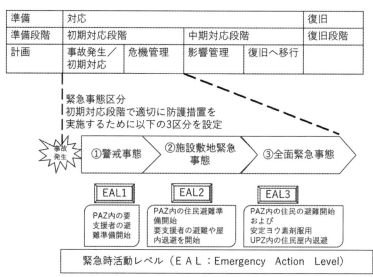

準備	対応				復旧
準備段階	初期対応段階		中期対応段階		復旧段階
計画	事故発生／初期対応	危機管理	影響管理	復旧へ移行	

緊急事態区分
初期対応段階で適切に防護措置を
実施するために以下の3区分を設定

事故発生 → ①警戒事態 → ②施設敷地緊急事態 → ③全面緊急事態

EAL1	EAL2	EAL3
PAZ内の要支援者の避難準備開始	PAZ内の住民避難準備開始 要支援者の避難や屋内退避を開始	PAZ内の住民の避難開始 および 安定ヨウ素剤服用 UPZ内の住民屋内退避

緊急時活動レベル（EAL：Emergency Action Level）

図4-8　警戒事態、施設敷地緊急事態および全面緊急事態のそれぞれに適切な緊急時活動レベル

事態の進展 →

緊急事態区分		警戒事態	施設敷地緊急事態	全面緊急事態		
				放射性物質放出前	放射性物質放出後	
判断基準の例と措置		EAL			OIL	
					OIL1	OIL2
					500μSv／h超	20μSv／h超
		使用済み燃料貯蔵槽水位の一定水位までの低下 原子力事業所在市町村において震度6弱以上の地震などの自然災害など	非常用炉心冷却装置等の作動を要する原子炉冷却材漏えい事故に、高圧または低圧の原子炉注水機能が直ちに不能 全交流電源の喪失が30分異常継続する　など	非常用炉心冷却装置等の作動を要する原子炉冷却材漏えい事故に、すべての非常用炉心冷却装置により原子炉注水が直ちに不能		
		予防的防護措置			緊急防護措置	早期防護措置
対象区域別具体的措置	PAZ	要避難者の避難準備など	要避難者の避難 一般住民の避難準備など	一般住民の避難 安定ヨウ素剤予防服用		
	UPZ		屋内退避準備など	屋内退避 安定ヨウ素剤の緊急配布の準備 避難、一時移転、避難退域時検査及び簡易除染の準備など	数時間以内に区域を特定して避難	地域生産物摂食制限 1週間程度内に一時移転

図4-9 事態の進展に応じた防護措置の判断基準

⑧原子力災害の発生した場合の防護措置の種類を表 4-4 にリストアップする。

表 4-4　原子力災害に対する防護措置

番号	防護措置	説明
1	避難及び一時移転	放射性物質または放射線の放出源から離れることにより被曝の低減を図る
2	屋内退避	放射性物質の吸入抑制や中性子線及びガンマ線を遮蔽することにより被曝の低減を図る。
3	安定ヨウ素剤の予防服用	放射性ヨウ素による内部被ばくを防止するために服用する。副作用や禁忌者に対する事前注意が必要
4	原子力災害医療	汚染や被曝の可能性のある傷病者に医療処置を行う
5	避難退域時検査等及び除染	避難退域時検査は避難や一時移転をされる方の汚染状況を確認するために行う。基準値を超える場合簡易除染が必要
6	飲食物の摂取制限	飲食物中の放射性核種濃度の測定を行い、一定程度以上の濃度が確認された場合その摂取を回避することで内部被ばくの低減を図る
7	防災業務関係者の防護措置	防災業務関係者の被曝を防止するために個人線量計、保護マスク、保護衣等を配布、必要に応じて安定ヨウ素剤の予防服用を行う
8	各種防護措置の解除	当該措置の設定される基準や新たに策定された基準を下回ることを条件に解除する

⑨放射性物質の放出後に OIL に応じて行う防護措置についてそれぞれの種類と一覧を表 4-5 示す。原子力規制委員会によって改訂された防災指針で避難計画を策定することは福島事故以前より相当複雑であるが、前述の福島事故以前の図 4-4 に対比させて図示すると図 4-10 のようになる。以下、初期対応段階について説明する。

　原発から半径 5km 以内の PAZ では放射線による確定的影響を回避するため予防的防護措置を準備する。5km を越えて半径 30km 以内は確率的影響のリスクを最小限にするため緊急的防護措置を準備する。事故時の対応の指令をとるため、オフサイトセンターは UPZ 内に設けるが機能を失う可能性も考慮し、代替オフラインセンターも予め用意する。事故原発からの通報、緊急事態宣言の連絡に応じて EAL 1、2、3 の緊急事態区分に応じた対策を PAZ 内の要支援者の避難開始、住民の避難準備開始、安定ヨウ素剤の服用とともに UPZ 内の住民の屋内退避避を指令する。原子力施設から放射能放出が始まるや否や、測定値を OIL 基準に照らして UPZ 内での迅速な防護措置を決めて対策内容、実施範囲を通知する。半径 30km 以内に広がっただけにモニタリングによる測定値をどのような基準に照らして対策を決めて UPZ 内の住民に知らせるのか、緊急時モニタリングセンターの役割が重要になる。

表 4-5　放射性物質の放出後に OIL に応じて行う防護措置の種類と一覧

防護措置の種別	基準の種類	基準の概要	初期設定値など			防護措置の概要
緊急的防護措置	OIL1	地表面からの放射線、放射性物質の吸入等による被曝を防止するため住民等を数時間以内に避難や屋内退避等をさせるための基準	５００μSv／h（地上１m）			数時間内を目途に区域を特定し、避難等を実施
	OIL4	経口摂取、皮膚汚染からの被曝を防止するため除染を講じるための基準	β線：40,,000cpm（皮膚から数 cm） β線：40,,000cpm（皮膚から数 cm） （1 か月後）			避難者の避難退域時検査、除染
早期防護措置	OIL2	地表面からの放射線、放射性物質の吸入による被曝影響を防止するため地域生産物の摂取の制限、住民等の１週間程度内に一時移転させるための基準	20μSv／h（地上１m）			1 日内を目途に区域を特定し、地域生産物の摂取を制限、1 週間程度内に一時移転
飲食物摂取制限	飲食別のスクリーニング基準	OIL6 による飲食物摂取制限を判断する基準として、飲食物中の放射性核種濃度測定を実施すべき地域を特定する際の基準	0.5μSv／h（地上１m）			数日内を目途に飲食物中の放射性核種濃度の測定区域を特定
	OIL6	経口摂取による被曝影響を防止するため飲食物の摂取を制限する際の基準	核種	飲料水 牛乳・乳製品	野菜類、穀類、肉、卵、魚、他	1 週間内を目途に飲食物中の放射性核種濃度の測定と分析を行い、基準を越えるものは摂取制限
			ヨウ素	300Bq／kg	2,00Bq／kg	
			セシウム	200Bq／kg	500Bq／kg	
			プルトニウム、超ウラン元素α核種	1Bq／kg	10Bq／kg	
			ウラン	200Bq／kg	100Bq／kg	

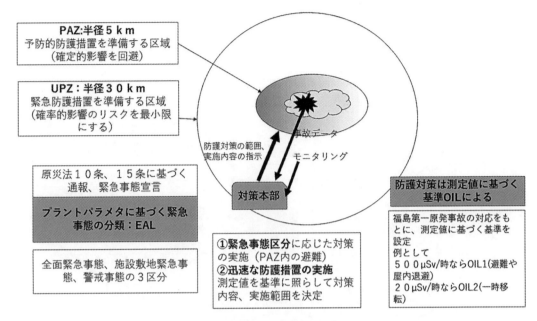

図 4-10　福島事故後の緊急事態での対応の仕方

（3）平時・緊急時における原子力防災体制

　平時には原子力基本法第 3 条3に基づき、首相を議長、事務局長を環境大臣とする原子力防災会議が常設され、原子力災害対策指針に基づく施策の実施の推進等、原子力防災に関する平時の総合調整と事故後の長期に渡る取り組みの総合調整を行う。緊急時には原子力災害対策特別措置法第 16 条に基づき、原子力緊急事態宣言をしたとき臨時に首相を本部長、内閣府政策統括官（原子力防災担当）とする事務局長とする原子力災害対策本部が設置される。

（4）原子力緊急事態時の危機管理体制

　原子力緊急事態時の危機管理体制は中央と現地に分かれて図 4-11 に示すように構成される。

　中央では官邸に原子力災害対策本部とその事務局官邸チームが設置され、規制庁内 ERC に原災本部事務局 ERC チームが設置される。現地においてはオンサイト対応とオフサイト対応に分かれる。オンサイト対応は原子力事業所におけるプラントの事故収束に対応するもので原子力施設事態即応センターと原子力事業所災害対策支援拠点とが連携する。オフサイト対応は原子力発電所外の住民の防護にあたるもので、現地対策本部（オフサイトセンター）と自治体とが連携する。

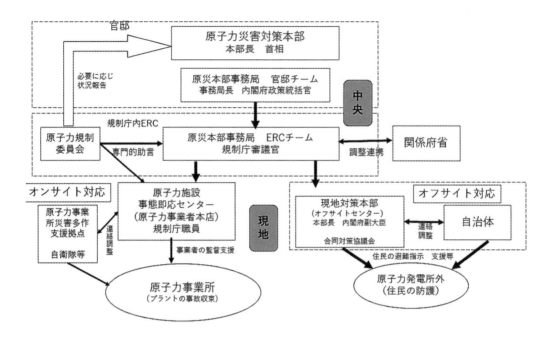

図 4-11　原子力緊急事態時の危機管理体制

（5）大規模複合災害時の対応イメージ

　大地震等の自然災害に原子力災害が複合する場合には、図 4-12 に示すように　原子力災害対策本部と緊急災害対策本部の合同会議による意思決定の一元化、事務局レベルでの情報収集の一元化、現場活動の指示・調整の一元化を計る連携体制を整えることとしている。

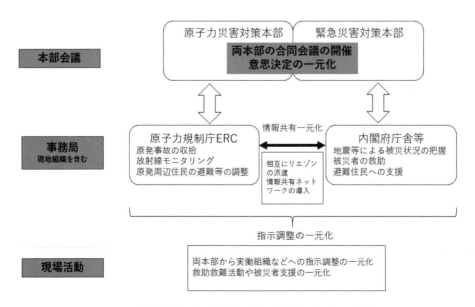

図 4-12　大地震等の自然災害に原子力災害が複合する場合

　原子力規制委員会においては、事故、故障データの報告収集、防災訓練の実施、地域防災計画・避難計画の策定への支援、緊急時モニタリングへの取り組み、ゼリー状安定ヨウ素剤の備蓄、配布、オフサイトセンターの指定、地方公共団体や事業者の防災訓練や研修への支援、原子力災害対策本部での図上演習、国際的な連携強化、国際基準の調査、原子力総合防災訓練尾実施により原子力災害対策の絶えざる向上を図っている。

　なお、以上の筆者による記載内容については、平成 30 年度版防災白書　pp.90-107 の記載を上岡（上岡直見（2014））を参考に確認したものである。

（6）オフサイトセンター設置のガイドラインについて

　福島事故の際に機能を発揮できなかった福島県オフサイトセンターの教訓に鑑み、原子力発電所および核燃施設からの 5km 以遠の UPZ 圏内に設置するオフサイトセンターおよび代替センターの立地、建物および所要設備、複合災害への備え等の要件を規定したものが内閣府より発行されている（内閣府政策統括官（原子力防災担当）(2019)）。

　以上全体として福島事故の教訓として以前の防災計画に対して挙げられていた以下の問題については改善が図られているといえよう。

①事故の始まりから終わりまで（避難開始から除染して帰還まで）の全体の時間的経過が考慮されている。
②オフサイトセンターが原子力施設に近接しすぎていて機能しなくなることはなくなった。
③地震など自然災害に原子力事故が重畳する複合災害事態も考慮されている。
④事態の推移により被曝許容量を変更する ICRP 勧告を取り入れている。
⑤原発だけでなく、その他の核燃施設、使用済み燃料プールも対象としている。

（7）オフサイトセンター設置のガイドラインへの疑問

　しかしながらここまでまとめてきた本章の筆者としては以下の点には疑問を持った。

①以前の原子力安全・保安院時代に整備された防災ネットワークは、福島事故時には大地震によってダウンして機能を果たさなかったが、その後は複合災害時にも機能するレジリエントな通信系として整備されたのか？　また原子力安全・保安院時代に整備された ERSS や SPEEDI 等はどうなったのか？
②緊急モニタリングは一体誰がどのようにするのか？　自治体に任せるのか？　また緊急時モニタリングと SPEEDI の連携使用によるソースターム推定はどこで行うのか？国、規制庁は実際の事故時に自治体への技術サポートはどうするのか？
③事業者側のプラント施設内の前線指令所となる緊急時対策所との連係はどうなるの

か？

④原発を再稼働する自治体の防災計画や避難計画の策定支援を原子力規制庁等は行っているとのことだが、拡大した UPZ でも実際に有効な避難計画になっていることはどのように確かめているのか？

⑤PAZ は概ね半径 5 ㎞となっているが、実際の個々の原発再稼働審査では放射性物質が放出される前の段階から急速に進展する事故事態になっても放射線被ばくによる重篤な確定的影響を回避し、または最小化するための PAZ は該当原発サイトではどの程度になるかをどのように評価しているのか？

⑥UPZ は概ね半径 30km となっているが、実際の個々の原発再稼働審査では、確率的影響のリスクを低減するため予防的な防護措置を含め、段階的に屋内退避、避難、一次移転を行うための UPZ は該当原発サイトではどの程度になるかをどのように評価しているのか？

⑦福島事故のときのように 30km を越えてプルームが飛んでくるような場合はどうするのか？

⑧日本原子力学会事故調査報告書が検討している核セキュリテイと核物質防護・保障措置については、どこまでカバーされているのか？

⑨一般的に近年の ICT 技術の長足の進歩に鑑みれば、自然災害に対してレジリエントな国土、防災を志向する我が国政府の研究開発政策の一環として、原子力防災についてももっとスマートな計画が立てられそうに思われる。例えばセンサーネットワーク、ビッグデータ、5 G など。さらにはモニタリングにドローンの活用も考えられる。

4.5.2 改訂された原発避難計画への有識者の主な意見

福島事故後発足した原子力規制委員会および原子力規制庁が策定した原発避難計画については、本章の筆者ばかりでなく、いくつかの有識者の出版で問題点が指摘されているので、そのいくつかを紹介する。

（１）３0km に拡大した UPZ とその矛盾

烏賀陽氏は、その著(烏賀陽弘道（2016）、194-200 頁)で福島事故時の避難の失敗（非現実的な放射能拡散予測と立地地域の避難開始、非現実的な広域避難経路、ヨウ素剤の配布）を教訓に、改定された原子力災害対策指針の改定でも被曝は防げないと汚染されないと避難できない矛盾の存在を指摘し、新指針でも機能不全を起こしかねないオフサイトセンターを論じている。

（２）放射能被害だけ受ける UPZ 外の非立地県

烏賀陽氏は続いてその著（烏賀陽弘道(2016)、200-223 頁）で、嘉田前滋賀県知事の問題指摘として、以下を紹介している。琵琶湖が汚染されれば近畿全体に被害が及ぶのに、立地

自治体しか再稼働に同意の必要はないというのはおかしい。事故後も残る原子力防災体制の欠陥として、事故後も変わらない円形の避難、地域の設定の問題点がある。SPEEDI を排除してモニタリングで測定してから避難のやり方を決めるというのでは、被曝してから逃げなさいということだ。　人工的な境界線に固執して事故対策の線引きを決めるおかしな発想だ。中央官庁の縦割り行政の弊害が生む避難指示系統の矛盾だ。

（3）　防災計画が規制委員会の審査項目になっていないことへの疑問

　館野淳氏は、その著（政治経済研究所 環境・廃棄物問題研究会(2018)、78-79 頁）に、避難計画が原子力規制委員会の審査項目になっていないことを指摘している。IAEA の"日本の新指針では防災計画が規制委員会の審査項目になっていないこと"への批判とそれに対する規制委員会からの弁解を紹介している。筆者が思うに日本では防災計画が全体として内閣府管掌であり、原子力防災計画もその一つとして以前から防災計画の一部として組み込まれているから原子力規制委員会には発言できないのであろう。とはいえ、このことはIAEA を引き合いに出さずとも再稼働が推進される中で、重大な欠陥として住民はじめ多くの人々が指摘している。

（4）石川県の志賀原発避難訓練をもとに判断基準、避難経路、スクリーニング、退避施設、備蓄などについて数々の問題点の指摘

　児玉一八氏は、その著（政治経済研究所 環境・廃棄物問題研究会（ 2018)、89-101 頁）に、同氏が参加した石川県の志賀原発避難訓練をもとに判断基準、避難経路、スクリーニング、退避施設、備蓄、などの問題点を指摘している。そして原子力防災計画を新規制基準の審査対象にすべきと提案している。

　最後に、上岡直見氏は、その著（上岡直見（2014））で、原子力規制委員会が UPZ を 30km とした理由について次のように述べている。規制委員会は事故時の初動 7 日間の UPZ 内の実効被曝線量（避難経路中の内部および外部被曝線量の和）の限度を 100mSv とし、日本全国の原発サイトでの想定気象条件と重大事故条件下の 7 日間の避難民の集団被曝線量が平均 100mSv になった原発からの距離を求めて、全国原発をカバーする最大半径は 30km になったと、UPZ を 30km にした数的根拠を説明していることを紹介している。また PPA（Plume Protection planning Area）というプルーム通過時の被曝を避けるための防護措置を実施する地域という概念もある。事実福島事故では 50km はなれた飯館村まで放射能雲が及んだのに PPA については未検討であると指摘。さらに同氏は、交通工学の専門的立場で避難問題を考察し、福島事故後の日本の原発サイトは事故が起こった場合にどこもすべて自動車による避難では道路渋滞で UPZ からの迅速な避難はできない、と交通シミュレーション結果をもとに示している。

4.5.3 放射線モニタリングと環境修復まで考慮した原子力防災指針か？

　福島事故後、緊急時モニタリングについては規制庁より指針（原子力規制庁監視情報課(2019)）が発行されている。これは、基本的には IAEA 基準を取り入れた原子力災害対策指針で、様々な OIL における判断基準のための緊急時モニタリング項目を決めて国、地方自治体、原子力事業者の 3 者がそれぞれのモニタリングをどのように分担し、モニタリング情報を伝達しあうかの通信伝達体制の構成のあり方を規定しており、とくに OIL に関わる緊急モニタリングは UPZ 内の自治体の分担になっているように見える。また福島事故において問題となった ERSS、SPEEDI および ERC のネットワークについては何らの記載はなく、SPEEDI について以下のような否定的な位置づけを行い、緊急時対応のために用いないと、次のように最後に記載している。

　　　原子力事故時の防護措置の実施について、従来の考え方では、SPEEDI等によって推定できるとした予測線量を基に、各防護措置について定められた個別の線量基準に照らして、どのような防護措置を講ずべきかをその都度判断するとしていた。しかしながら、こうした防護戦略は、実際には全く機能しなかった。
　現行の原子力災害対策では、事故の教訓を踏まえ、IAEA等の国際基準の考え方にのっとり、初期対応段階において講ずべき防護措置及びその判断基準をあらかじめ定めるとともに、施設の状態に基づき、放射性物質の放出の前から予防的な防護措置の実施を判断することとしている。これにより直ちに必要な防護措置を実施できることから、予測的手法を活用する必要性がない。またSPEEDI等の予測的手法によって、放射性物質の放出のタイミングや放出量、その影響の範囲が正確に予測されるとの前提に立って住民の避難を実施する等の考え方は危険であり、原子力規制委員会はそのような防護戦略は採らない。予測結果が現実と異なる可能性が常にある中で、避難行動中に放射性物質が放出された場合、かえって被ばく線量が増大する危険性がある。
　　　このため、防護措置の実施に当たっては、フィルタードベントが実施される場合等も含めて、SPEEDIによる拡散予測計算を用いる必要がない。また、モニタリングポストの配置の検討に当たっては、地理的・社会的条件等の各地域の実情を考慮しつつ、時間的・空間的に連続したモニタリング結果が得られるよう、偏りなく事前配置することが基本である。なお、事後の解析に拡散計算を用いることは、実際に様々な機関が実施しており、一定程度の有用性があると考えられることから、必要に応じて利用することが考えられる。

　これは4.5.1の（7）への疑問①，②や4.5.2の（2）に対する答になっているだろうか？

4.6 まとめと改訂原子力防災指針の問題点

　福島事故の教訓をもとに原発防災指針は改正されたといえ、今のままでは原発の立地自治体の防災計画作りではどれ一つとして規制委員会の定める指針を満たすような計画は、現実には成り立たないようである。また、避難計画は逃げるときの算段だけであって、避難後の帰還までの算段まで考慮されているとは言い難い。これでは一安心にならない。

　確定的な放射線被ばく影響を受けない範囲として PAZ を概ね 5km、確率的な放射線被曝影響を受けない範囲として UPZ を概ね 30km にすることは、福島事故の教訓を経て SA 対策を厳しくした原子炉格納容器施設等に対しては厳しすぎるように思われるし、一方、福島事故では 50km もプルームは拡散したことを考えれば、UPZ の内側であれ、外側であれ PPA(プルーム通過時の被ばくを避けるための防護措置を実施する地域、30km 圏外)についてはどうするのかの検討も必要である。

　地震や津波のような自然災害と違う人工施設である原発は、住民が避難しなければならない事態が起こりうるとなると、誰もどうぞ建ててください、と歓迎するわけがない。これが自然な人情だ。だから昔の原子力規制の責任者が住民に保証していた「安全神話」は地元住民には大変大きな意味があった。原子力推進派は福島事故も、原子力規制委員会による厳格な安全審査とか昔と本質は少しも変わらないロジックで住民たちを言いくるめて原発の再稼働が進むと考えているなら大間違いである。原子力規制委員会は、事業者の安全性を強化した原発の再稼働の審査はするが、原子力規制委員会も内閣府も住民の避難計画についてはチェックもしない。これでは再稼働を進めてほしい自治体は、実効性のない防災指針につじつまを合わせた避難計画でよろしい、といっているに過ぎない。

　そもそも福島事故後、より厳格になった規制基準ならば以前のような甘い基準で成り立っていた格納機能よりはるかに"安全神話"に近いはずである。しかし、IAEA の深層防護の第 5 層の避難計画の考え方として、たとえ第 4 層のシビアアクシデント対策によって格納容器健全性が保たれるとしても前段否定で SA 対策失敗を前提に避難計画を立てるべき、ということを根拠に規制委員会は福島事故後の防災指針のロジックを組み立てた。ところが、IAEA の勧告、米国 NRC の考え方では、第 5 層の避難計画については立地住民の理解と合意を得ることを前提としている。日本の識者の中にも、避難計画も規制審査の対象にすべきとの意見が出ている。それは原子力規制委員会の責務外の話というのなら、これが最大の問題点である。

　一方、観点を変えるならば、近年進歩の著しい ICT 技術を取り入れた原発サイトにおける地域社会の普段からの防災強化は自然災害への防災強化にもつながり、地域経済活性化にも貢献するはずである。然るに原子力規制委員会の防災指針の改訂を含めた原子力防災体制の構想には地域の産業力強化や経済活性化に着目して地域に貢献するといった面の配慮が見られない。岐路に立つ原子力が復活するかどうか、それは原発再稼働が地域に安心感を持って迎えられるかどうか、それには原子力防災のあり方にかかっている。

参考文献

京大大学院エネルギー科学研究科エネルギー社会・環境科学専攻（2001），「エネルギー社会システム計画」研究談話会講演概要集，平成 13 年 3 月 31 日, pp. 19-30

山本定明（1993），原発防災を考える―Part II －原子力防災訓練の現状と課題―, 桂書房, 1993 年 6 月 30 日.

前川之則(2011)，事故やトラブル時にどう対応するか？ 原子力安全・保安院「緊急時対応センター」(ERC) について，日本原子力学会誌, Vol. 53, No. 4, 2011, pp. 278-282.

日本原子力学会（2014），東京電力福島第一原子力発電所事故に関する調査委員会, 福島第一原子力発電所事故 その全貌と明日に向けた提言―学会事故調 最終報告書―, 丸善出版, 2014 年 3 月 11 日.

烏賀陽弘道（2016），事故調査委員会も報道も素通りした未解明問題福島第一原発メルトダウンまでの 50 年, 明石書店, 2016 年 3 月.

上岡直見(2014)，原発避難計画の検証―このままでは、住民の安全は保障できない, 合同出版, 2014 年 1 月 31 日.

内閣府政策統括官（原子力防災担当）(2019)，オフサイトセンターに係る設備等の要件に関するガイドラインの全部改訂について，令和元年 8 月 30 日.

政治経済研究所 環境・廃棄物問題研究会（2018），福島原子力事故後の原発の論点, 本の泉社, 2018 年 6 月.

原子力規制庁監視情報課（2019），緊急時モニタリングについて（原子力災害対策指針補足参考資料）平成 26 年 1 月 29 日（平成 27 年 4 月 22 日一部改訂）（平成 27 年 8 月 26 日一部改訂）（平成 28 年 9 月 26 日一部改訂）（平成 29 年 3 月 22 日一部改訂）（令和元年 7 月 5 日一部改訂）.

第 5 章 原子力損害賠償制度―福島事故の損害賠償の課題

5.1　問題の所在と本章の構成

　前章までの論考では、原子力施設立地を進める過程において次第に利害関係者の間で一種の確証バイアスともいうべき「安全神話」が形成され、それが原子力安全規制の構築と運用に好ましからざる影響を与えてきたことについて論じた。

　これと類似する経緯を辿った制度・政策が原子力分野にはもう一つある。それが、本章で取り上げる原子力損害賠償制度である。ただし、「安全神話」がその制度構築・運用を「歪めた」原因や過程は、原子力安全規制のそれとは、やや様相を異にする。

　少なくとも福島事故が起こる前にあっては、原子力事故によって地域的に広範にわたり金銭的に甚大な原子力損害が発生するようなケース（想定例）は、原子力損害の賠償に関する法律（以下、「原賠法」）第 3 条第 1 項ただし書により、人的コントロールが到底及ばない「異常に巨大な天災地変又は社会的動乱によって生じたもの」に実際問題としてほぼ限定され、その場合には事業者が損害賠償責任を負うのではなく、法律の規定により政府（国）が「被災者の救助及び被害の拡大の防止のため必要な措置を講ずる」（原賠法第 17 条）こととなる、と多くの利害関係者が認識していたように思われる。この認識の「歪み」が、事業者が免責される場合についての想定事故分析や、事業者有責時に実際に甚大な原子力損害が発生してしまった場合の事業者による賠償資金の捻出方法や国の関与（政府の援助、原賠法第 16 条）の仕方についての詳細検討を後回しにしてしまい（田邉・丸山（2012）4 頁）、福島事故を契機に構築された、被害者保護や原子力事業の健全な発達等の観点から課題の多い現行原子力損害賠償スキームに繋がったとみることもできる。なお、本章では、「スキーム」の語を「制度や法律はもとよりその運用計画をも含めた、計画性を伴う枠組み」の意味で用いる。

　以下本章では、5.2 に現行原子力損害賠償制度の概要をその制度趣旨や運用とともに述べた後、5.3 に同スキームの課題について、原子力事業経営やステークホルダー間の公平性、さらには被害者保護の観点から問題となり得るものを幾つか取り上げ、分析・検討を加え、これらの課題を克服し得る制度改善の方向性を示す。なお、本章の内容は、田邉・丸山（2012）を圧縮・整理した上で、その後の原子力損害賠償スキームの運用状況等を踏まえ、加筆・修正したものである。

5.2　原子力損害賠償制度の概要とその運用

5.2.1 制度の目的

　原子力安全規制が主として原子力事故、原子力災害の未然防止（事前規制）の役割を担う

146

のに対して、原子力損害賠償制度は主として事故・災害等に伴い発生した原子力損害の事後処理（救済）の役割を担っている。

　我が国の原子力損害賠償制度は、1961（昭和36）年にその基本となる法制（原賠法及び「原子力損害賠償補償契約に関する法律」（以下、「補償契約法」））が整備された。我が国への原子炉提供を企図する海外メーカーからの働きかけ等がその背景にあったとはいえ（小柳（2015）132頁）、それは「被害の発生どころか、その源である産業設備の実現以前に」なされている。制度整備が急がれた理由の一つは、事前に手厚い被害者救済制度を整備することを通じて原子力産業に対する社会的受容性を高め、産業の振興と発電所立地の促進を図ろうとしたことにある（下山（1976）532-533頁）。安全規制と同様、立地促進が制度導入の原動力の一つとなった点は注目に値する。

　原子力損害賠償制度の目的は、①「被害者の保護（救済—筆者注）を図る」ことと、②「原子力事業の健全な発達に資すること」である（原賠法第1条）。

　これら2つの目的は、互いに相克するものではなく、むしろ相生するものであると利害関係者間では広く理解されている。原子力事業が健全に発達し事業者に賠償能力が備わってこそ、被害者救済が実際問題として約束され、逆に被害者救済が約束されてこそ、原子力発電所の立地及び運転が促進され原子力事業の健全な発達が可能となる、という理解である（竹内（1961）29頁；田邉・丸山（2012）3頁）。

　しかし、このナイーブともいえる理解は、一部の利害関係者の間に「事業者がその賠償能力を超える損害賠償責任を負うような事態に至った場合には、「被害者の保護」と「原子力事業の健全な発達」の観点から国（政府）は原賠法第16条に定める「援助」を当該事業者に対して必要かつ十分な形で必ずや行うはずである」という「期待」を抱かせてしまった面がある（田邉・丸山(2012)4頁）。このため、この「援助」のあり方を巡る議論は、福島事故によって事業者の当座の賠償能力を超える原子力損害が実際に発生するまでの間、深まることは無かった。

　そして、福島事故を契機として、上記「援助」の具体的内容を規定する新たな原子力損害賠償スキーム（現行スキーム）が、従前の制度に賠償資金の事後的捻出の仕組みを付加する形で構築されるに至ったが、本スキームの内容及び運用は制度のこの2つの目的に必ずしも十分に応えるものとなっていない面がある。これらについては、5.3で後述する。

5.2.2 原子力損害賠償制度の仕組み

　我が国の原子力損害賠償制度は、以下の(1)～(4)の4つの仕組みを制度枠組みの基本としている。このうち(1)～(3)の仕組みは、多くの原子力開発利用国における原子力損害賠償制度にほぼ共通する（下山（1976）538頁）。

(1)原子力事業者の損害賠償責任について、無過失責任をはじめとする特別の加重責任を設定する。

(2)上の責任履行を確保するために、「損害賠償措置」と呼ばれる、賠償用の資金的措置・基金を事業者に強制する。その具備の手段として先ずは民間の原子力保険制度を確立する。

(3)民間保険の市場引受能力等に起因する填補金額の上限や事業者免責による被害者保護の制約を克服するために、国による補償メカニズム（国の措置）を導入する。

(4)損害賠償の円滑かつ適切な処理を図るため、特別の紛争処理機関（原子力損害賠償紛争審査会）を設置する。

　なお、我が国の原子力損害賠償制度の主要部分（「基本的制度」）は、原賠法によって規定されている（原賠法第 1 条）が、原賠法は、民法第 709 条以下が規定する不法行為法、すなわち、ある者が他人の権利ないし利益を違法に侵害した結果、他人に損害を与えた場合には、その加害者に対して被害者の損害を賠償すべき責務を負わせる（被害者が債権者となり、加害者が債務者となる）、という法制度の特別法という位置づけとなる（森島（1987）1 頁）。この不法行為法は、私人間の権利義務関係を規律する民法に包摂される規定であるから、5.2.2(3) の「国の措置」のように国の関与に関する様々な規定が設けられているとはいえ、原賠法もまた、その賠償責任に関する規定に関しては、私人間の権利義務関係を規律する民法の基本構造や原則が、原賠法によってそれが修正されない限りそのまま妥当する。つまり、私人対私人の紛争処理枠組みを基本としており、後述する様々な関連諸制度もそれに依拠している。このため、賠償責任の履行に関しては、国の関与は間接的とならざるを得ず国が被害者に対して直接救済を与えることはない。また、金銭賠償によって解決できない問題を被害者間に生じさせたり、原子力損害賠償スキームを活用した事故の未然防止や損害拡大防止に一定の限界を生じさせたりする。

(1) 事業者に加重された損害賠償責任

　我が国の原子力損害賠償制度は、原賠法の規定に基づき、以下のように原子力事業者に、①無過失、②無限の賠償責任を課し、③その責任を事業者に集中させている。

①　無過失責任と免責事由

　原賠法第 3 条第 1 項は、「原子炉の運転等の際、当該原子炉の運転等により原子力損害を与えたときは、当該原子炉の運転等に係る原子力事業者がその損害を賠償する責めに任ずる」と規定し、不法行為による損害賠償の一般原則を定める民法第 709 条が要件とする「故意又は過失」を責任成立の要件とはしない。このため、原子力事業者の損害賠償責任は無過失責任とされる。これは、原子力損害では被害者による加害者（事業者）の過失の立証が困難であると考えられることから、その立証を不要とすることによって被害者救済を容易にするために採られた制度である。

　なお、賠償責任が認められるには、当該事業者の行為（原子炉の運転等）と原子力損害と

の間に社会通念上相当と認められる範囲での因果関係（相当因果関係）が認められる必要がある、とされるのが、原賠法がその解釈において依拠する不法行為法における判例・通説である。

　事業者に無過失責任が課せられるとはいえ、不可抗力によって生じた原子力損害についてまで責任を課せられることはなく、「異常に巨大な天災地変又は社会的動乱によって生じたものであるとき」は免責される（原賠法第3条第1項ただし書）。この「異常に巨大な天災地変又は社会的動乱」の具体的内容や免責適用に係る判断基準及び手続については、原賠法はもとより、関連諸法令や下位法令においても規定を持たぬまま今日に至っている。

② 　無限責任

　諸外国の原子力損害賠償制度では、無過失責任制度とのバランスや原子力事業の健全な発達等の観点から、事業者の賠償責任に責任限度額を設定（有限責任制度を採用）する例も少なくないが、我が国では責任限度額を設定しない無限責任制度を採用している。

③ 　責任集中

　原賠法第4条第1項は、「損害を賠償する責めに任ずべき原子力事業者以外の者は、その損害を賠償する責めに任じない」と規定し、賠償責任を専ら原子力事業者に課すという、責任集中制度を採用している。このため、原子力施設に対して製造物（プラント又は一部の機器・部品等）の供給を行う製造業者は、賠償責任を負わないし、原賠法第4条第3項においても、製造物責任法の適用が除外されることが規定されている。

　原子力損害賠償制度が責任集中制度を採用する理由は、(a) 原子力産業に参入する民間事業者にとって甚大かつ予測不可能な賠償リスクを、電力会社等の原子力事業者に集中させ、原子力事業者に機器等を提供するメーカー等の参入や国際展開、安定した業務遂行（資材供給）を容易とすること（原子力事業の健全な発達）、及び (b) 損害賠償請求の相手方を当該原子力事業者に限定させることを通じて、被害者による事故原因者究明の負担を取り除くこと（被害者の保護）、にある（田邉・丸山（2012）7-8頁）。

　したがって、この制度趣旨に鑑みて、責任集中制度は「基本的に原子力事業者を中心にそれに係わる事業者との関係に着目したものと見る」（磯野（2011）38-39頁）ことが自然であり、原賠法第4条第1項の規定をもって、国の賠償責任が免除される、と解することは適切ではなく（大塚（2011）40頁）、幾つかの下級審判例は国の賠償責任（国家賠償責任）を認めている。また、国の賠償責任を否定する判例であっても、原賠法第4条第1項の適用を根拠とするものはない。

(2) 損害賠償措置

　原子力事業者による賠償責任の履行を確実かつ迅速にするため、原賠法は「損害賠償措置」と呼ばれる一種の強制保険を事業者に講じさせる。同措置を講じない事業者は、原子炉の運

転等の事業を行うことができない（原賠法第 6 条）。

　賠償措置額は「一工場若しくは一事業所当たり若しくは一原子力船当たり千二百億円」が基本である（原賠法第 7 条第 1 項）。一原子炉当たりではなく、「一工場」又は「一事業所当たり」が賠償措置の単位となるため（これを「サイト主義」と呼ぶ）一サイト内で複数の原子炉の運転を運転する場合であっても、事業者が講ずべき損害賠償措置は一つで良い。

　賠償措置額は想定される原子力損害額の算定結果から定まるのではなく、他の無限責任制度採用国や国際条約で設定される措置額の水準、さらには民間責任保険の引受能力等を総合的に勘案して設定される（科学技術庁原子力局（1995）75 頁）。このため、措置額はこれらの諸事情を反映して、1961（昭和 36）年の原賠法制定時に 50 億円と設定され、その後概ね 10 年ごと、すなわち、1971（昭和 46）年、1979（昭和 54）年、1989（平成元）年、1999（平成 11）年、2009（平成 21）年の法改正時にそれぞれ 60 億円、100 億円、300 億円、600 億円、1200 億円へと適宜引き上げられている。

　なお、熱出力 1 万 kW 以下の原子炉の運転や廃棄物埋設等の、標準的な規模に達しない事業活動については、一般に「少額賠償措置」と呼ばれる 1200 億円に満たない措置額を設定することができる（原賠法第 7 条第 1 項、原賠法施行令第 2 条）。

　損害賠償措置の具備の方法は以下のとおりであり、文部科学大臣の承認を要する（原賠法第 7 条第 1 項）。

① 原子力損害賠償責任保険契約

　原子力損害賠償責任保険契約は、損害賠償措置の柱となるものであり、事業者と民間の保険会社との間で締結される責任保険契約である。事業者が被保険者となり、保険者である保険会社に保険料を支払うことによって成立する（原賠法第 8 条）。この保険需要に応えるため、我が国では複数の民間保険会社から成る日本原子力保険プールが昭和 35 年（1960 年）に結成され、プール事務（原子力保険の元受、再保険等の共同事務）を行うこととなった。

　保険契約期間は 1 年ごとであり、保険料はそれぞれの原子力発電所の性質（熱出力等）に応じて異なるが非公開である。

② 原子力損害賠償補償契約

　上記原子力損害賠償責任保険契約は民間の保険市場からの調達を前提としているため、地震や噴火に起因する原子力損害といった、民間保険市場で引受け不可能なリスクには対応出来ない。そこで、その部分について、国（政府）が補償料（保険料に相当するもの）を事業者から徴収し、これらリスクが顕在化し損害が発生した場合に事業者に対して補填を行う、という原子力損害賠償補償契約スキーム（原賠法第 10 条、補償契約法）が導入された。

　原子力損害賠償補償契約が補填の対象とする主要な原子力損害は、(a) 地震又は噴火によって生じた原子力損害（補償契約法第 3 条第 1 項）、(b) 正常運転によって生じた原子力損

害（補償契約法第 3 条第 2 号）、(c) 事故の 10 年以降に発生する原子力損害（補償契約法第 3 条第 3 号）、(d) 津波によって生じた原子力損害（補償契約法第 3 条第 5 号に基づく補償契約法施行令第 2 条）である。

　1 年あたりの補償料は、「補償契約金額に補償損失の発生の見込み、補償契約に関する国の事務取扱費等を勘案して」決められる補償料率に賠償措置額を乗じた額とされる（補償契約法第 6 条）。2020（令和 2）年 11 月現在、熱出力 1 万 kW 超の原子炉の運転の場合、補償料率は 1 万分の 20 であり（補償契約法施行令第 3 条第 1 号）事業者が支払う年間補償料は 1 サイトあたり 2 億 4000 万円である。

③　供託

　上記①及び②に拠らない場合には、事業者は、法務局又は地方法務局に金銭又は有価証券を供託することによって損害賠償措置を講じることもできる（原賠法第 12 条）。これは一種の自家保険であるとみることができる。

　東京電力の福島第一原子力発電所は、原子力事故によって原子力損害責任保険契約の更新が困難になったこと等から、本規定に基づき供託により措置を講じている（原賠法第 17 条の 2 に基づいて作成された、東京電力ホールディングス株式会社「原子力損害賠償実施方針」（2020（令和 2）年 3 月 31 日施行）4 頁による）。

(3) 国の措置

　原賠法は、「国の措置」と題する第 4 章を用意し、被害者保護の徹底を図るための国の関与についての規定を設けている。「国の措置」には、①賠償措置額超の原子力損害が発生した場合に事業者に対してなされる「援助」（原賠法第 16 条）並びに②事業者免責時に被災者に対してなされる「被災者の救助及び被害の拡大の防止のため」の「必要な措置」（原賠法第 17 条）の 2 つがある。

①　援助

　賠償措置額を超える原子力損害が発生した場合、それに対応する賠償能力が事業者に備わっていなければ、被害者救済の実効性が確保されない。そこで、そのような場合には、国（政府）は「原子力事業者に対し、原子力事業者が損害を賠償するために必要な援助を行なうもの」とされる（原賠法第 16 条第 1 項）。

　ただし、この「援助」は無条件になされるものではなく、(a) 原賠法の目的である、被害者の保護及び原子力事業の健全な発達（原賠法第 1 条）「を達成するため必要があると認めるとき」（原賠法第 16 条第 1 項）に、(b)「国会の議決により政府に属させられた権限の範囲内において行なうもの」（原賠法第 16 条第 2 項）とされる。

　上記条件を満たす限りにおいては、国は当然に援助をするものと解されていた（竹内（1961）35 頁）が、1999（平成 11）年に発生した JCO 事故の賠償処理のケースでは、事

業者の当時の賠償措置額である 10 億円を超える約 150 億円の原子力損害が発生したものの、事業者に対する国の「援助」はなされず、JCO の親会社である住友金属鉱山がこれを拠出した。これは、同事故が事業者の違法性の高い作業工程の中で発生したという点で特異であったから、と一般的には考えられている（田邉・丸山（2012）13 頁）。

　なお、福島事故を契機として、平成 23 年（2011 年）に「原子力損害賠償支援機構法」（現「原子力損害賠償・廃炉等支援機構法」、以下、「機構法」）が制定されるまで、国の「援助」の具体的内容が法令の形で整備されることはなかった。機構法に基づく「援助」の内容については、5.2.3 節に詳述する。

② 必要な措置

　原子力事業者が原賠法第 3 条第 1 項ただし書（当該原子力損害が「異常に巨大な天災地変又は社会的動乱によって生じたものであるとき」）によって免責となる場合には、国が「被災者の救助及び被害の拡大の防止のため必要な措置を講ずるようにするものと」される（原賠法第 17 条）。

　先述の国の「援助」（原賠法第 16 条）が、被害者に対して損害賠償責任を負う原子力事業者へなされるのに対して、この「必要な措置」は、国から被災者へ直接行われる。その意味で「必要な措置」は、災害救助法的な意味合いを有しているものと考えられる。そして、「原子力災害対策特別措置法」（以下、「原災法」）第 5 章の諸規定（「原子力災害事後対策」）が、この「必要な措置」の具体的内容の一部を規定しているものとみることができる。もっとも、原災法の規定する「原子力災害事後対策」は原子力事業者の有責・免責を問わず適用されることについては、注意を要する。

(4) 原子力損害賠償紛争審査会

　我が国の原賠法は他国の法制例や国際条約等とは異なり、賠償対象となる原子力損害の内容を詳細には規定しない。このため、損害の認定に専門的知見を要し、また当事者間で話し合いがつかない場合も予想される（科学技術庁原子力局（1995）108 頁）等、被害者の保護が阻害される可能性もある。

　そこで、同法は当事者間の紛争の自主的解決を支援し、損害賠償の円滑かつ適切な処理を図るため、原子力損害賠償紛争審査会（以下、「審査会」）と呼ばれる、紛争処理機関の設置に関する規定を設けている（原賠法第 18 条）。審査会は、委員 10 人以内で組織され（審査会組織令第 1 条第 1 号）、委員は、「人格が高潔であって、法律、医療又は原子力工学その他の原子力関連技術に関する学識経験を有する者のうちから、文部科学大臣が任命する」（審査会組織令第 1 条第 2 号）とされる。

　審査会は文部科学省の下に置かれ、その設置は義務ではない（原賠法第 18 条第 1 項）。また、審査会は恒常的な設置を予定するものでもないし、原子力損害賠償紛争審査会の組織等に関する政令（以下、「審査会組織令」）第 1 条第 3 号）により、後述する事務処理が終了

したときは、委員は解任される。

　審査会の事務（機能）は以下のとおりであるが、そのいずれもが当事者（事業者及び被害者）間の紛争解決を促進する補完的取組に限られることに注意を要する。

① 和解の仲介

　審査会は「原子力損害の賠償に関する紛争について和解の仲介を行う」（原賠法第 18 条第 2 項第 1 号）。審査会は自らの調査に基づき調停案を提示するが、それは両当事者を拘束しないという点で仲裁とは異なる（原子力損害賠償実務研究会（2011）41 頁）。

　福島事故の原子力損害の賠償に関して当事者間に紛争が生じた場合における和解の仲介業務を実際に行う公的機関として、「原子力損害賠償紛争解決センター」（以下、「ADR セン ター」が 2011（平成 23）年 9 月 1 日に審査会の下に設置され、当初は東京事務所及び福島事務所の 2 カ所、2020（令和 2）年 11 月現在は東京に 2 事務所、福島県に 1 事務所と 4 支所の体制となっている。ADR とは、Alternative Dispute Resolution の略称であり、我が国では一般に「裁判外紛争解決手続」と訳されている。「原子力損害賠償紛争解決センター」は、実務上「ADR センター」との通称が広く用いられていることから、本章でもそれに従うこととする。

　ADR センターは、東京電力の示す賠償内容に同意しない被害者からの申立ての処理を行う。同センターは、申立て件数の増加に伴い人的資源等を拡充し、2019（令和元）年末までに 25、545 件の申立を受理、24,605 件の手続を終え、終了案件の約 80％にあたる 19,748 件を和解成立に至らせている（経済産業省（2020）24 頁）。

② 指針の策定

　審査会は「原子力損害の賠償に関する紛争について原子力損害の範囲の判定の指針その他の当該紛争の当事者による自主的な解決に資する一般的な指針を定める」（原賠法第 18 条第 2 項第 2 号）。

　審査会は、2011（平成 23）年 4 月 28 日に「東京電力株式会社福島第一、第二原子力発電所事故による原子力損害の範囲の判定等に関する第一次指針」を決定・公表したのを皮切りに、2011（平成 23）年 8 月 5 日には「東京電力株式会社福島第一、第二原子力発電所事故による原子力損害の範囲の判定等に関する中間指針」（以下、「中間指針」）を決定・公表し、その後、風評被害の拡大や避難指示の長期化等の原子力損害を取り巻く諸状況の変化に鑑み、同中間指針を適宜追補している。

　審査会が「東京電力株式会社福島第一、第二原子力発電所事故」とし、放射性物質を環境に大量放出させた福島第一原子力発電所のみならず、それがなかった福島第二原子力発電所をも「事故」と捉え、損害賠償賠償に関する法律議論の俎上に載せている理由は、同発電所で、原子炉冷却材漏えい（1 号機）、原子炉除熱機能喪失（1 号機、2 号機及び 4 号機）、原子炉圧力抑制機能喪失（1 号機、2 号機及び 4 号機）の事象が発生した他、同発電所から

半径 10km 圏内の住民は避難する旨の指示が内閣総理大臣から福島県知事、広野町長、楢葉町長、富岡町長及び大熊町長に対してなされ、避難に伴う損害が発生したからである（原子力損害賠償紛争審査会（第 1 回）（2011（平成 23）年 4 月 15 日開催）配付資料、資料 4））。

　これらの指針は、法が定めるように「当該紛争の当事者による自主的な解決に資する一般的な指針」（原賠法第 18 条第 2 項第 2 号）であり、類型化が可能で一律に賠償すべき損害を示したもの以上の法的意味はなく、また法的拘束力もなければ賠償内容がそれに限定されるものでもない。したがって、「…対象とされなかったものが直ちに賠償の対象とならないというものではなく、個別具体的な事情に応じて相当因果関係のある損害（賠償対象とされる原子力損害のこと—筆者注）と認められることがあり得る」（「中間指針」3 頁）。事実、審査会は指針に明記されていない損害についても、個別具体的な事情に応じ、相当因果関係が認められるものは賠償の対象とするよう、東京電力に合理的かつ柔軟な対応を求めている（内閣府原子力委員会第 1 回原子力損害賠償制度専門部会（2015（平成 27）年 5 月 21 日）配布資料 1−6「我が国の原子力損害賠償制度の概要」12 頁）。

③　原子力損害の調査及び評価
　審査会は、上記①及び②に加え、「事務を行うため必要な原子力損害の調査及び評価を行う」（原賠法第 18 条第 2 項第 3 号）。

　以上、5.2.2 節で述べた原子力損害賠償制度の仕組みを図示すると図 5-1 のとおりである。

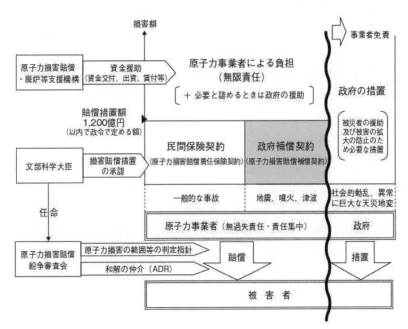

図 5-1　原子力損害賠償制度の概要
（出典：文部科学省ウェブ・サイト
https://www.mext.go.jp/a_menu/genshi_baisho/gaiyou/index.htm；2020 年 11 月 13 日最終訪問）

5.2.3 機構法に基づく国による「援助」の仕組み

2011（平成23）年の福島事故は、事業者（東京電力）が講じる賠償措置額はもとより事業者の当座の賠償能力をも超える甚大な額の原子力損害を生じさせた。このため、原賠法第16条に基づく国の「援助」（5. 2. 2(3)①参照）の発動が求められ、その法的枠組みとして、同年8月に「原子力損害賠償支援機構法」（その後、2014（平成26）年8月の法改正によって「原子力損害賠償・廃炉等支援機構法」）が制定された。

(1) 原子力損害賠償・廃炉等支援機構の設立

機構法を通じた国の「援助」は、官民共同出資（政府出資70億円、原子力事業者等12社出資70億円）の認可法人である原子力損害賠償・廃炉等支援機構（以下、「機構」）を設立し、同機構に発災原子力事業者（事故を起こした原子力事業者）への資金援助を行わせることによって遂行される。

機構は2011（平成23）年9月に、原子力損害賠償支援機構法（当時）に基づき、原子力損害賠償支援機構の名称で、損害賠償措置超の額の賠償責任を負う事業者に対して資金の交付等の業務を行うことにより、原子力損害賠償の迅速かつ適切な実施及び電気の安定供給等を図るために設立された。2014（平成26）年8月からは、原子力損害賠償支援機構法の一部を改正する法律の施行に伴い、従来からの賠償支援に加え、廃炉等の適切かつ着実な実施の確保を図ることを目的に、新たに廃炉等を実施するために必要な技術に関する研究及び開発、並びに助言、指導及び勧告の業務を行うこととなり（機構法第1条）、機構名も原子力損害賠償・廃炉等支援機構へと改称された。

後述のように、機構から（賠償責任を負う）事業者に対してなされる資金援助の原資は、当該発災事業者及び他の原子力事業者が（機構に対して）納付する負担金、金融機関からの融資並びに利益の国庫納付を前提とする政府からの国債の交付によって賄われており、国からの資金の無償供与によって賄われるわけではないことに注意を要する。

(2) 機構による資金援助の種類

機構が賠償措置額超の損害賠償責任を負う発災事業者に対して行う資金援助には、①相互扶助の考えに基づき発災事業者を含む全原子力事業者が「負担金」の形で機構へ納付し、積み立てる資金（機構法第38条）や、金融機関等からの借入れ（機構法第60条第1項）、政府保証債の発行（機構法第61条）を原資としてなされる通常の資金援助（第41条第1項）と、②政府がその資金確保のために国債を発行し、機構に対して同国債を交付することにより、その原資を捻出すること等が可能な特別資金援助（機構法第47条、及び第48条以下）との2つがある（経済産業省（2020）25頁）。

① 通常の資金援助

機構法第41条第1項が定める通常の資金援助には、要賠償額から賠償措置額を控除した

額を限度として損害賠償履行のためになされる「資金交付」、貸付け（融資）、株式引受け、社債取得、債務保証等がある。

　機構は、この資金援助の一環として、2012（平成 24）年度に 1 兆円の東京電力の株式引受けを行い、その資金調達のために、同額のシンジケート・ローンによる民間借入れ（政府保証付で、借入れ期間 1 年）をした（機構法第 60 条第 1 項）が、その後、資金調達構造の安定化のため、資金調達手段及び調達期間の多様化を図っている。

（「原子力損害賠償・廃炉等支援機構説明資料」（2020（令和 2）年 4 月）19 頁

（http://www.ndf.go.jp/capital/ir/kiko_ir.pdf；2020 年 11 月 13 日最終訪問））

② 　特別資金援助

　機構法第 47 条が定める特別資金援助は、その資金創出にあたり、政府の国債発行（機構法第 48 条）や政府から機構への資金交付（機構法第 51 条）等、資金面における国の強力な関与（「政府の援助」）が認められることから、当該発災事業者と機構とに「特別事業計画」（後述）の共同作成を義務づける等、国の関与の正当性と妥当性とを担保するための仕組みが設けられている。したがって、特別資金援助の内容や実績（金額）については、この仕組みとあわせて、5.2.3 節の(4)に詳述する。

(3)　事業者による負担金の納付

　機構法は、事業者の賠償支援のための資金の積立てを、発災事業者をも含む全ての原子力事業者に「機構の業務に要する費用に充てるため」の「負担金」（機構法第 38 条第 1 項）を機構に対して納付させることにより行うものとしている。

　負担金には①一般負担金（機構法第 38 条以下）と、発災事業者が加重的に負担する②特別負担金（機構法第 52 条）との 2 つがあるが、以下に述べるように、その本来の性質は異なっている。

　また、機構の業務にとって適正な負担金額を設定しようとすると、電力の安定供給に支障を来したり、国民生活及び国民経済に重大な支障を生ずるおそれがあったりする場合には、負担金の高騰を防ぐために、③政府から機構への資金の交付がセーフティーネットとして認められている（機構法第 68 条）。

① 　一般負担金

　原子力事業者は、機構の事業年度ごとに、機構に対して負担金を納付しなければならない。ここにいう原子力事業者には、発電事業者に加え、商業再処理事業者も含まれる（機構法第 38 条第 1 項）。また、資金援助を受ける発災事業者も含まれる。この負担金は一般負担金と呼ばれる。

　各事業者が支払う一般負担金の額は、機構の事業年度ごとに決められる年度総額（一般負担金年度総額）に各事業者に応じて設定される負担金率を乗じて算出される（機構法第 39

条）。

　一般負担金年度総額と事業者ごとに設定される負担金率は、機構法（第 39 条第 2 項、第
3 項）及び主務省令である「原子力損害賠償・廃炉等支援機構の業務運営に関する命令」
（2011（平成 23）年内閣府・経済産業省令第 1 号；以下、「機構業務運営令」）（第 2 条、第
3 条）に定める要件、基準に従って機構が運営委員会の議決を経て定めるが、その際（変更
する場合も同様）には主務大臣（経済産業大臣）の認可を受けなければならない（機構法第
39 条第 4 項）。この要件、基準によれば、一般負担金年度総額は、「機構の業務に要する費
用の長期的な見通しに照らし、当該業務を適正かつ確実に実施するために十分なものであ」
り、「各原子力事業者の収支の状況に照らし、電気の安定供給その他の原子炉の運転等に係
る事業の円滑な運営に支障を来し、又は当該事業の利用者に著しい負担を及ぼすおそれの
ない」額であることを要し（機構法第 39 条第 2 項）、負担金率は、各原子力事業者の「原子
炉の運転等に係る事業の規模、内容その他の事情に照らして、相応な比率であ」り、「特定
の原子力事業者に対し、不当に差別的な取扱いをするものでないこと」を要する（機構業務
運営令第 3 条）。

　機構が収納した業務年度ごとの一般負担金総額は、2011（平成 23）年度 815 億円、2012
（平成 24）年度 1、008 億 400 万円、2013（平成 25）年度〜2019（令和元）年度各 1、630
億円（累計 1 兆 3、233 億 400 万円）となっている。

（「原子力損害賠償・廃炉等支援機構説明資料」（2020（令和 2）年 4 月）15 頁
（http://www.ndf.go.jp/capital/ir/kiko_ir.pdf；2020 年 11 月 13 日最終訪問））

　2019（令和元）年度の各事業者の負担金率及び負担金額は表 5-1 のとおりである。

表 5-1　2019（令和元）年度の各事業者の負担金率及び負担金額
（出典：原子力損害賠償・廃炉等支援機構のウェブ・サイト
http://www.ndf.go.jp/press/at2020/20200331.html；2020 年 11 月 13 日最終訪問）

原子力事業者名	負担金率	負担金額
北海道電力	4.00%	6,520,000,000 円
東北電力	6.57%	10,709,100,000 円
東京電力ホールディングス	34.81%	56,740,300,000 円
中部電力	7.62%	12,420,600,000 円
北陸電力	3.72%	6,063,600,000 円
関西電力	19.34%	31,524,200,000 円
中国電力	2.57%	4,189,100,000 円
四国電力	4.00%	6,520,000,000 円
九州電力	10.38%	16,919,400,000 円
日本原子力発電	5.23%	8,524,900,000 円
日本原燃	1.76%	2,868,800,000 円
2019（令和元）年度一般負担金年度総額		163,000,000,000 円

　全原子力事業者に賠償資金積立ての負担を求めるというこの方式は、事業の遂行にあたり巨額の賠償リスクに等しく直面する各事業者による相互扶助の考えに基づいており、米国連邦法の原子力損害賠償法制である、プライス・アンダーソン法（The Price-Anderson Act）の立法例から示唆を得て考案されたとみられる（田邉・丸山（2012）16-17頁）。したがって、この一般負担金は、制度の本来の趣旨からすれば、各事業者が将来事故の「備え」として事前に納付すべき性質のものである、とみることができる。

　しかし、この一般負担金は、事故を起こし、特別資金援助を受けた発災事業者がその（実質的な）「返済」として納付する特別負担金（②に後述）と経理上区分管理されない。このため、一般負担金は、福島事故の損害賠償支払いの支援のために使うことができ、実際問題として現状では、同事故の賠償に係る資金に充てられている。これは、発災事業者以外の原子力事業者が、機構法という事後の立法によって、過去事故に係る損害賠償責任の履行の一部を「肩代わり」させられることを意味し、制度本来の趣旨である、将来事故への事前の「備え」としての「相互扶助」の考え方からは、やや逸脱していると評価せざるを得ない。

② 　特別負担金
　機構法の下で特別資金援助を受ける事業者は、後述の特別事業計画の認定を受け、認定事業者となった上で、上述の一般負担金に加え、特別負担金を機構に対して、機構の事業年度ごとに納付しなければならない（機構法第 52 条第 1 項）。

　先述のように、この特別負担金は、専ら機構から資金援助（特別資金援助）を受けた発災事業者の（機構への実質的な）「返済」に相当するものであり、将来事故への「備え」としてなされるものではない。このため、「認定事業者の収支の状況に照らし、電気の安定供給その他の原子炉の運転等に係る事業の円滑な運営の確保に支障を生じない限度において、認定事業者に対し、できるだけ高額の負担を求めるもの」でなければならないとされる（機構法第 52 条第 2 項）。負担金の額は、一般負担金の場合と同様、機構が運営委員会の議決を経て定めるが、その際（変更する場合も同様）には主務大臣（経済産業大臣）の認可を受けなければならない（機構法第 52 条第 1 項）。

　機構が収納した業務年度ごとの特別負担金額は、2011（平成 23）年度～2012（平成 24）年度各 0 円、2013（平成 25）年度 500 億円、2014（平成 26）年度 600 億円、2015（平成 27）年度 700 億円、2016（平成 28）年度 1、100 億円、2017（平成 29）年度 700 億円、2018（平成 30）年度 500 億円、2019（令和元）年度 500 億円（累計 4、600 億円）である。
　「原子力損害賠償・廃炉等支援機構説明資料」（2020（令和 2）年 4 月）15 頁
　（http://www.ndf.go.jp/capital/ir/kiko_ir.pdf；2020 年 11 月 13 日最終訪問））

③ 　負担金の高騰を防ぐための政府による資金の交付
　「著しく大規模な原子力損害」が発生した場合には、機構による発災事業者への資金援助を通じた被害者救済を適正かつ確実なものとするため、その原資となる事業者の負担金の

額を十分なものとすることが求められる。しかし、負担金額が高額となれば、「電気の安定供給その他の原子炉の運転等に係る事業の円滑な運営に支障を来し」たり、電気料金の高騰等を招き「国民生活及び国民経済に重大な支障を生ずる」可能性もある。

　そこで、機構法第 68 条は、そのような「おそれがあると認められる場合に限り、予算で定める額の範囲内において」、政府が、「機構に対し、必要な資金を交付することができる」とする。

　同規定に基づく国から機構への交付金額は、2014（平成 26）年度〜2016（平成 28）年度各 350 億円、2017（平成 29）年〜2017（平成 29）年度各 470 億円であり、2018（平成 30）年度末までに累計 1990 億円の交付がなされている（原子力損害賠償・廃炉等支援機構「2018（平成 30）事業年度事業報告書」7 頁）。

(4)　特別資金援助と政府の援助

　機構から発災事業者に対してなされる特別資金援助は、その原資の創出にあたり、機構法第 48 条以下の定める「政府の援助」（具体的内容については後述）があることから、その正当性と妥当性とを担保するための仕組みが設けられている。それが、次に述べる「特別事業計画」である。

①　特別事業計画の作成及び認定

　機構が「政府の援助」（機構法第 48 条以下）を受けて、発災事業者に対して特別資金援助（機構法第 47 条）を行うためには、当該発災事業者と共同で「特別事業計画」を作成し、主務大臣（内閣総理大臣及び経済産業大臣）の認定を受けなければならない（機構法第 45 条第 1 項）。

　特別事業計画とは、「当該原子力事業者による損害賠償の実施その他の事業の運営及び当該原子力事業者に対する資金援助に関する計画」（機構法第 45 条第 1 項）であり、そこには、原子力損害の状況、必要とされる賠償額（要賠償額）の見通し、損害賠償の迅速かつ適切な実施のための方策、事業及び収支に関する中期的な計画、原子力事業者の経営の合理化のための方策等を記載しなければならない（機構法第 45 条第 2 項）。計画作成に当たり、共同作成者である機構は、「当該原子力事業者の資産に対する厳正かつ客観的な評価及び経営内容の徹底した見直しを行うとともに、当該原子力事業者による関係者に対する協力の要請が適切かつ十分なものであるかどうかを確認しなければならない」（機構法第 45 条第 3 項）。そして、主務大臣（内閣総理大臣及び経済産業大臣）は、財務大臣その他関係行政機関の長への協議をあらかじめ経た上で（機構法第 45 条第 5 項）、機構法第 45 条第 4 項の規定する要件にしたがい、特別事業計画の認定を行う。認定を受けた事業者は、機構法上「認定事業者」（機構法第 47 条第 1 項）とされ、はじめて「政府の援助」を原資とする特別資金援助を機構から受けることができる。

　福島事故以降、この特別事業計画として、東京電力及び機構は、2011（平成 23）年 11 月

に「緊急特別事業計画」、2012（平成 24）年 5 月に「総合特別事業計画」、2014（平成 26）年 1 月に「新・総合特別事業計画」、2017（平成 29）年 5 月に「新々・総合特別事業計画」の認定（変更認定を含む）を受けており、現行（2020（令和 2）年 11 月 13 日現在）の「新々・総合特別事業計画」についても、原子力損害賠償に万全を期すため、出荷制限指示等による損害、風評被害等の見積額の算定期間の延長等の情勢の変化を踏まえ、要賠償額の見通しに係る項目を変更する等の変更を適宜行い、その認定（変更認定）を受けている。

　（東京電力ホールディングスのウェブ・サイト

　https://www.tepco.co.jp/about/corporateinfo/business_plan/overall_special_plan.html；

　2020 年 11 月 13 日最終訪問）

② 　特別資金援助の原資となる「政府の援助」の内容と、特別資金援助の実績額

　　機構による認定事業者への特別資金援助の原資となる「政府の援助」は、先ずは政府が国債を発行し、これを機構に交付することによってなされる（機構法第 48 条第 1 項、第 2 項）。

　　この国債は、「原子力損害賠償・廃炉等支援機構国庫債券」（以下、「機構国債」）と呼ばれ（機構法第 48 条第 5 項、原子力損害賠償・廃炉等支援機構に交付される国債の発行等に関する省令第 1 条）、国が金銭の給付に代えて交付するために発行し、債券発行による発行収入金が発生しない「交付国債」の一種である。機構国債の交付を受けた機構は、特別資金援助に係る資金交付を行うために必要となる額に限りその償還を求め、それを現金化し（機構法第 49 条）、認定事業者に対して必要な資金の交付を行う。 本機構国債の交付は、事業者からの負担金等を原資とする機構による国庫納付、すなわち、機構を介しての事業者からの実質的な「返済」が予定されている（詳細は③を参照）。

　　2019（令和元年）度末時点までの、機構に交付された機構国債の交付総額は、13.5 兆円（2011（平成 23 年度 5 兆円、2014（平成 26）年度 4 兆円、2017（平成 29）年度 4.5 兆円）であり（原子力損害賠償・廃炉等支援機構「原子力損害賠償・廃炉等支援機構説明資料」2020（令和 2 年）4 月）15 頁（http://www.ndf.go.jp/capital/ir/kiko_ir.pdf；2020 年 11 月 13 日最終訪問））、東京電力からの要請を受けて、機構は、適宜機構国債を一部償還し、同社に対して資金交付を行っている。同時点までの東京電力に対する資金交付総額は、9 兆 3,226 億円である（経済産業省（2020）25 頁）。

　　なお、政府は、機構国債の交付がなされてもなお特別資金援助の資金交付に係る資金、すなわち認定事業者の損害賠償に充てるための資金に不足を生ずるおそれがあると認めるときに限り、予算で定める額の範囲内において、機構に対して必要な資金を交付することができる（機構法第 51 条）。

　　この資金交付は、機構法における規定振りや、同法の政府案では特別資金援助に係る政府の支援は機構国債の交付のみを予定していたものの、衆議院の審議を経てその根拠規定（機構法第 51 条）が追加されたこと等に鑑みれば、例外的なものであると目されるが、機構国債の交付のような国庫納付義務づけの規定を持たないことから、機構を介しての国から事

業者への純然な国家補償としての性格を有しているとみることが可能である（原子力損害賠償実務研究会（2011）58頁、田邉・丸山（2012）18頁）。

③　事業者からの負担金等を原資とする機構による国庫納付

　機構が、特別資金援助に係る資金交付を行い、毎事業年度の損益計算において利益を生じさせ、それをもって前事業年度からの繰越損失を埋め合わせてもなお残余がある場合には、機構は、機構国債の償還がなされるまでの間、それを国庫に納付しなければならない（機構法第 59 条第 4 項）。これは、機構国債の交付を通じた政府からの資金交付に対する返済にあたるものである。

　そして、先述（5.2.3(3)）の事業者による負担金、すなわち、全事業者が負担する一般負担金、及び特別資金援助を受ける認定事業者が負担する特別負担金等が、機構によるこの返済の原資となる（経済産業省（2020）26 頁）。

　国庫納付金は、2011（平成 23）年度が 800 億円、2012（平成 24）年度が 973 億円、2013（平成 25）年度が 2,098 億円、2014（平成 26）年度が 2,540 億円、2015（平成 27）年度が 2,639 億円、2016（平成 28 年）度が 3,043 億円、2017（平成 29）年度が 2,766 億円、2018（平成 30）年度が 2,572 億円、2018（平成 30）年度末までに累計 1 兆 7431 億円の国庫納付（返済）がなされている（原子力損害賠償・廃炉等支援機構「2018（平成 30）事業年度事業報告書」7 頁；経済産業省（2020）26 頁）。これは、特別資金援助のために機構に交付された機構国債、すなわち賠償資金として国が予定している、同時点の「援助枠」13.5 兆円（今後、原子力損害の賠償状況に応じて、拡大する可能性もある）の約 6％に相当する。

(5)　小括

　本章で述べた機構法に基づく国による「援助」の仕組み（スキーム）と資金等の流れを図示すると、以下の図 5-2 のとおりとなる。

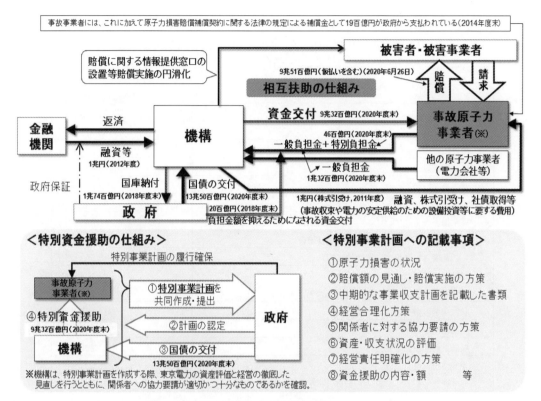

図 5-2　機構による賠償支援スキーム

（出典：経済産業省（2020）28 頁　図【第 114-5-1】に金額等を加筆したもの）

5.2.4　福島事故の賠償実績

　福島事故に伴う原子力損害の賠償責任を負う東京電力は、先述 5.2.2(2)②の原子力損害賠償補償契約に基づく政府からの補償（2015（平成 27）年までに 1,889 億円）、及び前節 5.2.3 で述べた機構法に基づく国による援助（機構を通じての特別資金援助 9 兆 3,224 億円（2011（平成 13）年 11 月〜2020（令和 2）年 5 月）等を受けて、2020（令和 2）年 7 月 31 日までに、総額約 9 兆 5,449 億円の賠償支払い（本賠償の総額約 9 兆 3,617 億円の他、仮払い補償金の総額約 1,532 億円を含む）を賠償請求者に対して行っている。

　2020（令和 2）年 9 月末時点での賠償項目別の合意金額の総額は、表 5-2 のとおりである。

表 5-2　東京電力の個別項目別の合意金額の状況
（出典：東京電力ホールディングスのウェブ・サイト「賠償金のお支払い状況」
https://www.tepco.co.jp/fukushima_hq/compensation/results/index-j.html
（2020 年 11 月 13 日最終訪問）を一部修正）。

	賠償合意実績※1 （2020 年 9 月末現在）
Ⅰ．個人	19,953 億円
検査費用等	2,771 億円
精神的損害	10,885 億円
自主的避難	3,625 億円
就労不能損害	2,678 億円
Ⅱ．法人・個人事業主	30,440 億円
営業損害	5,350 億円
出荷制限指示等による損害及び風評被害	18,402 億円
一括賠償（営業損害、風評被害等）	2,553 億円
間接損害等その他	4,134 億円
Ⅲ．共通・その他	19,117 億円
財物価値の喪失又は減少等	14,336 億円
住居確保損害	4,531 億円
福島県民健康管理基金	250 億円
Ⅳ．除染等※2	26,624 億円
合計	96,142 億円

※1　振込手続き中の請求者も含まれるため、これまでの支払い金額と一致しない。

※2　閣議決定及び放射性物質汚染対処特措法に基づくもの。

　また、2020（令和 2）年 7 月末時点での東京電力による原子力損害賠償の仮払い・本賠償の支払額の推移を示すと、図 5-3 のとおりとなる。避難指示等により避難を余儀なくされた個人被害者の精神的損害に対する賠償や宅地・建物等の毀損に対する賠償、法人・個人事業者の営業損害等に対する賠償等が進展し、ここ数年これら被害者に対する賠償額の増加が落ち着きを見せつつあるのに対して、団体・地方公共団体への賠償額は依然として増加傾向にある。これは、避難解除や避難先からの帰還に伴う、除染、検査・測定、インフラ整備等に係る費用への賠償が現在進行形でなされているからだと推察される。

　なお、これら賠償は被害者と東京電力との間の直接交渉を通じた合意（示談）、あるいはADR センターでの和解の仲介を経ての和解等を通じてなされるが、2019（令和元）年 12 月末時点で、東京電力に対して（調停、仮処分等を含め）540 件の原子力損害賠償請求訴訟等が送達され、うち 173 件が継続中（367 件が終了）である（原子力損害賠償紛争審査会（第51 回）（2020（令和 2）年 1 月 29 日開催）配付資料（審 51）資料 5）。

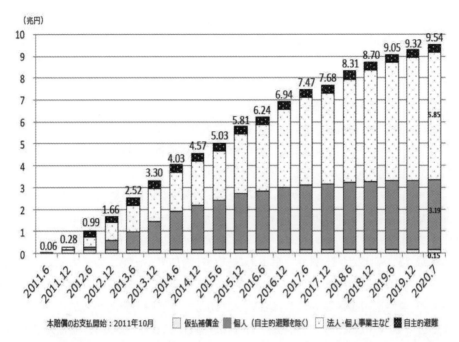

図 5-3　東京電力による原子力損害賠償の仮払い・本賠償の支払額の推移（2020 年 3 月末時点）
（出典：原子力損害賠償紛争審査会（第 52 回）（2020（令和 2）年 9 月 24 日開催）配付資料（審 52）
資料 3)

5.3　現行原子力損害賠償スキームの諸課題—克服するための制度改善の方向性の展望

　福島事故に伴う原子力損害は、地理的・内容的・時間的（長期間にわたる避難等）広がりを持ち、賠償措置額はもとより事業者の当座の資金をも超える甚大な損害額となった。また、そこでは巨大津波という自然災害が発災の直接の原因となったため、事業者の有責性や責任の範囲等についても一義的に定まらない面が生じた。このため、本原子力損害は、原子力損害賠償制度の適用事案の先例である JCO 事故（1999(平成 11)年）に伴うそれとは大きく性質を異にしている。

　その帰結として、賠償処理のための、機構法を中心とした現行原子力損害賠償スキームの構築や運用に際しては、これまで十分検討されてこなかったような、様々な課題や問題点を生じさせることとなった。

　以下、これらの課題や問題点を、原子力損害賠償制度の目的である「被害者の保護」及び「原子力事業の健全な発達」の観点から取り上げ、それを概観するとともに、それらを克服するための制度改善の方向性について展望する。

5.3.1 金銭賠償の限界—「被害者の保護」に関する課題

　原子力損害賠償制度の下での賠償は、金銭賠償を基本とする。しかし、福島事故の賠償処

理においては、JCO 事故のケースよりも損害を金銭換算することが困難な事案が多く、また、被害者の生活基盤の喪失等、金銭賠償のみではその回復・救済が必ずしも十分とはならないこともある。

(1) コミュニティの喪失（「ふるさと喪失」）への賠償の限界

　福島事故においては、事故によって、多くの被災者が避難を余儀なくされ、帰還困難区域の指定や避難指示等の長期化等により、今なお多くの避難者が帰還できなかったり、あるいは生活拠点を被災地外に求める等して帰還を断念したりしている。このため、被災地の地域コミュニティが喪失してしまったケースが多数あるが、それを金銭評価することは極めて難しい。また、一旦失われた地域コミュニティを元に戻すことは容易ではない。

　現行原子力損害賠償スキームでは、コミュニティの喪失も賠償の対象とはされている（2013（平成 25）年 12 月 26 日「東京電力株式会社福島第一、第二原子力発電所事故による原子力損害の範囲の判定等に関する中間指針第四次追補（避難指示の長期化等に係る損害について）」の帰還困難区域等における避難長期化に伴う個人慰謝料の加算（1000 万円）がこれに相当する（2019(平成)31 年 1 月 25 日改定版に拠る））ものの、賠償が認められる被災者の地理的範囲に一定の制約があることや、東京電力から得られた賠償額ではこの損害をカバーできないこと等を背景・理由に、これを「ふるさと喪失損害」として東京電力や国を相手に集団訴訟が提起されている。

(2)　地域復興再生と金銭賠償の限界

　私人対私人の紛争処理枠組みを基本とする現行の原子力損害賠償スキームの下では、自治体や被災者自らが避難者帰還や生活再建のために、個別にインフラ整備や除染等の地域復興再生活動を実施し、それに要した費用を事業者に損害賠償請求するという形で、金銭賠償を通じた地域復興再生がなされることとなる。

　しかし、除染等の実施とその金銭賠償のみを通じて、避難者が帰還し地域が復興再生するという保証はない。なぜならば、避難者の少なからぬ人たちが、避難先において新しい生活基盤（例えば、職や住環境等）を得る等して、帰還の意思を持たないと推察されるからである。実際、復興庁の調査によると、一部の町では帰還意向のない避難者が 5〜6 割に達しているという。

　復興庁「令和元年度福島県の原子力災害による避難指示区域等の住民意向調査全体報告書」（2020(令和 2)年 3 月）9 頁 https://www.reconstruction.go.jp/topics/main-cat1/sub-cat1-4/ikoucyousa/r1_houkokusyo_zentai.pdf；2020 年 11 月 13 日最終訪問）

　そうなると、避難前と全く同じ形での生活基盤やコミュニティをそこに構築することが実際問題として困難となる。

5.3.2 「原子力事業の健全な発達」に関する課題

　福島事故においては、東京電力が原賠法第 3 条第 1 項本文に基づき無過失無限の賠償責任を集中的に負うことが定まり、その履行を支援するために、機構法に基づく国による「援助」の仕組み（5.2.3 参照）が構築された。

　しかし、この決定及びスキーム構築・運用の過程においては、東京電力はもとよりその利害関係者が、必ずしも合理的とは言えない根拠に基づいて責任・費用負担を強いられている面があり、事業者が甚大な損害額について無限責任を負うこととも相俟って、それが「原子力事業の健全な発達」の制度趣旨と齟齬を生じさせている、という見方もできる。

5.3.2.1 免責適用否定のインセンティブ

　福島事故の例のように、甚大な額に及ぶ原子力損害が発生した場合には、戦争や巨大隕石の落下に伴う原子力損害の発生等といった、原賠法第 3 条第 1 項ただし書の免責規定適用が明白な場合は別として、仮に免責適用の可能性があったとしても、実際問題として、事業者が賠償責任を負うことを選択せざるを得ない状況に追い込まれることになる可能性が高い（田邉・丸山（2012）24 頁）。それは、当事者間で次に述べるような「力学」が働きやすいからである。

(1)　被害者

　福島事故において事業者が原賠法第 3 条 1 項ただし書に拠る免責を主張した場合、司法判断による最終決着としての最高裁判決がなされるまで、少なくとも数年はかかることが予想される。この間、事業者や国が、被害者に対して金銭補償等の救済措置をとらなかった場合、営業損害の発生が手持ち資金の不足を生じさせる等して、企業倒産を招くおそれもあり、損害の規模や額を拡大させる可能性がある。

　仮に司法判断によって事業者が免責とされた場合、損害を受けた者へは国による「必要な措置」が講じられることとなる。しかし、「必要な措置」は、一種の災害救助法的な意味合いを有しているものと考えられることから、原子力損害賠償紛争審査会策定の指針に基づいて事業者によってなされる損害賠償よりも、被災者に対する被害態様に応じたきめ細かな救済が不十分となる可能性がある（田邉・丸山（2012）25 頁）。

　したがって、被害者の立場からすれば、原賠法第 17 条所定の国による「必要な措置」に救済の途を求めるよりも、できるだけ早期に事業の有責性を確定させ、賠償を求めることのほうが合理的となる。

(2)　事業者

　事故発生後の初期の段階においては、東京電力とその巨額融資者である金融機関は、原賠法第 3 条第 1 項ただし書による免責適用の検討を審査会等に求めていた。

　（遠藤（2013）154-155 頁；一般社団法人全国銀行協会

https://www.zenginkyo.or.jp/news/conference/2011/n3513/：2020 年 11 月 13 日最終訪問）

しかし、東京電力の当時の経営陣は、免責適用の主張を見送り、賠償責任と原賠法第 16 条による国の「援助」の受け入れを選択した。勝俣恒久会長（当時）へのインタビュー記事（2012（平成 24）年 6 月 26 日付日本経済新聞電子版及び同日付 msn 産経ニュース（当時の名称））によると、①免責適用の是非を巡る裁判が長期化すると、被災者への救済が長期間なされないこととなり、事業者としては社会的糾弾を免れない、②銀行借入れが不可能となり東京電力が倒産に至った場合、我が国の社会経済基盤を支える電力安定供給が担保できなくなる、等がその理由であった。

（3）国

　仮に事業者が免責とされた場合、国は原賠法第 17 条所定「必要な措置」を講じなければならない。この「必要な措置」は、一種の災害救助法的な意味合いを有していると考えられるが、事業者が賠償責任を負った場合の救済内容との兼ね合いから、それにある程度比肩する規模と内容とせざるを得ず、国の財政にとって負担となる。

　一方、事業者に賠償責任を負わせる場合は、国は原賠法第 16 条に基づき、事業者に対する「援助」を自らの行政裁量の中で決めることができ、国の財政負担を抑えることが可能となる。

　このため、国には、発災事業者の有責性を指摘して賠償責任を負わせようとするインセンティブが働きやすいともいえる。

　事実、遠藤（2013）によれば、現行の援助スキームは、当時の民主党政権の政治主導によって巨額の財政負担を伴う賠償がなされることを「牽制」する目的で構築された側面があったとされ（遠藤（2013）163 頁）、先述の勝俣会長へのインタビュー記事においても、原賠法第 16 条の「援助」を受け入れた後の、その内容を巡る交渉過程で、様々な条件が政府サイドから示され、それを受け入れざるを得なかった事実が語られている（2012（平成 24）年 6 月 26 日付日本経済新聞電子版）。

5.3.2.2 賠償支援における「相互扶助」と事業者の負担

　機構法を中心とした現行原子力損害賠償スキームでは、「相互扶助」の考え方に基づき、発災事業者以外の原子力事業者も一般負担金の納付という形で、発災事業者の賠償を支援するための資金の拠出を行うという仕組みが採用された。

　「相互扶助」の本来の趣旨は、原子力損害賠償のリスクを有する各事業者が、将来の損害発生の「備え」を、その費用負担のあり方等を含め事前に取り決めることにある。しかし、先述のように、現行スキームにおいては、「備え」のための資金の積立てが福島事故の損害賠償支払いの支援のために利用されている（5.2.3 節(3)①参照）。つまり、事後的な立法によって、東京電力以外の事業者が、東京電力による無限の賠償責任の履行を、事実上遡及的

に一部「肩代わり」させられているのである。

5.3.3 原因競合—「被害者の保護」と「原子力事業の健全な発達」の双方の課題

　福島事故によって被害を受けた地域は、地震や津波等の被害も同時に受けている。また、風評被害や国による規制権限の不行使等、原子力損害の発生、拡大に発災事業者の行為だけではなく、他の者の行為や要因等も関係している。

　このように損害発生に複数の原因が関係していることを、「原因競合」と呼ぶが、これが生じた場合には、主たる原因者の賠償責任が相殺されたり、複数の者が連帯して賠償責任を負うとされたりすることがある。しかし福島事故級の大規模災害になると、この原因競合の関係を把握し、それを適切な形で賠償処理に反映させることが困難となる。

　このため、事業者の賠償責任が相殺されることによって被害者が十分な賠償を得ることができなくなる場合が生じたり、賠償責任の分担の難しさから事業者が自らの寄与しない損害分についてまで賠償責任を負わされる場合が生じたりする可能性がある。

(1) 複合災害

　福島第一原子力発電所周辺地域の被害に着目した場合、その被害の少なくない部分は、地震、津波、原子力事故の複合災害に起因するものである。このため、例えば観光客の減少に伴う営業損害等、どこまでが震災に因るもので、どこからが事故に因るものか、についての線引きをすることが困難な事案も少なくない。

　審査会が示した「中間指針」（5.2.2 節(4)②参照）は、地震・津波による損害については賠償の対象外であるとしつつも、事故による損害との判別が難しい場合には、「同じく東日本大震災の被害を受けながら、本件事故による影響が比較的少ない地域における損害の状況等と比較するなど」して合理的な範囲で、それが賠償対象とすることや賠償額を推認することを認め、東京電力に対して合理的かつ柔軟な対応を求めている（「中間指針」5頁）。

(2) 風評被害

　審査会が示した「中間指針」は、福島事故と相当因果関係（5.2.2 節(1)参照）にあるものは賠償の対象になるとした。そして、それが認められる判断基準を平均的・一般的な人の合理的な忌避心理に求めるとともに、業種毎の特徴等を踏まえ営業・品目の内容等に応じて類型化し、営業損害、就労不能等に伴う損害、検査費用等は原則として賠償が認められるとした（「中間指針」40-41 頁）。

(3) 国の規制権限不行使の可能性

　本損害では、国は津波災害の発生を予見して結果回避のための適切な規制や監督を行うべき義務があったにもかかわらず、それを怠り損害を発生させたとして、事故の避難者らが原告となり、事業者に加え、国を被告とした、国の規制権限不行使の違法性を理由とする国

家賠償法（以下、国賠法）第 1 条第 1 項に基づく損害賠償請求の集団訴訟を、2013(平成 25)年 3 月以降、各地で提起している。

　2020（令和 2）年 11 月 13 日までに、計 15 件の判決（14 件が地裁判決、1 件が高裁判決）が出されているが、うち①2017（平成 29）年 3 月 17 日前橋地裁判決、②2017（平成 29）年 10 月 10 日福島地裁判決（いわゆる「生業訴訟」）、③2018（平成 30）年 3 月 15 日京都地裁判決、④2018（平成 30）年 3 月 16 日東京地裁判決、⑤2019（平成 31）年 2 月 20 日横浜地裁判決、⑥2019（平成 31）年 3 月 26 日松山地裁判決、⑦2020（令和 2）年 3 月 10 日札幌地裁判決、⑧2020（令和 2）年 3 月 10 日札幌地裁判決（②「生業訴訟」の控訴審判決）の 8 件が、津波到来の予見可能性及び規制権限行使による結果（事故）回避可能性等を認容した上で、国賠法第 1 条第 1 項上の国の違法性を肯定し、事業者の賠償責任に加え国の賠償責任を認めている。

　しかしその一方で、⑨2017（平成 29）年 9 月 22 日千葉地裁判決、⑩2019（平成 31）年 3 月 14 日千葉地裁判決、⑪2019（令和元）年 8 月 2 日名古屋地裁判決、⑫2019（令和元）年 12 月 17 日山形地裁判決、⑬2020（令和 2）年 6 月 24 日福岡地裁判決、⑭2020（令和 2）年 8 月 11 日仙台地裁判決、⑮2020（令和 2）年 10 月 9 日東京地裁判決の 7 件は、国の違法性を否定し、国の賠償責任を認めておらず（ただし、いずれも事業者の賠償責任については認めている）、司法判断は別れている。

5.3.4 諸課題に共通する背景要因
　これまでに述べてきた諸課題に共通する背景要因は、以下の 2 つにあると考えられる。

(1) 現行制度の構造上の限界
　第 1 は、福島事故に伴う損害は、事実上大規模複合災害であり、事業者による損害賠償のみを通じて復興まで含めた被害者救済を図ることは困難で、国による災害救助的な措置も追加的に必要であるにもかかわらず、現行原子力損害賠償制度が、事業者による損害賠償と国による「必要な措置」の 2 つの選択肢しか用意していないという、同制度の構造上の限界である。この制度構造上の限界は、それぞれ以下のようなメカニズムで各課題を生じさせている。

① 事業者の賠償責任の有無によって、被害者救済のための費用負担の主体（事業者となるか、国となるか）が異なり、両者で費用を分担することが制度上予定されていなかったため、「費用負担の押し付け」の「力学」が当事者間に働く余地が生じ、「免責適用否定のインセンティブ」が働いたと推察された（5.3.2.1 節参照）。

② 事故に伴う損害は複合災害としての側面を有しているにもかかわらず、上記①の帰結として、事業者が免責されず賠償責任を負うこととされたため、原因競合の問題が先鋭化した（5.3.3 節参照）。

③ また、原賠制度の予定する賠償責任の履行が金銭賠償であるため、損害の金銭評価の困難さから賠償が被害者にとって不十分となったり、金銭賠償以外の救済を図ったりすることが難しくなった（5.3.1 節参照）。

④ さらに、発災事業者に巨額の賠償責任を負わせたため、その賠償支援の費用負担を、「相互扶助」の名目で事後的に他事業者に負担させるという問題が生じた（5.3.2.2 節参照）。

(2) 大規模原子力災害を想定した国と事業者間の費用負担や責任分界点の事前手続の未整備

第 2 は、原賠制度やその他関連諸制度が、大規模原子力災害が発生した場合を想定した、国と事業者との間の（被害者救済や地域再生等に係る）費用分担や、事業者免責適用の可否はどのような場合にどのような手続を踏んで定まるかといった国と事業者との間の責任分界点の事前手続を整備していなかったことである。

もちろん、これらの取り決めや手続は、実際に事故が発生し、その損害の全体像がある程度明らかになってからではないと、策定できない面もある。しかし、本章冒頭で述べたように、福島事故に伴う損害のように甚大な原子力損害が発生するようなケースは、実際問題として事業者免責となる「異常に巨大な天災地変又は社会的動乱によって生じたもの」（原賠法第 3 条第 1 項ただし書）にほぼ限定され、国による「必要な措置」（原賠法第 17 条）が講じられるであろう、という事故前の利害関係者による楽観的な見方が、このような事前の検討を怠ってきた面は否めない。また、このような事前の検討と整備がなされないと、賠償責任の有無や費用分担のあり方等が、その時々の政治・行政の意向や各行政機関の（予算をも含む）権限等の影響を受けやすくなる。

5.3.5 現行賠償スキームの諸課題克服のための制度改善の方向性の展望

以上述べてきた課題抽出とその背景要因の分析等を踏まえ、ここでは、①今後、福島事故の賠償処理を、より原子力損害賠償制度の趣旨、目的に沿う形で運用していくにはどうすれば良いか、②将来の万が一の原子力損害の発生に備え、原子力損害賠償制度の趣旨、目的に沿う形で現行制度をどのように改善していけば良いか、について、その方向性を展望する。

5.3.5.1 福島事故の賠償処理の今後の方向性

ここでは、先に指摘した諸課題のうち、被害者保護の観点からみた金銭賠償の限界（5.3.1 節参照）、発災事業者への賠償支援における「相互扶助」と事業者の負担（5.3.2.2 節参照）、原因競合（5.3.3 節参照）について、それらを克服する制度運用改善提案を行う。

(1) 現行賠償スキームを補完する地域復興再生制度等のさらなる拡充とそれを通じた「賠償
　　スキームへの過度な依存」の回避

　　第1は、現行の賠償スキームに基づく金銭賠償で対応が困難である課題、すなわち、地域
コミュニティや被災者の事業、生活の再建・自立、そのための環境整備等を、国や自治体等
の公的機関による復興・被災者支援策等の拡充を通じて実現していくことである。これによ
って、「賠償スキームへの過度な依存」が回避され、被害者救済がいわば「補完的」に確保
される（「被害者の保護」に資する）とともに、事業者が自らの負担分を超えて賠償責任を
負う可能性も低くなる（「原子力事業の健全な発達」に資する）。

　　また、これまでに様々な公的復興・被災者支援策が講じられてきており、大規模原子力災
害においては、国による災害救助法的アプローチが実際問題として必要不可欠であること
が示されている。

　　すなわち、2012（平成24）年3月に福島復興再生特別措置法が制定、2017（平成29）年
5月に同法が改正され、同法第5条に基づいて策定される、福島復興再生基本方針（2012
（平成24）年7月13日閣議決定、2017（平成29）年6月30日閣議決定（変更））の下、
避難指示が出された市町村の復興・再生策として、避難解除等区域復興再生計画（県の申出
により国が策定）、特定復興再生拠点区域復興再生計画（市町村が作成、国が認定）、重点推
進計画（県が作成、国が認定）等が策定、認定され、例えば、認定計画に従ってなされる除
染や廃棄物の処理を国の費用負担をもって国が実施すること等が可能とされた。

　　また、2014（平成26）年2月には、福島復興の動きを加速するために、避難指示を受け
た12市町村等（各事業に応じて対象地域が設定される）を対象に、公的資金を用いて、長
期避難者への支援から早期帰還への対応までの施策等を一括して支援する「福島再生加速
化交付金制度」が創設され、帰還環境整備や、長期避難者生活拠点形成（コミュニティ復活
交付金）等の事業が同交付金の対象となる事業とされた。

(2) 一般負担金の実質的な上限額の設定

　　第2は、東京電力以外の事業者の負担する一般負担金が予測可能なものとなるよう、実
質的な上限額を設定することである。

　　国は、この一般負担金を全需要家に家計への過度な負担とならない程度に薄く広く負担
させる仕組みとして、2017（平成29）年9月に電気事業法施行規則に第5節の2「賠償負
担金の回収等」を新設する改正を行い、託送料金（電気を送る際に小売電気事業者が利用す
る送配電網の利用料金として一般送配電事業者に支払うもの）を通じて一般負担金を回収
する制度を構築し、2020（令和2）年4月よりその運用を開始させている。この仕組みは、
経済産業大臣の諮問機関である総合資源エネルギー調査会の基本政策分科会に設置された
「電力システム改革貫徹のための政策小委員会」の「中間とりまとめ」（2017（平成29）年
2月）の提言に基づいて策定されたものであるが、同「中間とりまとめ」は、現在の一般負
担金の算出方法を援用し、本来であれば福島事故以前から将来事故への「備え」として総額

3.8 兆円を各事業者は電気料金に上乗せする形で確保すべきであったが、それが制度不備によってなされなかったのであるから、制度開始時である 2020（令和 2）年以降は、その未回収分 2.4 兆円（1.3 兆円は回収済）を「過去分」として託送回収し、一般負担金の原資にすれば良い、としていた（図 5-4 参照）。

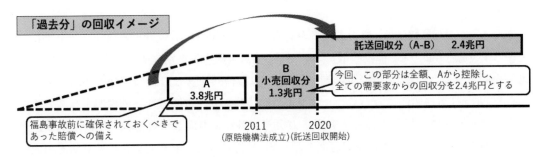

図 5-4　全ての需要家から公平に回収する過去分のイメージ

（出典：『電力システム改革貫徹のための政策小委員会中間とりまとめ』（2017）20 頁（参考図 13））

　これに鑑みるならば、この未回収分の総額 2.4 兆円を今後の一般負担金の実質的な上限額とする（ただし、インフレ調整等は認められよう）ことによって、無限責任を負う発災事業者以外の事業者は予見可能性のない負担金増大のリスクを回避することができ、あわせて需要家の負担増も抑えることが可能となる。

5.3.5.2 将来の原子力損害の発生に備えた原子力損害賠償スキームの方向性

　ここでは、先に指摘した諸課題のうち、主として、被害者保護の観点からみた金銭賠償の限界（5.3.1 節参照）、発災事業者への賠償支援における「相互扶助」と事業者の負担（5.3.2.2 節参照）、免責適用否定のインセンティブ（5.3.2.2 節参照）を念頭に置きつつ、それらを克服する制度改善提案を立法論の立場から行う。

(1) 事業者免責時に限定されない災害救助立法の無差別適用

　先の 5.3.4 節の(1)で述べたように、現行原子力損害賠償スキームの諸課題に共通する背景要因は、現行制度が、事業者による損害賠償と国による「必要な措置」の 2 つの選択肢しか用意していないことにある。したがって、　事業者の賠償責任の有無にかかわらず国による「必要な措置」が無差別に講じられるようにするための法整備を行うことが、諸課題の解決に繋がる有効な手段となり得る。

　法整備の具体的内容は、①原賠法第 17 条を改正、あるいはそれに新たに項を加えることによって、「第三条第一項ただし書の場合（事業者が免責となる場合—筆者注）又は第七条の二第二項の原子力損害（外国原子力船の本邦水域への立ち入りに伴い生じた原子力損害—筆者注）で同項に規定する額をこえると認められるものが生じた場合」の他、「第三条第

「一項ただし書」に拠らない場合、つまり事業者が有責となる場合にも一定の条件の下で「被災者の救助及び被害の拡大の防止のため必要な措置を講ずるようにするものとする」ことが保証されるよう、事業者の責任の有無とは無差別になされる災害救助立法の根拠規定を原賠法の中に置くこと、及び②その根拠規定に基づき、原賠法とは別に大規模原子力災害時の被害者救済に備えた災害救助立法を事前に整備すること、である（田邉・丸山(2012)51-54頁）。

　もちろん、現行原賠法は、発災事業者が有責とされた場合における災害救助立法を禁止しておらず、先述のように、福島事故においては、福島復興再生特別措置法の立法等を通じて、地域復興再生等といった、現行原賠制度の下では救済対象とはならない分野への救済も図られた。しかし、原賠法においてこれら災害救助法的な立法に明確な法的根拠を与えることは、事業者が有責の場合であっても原子力災害の特質に考慮した災害救助法的な措置が追加的かつ確実にとられることを保証する。また、被害者救済に備えた災害救助立法を事前に整備することは、被害者救済の遅れ等を理由とした、事業者に賠償責任を負わせようとする関係者間のインセンティブを弱めることに繋がる。

　災害救助立法の内容は、事業者が免責とされる場合には（事業者有責時における）損害賠償処理に準じたきめ細かな損失補償も可能となるように、そして、事業者が賠償責任を負う場合には、それによって救済しきれない損失に対する補償・支援が実現可能となるようなものとすることが望まれる。すなわち、原賠法制定（1961（昭和36）年）当時に同法立案を担当した原子力委員会原子力災害補償専門部会長であった我妻栄博士の懸念した、「災害救助法の発動といくらも異ならない」「冷淡」な救済制度（我妻（1961）8頁）としてではなく、原子力災害から国民の生命身体財産を保護するとともに地域と国民の生活の復興・自立を促す「内容的に充実した補償、支援制度」として立法化されることが望ましい。

　災害救助立法の具体的内容については、事前に詳細規定することが困難である一方、事後策定となると被災者救済の遅れや特定利害関係者の意向に左右されやすくなるといった問題が生じ得る。これを解決するためには、事業者の賠償責任の有無や、被害者及び被災地の被害・被災状況に応じて、複数の発動されるべき救済・支援の方針や内容を事前に用意するという、「メニュー方式」とすることも一案である。そして「メニュー方式」を採用する場合には、「メニュー」の発動と選択に関しては（事業者が免責となる場合には、それが発動されるのは当然として）、専門家や地方自治体の首長等を交えた合議体がそれを行う仕組みを手続として規定することが望ましいだろう（田邉・丸山(2012)52頁）。

(2) 上限額の設定と遡及的賦課方式への転換を通じた「相互扶助」スキームの再構築
　先の 5.3.5.1 節の(2)では、現行制度の運用において、東京電力以外の事業者の一般負担金の拠出が将来にわたって予測可能となるように、それに実質的な上限額を設定することが望ましい旨を述べたが、将来の原子力事故の発生に備えた原子力損害賠償スキームの改善においても同様の措置が講じられることが望まれる。

　また、現行スキームでは、名目上、将来事故への「備え」として、発災事業者の賠償を支援するための資金を各事業者が平時より積み立てるという方式が採用されているが、この方式では、「備え」のための資金の積立てが既に生じた事故（福島事故）の賠償支払いの支援のために利用される、といった課題（5.3.2.2 節参照）を生じさせやすい。

　これを回避するためには、現行スキームに示唆を与えたとされる、米国のプライス・アンダーソン法（先述 5.2.3 節の(3)①）における事業者間相互扶助制度のように、事故が実際に生じて原子力損害が賠償措置額を超えてしまった、又は超えるおそれがあることが明白となった後に、各事業者に対して「事後的に」保険料を拠出するという、遡及的賦課方式に制度を改めることが有益であると考える。なぜならば、遡及的賦課方式の下では各事業者の負担のルールが事前に定まり、現行スキームのように事故後に負担割合が決められることがなくなるからである。加えて、この遡及的賦課方式の採用によって、平時ではなく事後に、自社以外の原子力施設の事故に起因する損害に対する賠償負担が求められるため、各事業者は事故や損害の発生を未然防止するために、事業者間で施設に対するピアレビューをさらに充実させたり、積極的な技術支援等を行ったりするようになると予想され、事故・損害発生抑止の効果も期待される（田邉・丸山（2012）48-49 頁）。

(3) 国や社会が引き受けるべき残余のリスクの「境界線」としての事業者免責規定の再定義と安全目標の活用

　福島事故においては、原賠法第 3 条第 1 項ただし書に基づく事業者免責適用の理論的可能性があったにもかかわらず、適用否定のインセンティブが当事者で働いたと推察され（5.3.2.1 節参照）、それがその後の本件事故に係る賠償処理のあり方を大きく規定することになった. このように現行制度では、事業者に対する免責適用の有無がその後の賠償スキームの態様を規定する重要な分岐点となる他、免責適用に係る判断基準や手続の不備、さらには免責適用の有無により被害者救済を行う（費用負担する）主体が異なること等から、その判断に当事者間の様々な「力学」や政治的意図が介在する余地が生じ得る。

　これを解決するために、本章では、事業者免責規定を国や社会が引き受けるべき残余のリスクの「境界線」として再定義し、適用の有無の判断の指標の一つとして事業者の安全目標（後述）への達成度の評価を活用することを提案する。また、この方法に拠れば、事業者による新規制基準を超える安全性向上への自主的取組が促進されることにも繋がる。

①　免責規定と残余のリスク

　事業者が免責されるということは、事業者がある一定水準以上の安全性向上策を講じていれば、そこから先のリスクについては、残余のリスク（residual risk）として、社会がそれを引き受けるということを意味する。原賠法第 17 条は、事業者が免責された場合における国の「必要な措置」の発動を規定するが、これは、災害救助法的な意味合いを有しており

（5.2.2 節の(3)②参照）、同リスクについては社会全体が引き受け、それに伴って生じた損失（被災者救済に係る費用を含む）は国の財政支出によって広く社会で負担する、ということを意味している。そして、現行原賠法は、残余のリスクの「境界線」を「その損害が異常に巨大な天災地変又は社会的動乱によって生じたものであるとき」（原賠法第3条第1項ただし書）に求めている。

この免責規定における「異常に巨大な天災地変」の解釈を巡っては、どの程度の規模の自然災害がそれに該当するか、という視点から、その精緻化のための種々の議論がなされている（田邉・丸山（2012）6-7 頁）。しかし、免責規定を残余のリスクの「境界線」として捉えるならば、その解釈は、社会はどの程度の天災地変に耐え得る安全性を具備した原子力施設の運転（に伴う潜在的なリスク）を受容しているか、という視点から定まることとなる。すなわち、それは、例えば関東大震災を引き起こした関東地震の加速度の 3 倍以上等といった形で一義的に定まるものではなく、その時代の技術水準や社会におけるリスクの受容性等を反映して、その時々の社会の文脈毎に規定されることとなる。

② 残余のリスクの「境界線」を判断するための指標

では、残余のリスクの「境界線」をどこに引けばよいか。

一つの考え方は、新規制基準への適合にそれを求める方法である。シビアアクシデントを防止するための基準を強化し、万が一シビアアクシデントやテロが発生した場合に対処するための基準を新設した、新規制基準に適合する原子力施設の運転等において発生する損害は、「異常に巨大な天災地変又は社会的動乱によって生じたもの」（原賠法第3条第1項ただし書）に実際問題として限定されるであろうから、同基準への適合をもって免責とするという考え方は、一瞥すると一定の道理があるようにもみえる。

しかし、この考え方に依拠するならば、現行の規制基準に適合していれば、事業者は賠償責任を問われない、とする福島事故前にあった楽観的な見方を利害関係者の間に抱かせてしまう可能性がある。また、原子力規制委員会は、公式会議（2017（平成29）年7月10日に開催された「2017（平成29）度第22回原子力規制委員会臨時会議」）において、「規制基準の遵守は最低限の要求でしか無く、事業者自らが原子力施設のさらなる安全性向上に取り組まなくてはならない」（同会議参考資料「基本的考え方」）と述べており、これらを踏まえるならば、新規制基準の適合をもって免責とするのは現下の状況を踏まえるならば、実際問題として困難であると考える。

③ 残余のリスクの「境界線」としての安全目標の活用

もう一つは、事業者の安全目標（Safety Goals）への達成度の評価を、その「境界線」の指標として活用するという考え方である。

安全目標は、我が国では以下のように定義、位置づけられている。

まず、2003（平成15）年12月に当時の原子力安全委員会安全目標専門部会が「安全目標

に関する調査審議状況の中間とりまとめ」を発出し、その中で「「安全目標」は、国の安全規制活動が事業者に対してどの程度発生確率の低いリスクまで管理を求めるのかという、原子力利用活動に対して求めるリスクの抑制の程度を定量的に明らかにするもの」（3 頁）と定義し、その内容として、定性的目標案と定量的目標案をそれぞれ示した。定性的目標案は「原子力利用活動に伴って放射線の放射や放射性物質の放散により公衆の健康被害が発生する可能性は、公衆の日常生活に伴う健康リスクを有意には増加させない水準に抑制されるべきである」（6 頁）とするもので、定量的目標案は「原子力施設の事故に起因する放射線被ばくによる、施設の敷地境界付近の公衆の個人の平均急性死亡リスクは、年あたり百万分の 1 程度を超えないように抑制されるべきである。また、原子力施設の事故に起因する放射線被ばくによって生じ得るがんによる、施設からある範囲の距離にある公衆の個人の平均死亡リスクは、年あたり百万分の 1 程度を超えないように抑制されるべきである」（6-7 頁）とするものであった。

　その後、これを踏まえる形で、原子力規制委員会は、2013（平成 25）年度第 2 回原子力規制委員会（2013（平成 25）年 4 月 10 日）において、安全目標が基準ではなく、「原子力規制委員会が原子力施設の規制を進めていく上で達成を目指す目標である」との合意をし、「実用発電用原子炉に係る新規制基準の考え方について」の最新版（2018（平成 30）年 12 月 19 日改定版）において、安全目標を参考に、事業者自らが規制の要請によって行う安全性向上のための評価（発電用原子炉施設の場合、原子炉等規制法第 43 条の 3 の 29）の結果を踏まえ、必要な場合には規制基準等の見直しを行い、事業者に対策をさせること、そして、この取組を通じて、施設の安全性について継続的な向上を図ることが可能となることを示した（87 頁）。

　以上から、安全目標は規制基準ではなく、また安全性向上の取組をもはや必要としない「最終的なゴール」地点でもないことが理解される。これは一瞥すると、同目標は内容が曖昧であり、残余のリスクの「境界線」を判断するための指標として活用するには適さないのではないか、という疑問を生じさせる。しかし、先に述べたように、「境界線」の意味を、そのときどきの社会が引き受けるリスク領域かどうかを分かつ分岐点と捉えるならば、そこに原子力利用の便益と事故等に伴う損失を受ける公衆の意思を何らかの方法によって反映させることにより、「境界線」としての根拠と正当性が生まれるという見方もできる（菅原・山口・竹内（2018）23 頁）。また、内閣府原子力委員会第 10 回原子力損害賠償制度専門部会（2016（平成 28）年 5 月 31 日）配布資料 10－2「大塚委員提出資料」1 頁において、大塚委員が「（安全目標を超える）残存リスクは、一仮に安全目標が民主的正統性を持つものであれば—免責に関する原子力損害賠償法 3 条 1 項但し書きとは関連しうる」と述べているが、これも同趣旨であろう。

④　安全目標への達成度の評価と免責規定適用へのその実装
　安全目標への達成度の評価を、残余のリスクの「境界線」としての原賠法第 3 条第 1 項

ただし書の免責規定適用の判断の指標とすることは、実際には難しい面もある。なぜならば、我が国では国によって安全目標案が示されているとはいえ、それを社会が引き受けるべき残余リスクの「境界線」として活用するためには、同目標の設定に関して社会的合意が必要となる他、確率論的リスク評価（Probabilistic Risk Assessment：PRA）等の評価手法が鋭意開発中であるとはいえ、その達成度の評価には現時点では一定の不確実性を伴う面もないわけではないからである。

したがって、それを免責規定適用の判断の指標として実装するためには、以下の 3 つの施策をとることが望まれる。

第 1 は、まずは前提として、安全目標が、例えば新規制基準適合性審査等にみられるような国による規制活動に直結するものではなく、新規制基準に適合する原子力施設の安全性を事業者が自主的にさらに向上させるための目標であることを、今一度国が明確な形で宣明することである。

第 2 は、安全目標の設定に何らかの形で議会制定法の根拠を与えることである。これは、受容可能なリスクの根拠に民主的正当性を付与するために必要であるとともに、そこから先のリスクについては特定の主体（事業者）ではなく社会全体、つまり納税者である国民が共同して負担する、という合意を得るためにも必要となる（菅原・山口・竹内（2018）33頁）。もっとも、このことは、原賠法第 3 条第 1 項ただし書に事業者が免責となる場合の安全目標値を追記することを意味するものではない。具体的な安全目標値の設定等については、専門的知見を有する、あるいはそうした知見を外部識者から動員可能な行政にそれを委ねるという立法をすることによって、議会制定法の根拠を与えることが可能であるし、またそれが望ましい。

第 3 は、上記 2 点の措置をとった上で、万が一の事故及び原子力損害の発生時に、免責適用の可否を判断する手続を整備することである。安全目標への達成度の評価に係る一定の不確実さの存在が、免責適用の判断への一部利害関係者の意向反映を招く可能性があること等に鑑み、手続は何らかの形で明文規定化し、判断は、主に原子力技術や自然科学等をバックグラウンドとする専門家から構成される独立した第三者機関によってなされることが望ましいと考える。また、第三者機関は、これに加え、事業者（事業者間相互扶助制度の参加事業者も含まれる）及び国の双方から意見を聴取し、それぞれの言い分を聞いた上で、決定を行うことが望まれる（田邉・丸山（2012）57頁）。

5.4　まとめ

本章で論じてきた課題及びその克服策は、以上述べてきたように多岐にわたるものの、それを一言で表現するならば、原子力リスクが顕在化した場合における官民の「役割分担」あるいは「協働」のあり方を巡る議論である、と総括することができる。

原子力事故に伴う災害は、ともすれば被害が甚大かつ広範囲に及び、「大規模災害」とも

呼ぶべき様相・性質を有することとなる。そこでは、事業者のみが矢面に立って、現行原賠法が予定している私人対私人の紛争処理枠組みの中で救済を行うのみでは、十分な被災者救済は不可能であり、国、あるいは地方自治体による関与が必要とならざるを得ない。

　その一方で、事業者が免責となる場合に、それを「不可抗力によるもの」として、通常の自然災害の場合と同水準の災害救助しか行わないとするのであれば、原子力利用に対する国民の理解を得ることは困難となる。

　本来であれば、福島事故が起こる前から、この「役割分担」と「協働」の問題については、事前に十分な検討を行い、議論を深めておくべきであったといえる。立法時の段階では無理であったとしても、それを行うべき機会は確かに過去存在し、JCO 事故はその「好機」であった。しかし、JCO 事故のケースでは、事業者の違法性が高かったことや損害額が無限責任を負うべき事業者（正確には親会社）の賠償資力の範囲内であったことから、国の関与に関する議論は十分にはなされなかった。

　そして、本章の冒頭で述べたように、原子力事故によって地理的に広範かつ金銭的に甚大な原子力損害が発生するようなケース（想定例）は、人的コントロールが到底及ばない「異常に巨大な天災地変又は社会的動乱によって生じたもの」（原賠法第 3 条第 1 項ただし書）に実際問題としてほぼ限定され、その場合には事業者が損害賠償責任を負うのではなく、法律の規定により政府（国）が「被災者の救助及び被害の拡大の防止のため必要な措置を講ずる」（原賠法第 17 条）こととなる、と多くの利害関係者が認識したまま、福島事故を迎えてしまったのではないか、と思われる。

　新規制基準の導入や、事業者による原子力施設の安全性向上に向けたさらなる取組の強化等によって、原子力事故発生の可能性は著しく低下したと一般的には評価できる。しかし、過酷事故ではないとしても、今後事故が全く起こらないという保証はなく（ゼロリスクはあり得ない）、また事故に至らなくとも何らかのトラブルが風評被害を発生させる可能性はある。加えて、福島事故に伴う損害賠償処理は未だに終息しておらず、現行スキームの運用においても、官民の「役割分担」、「協働」という視点から制度改善を行う余地と意義がある。

　原子力損害賠償制度の目的である、「被害者の保護を図る」こと及び「原子力事業の健全な発達に資すること」（原賠法第 1 条）を単なる「プログラム規定」と捉えるのではなく、実際の適用場面において、その実現を確実なものとするために、今一度、原子力損害賠償における官民の「役割分担」あるいは「協働」についての議論を深め、より良い制度設計、スキーム運用へとつなげていくことが必要であると考える。本章における議論がその一助となれば幸いである。

参考文献

磯野弥生（2011），原子力事故と国の責任―国の賠償責任について若干の考察，環境と公害，41(2), pp. 36-41.

遠藤典子（2013），原子力損害賠償制度の研究—東京電力福島原発事故からの考察，岩波書店，東京.

大塚直（2011），福島第一原発事故による損害賠償と賠償支援機構法—不法行為法学の視点から，ジュリスト，1433, pp. 39-44.

科学技術庁原子力局監修（1995），原子力損害賠償制度，通商産業研究社，東京.

経済産業省編（2020），令和元年度エネルギーに関する年次報告（エネルギー白書 2020），https://www.enecho.meti.go.jp/about/whitepaper/（2020 年 11 月 13 日最終訪問）.

原子力安全委員会安全目標専門部会（2003），安全目標に関する調査審議状況の中間とりまとめ.

原子力規制委員会（2018），実用発電用原子炉に係る新規制基準の考え方について（平成 30 年 12 月 19 日改訂）.

原子力損害賠償実務研究会編（2011），原子力損害賠償の実務，民事法務研究会，東京.

小柳春一郎（2015），原子力損害賠償制度の成立と展開，日本評論社，東京.

下山俊次（1976），原子力，『未来社会と法（現代法学全集 54）』（山本草二、塩野宏、奥平康弘、下山俊次著），pp. 413-560, 筑摩書房，東京.

菅原慎悦・山口彰・竹内純子（2018），「安全目標」再考—なぜ安全目標を必要とするのか?—，東京大学大学院工学系研究科原子力専攻弥生研究会安全目標に関する研究会 UTNL-R-497, http://risk-div-aesj.sakura.ne.jp/documents/seminar/20180826-Ronbun.pdf （2020 年 11 月 13 日最終訪問）.

総合資源エネルギー調査会基本政策分科会 電力システム改革貫徹のための政策小委員会（2017），電力システム改革貫徹のための政策小委員会中間とりまとめ，https://www.meti.go.jp/report/whitepaper/data/pdf/20170209002_01.pdf （2020 年 11 月 13 日最終訪問）.

竹内昭夫（1961），原子力損害二法の概要，ジュリスト，236, pp. 29-39, 93.

田邉朋行・丸山真弘（2012），福島第一原子力発電所事故が提起した我が国原子力損害賠償制度の課題とその克服に向けた制度改革の方向性，電力中央研究所報告，Y11024.

復興庁（2020），令和元年度福島県の原子力災害による避難指示区域等の住民意向調査全体報告書，https://www.reconstruction.go.jp/topics/main-cat1/sub-cat1-4/ikoucyousa/r1_houkokusyo_zentai.pdf（2020 年 11 月 13 日最終訪問）

森島昭夫（1987），不法行為法講義，有斐閣，東京.

我妻栄（1961），原子力二法の構想と問題点，ジュリスト，236, pp. 6-10.

本章では、参考文献に挙げたもの以外に以下のウエブサイトを参照した。

内閣府原子力員会ウエブ・サイト「原子力損害賠償制度の見直しについて」（2018 年 10 月 30 日）http://www.aec.go.jp/jicst/NC/senmon/songai/index.htm （2020 年 11 月 13 日最終訪問）.

第6章 増加した廃炉と放射性廃棄物の処理処分問題の複雑化

6.1　はじめに

　原子核反応により発生される強力なエネルギーを制御して人類の生活と福祉に活用する。これが原子力の平和利用である。放射性物質はもともと自然界に存在していたが、人類の原子力利用により生成される人工放射性物質の性質には、不安定な原子核状態から安定な状態に遷移する際に放射される強力な放射線が生体の細胞や遺伝子を壊す。この性質が特定の放射性物質によっては非常に強烈であり、またなかなかなくならない。すなわち放射能が非常に強くてその減衰時間が非常に長いことが問題の源泉である。この放射性物質の性質は、医学的検査診断や治療、産業応用には有用であるが、原子力発電の方面では、原子核分裂反応で取り出したエネルギーの発電へ活用した後の核分裂生成物や放射化された各種の構造材の存在をどう処理処分するかが厄介な問題とされているわけである。

　これから脱原発であろうが再稼働推進であろうが、放射性廃棄物の処理処分を放置するわけにはいかない。第2章2.3で紹介のドイツ脱原発倫理委員会報告でも、第3章3.2.8節福島事故後の原子力はどうするのかで紹介した松岡俊二氏も、同じく第3章のまとめの3.4で安全神話による原子力界の思考の停止を論難した横山禎徳氏も、ひとしく廃棄物処理処分問題への取り組みの必要性、重要性を強調している。

　とくに横山氏は、その著（横山禎徳（2019）205-214頁）において、本章の主題である廃炉や放射性廃棄物の処理処分問題について、福島事故後の社会情勢において最も必要とされるのは効果的でコストを要しない廃炉のプロセスと放射性廃棄物の処理処分であるとして、次のような問題をあげている。

①経済的につじつまが合うような廃炉プロセスの管理に長時間の資金、知見の蓄積、人材育成を必要とする。廃炉のための資金の見積もりがどうなっているのか？

②福島事故後の否定的な印象が付きまとっている原子力には若い人材が入ってこないだろう。そういう中で廃炉技術・マネージメントの専門家を魅力あるキャリアパスとして人材募集、育成、配置の仕組みを構想すべきでないか？

③余ったプルトニウムをどうするのかを国内国外に説明すべきでないか？

④高レベル放射性廃棄物の処分方法についてその処分量を減らす方法、短寿命化する方法を研究開発すべきでないか？

　本章の筆者が、横山氏の挙げる廃炉や放射性廃棄物処理の課題について、福島事故後の原子力関係者の検討状況を調べたところ、日本原子力学会福島事故調査報告書の「3章　現在進行している事故後の対応」で事故を起こした原子炉の廃炉への取り組みを紹介している

（日本原子力学会東京電力福島第一原子力発電所事故に関する調査委員会（2014）373-404頁）。その他、原子力施設の廃止措置全般については、日本原子力学会標準委員会廃止措置分科会が、本章のテーマのうち原子力施設の廃止措置一般についての取り組みについて、平成 29 年 7 月 25 日に公開ワークショップを開催している。また高レベル放射性廃棄物の処分事業の進展については、従来から原子力発電環境整備機構（NUMO）が広報活動をしているが、原子力委員会からの検討依頼に応じて日本学術会議がいくつかの提言を行っている。

　以下、本章では福島事故原発の解体廃炉の進展、福島原発オフサイトの除染と福島の復興を含めて展望する。なお、横山氏のあげる課題については、6.6 節の中で筆者の考察を含めて述べることとする。

6.2　にわかに増えた老朽原発と核燃施設の廃止措置

　日本では福島事故以前から原子炉施設が使命を終えたとして廃止措置になったものは数多くある。多くは JAEA や大学の研究炉だが、放射線量の高い運転済みの発電用原子炉の廃炉では、我が国の原子力揺籃期に日本原研が建設し、運転した発電用試験炉 JPDR と日本原電のガス冷却炉東海 1 号炉が本格的に解体廃炉技術の研究開発に供された。そのほか、旧動燃の新型転換炉ふげんも 28 年の運転を終えて廃炉措置を進めている。また中部電力の浜岡 1、2 号炉も福島事故の前に廃炉を決定していた。

　以上、我が国では福島事故以前に、廃炉処分が実施ないし決まっていた原子炉は、次のようなものがあった。

（1）現在の JAEA 関係では、研究炉 JRR1、2、3、4、材料試験炉 JMTR、発電用試験炉 JPDR、過渡臨界実験装置 TRACY、重水臨界実験装置 DCA、原子力第 1 船むつ、大学関係では、東大原子炉弥生、立教大学炉、東京都市大学炉、民間会社関係では日立教育訓練用原子炉 HTR、東芝教育訓練用原子炉 TTR-1。なお、悪性脳腫瘍治療のためのホウ素中性子捕捉療法（BNCT）で多くの実績を積んでいた JRR-4 は存続が望まれていたが、福島事故後 2013 年に廃止決定している。
（2）実用発電用原子炉では、原電東海 1 号炉（GCR）、JAEA（動燃）ふげん（ATR）、中部電力浜岡原子力 1 号炉および 2 号炉。

　2011 年 3 月の福島事故は、実用原子力発電のみならずすべての原子力設備の運転継続に影響を与えた。とくに重大事故を起こした東電福島第一原子力発電所（BWR6 基）は後述するように「特定原子力施設」に指定され、国によって 30〜40 年の長期にわたって管理される原子力施設となった。その他の原子力発電所はエネルギー供給の観点から存続が期待され、原子力規制体制の一新後に改正された新規制基準にそって民間電力会社の発電用原子

炉の多くは再稼働申請を行った。以上我が国の実用原子力発電所は、福島事故前には 54 基が運転していたが、福島事故後 9 年余の 2020 年 10 月時点では次のようになっている。

　　運転再開　9：再稼働審査合格　　8：　審査中　　11：廃炉　15：　未定　8 ：計 51 基

　なお、民間の実用原子力施設の状況については原子力安全推進協会の下記の URL を参照されたい。(http://www.genanshin.jp/facility/map/)

　福島事故以降に廃炉を決定した発電用原子炉は 15 基あるが、詳細は以下のとおりである（カッコ内は廃炉決定日）。

　関西電力(4 基)：美浜 1 号機(2015.3.17)、美浜 2 号機(2015.3.17)、大飯 1 号機(2017.12.22)、
　　大飯 2 号機（2017.12.22）
　四国電力(2 基)：伊方 1 号機（2016.3.25）、同 2 号機（2018.3.27）
　九州電力（2 基）：玄海原子力 1 号機（2015.3.18）、同 2 号機（2019.2.13）
　東北電力(1 基)：女川原子力 1 号機（2018.10.25）
　東京電力(4 基)：福島第二原子力発電所 1 号機（2019.7.31）、同 2 号機（2019.7.31）、同
　　3 号機（2019.7.31）、同 4 号機（2019.7.31）
　中国電力(1 基)：島根原子力 1 号機（2015.3.18）
　日本原子力発電(1 基)：敦賀 1 号機（2015.3.17）

　核燃施設では、JAEA 所有の高速炉もんじゅ（2018.3.18）および東海再処理工場（2018.11.30）の廃炉措置が決定された。

6.3　複雑化した放射性廃棄物問題の全体像

　原子力発電所の運転に伴ってできる放射性廃棄物をどのように処理処分するのか？　日本では、難問とされていた高レベル放射性廃棄物地層処分場の立地問題を含め、福島事故以前からその大筋の方向は基本的には定まっていた。そこでは原子力発電所はいずれ運転寿命が尽きれば廃炉処分することは元々想定されており、発電用原子炉の解体廃止措置に関わる技術経験も既に蓄積されていた。

　だが福島事故は結果として我が国の放射性廃棄物処分問題を複雑化させた。それは通常運転を終えた原発として廃炉処分を事業者が決定した原発が福島後一挙に数が増えたことに加えるに、核燃施設の廃炉、特定原子力施設に指定された福島第一原子力発電所の後処理である事故原発からの放射能流出減少・安定化と解体廃炉、福島地域の復興に関わる周辺汚染地域の除染とそれに伴う放射性廃棄物処分が付け加わったことである。これらの全体像は次の 4 つの問題に分けられる。

①放射性廃棄物かどうかを含めてその区分の仕方を決めなければならない。

②運転の使命を終えた実用発電用原発と核燃施設の解体廃炉の処分の仕方を決めなければならない。

③高レベル放射性廃棄物の地層処分のサイトを決めなければならない。

④事故原発からの放射能流出を安定化させ、解体廃炉処分の道筋を確定しなければならない。

本節では、①と②について本節の以下の小節でそれぞれ述べ、③については 6.4 節、④については 6.5 節に述べる。

6.3.1 放射性廃棄物の区分

人間社会のさまざまな活動で生じる廃棄物にはどのようなものがあり、どのように処理処分されるのか？ 廃棄物は産業廃棄物と一般廃棄物に分類されるが、その詳しい分類や処理処分の方法については、例えば公益財団法人日本産業廃棄物処理振興センターによる下記の URL を参照されたい。

https://www.jwnet.or.jp/waste/knowledge/bunrui/index.html

しかし放射性廃棄物はこの分類には入っていない。放射性廃棄物の分類および処分についてはどうなっているか？ 日本における放射性廃棄物の分類は、福島事故の結果以下本節に述べるように大変複雑になった。

6.3.1.1 分類について

（1）法令に基づく分類

日本では法律に基づいて、放射性廃棄物は（a）核原料物質、核燃料物質及び原子炉の規制に関する法律に言う放射性廃棄物（以下、核燃料廃棄物という）と、（b）それ以外の法律によって規制される放射性廃棄物（以下、RI 廃棄物という）に大別される。さらに RI 廃棄物は（b-1）放射性同位元素等による放射線障害の防止に関する法律における研究分野からの RI 廃棄物（以下、研究 RI 廃棄物という）と、（b-2）医療法、薬事法、獣医療法及び臨床検査技師等に関する法律における医療分野からの RI 廃棄物（以下、医療 RI 廃棄物という）に分けることができる。

2010（平成 22）年度までは法的には概ね上記のように分類されていたが、2011（平成 23）年 3 月 11 日に発生した東京電力福島第一原子力発電所の事故により放出された放射性物質による環境汚染への対処に関する特別措置法（放射性物質汚染対処特措法）が公布施行されて、その中で（c）特定廃棄物（指定廃棄物及び対策地域内廃棄物からなる）と呼ばれる放射性廃棄物の分類が新たに導入された。その結果、法令では以下に分類される。

　(a) 核燃料廃棄物

　(b) RI 廃棄物

　(b-1) 研究 RI 廃棄物

　(b-2) 医療 RI 廃棄物

　(c) 特定廃棄物

（２）IAEA の分類を参考にした慣習的な分類

　日本において放射性廃棄物は、慣習的に、使用済み核燃料の再処理における溶解に使った硝酸を主とする廃液及びその固化体のみを指す高レベル放射性廃棄物（High Level Waste、HLW）と、それ以外のものを指す低レベル放射性廃棄物の２つに分類される。なお、低レベル放射性廃棄物は、その中でアルファ放射体を多量に含むものはアルファ廃棄物もしくは TRU 廃棄物と呼ばれさらに区分される。要するに慣習的には以下の分類である。

　①高レベル放射性廃棄物

　②TRU 廃棄物

　③低レベル放射性廃棄物

（３）「放射性物質として扱う必要の無い物」に関する制度と概念

　放射性廃棄物とは、使用済みの放射性物質及び放射性物質で汚染されたもので以後の使用の予定が無く廃棄されるものを言うが、放射線は物理現象の中でも最も鋭敏に検出できることから、極端に言えばすべての廃棄するものを放射性廃棄物とすることができる。しかし、この場合、規制の対象となるものは膨大となり、規制制度自体が機能しなくなる。

　このように、放射線防護に関する規制の枠組みの中にある放射性物質であっても、その規制自体をうまく機能させるためには、その量が微量であり人の健康に対する影響が無視できる、または規制をしても効果がほとんどない場合は、それを放射性物質として扱う必要の無い物としてその規制の枠組みから外しても良いという制度や概念が生まれる。

　つまり、放射性物質を含んでいて廃棄するものであっても、それらの制度や概念を適用することにより条件によって放射性廃棄物として規制する対象外となれば、例えば廃棄物処理法でいう「廃棄物」として埋設処分することができるようになる。そこで出てくる技術用語にクリアランス（clearance）または規制免除（exemption）がある。これらの意味は以下の通りである。

①クリアランス（clearance）

　人工放射性物質に起因する被曝線量が「自然界の放射線レベルと比較して十分小さく」また「人の健康に対するリスクが無視できる」ならば、規制の枠組みから外しても良いという

184

考え方をクリアランス（clearance）と呼ぶ。また、放射性物質として扱う必要のないものを区分するレベルをクリアランスレベル（clearance level）と呼ぶ。

　クリアランス制度が適用される放射性物質を含むものは、その定義より人の健康に対するリスクは無視できる程度であると言うことができる。日本では 1997 年原子力安全委員会は、IAEA の技術文書に示されたクリアランスレベル算出の考え方に基づき、発電用原子炉（軽水炉、ガス炉、試験研究炉）などを対象として委員会報告書をとりまとめた。

②規制除外（exclusion）

　自然放射性物質による被曝のように「規制が不可能で規制のしようがない」または「規制をしても効果がほとんどない」ならば規制の対象にしないことを規制除外（exclusion）と呼ぶ。規制除外廃棄物は、その定義から規制の対象とはならないが、かといってクリアランス制度の対象とは限らないので人の健康に対するリスクが無視できる程度の廃棄物とは言い難い。

6.3.1.2 処理・処分について

（1）核燃料廃棄物の処理・処分について

　核燃料廃棄物は、便宜上その発生源に応じてさらに次のように分類される。

①発電所廃棄物：原子力発電所の運転、保守、解体に伴って発生する廃棄物をいう。
②高レベル放射性廃棄物：使用済み核燃料の再処理における溶解に使った硝酸を主とする廃液及びその固化体をいう。
③TRU 廃棄物：MOX 燃料加工や使用済み核燃料再処理の運転・保守の結果発生する超ウラン元素（TRU）で汚染された廃棄物をいう。
④研究所等廃棄物：発電所ではなく、大学や研究機関の研究開発活動において核燃料物質で汚染された廃棄物をいう。

　このうち、人の健康に重大な影響を及ぼすおそれがあるのは、高レベル放射性廃棄物と極めて長寿命核種からなる TRU 廃棄物である。これらには、深い地層への地層処分（第一種廃棄物埋設）が計画されている。その他の発電所廃棄物については、それらの物性により 3 段階の地表近くの処分がされることとなっている。

（2）低レベル放射性廃棄物の処分方法（第二種廃棄物埋設）

　低レベル放射性廃棄物の処分（核原料物質、核燃料物質及び原子炉の規制に関する法律（昭和三十二年法律第百六十六号）第二種廃棄物埋設）に基づき、余裕深度処分、浅地中ピット処分、浅地中トレンチ処分の 3 つの処分方法がある。トレンチ処分を除く処分はいずれも遮断型処分ではあるが、人工構造物（人工バリア）による完全な放射能の遮断を管理期

間中継続させることは困難である。放射能の漏洩による影響を最小限にするために場所（地質・地層、水脈など）および地中深度などが考慮された処分基準となっている。

①余裕深度処分

　一般的であるとされる土地利用（住居などの建設）や地下利用（地上の構造物を支持する基盤の設置、地下鉄、上下水道、共同溝や地下室としての利用など）に対して十分に余裕を持った深度（地下 50〜100 メートル程度）に、コンクリートでトンネル型やサイロ型の人工構築物を作り、廃棄物を埋設する方法を余裕深度処分と呼ぶ。シュラウド、チャンネルボックス、使用済み制御棒など主に原子炉の廃止措置に伴って発生する放射能レベルが比較的高いものが対象となる。管理期間は数百年。処分・管理方法等については調査中である。

②浅地中ピット処分

　浅い地中（地下約 10 メートル）にコンクリートピットなどの人工構築物を設置し廃棄物を搬入後、その構築物ごと埋設する方法を浅地中ピット処分と呼ぶ。濃縮廃液や使用済みイオン交換樹脂、可燃物を焼却した焼却灰などをセメントなどでドラム缶に固形化したものなど、主に原子力発電所から排出される放射能レベルの比較的低いものが対象となる。埋設後の管理期間は 300〜400 年が一つの目安とされている。

③浅地中トレンチ処分

　浅い地中に素掘りの溝、つまりトレンチ（trench）を掘り、そこにそのまま（人工構築物は設けない）廃棄物を定置することにより埋設処分を行う方法（いわゆる単純な埋め立て）を浅地中トレンチ処分と呼ぶ。コンクリートや金属など、化学的、物理的に安定な性質の廃棄物のうち放射能レベルの極めて低い極低レベル放射性廃棄物が対象である。50年程度の管理期間を経たのち、一般的な土地利用が可能になる。

（3）高レベル放射性廃棄物等の処分方法（第一種廃棄物埋設）

核燃料廃棄物の内、高レベル放射性廃棄物及び TRU 廃棄物は地層処分（核原料物質、核燃料物質及び原子炉の規制に関する法律、昭和三十二年法律第百六十六号）されることとなっている。特定放射性廃棄物の最終処分に関する法律に基づき原子力発電環境整備機構（NUMO）が実施主体となって処分する。

　なお、高レベル放射性廃棄物の処分について様々な方法が世界各国で検討された。それらの方法と状況は次の通りである。

①海洋投棄―かつて各国で実施されたが 1993 年に全面禁止。
②地上施設による長期保管――一時的な中間貯蔵施設はあるが未実施。
③氷床処分―禁止されている。

④宇宙処分―大気圏外にロケットで打ち上げ太陽系の引力圏外に放出する、もしくは太陽の重力に引き寄せさせる方法。かつて米国が検討したがコストと不確実性から不採用）

⑤地中直接注入―米国および旧ソ連で実施が検討された。

　これらのうち海洋投棄と地中直接注入処分は過去に実施されたが、21世紀初頭においては地中埋設処分が各国で採用されている。

（4）RI廃棄物の処理・処分（研究施設等廃棄物の処理・処分）

　原子力施設や核兵器関連施設以外にも、原子力の研究施設や大学、医療分野や民間産業分野、農業分野などでも放射性物質を使用する場合があるので、放射性廃棄物は発生する。

　RI廃棄物に含まれる代表的な放射性核種は、研究RI廃棄物としては ^{3}H、^{14}C、^{32}P、^{35}S などであり、医療RI廃棄物としては、^{99m}Tc、^{125}I、^{201}Tl などである。RI廃棄物（研究RI廃棄物および医療RI廃棄物）の大部分はRI協会が集荷し貯蔵している。RI廃棄物等の処分については、2008年に処分実施主体が日本原子力研究開発機構に決まり、法律も改正されることとなった。

（5）放射性物質汚染対処特措法に規定される特定廃棄物等の処理・処分

　東京電力福島第一原子力発電所事故により大気中に放出された放射性物質による環境の汚染が生じることとなった。これによる人の健康または生活環境に及ぼす影響を速やかに低減するため、2011（平成23）年8月30日にいわゆる放射性物質汚染対処特措法（特措法）が公布され、2012（平成24）年1月1日に全面施行されている。この特措法に基づき環境大臣が指定する、事故由来放射性物質による汚染状態が 8,000 Bq/kg を超える廃棄物は指定廃棄物と呼ばれている。その処理にあたっての環境影響については、1都15県のごみ焼却施設についてデータを収集・分析した上で、国立環境研究所によって確認されている。

6.3.2 運転を終えた実用発電用原発と核燃施設の解体廃炉の処分

　前節では実用発電炉の運転と使用済み燃料の再処理から出る放射性廃棄物の処理処分に加えるに、発電炉や再処理施設の解体廃止措置や汚染地域の除染で生じた放射性廃棄物についても念頭において説明した。ここでは実用発電用原発と核燃施設の運転時に排出するものを含めて放射性廃棄物の種類、区分、発生源、処分方法を表6-1に示す。

　また表6-1中の4つの処分方法の区別を表6-2に示す。これらの表では、実用発電炉の運転と使用済み燃料の再処理から出る放射性廃棄物の処理処分が重点になっているので、高速炉や再処理施設の解体廃止措置で生じた放射性廃棄物については必ずしも包合されていない。

表 6-1　放射性廃棄物の区分

廃棄物の種類		廃棄物の例	発生源	処分方法
高レベル放射性廃棄物		ガラス固化体	再処理施設	地層処分
低レベル放射性廃棄物	高レベルの物	制御棒、炉内構造物、放射化金属	原子力発電所	余裕深度処分
	低レベルの物	廃液、フィルター、廃器材、消耗品等を固形化		浅地中ピット処分
	レベルの極めて低い物	コンクリート、金属等		浅地中トレンチ処分
	超ウラン核種を含む廃棄物（TRU 廃棄物）	燃料棒の部品、廃液などプロセス廃棄物、フィルター	再処理施設 MOX 燃料加工施設	特性に応じトレンチ処分以外の 3 段階
	ウラン廃棄物	消耗品、スラッジ、廃器材	ウラン濃縮燃料加工施設	特性に応じ全 4 段階の処理
	研究所廃棄物		大学・企業等研究機関	
	放射性同位体(RI)廃棄物		医療機関等	

表 6-2　処分方法の区別

処分方法	廃棄物の例	封入容器	人工構造物	深度	管理期間
地層処分	高レベル放射性廃棄物および TRU 廃棄物	ガラス固化体キャニスター	多重人工バリア鉄筋コンクリート構造物	300m以深	数万年以上
余裕深度処分	制御棒、炉内構造物放射化金属および加工・再処理におけるプロセス廃棄物等	200 リットルドラム缶等	鉄筋コンクリート構造物	50~100m	数百年、管理内容未定
浅地中ピット処分	廃液、フィルター廃器材、消耗品等	セメント等で固化した廃棄物を入れた 200 リットルドラム缶等	鉄筋コンクリート構造物	十数m	約 300 年
浅地中トレンチ処分	コンクリート、金属等	廃棄物のまま	人工構造物無し		約 50 年

　それでは実用発電用原子力発電所と核燃施設（再処理工場）について実際にどのように廃止措置が実施されるのか。2017 年（平成 29 年）7 月 25 日、日本原子力学会標準委員会廃止措置分科会の主催で原子力施設の廃止措置ワークショップが東大武田ホールで開催された。ワークショップの趣旨として、以下のようなことが挙げられていた。

①国内では事故を起こしていない原子力施設が様々な理由で予定していた運転期間よりも早期に廃止措置を迎えるものが続出している。

②このような原子力施設の廃止措置には新たな技術開発はほとんど必要がなく、既存技術の活用をうまくプロジェクト管理すれば安全で効率的な廃止措置ができる。

③過去に JPDR のように廃止措置の技術開発と実証を目的としたプロジェクトがあった。これから大量に始まる廃止措置は研究開発や運転とは全く異なるとまず認識すべきである。

④これからの廃止措置は、様々な既存技術を組み合わせて最適なやり方で限られた時間と費用の範囲内で遂行することが求められる。

同ワークショップには文部科学省原子力課長および経済産業省原子力政策課長が開会にあたって挨拶し、ワークショップで討議された方向を国の施策に反映したく取り組みを期待していると述べた。

以下では同ワークショップが提起した上記課題を念頭に、まず 6.3.2.1 節に原子力施設の廃止措置についてマネージメント上の課題を概観し、次いで 6.3.2.2 節に実用発電用原子力発電所の廃止措置と核燃施設（再処理工場）の廃止措置と廃棄物処分の取り組み状況を述べる。

6.3.2.1 原子力施設の廃止措置のマネージメント上の課題

原子力施設の廃止措置ワークショップの冒頭、オーガナイザーの岡本孝司東大教授は、「廃止措置総論」と題する講演で、以下のような定義と課題設定を行った。以下では岡本氏の講演の要点を一部筆者にて表現の整合性を補ってまとめる。

(1)廃止措置とは

廃止措置とは、放射性物質というリスクを内包しているシステムを解体し、それに伴って生成された放射性物質を廃棄ないし管理下におき、解体したシステムそのものの放射性物質による被曝ないし汚染のリスクをなくすことである。廃止措置においても原子力安全の基本的な考え方は適用される。すなわち深層防護の概念、重要度分類し、リスクの高いものに集中し、経験を反映して継続的な改善によって被曝低減、リスク低減を図る。

(2)廃止措置の分類

日本の現状においては、廃止措置は次のように 2 つに分類してそれぞれの取り組みを行っている。

①通常の運転を終えて解体処分する原子炉、再処理施設等の廃止措置

英語ではこれを Decommissioning and Dismantling (D&D)という。燃料を含む放射性物質は人間の計画された管理下にあり、安全に放射性物質を取り出して処理処分するもので、既に実証済みの技術、現有手法の組み合わせたマネージメントを適用することができる。

②福島第一原子力発電所のような事故を起こした原発の廃炉

　英語ではこれを Decommissioning of Reactor という。事故後の原子炉施設内には燃料
を含めて放射性物質が分散して散在しており、これらの存在を同定し、高放射線環境内
から弁別回収ののち、解体廃炉するもので、新規技術開発が必要で試行錯誤も伴う。

　（なお、この廃炉措置ワークショップでは②の事故炉の廃炉は対象外である。②については
本章 6.5 節に述べる）。

　廃炉措置に係る予算規模は、上記の②の事故炉と、①の場合の核燃料再処理施設では極め
て高額になる。福島事故原発では年間 3000 億円、英国セラフィールド再処理工場では年間
4000 億円、米国ハンフォード施設で年間 6000 億円である。一方、通常の原子力発電所の廃
止措置にはそれほどの資本はかからない。例えば軽水炉 1 基あたり年間 20 億円、高速炉も
んじゅで年間 100 億円である。

(3)通常の原子炉の廃止措置中のリスクとその性質

　使用済み燃料がまだ搬出されない段階では通常の原子炉の定検中と同程度のリスクと考
えられるが、搬出後は「止める」「冷やす」が不要で、「閉じ込める」の確保だけであり、リ
スクが格段に小さくなっている。また廃止措置の進展に伴い、放射性物質のインベントリも
減少していくのでリスクはさらに低減していく。だからそれに応じて安全管理も変えてい
けばよい。

　通常の原子力施設の廃止措置では、次の3つの観点がとくに重要である。

①廃止措置は、運転や研究開発とは全く違う。研究のプロは不要で、意識改革をして放射
　性物質の閉じ込め、作業者安全の確保を図りつつ放射性廃棄物物量の最小化を達成す
　るためのマネージメントに徹底するプロが求められる。プロジェクトの進行に応じて
　資金も凸凹するので単年度主義の予算計画は適さない。
②廃止措置の進行に応じて低減していくリスクに応じた対策（いわゆるグレイデッドア
　プローチ）が求められる。金を掛けすぎたり、先送りすればよいというものではない。
　米国では運転段階の原子炉監視プロセス(ROP)ではなく、廃止措置検査プログラムで
　対応していることを参考にするべきである。
③廃止措置では低レベル放射性廃棄物の処分場をどう確保するかが問題となる。全 57 基
　の解体廃炉で発生する廃棄物総量は約 2000 万トンであり、低レベル放射性廃棄物はそ
　の約 2 ％の 45 万トン、放射性廃棄物ではない廃棄物が約 1940 万トンとなる。そして
　発生者責任の下、事業者が処分地を確保すべきこと、放射能濃度の高い L1（余裕深度処
　分に相当）の廃棄物処分について規制基準が未整備であること、使用済み燃料は原子炉
　から取り出し後一定期間サイト内の使用済み燃料プール等で保管が必要なことと指摘
　している。

（4）まとめ

　以上から要するに廃止措置では技術的問題より政策的課題への誤りない対応が求められる。それらは①低レベル廃棄物処分がカギであるが事業規模は非常に小さいので全事業者規模で対応すべきである、②全体の過程を見渡して俯瞰的に物事を判断できるマネージメントの人材の養成が求められる、③もんじゅや再処理工場の廃止措置は原子力の研究開発とはなじまないので日本原子力研究開発機構の組織改編が必要である。またそのための資金確保のための廃止措置基金の枠組みが必須である。

6.3.2.2　廃止措置・廃棄物処分の規制の枠組みについて

　原子力施設の廃止措置ワークショップでは、前節に述べた岡本氏の講演に続き、原子力規制庁審議官青木昌浩氏より、①廃止措置に関する規制、②廃棄物処分に関する規制および③IRRS への対応について講演があった。なお IRRS とは Integrated Regulatory Review Service（統合規制評価サービス）で、IAEA が各国の専門家のミッションによってその加盟国の原子力規制や放射線防護の取り組みについて IAEA の安全基準との整合性をレビューした報告書によって改善策を提言するものである。福島事故後規制体制が変わってから日本はIRRS レビューに沿って規制活動の継続的な改善を図っている。青木氏は IRRS によって改善を提言された廃止措置関係の課題への対応状況を報告したものである。以下ではこの青木氏講演を要約して述べる。

（1）廃止措置に関する規制

　原子力施設が運転し、廃止措置を行い、その後跡地が利用できる状態になるまでの廃止措置の安全規制に関わる流れは、図 6-1 のようになる。図中では IRRS による勧告の反映事項も記載している。

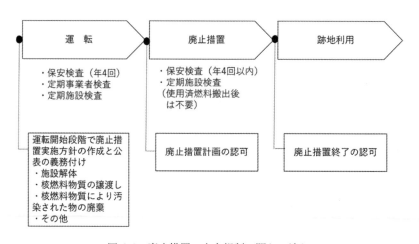

図 6-1　廃止措置の安全規制に関わる流れ

実用炉の廃止措置計画の認可基準とその根拠法令を表 6-3 に示す。

表 6-3　実用炉の廃止措置計画の認可基準とその根拠法令

番号	内容	根拠法令
1	廃止措置計画に係る発電用原子炉の炉心から使用済燃料が取り出されていること。	規則第 119 条第 1 号
2	核燃料物質の管理及び譲渡しが適切なものであること	規則第 119 条第 2 号
3	核燃料物質または核燃料物質によって汚染された物の管理、処理及び廃棄が適切なものであること	規則第 119 条第 3 号
4	廃止措置の実施が核燃楼物質もしくは核燃楼物質によって汚染された物又は発電用原子炉による災害の防止上適切なものであること	規則第 119 条第 4 号

実用炉の廃止措置の終了確認とその根拠法令を表 6-4 に示す。

表 6-4　実用炉の廃止措置の終了確認とその根拠法令

番号	内容	根拠法令
1	核燃料物質の譲渡しが完了していること	規則第 121 条第 1 号
2	廃止措置対象施設の敷地に係る土壌及び当該敷地に残存する施設について放射線による障害の防止の措置を必要としない状況にあること	規則第 121 条第 2 号
3	核燃料物質または核燃料物質によって汚染された物の廃棄が終了していること	規則第 121 条第 3 号
4	放射線管理記録の原子力規制委員会が指定する機関への引き渡しが完了していること	規則第 121 条第 4 号

　原子力規制庁は JAEA において開始される高速炉もんじゅと東海再処理施設の廃止措置に対する安全監視チームをそれぞれ 2017(平成 29)年 1 月および 2016(平成 28)年 1 月に発足させたこととその活動状況の紹介があった。

(2) 廃棄物処分に関する規制

まず廃棄物の分類と日本の 57 基の原発の廃棄物総量約 1,341,000 トンの分類別内訳を表 6-5 に示す。次いで　廃棄物処分に関わる区分と方法の全体像を筆者にてまとめ、図 6-2 に示す（表 6-2 に示した処分方法の区別も参照されたい）。

表 6-5　発電用原子炉施設の廃止措置に伴い発生する放射性廃棄物の推定量

種類	意味	重量
L1	放射能濃度が比較的高いもの	8,000　トン
L2	放射能濃度が比較的低いもの	63,000 トン
L3	放射能濃度が極めて低いもの	380,000 トン
CL	放射性物質として扱う必要のないもの	890,000 トン
日本の 57 基の原発の廃棄物総量		1,341,000 トン

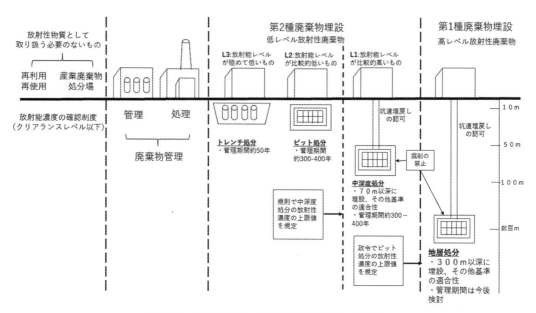

図 6-2　廃棄物処分に関わる区分と方法の全体像

　原子炉等規制法では廃棄の事業として放射性廃棄物を埋設の方法により処分する行為について、処分する放射性廃棄物の放射能濃度に応じて第1種廃棄物埋設と第 2 種廃棄物埋設に区分して規定している。図 6-2 中では煩雑になるので記載していないが第一種廃棄物埋設は地層処分、第 2 種廃棄物埋設はトレンチ処分（L3）、ピット処分（L2）、中深度処分（L1）に相当する。また放射性廃棄物が埋設等による最終的な処分がなされるまでの間、事業所外において管理を行う行為または最終的処分に適した性状に処理を行う行為を廃棄物管理として規定している。

　図 6-2 中の管理と処分が廃棄物管理であるが、具体的には低レベル放射性廃棄物のドラム缶詰め、使用済み燃料の中間貯蔵、返還ガラス固化体の冷却保管、などである。その他図6-2 には IRRS によって改善が指摘された事項に従い制定する規程類も記入した。

6.3.2.3 廃止措置に係る課題と提案

　次いでワークショップでは、日本原子力発電山内豊明氏から廃止措置を実施する事業者の立場からの課題と提案があった。同氏は廃止措置を実施している米英仏露の海外諸国の経験を聞く国際ワークショップに参加して得た知見も踏まえて、廃炉のコスト増大を招くことは国民の負担を増すことから廃止措置を安全、着実、合理的に実施することは事業者にも地元にも国民にとっても必要であるとの観点から合理的な廃止措置に必要な基本条件を論じるとともに、その課題解決に向けた提案を行っている。

　以下、同氏による合理的な廃止措置に必要な基本条件の論点と提言の概要を紹介する。

(1)廃止措置のカルチャーとマインドを持つ組織と要員

①基本条件の論点

　廃止措置は、研究開発や運転保守と異なり、基本的に実績のある既存技術で実施できる。目標は安全を前提に如何にコストを少なくして如何に早く廃止措置を達成できるかであり、プロジェクトのコストとリスクの最適化を計るマネージメントが重要であり、まずは事業者がカルチャーとマインドを変えないと目標が達成できない。規制や地元にも発電段階との違いを理解し、協力をお願いしたい。そのうえで廃止措置の工事契約者や個人にインセンティブを与える仕組みが必要である。また廃止措置は長期にまたがるので経験とノウハウ維持のため人材育成が必要である。

②課題解決への提言

　廃炉は、研究開発と発電とは異種業務として組織分離し、廃止措置に相ふさわしい体制を構築する。また廃止措置プロジェクトの専門家を養成すること。

(2)使用済み燃料と撤去物の搬出先、終了確認基準

①基本条件の論点

　解体廃棄物の埋設設備は L1、L2、L3 ともにまだ存在していない。L1 については規制基準の策定中、L2 については運転中の廃棄物埋設施設は六ケ所村に存在する（後述）。L3 については東海で審査中であるが、各事業者が個別に検討している。各事業者は使用済み燃料の搬出先の確保も迫られているが、一部電力では既に中間貯蔵施設を建設中である。検認後のクリアランス物の取り扱い制限の解除が必要であり、クリアランスの対象物の拡大、検認の保守性の軽減と法的手続きの簡素化を事業者は要請している。NR 判断における汚染の履歴のないことを前提としたゼロリスク規制は費用と工程を複雑化させると指摘している。廃止措置終了時のサイト解放基準は規制委員会で検討中である。

②課題解決への提言

　クリアランス関連規制の簡素化と運用により、規制手続きコストの軽減を図る。廃止措置のプロジェクトリスクを地元と共有し、利害関係者の協働により責任ある廃止措置を達成する。

(3)廃止措置の資金と会計制度

①基本条件の論点

　商用炉の場合、廃止措置費用は資産除去債務として会計上認識し、解体引当金として内部留保している。廃炉会計制度により、廃止決定以降に残存簿価を償却可としている。

②課題解決への提言

　先行炉の経験を後続炉の費用抑制に活用するなど海外経験を反映して費用増加リスクを低減する。商業炉には資金制度があるが、サイト解放基準など将来に期待した評価になっていて引当額に不確かさがある。研究開発施設の廃止措置資金制度が必要である。国内で廃炉

措置資金と経験・ノウハウを全国で有効に共有し、活用できる枠組みが必要である。

(4)合理的な規制と運用

①基本条件の論点

　廃止措置の期間中は、図6-3に示したように運転時に比べてリスクは大幅に低下する。だからいつまでも原子力施設という意識から脱却して放射線取扱い関連施設として合理的に廃止措置段階や低レベル廃棄物埋設に相ふさわしい規制としてグレイデッドアプローチが求められている。

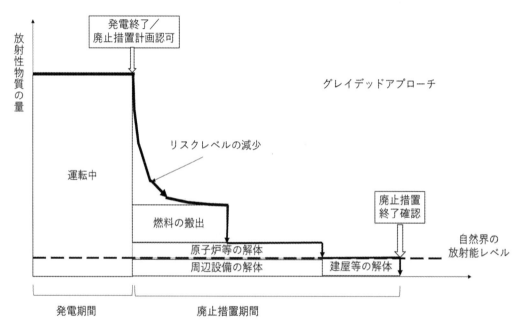

図 6-3　グレイデッドアプローチ

②課題解決への提言

　廃炉措置規制のグレイデッドアプローチの具体的な展開と、事業者と規制当局とのコミュニケーションの場の創成を提言している。

6.3.2.4　さまざまな原子力施設の廃止措置と廃棄物処分

　日本においてこれから始まる JAEA の高速炉もんじゅと東海村再処理工場の廃止処分は、実用型原子力発電所の廃止措置とは内容、規模が大分異なっている。ここでは廃炉措置ワークショップで電事連から発表された日本の原子力発電所 57 基の低レベル放射性廃棄物処分の現状と課題をまず紹介したのちに、もんじゅと東海村再処理工場の廃止措置については JAEA の HP に記載の情報をもとに紹介する。

(1)実用原子力発電所の廃止措置の現状

　民間事業者の実用原子力発電所の廃止措置の実施経験は、日本原電東海発電所（GCR）と中部電力浜岡 1, 2 号炉があり、それぞれで発生した廃棄物の分類区分（L1,L2,,L3,CL,NR）の実施経験をもとに、現在の日本の実用原子力発電所 57 基の廃止措置に伴い発生する廃棄物量は、表 6-6 のようにまとめられる。なお同表では東海発電所と浜岡 1, 2 号炉は実態調査を反映しているが、その他の PWR、BWR は標準プラントの推定値から出力規模小、中、大に分けて推計している。

表 6-6 日本の実用原子力発電所 57 基の廃止措置に伴い発生する廃棄物量（単位トン）

区分	BWR 小規模	BWR 中規模	BWR 大規模	PWR 小規模	PWR 中規模	PWR 大規模	GCR	５７発電所合計	
								合計	比率
L1	50	70	80	120	190	200	1,540	8,000	ca.2%
L2	760	830	850	710	1,230	1,720	8,950	63,000	
L3	5,530	6,750	11,810	1,850	2,570	4,040	12,300	380,000	
CL	9,710	9,750	28,490	3,970	8,080	11,660	41,100	890,000	ca.5%
NR	130,620	220,430	495,420	187,150	215,750	477,300	128,700	18,500,000	ca.93%
合計	146,670	237,830	536,650	193,810	227,820	494,920	192,400	20,000,000	100%

　日本では運転中の商業原発からの低レベル放射性廃棄物の埋設処分は日本原燃六ケ所低レベル放射性廃棄物埋設センターで操業中である。これは L2 に相当するものであるが、廃止措置に伴う低レベル廃棄物の埋設処分については L1、L2、L3 それぞれの処分法の適当な技術を検討中で、許可基準規則も検討中ないし未定である。

　低レベル放射性廃棄物埋設の詳細は日本原燃六ケ所低レベル放射性廃棄物埋設センターの下記 URL 参照：https://www.jnfl.co.jp/ja/business/about/llw/summary/

　電気事業連合会ではとくにクリアランスの対象物の取り扱い（クリアランスできる対象の拡大と認可申請から確認までに長時間を要すること、その再利用先の制約）について国の規制の改善を望んでいる。

(2)もんじゅ

　2016 年 12 月の原子力関係閣僚会議でもんじゅ廃炉の決定の後、もんじゅ廃止措置推進チームが設置されて約 1 年の検討の結果、2018 年 3 月廃止措置計画が認可された。その計画によると、2018 年から 2022 年までの第 1 段階では燃料体取り出し期間として 2023 年から 2047 年まで第 2 段階の解体準備期間、第 3 段階の廃止措置期間Ⅰ、第 4 段階の廃止措置期間Ⅱの 3 つの段階に分け、燃料取り出し作業は第 1 段階、ナトリウム機器の解体準備作業は第 2 段階、ナトリウム機器の解体撤去は第 3 段階、汚染の分布に関する評価作業は第 1

段階から第 2 段階、水・蒸気系発電設備の解体撤去は第 2 段階から第 3 段階、建物等解体撤去は第 4 段階、放射性固体廃棄物の処理・処分は第 1 段階から第 4 段階まで実施となっている。

　実施にあたっては原子力機構を改組し、原子力機構のその他の組織および理事長とは独立に自主的運営を行う敦賀廃止措置実証部門において、もんじゅとふげんの双方の廃止措置を国内外の専門家、プラントメーカー、電力からの支援を得て双方の廃炉措置プロジェクトを遂行するとしている。資金については 30 年間 3750 億円と試算している。

　もんじゅの実質運転期間は短かったし、MOX 燃料は取り出し後の再利用も可能であるが最大の課題は大量のナトリウムの回収とその後のナトリウム機器の解体としている。

　「もんじゅ」廃炉計画と「核燃料サイクル」のこれからについては資源エネルギー庁の下記の URL を参照した。https://www.enecho.meti.go.jp/about/special/johoteikyo/monju.html

(3)東海再処理工場

　日本原子力研究開発機構の核燃料サイクル工学研究所の再処理施設（以下「東海再処理施設」）は、我が国初の本格的な再処理施設で、1977（昭和 52）年にホット運転を開始して以降、2007（平成 19）年 5 月まで運転を行い、商業用発電炉である軽水炉及び新型転換炉「ふげん」の使用済燃料等を合計約 1,140 トン再処理してきた。この間、施設の運転・保守や高レベル放射性廃液のガラス固化、ウラン・プルトニウム混合転換等の独自技術の開発を通して、再処理技術者を始めとした国内産業基盤の育成に寄与するとともに、六ケ所再処理工場への技術移転を行い、我が国における再処理技術の確立に貢献してきた。

　東海再処理施設は、2017(平成 29)年 6 月に廃止措置計画の認可申請を行い、2018（平成 30）年 6 月に認可を受けた。再処理施設の廃止措置は、欧米でいくつかの先行例があるものの国内初となる大型核燃料施設の廃止措置であり、廃止措置の完了（全施設の管理区域解除）までには、約 70 年を要する見通しである。資金については約 70 年総額約 1 兆円とのことである。

　廃止措置においては、保有する液体状の放射性廃棄物に伴うリスクの早期低減を当面の最優先課題とし、これを安全、確実に進めるため、施設の高経年化対策と新規制基準を踏まえた安全性向上対策を重要事項として実施する。廃止措置期間中においても使用済燃料の貯蔵、放射性廃棄物の処理・貯蔵、核燃料物質の保管を継続して行う必要があることから、これらの施設及び緊急安全対策等として整備した設備については性能維持施設とし、再処理運転時と同様に性能を維持する。

　機器の解体等の廃止措置における安全対策は、過去のトラブル等の経験を十分踏まえた上で、放射性物質の施設内外への漏えい防止及び拡散防止対策、被ばく低減対策並びに事故防止対策を講じる。

　低レベル放射性廃棄物については、必要な処理を行い、貯蔵の安全を確保するとともに、廃棄体化施設を整備し廃棄体化を進め、処分施設の操業開始後随時搬出する。

　再処理工場の廃止措置では、原子力発電所と比較して FP/TRU の放射線量が比較的高く、Pu や U の放射線量は低いが、放射性物質を扱う機器、配管が広範囲に汚染されていて、セル内、グローブボックス内など広い範囲が汚染されている。約 30 の管理区域を有する施設で順次廃止措置を進める上で工程ごとに FP，U，Pu が混在したり分離したりして組成が異なっていることから廃止措置着手時の核燃料物質等の回収できめ細かく質量保管管理が必要な上に、系統除染も必要である。

　東海再処理施設の廃止措置については国立研究開発法人日本原子力研究開発機構核燃料サイクル工学研究所の下記の URL（2018 年 12 月 21 日）を参照した。

https://www.jaea.go.jp/04/ztokai/summary/images/center/20181221_mura-genankon.pdf

6.3.3　まとめ

（1）実用原子炉の廃止措置

　技術的には開発要素はなく、既存の方法を組み合わせてルーチン的に実施するだけのように見えるが、国内原発で廃炉措置を行う原発の数が一挙に増えたので、これをまとめて実施する事業主体を発足させて効果的に進め経費を削減することが求められている。規制庁においては廃止措置の各段階に関わる基準も検討中である。一方、事業者側では各種埋設設備の工法や用地の確保も未定である。いずれにせよ相当長期間にわたり廃止措置事業が続く。

（2）JAEA のもんじゅと東海再処理工場の廃止措置

　国の原子力予算で賄うことになると、原子力全体の研究開発予算での他事業の予算を圧迫することになる。もんじゅでは先行するふげんの廃止措置と合体して敦賀で実施するので人材と経験が共有できるところが大きい。東海再処理工場の廃止措置は当初に液体廃棄物の廃止措置を安全管理に注意しながら行い、その後、多くの異なった施設で、核拡散防止のセキュリティ、保障措置を実行しながら除染・解体に着手するため長年月に渡る。

　JAEA 内に廃止措置の部門を独立部門として敦賀、東海に設立し、そのための人材をふげん、もんじゅ、そして東海再処理工場の経験を継承しながら新たな課題にも対応していくとのことである。全体として 70 年の期間の資金をどのように維持するのか、国には格別のアイデアがあるのだろうか？

6.4　再考すべき高レベル放射線廃棄物の処理処分事業のあり方

6.4.1　はじめに

　日本の従来の原子力政策では、軽水炉型原子力発電所での使用済み核燃料は全量再処理し、回収したウランとプルトニウムは MOX 燃料を生成して軽水炉でのモックス燃料利用（プルサーマル）と高速炉での利用に供与する一方、再処理で生成される高レベル放射性廃

物はガラス固化体として、また TRU を含めてこれを最終的に国内で適地を見つけて地層処分するという方針で進んでいた。そして高レベル放射性廃棄物の地層処分する事業体として法律で原子力発電環境整備機構（NUMO）が 2000 年に設立され、NUMO が実施主体として最終処分場の公募活動が開始された。

　2010 年 9 月 7 日原子力委員会（近藤駿介委員長）は、日本学術会議に高レベル放射性廃棄物の処分の取り組みにおける国民に対する説明や情報提供のあり方について提言を求める依頼を行った。この依頼を受けて日本学術会議は検討委員会を設けて審議を行い、2012年 9 月、2015 年 4 月の 2 回にわたって 12 の提言を行っている。日本学術会議の提言は、暫定保管の方法と期間、事業者の発生責任と地域間負担の公平性、将来世代への責任ある行動、最終処分に向けた立地候補地とリスク評価、合意形成に向けた組織体制に関わるものであり、多くの国で処分地と国民の合意形成が進められており、日本でも早急な対応が望まれるとしている（日本学術会議高レベル放射性廃棄物の処分に関するフォローアップ検討委員会（2015））。

　福島事故後、国は、NUMO 任せにせず国がもっと前面に出るべしと、科学的有望地マップを提起し、また原子力委員会は日本学術会議の提言で第一に言及している暫定保管も考慮し、全体として可逆性・回収可能性の担保、幅広い選択ができるように代替オプションを含めた技術開発を進めること、使用済み燃料の貯蔵能力を拡大すること等を勧告した。NUMO 自身は全国に理解活動を展開する対話の場を設け、包括安全評価報告書（safety case）の評価の枠組みを作った。そして、国は信頼性確保のため原子力委員会の関与を明確にし、原子力規制委員会は安全に関わる基準作りに関わるべし、とした。2020 年 11 月現在地層処分場の文献調査応募に北海道の 2 自治体(寿都町、神恵内村)が名乗りを上げている。

　原子力委員会の諮問を受けての日本学術会議の答申（日本学術会議高レベル放射性廃棄物の処分に関するフォローアップ検討委員会（2015））以外の、原子力委員会における原子力白書の内容、NUMO における HLW 地層処分事業の状況や科学的特性マップ等についてはそれぞれが公開する以下の URL に譲る。

　　原子力白書における高レベル放射性廃棄物地層処分については原子力委員会の下記の URL を
　　参照：http://www.aec.go.jp/jicst/NC/about/hakusho/index30.htm
　　HLW の地層処分事業の状況や科学的特性マップ等については NUMO の下記の URL を参照：
　　https://www.numo.or.jp/

　そして本節における表題の、"再考すべき"としているのはどういう意味かを 6.4.2 節以降に論じる。

6.4.2　科学的有望地フレームの再考すべき事項

　まず、今の科学的有望地フレームの中での何らかの再考をする事項にはまだどのようなものがあるのか？　松岡は、科学的有望地政策の社会的受容性の考察から考慮すべき事項

を羅列している（松岡俊二（2017））。松岡氏は、まず国が任命した社会科学的見地からの専門ワーキンググループによる適地条件の提案をまたずに、地層処分技術ワーキンググループが社会的受容性の判断を社会科学的専門性の低い NUMO に丸投げしたことを批判ののち、同氏は 4 つの観点から科学的有望地政策の社会的受容性を論じ、結論として以下の理由から否定的見解を述べている。

（1）技術的受容性

　技術的受容性の観点から次の 3 点をあげている。

①日本社会には「人体に影響がないまでに放射能が減衰するには数万年を要すると計算される高レベル放射性廃棄物の安全性を現代の科学者が保障することはできないという認識」が存在し、「処分地を引き受ける場所がないのは、実施機関である NUMO の説明や情報提供のありかたの問題以上に、処分の安全性そのものが保証されていないから」との考え方（今田高俊・鈴木達治郎・武田精悦・石橋克彦・山口幸夫・船橋春俊・先木良雅弘・山地憲治・柴田徳思・大西隆　（2014））がある以上、地層処分技術ワーキンググループの設定した「回避すべき範囲」と「回避が好ましい範囲」に係る要件・基準に対する社会的信頼性は余り高いとは言えない（例えば火山から 15km 以上あれば安全とか、10 万年で 300m 隆起・侵食という線引きなど）。

②NUMO はガラス固化体による地層処分方法を前提・与件にしているため、直接処分や暫定保管といった技術的選択肢が考慮されていない。最初から極めて限定した設定の中での議論であり、そのような議論の手続きは妥当なのかという社会的な疑問に答えられない。

③絶滅危惧種などの生物多様性保全や文化財・歴史的景観保全といった観点がない。

（2）制度的受容性

　社会受容性の中の制度的受容性とは社会的・政治的適応性であり、具体的には次のような倫理や原理面における政策の正統性や一貫性である。

①今回の科学的有望地政策の正統性は、安易な基本方針の変更と専門的検討の放棄という点から正統性を支える手続き的正当性に著しく欠けている。

②福島事故後の世論調査によれば一貫して約 6 割の国民が原発再稼働に反対している状況は原子力政策全般への社会的信頼が失われていることを示している。さらにもんじゅの廃炉やプルトニウム余剰問題を鑑みると核燃料サイクル政策の限界を示している。漠然と再処理を前提としたガラス固化体の地層処分の科学的有望地を提示するという政策は一貫性に乏しい。

（3）市場的受容性

経済性を見る市場的受容性からは、原子力委員会による使用済み燃料の再処理の場合は 1.98 円／kWh と評価しており、直接処分の 1.02 円／kWh より経済性に劣る。

（4）地域的受容性

①輸送時の安全性という社会的観点が技術的な基準に入っていながら自然環境的影響や社会文化的影響の社会受容性の観点が欠落している。

②文献調査受け入れ後の交付金は社会的公正性から問題がある。

③将来世代のリスクに対して現在世代が便益を得るのは世代間の分配の公平性に問題がある。可逆性や回収可能性は科学的有望地の議論にどのような関わりがあるのか？

つまり、今の科学的有望地政策のままでは、進展できないと再考を求めている。

6.4.3 応募自治体が原子力反対運動により今後も現れない可能性

過去に NUMO の公募事業に応じようとする自治体がでてくると、原子力反対運動のターゲットにされ、地元が辞退したことが続いた。この傾向は日本だけでない。ドイツのゴアレーベンや米国のユッカマウンテンのようにサイトが決まると反対運動のターゲットにされ、市民運動で抵抗されていつまでも事業が進展しない事態になる可能性がある。前掲の松岡氏の社会的受容性の観点からの批判的議論に鑑みると現在のスキームでも反対運動に対して説得力の点で問題があるのではないか？

なお本書の執筆中北海道の自治体で 2 か所(寿都町、神恵内村)が文献調査に応募している。

6.4.4 代替オプションについての考察

直接処分の方がコストは低くなる。また後で回収も考えるということなら地上であるいは浅い地下で暫定保管ということも考えられる。だが、直接処分にせよガラス固化体にせよ、自然界の放射能レベルまで下がるのに気の遠くなる年月がかかるというのは問題である。

そこで消滅処理技術開発による減容短寿命化の可能性がある。これには高速炉による TRU 専焼炉、ADS などがあるが、これらの研究開発については第 7 章に述べる。

地球の地殻運動のメカニズムに任せる海底処分の可能性や、ロケットで深宇宙探査の動力源に Pu や TRU を利用するアイデアもある。こういった研究開発に関わる問題をガラス固化体の地中処分事業が使命の NUMO にぶつけても回答は無理であり、原子力委員会は国としての研究開発のあり方を検討すべきである。

6.4.5 国策民営事業としての実施の再考

NUMO は国が法律で決めたガラス固化体埋設事業をするというのが使命であり、ガラス

固化体以外の別の埋設方法を研究開発することまで事業内容にした実施機関ではない。2000 年設立の NUMO が 2002 年から公募開始以来現在まで引受先自治体が名乗り出ないなら、このような形の HLW 地層処分推進活動は再考したほうが良いかもしれない。よしんば名乗りをあげた自治体にすんなり決まったとしても、高レベル放射性廃棄物を地層処分場に埋めたのち坑道を埋めてしまってからでは回収するのは困難である。それでは逆戻りできないようになるのはいつからなのか？　そもそもこれから電力事業は自由化するので今の民間電力会社はこの先いつまでも存在するとは考えられない。それなのに NUMO は国策民営の半官半民事業というのはおかしい。こういうスキームはいつまで続けられるのか？　国が使用済み燃料の貯蔵能力を拡大することを考えているなら、当面高レベル放射性廃棄物は暫定保管でその最終処分問題の決着は引き伸ばせばよい、ということなのか？

　いずれにせよ高レベル放射性廃棄物の処理処分問題は、既に原子力発電を開始した当初からいずれは解決せねばならないことは認識されており、我が国では核燃料サイクル技術を確立して使用済み核燃料を再処理して、プルトニウムを回収して高速炉で利用することにより天然ウラン資源の利用効率を高め、エネルギー保障に貢献する、再処理で排出される高レベル放射性廃棄物はガラス固化体にする。すなわち使用済み燃料を直接処分するよりは高レベル放射性廃棄物を減量化して放射能レベルの減衰も早めるとしてきた。それでも自然放射能レベルに減衰するのに 1 万年もかかるのでは長すぎるし、他のオプションにチャレンジせず、現在の制約ではガラス固化体の地層処分しかないというのでは余剰プルトニウム問題の解決にもならず芸のない話である。科学技術が飛躍的に進歩する人類文明に期待してもっとベターな解決策にチャレンジすべきでないか？

　科学的有望地方式すら社会的受容性がないと批判するむきもあることだから、原子力委員会は 6.4.2 節から 6.4.4 節に述べた議論を深化させ、一方、政府や国会では NUMO を基金化して JAEA の研究費や福島廃炉・賠償に転用し、国庫負担を少しでも軽減する、要するに原子力の国策民営事業のあり方の見直しの一環として考えたほうが良いかもしれない。

6.5　福島第一原発の解体廃炉、除染と福島の復興

　本節では、シビアアクシデントを起こした原発の解体廃炉と、シビアアクシデントによる周辺環境の放射能汚染を除染して避難民の帰還を進め、復興させるという、およそ過日の安全神話の原子力村では"考えてもいないどころか、寝た子をおこすようなことを考えてはいけない問題"に、福島事故後約 10 年の間年余どのように取り組んできたか、それらを新たな放射性廃棄物の処理処分問題を中心にして述べる。まず 6.5.1 節に事故原発の解体廃炉、次いで 6.5.2 に放射能汚染された地域の除染と地域復興を述べる。

6.5.1　福島第一原発の解体廃炉

　福島第一原発の法律上の取り扱いについては、既に第 2 章 2.4.1 節に述べたように、事故

を起こした福島第一発電所の6基の原子炉は2012年改正の原子炉等規制法に基づき、同年11月に「特定原子炉施設」に指定された。特定原子力施設とは、深刻な事故を起こしたため、国が30〜40年の長期にわたって管理する原子力施設で、特定原子力施設に指定すると、国は電力会社などの原子力施設事業者に対し、法的に廃炉作業の安全確保策などを盛り込んだ実施計画の提出や変更を命令できることになっている。

6.5.1.1　解体廃炉の福島再生復興との関わり

福島事故の被災地である福島県の再生復興には、安全で着実な福島第一原発の解体廃炉作業が大前提であり、30-40年の長期にわたって続くため、廃炉を支える周辺産業（宿泊施設や飲食店など）や現場作業員、エンジニアなど、様々な形で地元の人々が関わっていくことが大前提になっている。福島の復興構想の一つとして位置付けられている福島県の浜通り地域で新たな産業基盤の構築を目指す福島イノベーション・コースト構想の取り組みにおいて廃炉が重点分野の一つになっており、既に地元企業が廃炉現場の最前線で困難な作業に挑戦している。また、この地域で様々な研究開発拠点の運用が始まっており、人材教育と研究開発の面でも廃炉は地域と密接にかかわっている。廃炉への地域の参画とそれによって培われた技術力をもとにさらにここの地域が活性化することが期待されている。

6.5.1.2　廃炉の推進体制

廃炉の推進は東京電力が責任をもって進め、国は一日も早い福島の復興に向けて廃炉が安全にかつ着実に進むように全体の工程を策定して、それに基づいて廃炉の状況をチェックし、さらに難しい技術に関する研究開発の支援を行っている。このような世界に前例のない取り組みのため、国や東京電力だけでなく国内外の協力が必要で、そのため、国は原子力損害賠償・廃炉等支援機構（NDF）を作り、さらに研究開発機関や海外企業などが技術開発や協力している。以上のような廃炉の推進体制での分担を図6-4に示す。

研究開発は東電によるものの他、2013年8月に発足の国際廃炉研究開発機構（IRID）が設置した廃炉研究開発連携会議の場で、廃炉に必要な研究開発ニーズと大学・研究機関での基礎シーズのマッチングのための情報発信交流の場の構築、フォーラムやシンポジウムを開催している。こうした活動の中心的な組織としてJAEAの「廃炉国際共同研究センター」の機能を強化して富岡町に整備した国際共同研究棟、「楢葉遠隔技術開発センター」（モックアップ試験施設）、「大熊分析・研究センター」（放射性物質分析・研究施設）を設けている。東電では「TEPCO　CUUSOO」と称するオープンイノベーションプラットフォームによってニーズを公開して国内から広く参画を募集の他、地元企業社員の研修施設として「福島廃炉技術者研修センター」を設置している。国際社会との協力では、IRIDは「福島第一廃炉国際フォーラム」を開催して情報交流活動に貢献している。

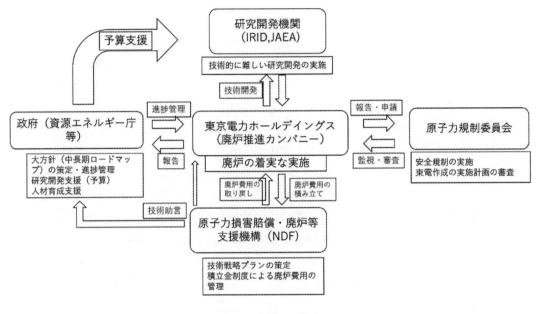

図 6-4 廃炉の推進体制

6.5.1.3 対象の福島第一原発の事故時の状況

　特定原子炉施設に指定された福島第一原発には 1 号炉から 6 号炉まで 6 基の原子炉があった。6 基ともすべて沸騰水型原子炉（BWR）である。2011 年 3 月 11 日東日本大地震発生時には 1 号炉から 3 号炉までが定格出力運転、4 号炉は定期検査停止中で原子炉の燃料はすべて使用済み燃料プールに移動された状態、1 号炉から 4 号炉とは若干離れた場所の 5 号炉と 6 号炉は定期検査停止中で冷温停止状態だった。

　東日本大地震発生後約 1 時間後に襲来した大きな津波によってこれら 6 基の原子炉がどのようになったかは日本原子力学会事故調報告書第 3 章（日本原子力学会東京電力福島第一原子力発電所事故に関する調査委員会(2014)15-33 頁）に比較的詳しく記載されている。これによると原子炉がメルトダウンしたのは 1 号炉、2 号炉、3 号炉である。原子炉建屋は 1 号炉、3 号炉、4 号炉の順で水素爆発したが、2 号炉建屋は水素爆発しなかった。2 号炉の原子炉建屋が水素爆発しなかったのは 1 号炉建屋の水素爆発で 2 号炉建屋のブローアウトパネルが吹き飛ばされていたためであり、原子炉に燃料のなかった 4 号炉の建屋が水素爆発したのは、3 号炉の原子炉メルトダウンで生成された水素ガスが 3 号炉と 4 号炉で供用されていた排気塔への配管を経由して 4 号炉建屋にも逆流したためとされている。そして 4 号炉燃料プール中の使用済み燃料は損傷していなかったとされている。

6.5.1.4 廃炉のための課題

　福島第一原発の廃炉は、とくに 1 号炉から 3 号炉がメルトダウンしているので、通常の運転を終えた原子炉の廃止措置と全く異なって非常に困難な事業である。まず、壊れた原子

炉容器の中では燃料棒がメルトダウン（融けて流れ落ちること）して原子炉容器の底にたまり、一部は炉容器からさらに原子炉格納容器の底にまで落ちて燃料被覆管や制御棒などと融けて混ざり合った状態で固まっている（これを燃料デブリという）。これらの燃料デブリは崩壊熱によりまだ発熱が続いているので壊れた原子炉に水を流し込んで冷やし続けないと燃料デブリがまた溶融し、燃料の集まり具合ではまた臨界状態になって危険な状態になる可能性（再臨界）がある。一方、再臨界を避けるために壊れた原子炉に流し続ける水以外に、壊れた福島原発の格納容器に地下水や雨水が流れ込んでこれらが混合して格納容器下部にたまる。この水はデブリを冷やすときに生じた放射能を帯びた水（汚染水）であり、これをくみ出して放射能を除去する処理を継続し続ける汚染水対策が必要である。

　この汚染水対策に関して、マスコミ報道では福島のサイトの汚染水を処理して貯めたタンクが増え続け、ついにはタンクを建てる余地がなくなったのでタンクにたまった放射能のトリチウム水を海に放出することに対し、日本の規制委員会を含めて専門家たちはそれでよいとするのだが、韓国や中国が反対している、地元の漁協も日本の環境大臣も福島海産物への風評被害を恐れて反対している、といった側面だけをセンセーショナルに取り上げている。

　だがこれまで行われた汚染水対策の全体を見れば、汚染水を減らすための凍土壁工事、サブドレン工事、鋼鉄製遮水壁工事、地下水バイパス工事、フランジ型から溶接型のタンクへの切り替え、多核種除去装置 ALPS の開発と多角的な新型工事技術と設備改造によって、汚染水発生量を大幅に削減していること、タンクにためている処理済みの水も飲料水の基準を満たす放射能濃度に既に下回っていること、サイトの敷地境界でも 1 mSv／年以下になっている、とのことである。そんなにきれいな水になっているのならば、サイト内で必要な生活用水や工事用水として利用し、あとは下水処理するだけでよさそうだが、何故そうしなかったのだろうか？

　ALPS で除去できない β 核種のトリチウムが問題のようである。トリチウムの分離技術そのものは既にあるが、福島サイトに林立するタンク群のトリチウム水の処理にはいずれの方法もコスト面から技術的適用が難しく、海外での重水炉発電所や国際熱核融合炉 ITER のあるフランスカダラシュ原子力センターで行っているトリチウム水対策のやり方として純水と混ぜて希釈して海に流すやり方を踏襲するのでよさそうであるが、これに上述のような反対が多くてなかなかそれが実施しにくいようになっている。

　いずれにせよ燃料デブリを水で冷却しつづけることがトリチウムのできる理由であり、汚染水対策は燃料デブリを全部取り出せるまで続く問題である。

　さて、原子炉建屋の中には使用済み燃料プールがあって、この中にはまだ使用済み燃料が残っているので、これらの使用済み燃料を壊れた原子炉建屋から取り出す作業である使用済み燃料プールから燃料を取り出す作業が必要である。これは 1 号炉から 4 号炉まで行われる最初の関門である。まず損壊した 4 基の原子炉が台風や地震、津波の襲来でまた損壊しないように補強工事が必要であり、使用済み燃料の取り出しやその後の格納容器からの

　いろいろな取り出し作業時に気体性放射性物質が大気に放散しないように大きなドームを取り付けることも必要である。

　原子炉容器底部や格納容器底部に残存する燃料デブリの状態を確認し、それを取り出す作業は人間には接近できない高放射線環境であり、このための観察や解体、取り出しは遠隔ロボット技術を新たに開発しないと遂行できないので最もチャレンジングなところである。この燃料デブリ取り出し作業が完了しないと、汚染水対策も終えることができないし、通常の原子炉の廃止措置に相当する原子炉施設の解体等の作業を始めることができない。

　2011 年 3 月の福島事故以来 30〜40 年かけて行われる廃炉作業の全体工程の概略を図 6-5 に示し、原子炉建屋内で行われる 3 つの作業である燃料デブリの取り出し、使用済み燃料プールからの燃料の取り出し、汚染水対策の場所を図 6-6 に図解する。燃料取り出し、燃料デブリ取り出し、原子炉施設の解体等の作業工程の概略は図 6-7 のようになる。

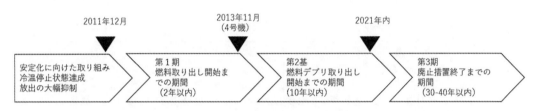

図 6-5 廃炉作業の全体工程の概略

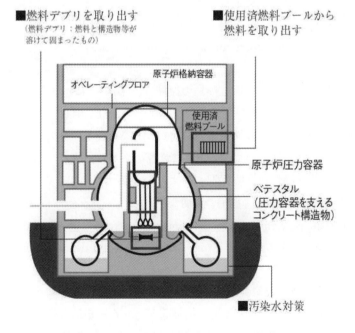

図 6-6 原子炉建屋内で行われる燃料デブリの取り出し、
使用済み燃料プールからの燃料の取り出し、汚染水対策の場所の図解

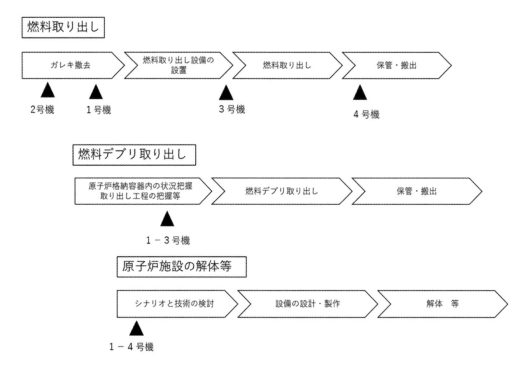

図 6-7 燃料取り出し、燃料デブリ取り出し、原子炉施設の解体等の作業工程の概略

　実際の工程計画と作業の内容、及び進捗管理の調整は、廃炉・汚染水対策関係閣僚等会議が承認する中長期ロードマップによってオーソライズし、公表されている。

福島廃炉の中長期ロードマップ については東京電力の下記 URL 参照：

https://www.tepco.co.jp/decommission/information/committee/

　以上のように福島第一原発の廃炉と福島の復興は、図 6-4 に示した体制で国をあげて取り組まれている。汚染水対策、燃料取り出し、燃料デブリ取り出し、原子炉施設の解体等の作業工程とそれぞれを支える研究開発と人材育成、国際社会との協力、地域との共生およびコミュニケーションの強化については、経産省資源エネルギー庁による「廃炉の大切な話」および東京電力による「廃炉作業の状況」により、最新状況を知ることができる。

経産省資源エネルギー庁による「廃炉の大切な話」：

https://www.meti.go.jp/earthquake/nuclear/images/reactorpamph2019.pdf

東京電力による「廃炉作業の状況」：https://www.tepco.co.jp/decommission/progress/

6.5.1.5 福島第一原発の廃炉の意義

　福島第一原発の廃炉は、東日本大震災と福島原子力発電所事故で被災し、社会インフラが破損した東北日本と福島の復興と将来の飛躍を目指す一大科学技術・社会イノベーションプロジェクトにも位置付けられている。そこで取り組まれている汚染水対策、燃料取り出し、

燃料デブリ取り出し、原子炉施設解体作業は、地元産業の協力で行われ、これらの活動を通じて新たに創成された技術成果は、日本のさまざまな先端産業分野に波及効果を及ぼしていくであろうし、福島事故で挫折した国内原子力関連産業のこれからの新たな展開にも貢献するであろう。そのためには放射能のもたらすリスクについての知識をいわゆる関係者（ステークホルダー）が高めて、国際関係を含めて一般社会とのリスクコミュニケーション活動に活かすことが求められるし、目下のトリチウム水を海に流す問題を取り上げてもその重要性が指摘できる。

6.5.2 除染と放射性廃棄物、福島の復興

　これまでが原子力施設内の問題（オンサイト）であるのに対し、福島事故により放射能汚染された地域の除染、中間貯蔵、立ち入り禁止解除に関する取り組みはオフサイトでの施設外の放射性廃棄物の処理処分の問題である。

　この問題は、福島事故以前に JCO 事故後まがりなりにも導入された重大事故時の住民退避計画とは異なり、前節 6.5.1 に述べた事故を起こした福島第一原子力発電所の廃炉と同様、そもそも全く考えられていなかった問題である。それは当然である。何しろ安全神話を前提にすれば環境に広範な放射能汚染をもたらす重大事故など思いもよらないことである。

　歴史的には旧ソ連で 1986 年に起こったチェルノビル事故では、原発の爆発で飛散した放射能によって東ヨーロッパ地域が広範に汚染された。旧ソ連では住民が事故直後退避した広範囲な汚染地域は立ち入り禁止区域として永遠に隔離され、避難した住民は別の場所に移住させる政策を取った。旧ソ連にはいくらでも土地があり、汚染された土地は立ち入り禁止にし、避難した住民は新しい土地に移住すればよかった。

　ところが狭い日本では旧ソ連のようにはいかない。国土が狭い国に危険な原発を立てるのに反対する住民訴訟の裁判で、原子力安全委員長が格納容器は絶対に壊れないと証言しないと国は裁判で勝てず、これによって原子力安全神話が社会に浸透した。また、これなくして原発立地も進まず、50 基を越える原発が立つことはなかっただろう。

　しかし実際に福島事故で退避計画の範囲を大幅に超えて広範な地域に拡散した放射能による環境汚染の実態を前にして、市民や自治体は学校や道路、田畑、店、工場、自宅に降り積もった放射能を取り除いて生活を再開しようとした。これがきっかけになり日本政府は汚染地を除染し、避難民を帰還させる政策を取った。

　旧ソ連のように住民を移住させるのでなく、元の場所に帰還させる政策を取ることによって生じた問題には、環境モニタリングや除染のための有効な技術の開発、莫大な数の避難民への賠償をどうするかその仕組みを創出することに加えるに、個別に生じた訴訟問題もあるが、ここではその帰還政策の中心である福島地域の除染とそれによってもたらされた放射性廃棄物をどのように処分しようとしているのかについて述べる。

6.5.2.1 汚染された地域の除染対策

　まず除染に伴って発生する放射性廃棄物の処理処分の問題を中心に述べる。以下その経緯について参考文献（礒野弥生（2015）日本原子力学会東京電力福島第一原子力発電所事故に関する調査委員会（2014）、206-224頁）をもとに整理して述べる。

（1）除染するうえでの法律上の整備
　事故後環境関係の法律が大幅に変更された。それらは以下のとおりである。

①　環境基本法の対象に放射性物質が加えられた。
②　原子力基本法で原子力安全の定義に「環境の保全」が加えられた。
③　原子炉等規制法の目的に「環境の保全」が加えられた。

　福島事故が起こるまでは環境の放射性物質による汚染が想定されず、さらに除染に関する法的仕組みも存在しなかったため、平成23年8月30日「放射性物質汚染特別措置法」（以下特別措置法）が制定された。そして、これに基づき環境省は除染や廃棄物の取り扱いを具体的に説明するガイドラインを2つ策定した。それらは、廃棄物関係ガイドライン（平成23年12月策定、平成25年3月改訂）と除染関係ガイドライン（平成23年12月策定、平成25年5月改訂）である。

（2）特別措置法の考え方と既存の法令との関係
　特別措置法は、安全で円滑かつ迅速な除染と、除染により発生する放射性廃棄物などを安全に処理、貯蔵、処分するために制定されたもので、その基本的考え方は、取り扱うべきものとして、事故由来放射性物質により汚染された廃棄物と、同様に汚染された土壌など（草木、工作物などを含む）に大別し、それぞれについて処理、除染、処分などが講じられていることである。国、地方公共団体、関係原子力事業者の役割分担が費用負担を含めて明確に規定されている。
　特別措置法で除染対象となる汚染された地域は、「除染特別地域」と「汚染状況重点調査地域」に分類されている。「除染特別地域」は国が除染計画を策定し、除染事業を進める地域として指定されている。基本的に事故後1年間の積算線量が20mSvを越える恐れがあるとされた「計画的避難区域」と、福島第一原発から半径20km圏内の「警戒区域」に指定されたことがある区域をさす。具体的には福島県内の11市町村に指定地域がある。一方、「汚染状況重点調査地域」とは年間追加被曝線量が1mSv（1時間当たり0.23μSv相当）以上の地域を対象に指定されている地域で、岩手県、宮城県、福島県、茨城県、栃木県、群馬県、埼玉県、千葉県の合計8県101市町村に指定地域があり、市町村が除染を行う。
　既存の法令との関係では、原子炉等規制法および放射線障害予防法では放射性廃棄物の発生する可能性のある場所は「管理区域」として規制されていることと、事故由来放射性物

質により汚染されたものは「廃棄物の処理および清掃に関する法律」により規制されるところもあることも留意すべきである。

（3）除染に関するガイドライン

　除染に関するガイドラインは、長期的な目標として追加被曝線量が 1 mSv／年以下に低減することを目指し、円滑で効果的な除染を行い、事故由来放射性物質に起因する影響を低減するために、環境省が廃棄物関係ガイドラインと除染関係ガイドラインを作成したものである。ここで「追加被曝線量が 1 mSv／年以下に低減する」という目標設定に対して様々な立場から批判が寄せられてきた。事実この目標まで一律に除染するために莫大な放射性廃棄物量を発生させていることは IAEA からも批判的なコメントが寄せられたようであるが、参考文献（日本原子力学会東京電力福島第一原子力発電所事故に関する調査委員会（2014）209-211 頁）の説明では次のような考え方に立っているようである。

　"ICRP の勧告によれば、現存する被曝状況においては、平常時に適用される線量限度ではなく、状況に応じた「参考レベル」という放射線防護措置の目標値を経済的および社会的要因を考慮して選定し、その値に基づいて防護措置を最適化することを勧告しており、1－20 mSv／年の間で選定すべきとしている。しかし福島事故当時の混乱下ではもっぱら住民の理解獲得上安全側の最低値である 1 mSv／年にしたのであろう"、としている。

　次いで除染の対象核種であるが、住民避難時にはヨウ素やテルル、クリプトンなどの短寿命気体が被曝上問題になるが、避難後の帰還を考えるにはある程度時間後も残っている事故由来の放射性核種のセシウム 134、およびセシウム 137 が中心でストロンチウムは放出量も少なく問題にならないが、計測により検出されれば除染の対象になるとしている。

　さて除染廃棄物の処理であるが、環境省は特別措置法に先立ち平成 23 年 6 月 23 日「福島県内の災害廃棄物の処理の方針」によって処理基準を放射性セシウム濃度 1kg あたり 8000 ベクレルとし、これを越える廃棄物を特別措置法による廃棄物とした。もともと原子力発電所から発生した廃棄物のクリアランスレベルは放射性セシウム濃度 1kg あたり 100 ベクレルであったが、これで福島事故後の除染で出る廃棄物に対応することは到底無理と考えたのである。環境省では当初、福島県においては、図 6-8 に示すように、1kg あたり 8000 ベクレルを越える廃棄物はまず可燃物は焼却施設で焼却し、焼却灰を含めて 10 万ベクレル以下の廃棄物は管理型処分場に埋め立て、10 万ベクレルを越える廃棄物については中間処理場に搬入し、30 年をめどに保管する。

　その他ガイドラインで取りあつかわれる除染の方法、減容の方法、および除染廃棄物などの仮置き場、中間貯蔵施設、最終処分までの実際状況については、以下の URL に詳しい。

　環境省除染サイト放射能汚染された地域の除染、中間貯蔵、立ち入り禁止解除の状況について

　http://josen.env.go.jp/

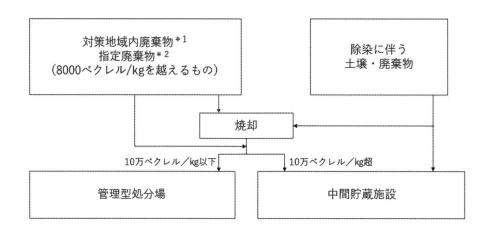

*1 対策地域内廃棄物とは、警戒区域、計画的避難区域の廃棄物でそのうち1kgあたり8000ベクレル超のものは指定廃棄物と同等の処理を行う。

*2 指定廃棄物とは、上下水道汚泥、焼却施設からの焼却灰等で1kgあたり8000ベクレル超の環境省が指定した廃棄物

図 6-8 除染で出る廃棄物の処分の流れ

6.5.2.2 福島の復興と放射性廃棄物問題

(1) 復興庁による復興・再生事業

　東日本大震災で打撃を受けた岩手、宮城、福島 3 県の復興を目的に、内閣府に 2012 年 2 月 10 日復興庁が設置された。復興庁の設置は当初 10 年間の期限だったが平成 2 年 3 月に 10 年間の延長が決められた。

　復興庁による復興の現状と課題については、①被災者支援、②住まいとまちの復興、③産業・生業の再生、④福島の復興・再生をあげて現状と課題の総括を行っている。①については発災直後 47 万人の避難者数は 2020 年 2 月 10 日現在で 4.8 万人のところ、④では福島県全体のピーク時 16.4 万人の避難者が 2019 年 12 月現在 4.1 万人となっている。

　復興庁では 2019 年度以前を集中復興期間とし、それ以降を復興・創生期間としているが、今も残る避難者数が物語るように、福島第一原発事故を受けた福島県がこれからの復興・再生の重点となっている。今も残る双葉町、大熊町、浪江町、富岡町、飯館町、葛尾町での帰還困難区域の復興・再生がこれからの大きな課題であり、復興庁ではこれら 6 町の帰還困難区域を特定復興再生拠点として計画を推進している。そのための産業・生業の再生では、廃炉、ロボット、エネルギー、農林水産等の分野で技術開発を通じて新産業を創出するために「福島イノベーション・コースト構想」を推進するとし、その拠点整備として、南相馬市、浪江町に福島ロボットテストフィールドが 2020 年春に全面開所、同じく 2020 年 3 月浪江町に設置の福島水素エネルギー研究フィールドで世界最大級の再生可能エネルギー由来の水素製造を開始する。

　福島の環境再生に向けた取り組みでは除染作業で発生した残存放射能が基準以上の土壌汚染物の仮置き場から中間貯蔵施設への搬出を進め、県内各所に散在する仮置き場を 2021 年にはなくすことを計画している。中間貯蔵施設は 2015 年大熊町、浪江町に跨って建設され、30 年後には県外に建設の最終貯蔵施設に搬出予定とのことである。なお、残存放射能が基準以下の土壌汚染物は、特定廃棄物埋め立て処分施設（旧フクシマエコテッククリーンセンター）に搬入されている。

　復興庁による福島の復興・再生に向けての大きなテーマに風評被害対策がある。2017 年 12 月復興大臣の決定により、「風評払拭・リスクコミュニケーション強化戦略」が策定され、①知ってもらう、②たべてもらう、③来てもらう、の 3 つの観点からの情報発信に広範に取り組んでいる。メディアミックスによる効果的な情報発信が継続され、国内外の風評被害対策、輸入規制の撤廃・緩和に努めるとしている。

以上では、下記の復興庁 URL を参照した。

　https://www.reconstruction.go.jp/topics/main-cat1/sub-cat1-1/material/202007_genjoutokadai.pdf（2020 年 3 月）

(2) 福島県による復興・再生の取り組み

　福島県そのものは復興・再生にどのように取り組んでいるのか？　福島県新生ふくしま復興推進本部による福島の現在～復興・再生の歩み

　（福島県 URL：https://www.pref.fukushima.lg.jp/uploaded/attachment/377232.pdf（2020 年 3 月 2 4 日）参照）

によれば、震災から 10 年目に入って、双葉町の避難指示区域の一部解除、福島ロボットテストフィールドの整備など復興は進展しているが、いまだ 4 万人超の県民が避難を続けていること、令和元年には台風 9 号等による甚大な被害を受けて二重三重の困難・課題を抱えている、と述べている。帰還困難区域をのぞき、除染が完了して県内の空間線量率が大幅に低下し、世界の主要都市並みになったことをあげているが、復興庁指定の特定復興再生拠点区域は帰還困難区域の 8.3％に過ぎないことからすべての帰還困難区域の避難指示解除のための具体的方針を示すように国に要望している。

　一方、福島原発廃炉については中長期ロードマップが改訂されたこと、福島第二原発の 4 基も 2019(令和元)年 9 月 30 日廃止届がだされたこと、廃炉完了は 40 年を越えるとの見通し以外に、福島第一原発サイトのトリチウム水問題の帰趨を懸念している。

　復興庁による「福島イノベーション・コースト構想」については、福島県ではこれを基軸に、産業発展の青写真の 3 つの柱として、①あらゆるチャレンジが可能な地域、②地元の企業が主役、③構想を支える人材育成をあげて、6 つの重点推進分野として復興庁における 4 つの重点である①廃炉、②エネルギー・環境・リサイクル、③ロボット・ドローン、④農林水産業以外に、⑤医療関連、⑥航空宇宙を加えている。

　福島県の目指す姿によると、福島ロボットテストフィールドの活用では広大な敷地を利

用してドローンの長距離・目視外飛行や、再現された災害現場でのロボット実証訓練など、様々な研究実証の呼び込みを計りながら企業誘致、地元企業の参画を期待している。そして福島新エネ社会構想のもと、再生可能エネルギーの導入拡大のため、風力や蓄電器産業を集積した福島水素エネルギー研究フィールドでは製造した水素をモビリテイや産業などの幅広い分野で利活用するとしている。また、ICT やロボット、ドローンの活用による効率的な農林水産業を実現して県内全域での先端技術を活用した農林水産業の再生を図るとしている。その他国際教育研究拠点の具体化に向けて 2020(令和 2)年夏に予定されている有識者会議の最終とりまとめに期待していること、課題として拠点整備の効果がビジネスに繋がって産業集積に厚みを持たせ効果が県内全域に波及することをあげている。

6.6　まとめ：原子力転換の足掛かりを築く

　原子炉の運転に伴って排出する放射性廃棄物の処理・処分や運転寿命を終えた原子炉の廃炉措置に関する方法や技術は、日本においては福島事故の前から既におおよそは整備されていたし、使用済み燃料の再処理に伴って生成される高レベル放射性廃棄物はガラス固化体として地層処分するための制度と事業体も既に整備され、その処分場の立地決定が残された問題だった。

　しかし福島事故の結果、従来の原子力発電に伴う放射性廃棄物の管理問題は、次のように大変複雑化した。第 1 に（A）事故時に汚染された周辺環境の除染に伴う放射性廃棄物の処理処分であり、事故原発の解体廃炉処分であり、第 2 に、（B）事故後厳しくなった安全基準のため再稼働を断念した原発を廃炉するところが急に増えたためである。さらに第 3 に（C）核燃料サイクル技術開発に関わる施設であった東海再処理工場や敦賀の高速炉もんじゅの廃止措置の決定、そして最後に既定のガラス固化体としての高レベル放射性廃棄物の地層処分についてその既定方針が不確定になってきていることである。これはそもそも無害化するまで数万年もかかるような核廃棄物を安定に地層処分ができる場所が国内にあるのか、そういうものを引き受ける自治体が出てくるのかといった問題以外に、軽水炉の再稼働が進まない上に、高速炉導入が遠のいた中では、MOX 燃料の需要量も見込めず、いたずらに用途のないプルトニウムをため込むのは国際的な核拡散上の疑念を生むところから発する再処理の必要性への疑問からの原子力政策の見直しにも絡んでいる。

　しかし、今後、脱原発しようが、原発再稼働の期間が延びようが、上記のA、B，Cのすべては原子力界が今後も関与していかなければならない責務である。とくにAについては、福島県においては福島事故により県民の多くが避難し、被った環境放射能汚染の除染のため帰還が遅れている。福島県の復興と産業再生のために国からの支援で、廃炉と帰還の促進、IT・ロボット技術、エネルギー環境技術の推進等の方向での地元産業の活性化、イノベーション化を推進しようとしている。

　日本では、ドイツのように"脱原発によるエネルギー転換"に国の将来発展の道を賭けるの

とは違ったやり方をせざるを得ない。つまり、福島事故を起こしてしまった日本ではその将来のためには、"災い転じて福となす"ように、まずは「賢明な原子力転換」を行うことが肝要である。そこでは数十年継続すべき廃炉措置技術や管理技術でのロボットや ICT 応用改良の開拓を通じて、福島県被災地域の復興再生に貢献し、原子力への社会の信頼を築くことが望まれる。

　これは、第 3 章に述べた横山氏の提唱する図 3-6 に示された良循環のサブシステムの 12 番目である「世界に開かれ、多様な人材を引き付ける廃炉技術開発・運営するシステム」そのものである。これに関与すべきものとして横山氏のマトリクスでは抜けている国民・地域住民と地方自治体もその積極的なパートナーに加えるべきである。図 3-6 中のサブシステム 1、2、3、4 および 10 の開発も当然付随すべき要素である。そもそも原子力ではいろいろな局面で社会的合意を得て、また、風評被害リスクを避けて円滑にプロジェクトを進めていくうえで、市民社会や国際社会を含めた放射線リスクに関わるステークホルダー間のリスクコミュニケーションの高度化が重要である。

　また、B と C のプルトニウム余剰問題および高レベル放射性廃棄物の処分問題という原子力の 2 大難問を解決するためには、青森県六ケ所村核燃施設立地地域において運転開始を控えている再処理工場と MOX 燃料工場等について、政府は安易に廃炉を決定してはならない。それは、次のような考えからである。過日の原子力研究開発における自主開発成果であるむつ、ふげん、もんじゅへの正当な評価をできずに判断を誤ってこれらは「失敗」プロジェクトと断じてやめさせ、替わりに「原子力規制組織をいじれば失敗を犯さない」と、制度変更を繰り返し複雑化、無責任化させた挙句のはてが、"安全神話による福島事故"である。

　表面だけを見てすぐに外国技術導入を主張する向きが過去から我が国原子力事業界には多かった。しかしこういった外国崇拝者の主張には目を奪われず、自分の足元を"活かす"ことが大事でなかろうか。世界有数の研究成果を蓄積している様々な研究所と施設、人材を有する原子力研究開発機構の立地する東海村や敦賀地域等において、高速炉および新型炉等の新技術創成と実験実証により原子力分野からのエネルギー関連の産業転換の足掛かりを築くことが、岐路にたつ原子力、すなわち、軽水炉原発の再稼働が進まずこのままでは 30 年後にはフェイズアウトする趨勢にある原子力の研究開発分野での画期的なアイデアによるブレークスルーが期待される道である。これらについては第 7 章にも論じる。

参考文献

横山禎徳 (2019)，社会システム・デザイン 組み立て思考のアプローチ 「原発システム」の検証から考える，東京大学出版会, 2019 年 2 月.

日本原子力学会東京電力福島第一原子力発電所事故に関する調査委員会（2014），福島第一原子力発電所事故 その全貌と明日に向けた提言―学会事故調 最終報告書―，丸善出版, 2014 年 3 月 11 日.

日本学術会議高レベル放射性廃棄物の処分に関するフォローアップ検討委員会（2015），提言 高レベル放

射性廃棄物の処分に関する政策提言—国民的合意形成に向けた暫定保管, 2015 年 4 月 24 日.

松岡俊二(2017), 原子力政策におけるバックエンド問題と科学的有望地, アジア太平洋討究, No.28(March 2017), pp. 25-44.

今田高俊・鈴木達治郎・武田精悦・石橋克彦・山口幸夫・船橋春俊・先木良雅弘・山地憲治・柴田徳思・大西隆 (2014), 高レベル放射性廃棄物の最終処分について, 日本学術財団, 2014.

礒野弥生 (2015), 第 2 章 除染と「健康に生きる権利」, 除本理史、渡辺淑彦編著, 原発はなぜ不均等な復興をもたらずのか福島原子力事故から「人間の復興」、地域再生へ, ミネルヴァ書房, 2015 年 6 月.

第7章　福島事故のもたらした原子力の将来像変化

7.1　はじめに

　我が国の原子力開発は、その開始以来原子力委員会によって原子力の研究、開発、利用に関する長期計画（原子力長期計画）が調整され、それに従って進められてきた。原子力長期計画は、我が国の原子力開発利用の基本的な考え方を示すもので 1956（昭和 31）年に最初の計画ができて以来、概ね 5 年毎に評価、見直しが行われていた。9 回目の長期計画は 2000（平成 12）年 11 月策定されたが、この年まで原子力委員会は総理府に設置され、委員長は科学技術庁長官であった。だが 10 回目の策定時期までに原子力委員会は内閣府に変更、委員長は学識経験者に替わった。この背景には、1997 年京都プロトコルを背景に地球温暖化防止への取り組み本格化の一方で、2000 年頃の政府行財政改革による省庁再編と科学技術庁の文部科学省への統合、経済産業省エネルギー資源庁における実用炉規制の原子力安全・保安院への移管があった。

　2002 年制定のエネルギー政策基本法により、経済産業省においてエネルギー基本計画を 3 年毎に制定して総合資源エネルギー調査会を諮問機関としてエネルギー政策の総合調整を図ることとなった。原子力政策の策定については 1995 年末のもんじゅナトリウム漏れ以降もんじゅの長期運転停止、1999 年 10 月 JCO 事故による原子力防災法、原発で頻発する不祥事発生などを背景に大幅に変更された。原子力長期計画の 10 回目の改訂に際し、2005（平成 17）年 10 月 14 日、政府は原子力委員会(近藤駿介委員長、東大名誉教授)が今後 10 年程度の原子力政策としてまとめた「原子力政策大綱」を閣議決定した。この時、原子力長期計画という名称は消えた。

　この「原子力政策大綱」では原子力発電がエネルギー安定供給と地球温暖化対策に貢献するために 2030 年以降も発電電力量の 30~40%程度を担うという、当時の水準程度以上になることを期待した。また 2030 年前後から既設の原子力発電設備を順次改良型軽水炉に代替、高速増殖炉はウラン需給の動向を勘案し、経済性等の諸条件が整うことを前提に 2050 年頃から商業ベースでの導入を目指すこととした。一方、使用済み燃料は再処理し、回収プルトニウム、ウランの有効利用を基本にして当面はプルサーマルを着実に実施する。再処理能力を超えて発生した使用済み燃料は中間貯蔵し、その処理の方策は六ケ所村での再処理工場の運転実績、高速増殖炉の研究開発の動向を踏まえて 2010 年頃から検討開始としていた。
　原子力政策大綱については電力事業連合会による次のＵＲＬ参照。
　https://www.fepc.or.jp/nuclear/policy/seisaku/seisakutaikou/index.html

　しかし 2010 年 12 月に開始の新しい大綱の策定は 2011 年 3 月の福島事故で中断した。2011 年 9 月に審議再開するも 2012 年 6 月には審議を中断、同年 10 月には廃止された。
　2012（平成 24）年 10 月 2 日原子力委員会決定による新大綱策定会議の廃止等については次

のＵＲＬ参照。http://www.aec.go.jp/jicst/NC/about/kettei/kettei121002_1.pdf

　その間、我が国の原子力発電の状況は、この 2005 年の原子力政策大綱の描くシナリオから大きく乖離していく。この状況は既に第 1 章 1.3.6 に記載のとおりである。その主な要因は、2009 年 8 月の自民党から民社党への政権交代、鳩山首相時代の原子力立国による原発推進の突出、2011 年 3 月東日本大震災と福島事故の勃発による菅直人首相の脱原発への転換、野田首相によるエネルギー・環境会議による原子力比率の見直し、2012 年 11 月民主党政権から自民党政権への交代であるが、なんといっても福島事故の影響が長引いたことが最も大きい。これがために原子力発電を取り巻く社会環境が変化し、福島事故以降は我が国のエネルギー基本計画もその立案通りには我が国のエネルギーの将来像が描けないようになっている。以上のことは本章の 7.3 節で 2018 年 7 月 3 日閣議決定の第 5 次エネルギー基本計画と原子力発電のかかわりにおいて簡潔に述べる。

　まず次節 7.2 では、従来は原子力政策を束ねる役割を担っていた原子力委員会が福島事故後の 2014 年 12 月に役割が変わったことに注目し、原子力委員会が 2017 年に久し振りに発行を再開した原子力白書から、福島事故後の原子力の動向、日本の原子力開発の課題がどのようにとらえられるかを簡単にまとめる。

7.2　久方の原子力白書に見る福島事故後の我が国の原子力の姿

　原子力白書は原子力委員会が発足した 1956 年から継続的に発刊されていたが、2010 年 3 月の発刊以降は休刊していた。2011 年 3 月の福島事故とその後の変動による原子力委員会の見直しの議論と新委員会の立ち上げを経て、7 年ぶりに 2016（平成 28）年度版原子力白書が発刊され、それ以降は毎年度白書が発行されている。

2016（平成 28）年度版原子力白書については原子力委員会による次の URL 参照。
http://www.aec.go.jp/jicst/NC/about/hakusho/index.htm

　2018 年 3 月の日本原子力学会誌には、原子力委員会の事務局メンバーによってその間の事情と今後の原子力委員会の取り組みが紹介されている（川渕英雄・飯塚倫子・望月豊・辻政俊・曹佐豊（2018））。以下では原子力白書にみる福島事故後の我が国の原子力の姿の概況を述べる。

7.2.1　原子力委員会の役割の変化

　2011（平成23）年3月の東京電力株式会社福島第一原子力発電所の事故（以下「東電福島原発事故」という）。後、原子力を取り巻く環境の大きな変化を踏まえ、2012（平成24）年には、原子力委員会の在り方について抜本的な見直しが行われた。2014年12月から原子力長期計画と原子力政策大綱から「原子力利用に関する基本的考え方」の策定へと役割が変わ

り、原子力委員も3名に減員された。2020（令和2）年現在岡芳明委員長（東大名誉教授、原子炉工学、常勤）、佐野利男委員（原子力外交、常勤）中西友子委員（放射線医学、非常勤）の3名である。新たな原子力委員会では、原子力行政の民主的な運営を図るとの原点に立ち戻って、その運営を行ってきた。原子力委員会の見直しを受け、長期計画や大綱のような網羅的かつ詳細な計画は策定しないこととした一方で、関係組織からの中立性を確保しつつ府省庁を越えた原子力政策の方針を示すとの原子力委員会の役割に鑑み、原子力利用全体を見渡し、専門的見地や国際的教訓等を踏まえた独自の視点から、今後の原子力政策について政府としての長期的な方向性を示唆する羅針盤となる「原子力利用に関する基本的考え方」を策定することとした。

7.2.2　「原子力利用に関する基本的考え方」の策定

　2017年7月に閣議決定の「原子力利用に関する基本的考え方」は、以下のような性格のものである。

①原子力政策全体を見渡した、我が国の原子力の平和利用、国民理解の深化、人材育成、研究開発等の目指す方向と在り方を分野横断的な観点から示すものであること。

②原子力委員会及び関連する政府組織がその責務を果たす上でのよりどころとなるものであり、そのために必要な程度の具体性を確保しつつ施策の在り方を記述するものであること。

③政府の「エネルギー基本計画」、「科学技術基本計画」、「地球温暖化対策計画」等を踏まえ、原子力を取り巻く幅広い視点を取り入れて、今後の長期的な方向性を示唆するものであること。

　これまで原子力委員会は、原子力利用を推進する、あるいは慎重に検討する等の立場にとらわれずに、世の中に存在する技術である原子力と向き合い、様々な課題等について検討を進めてきた。このような観点に立ち、原子力利用の在り方、東電福島原発事故及びその影響、福島の復興・再生に関すること、原子力を取り巻く環境等について、有識者から広範に意見を聴取するとともに、意見交換を行ってきた。これらの活動等を通じて国民の不安の払しょくに努め、信頼を得られるよう検討を進めてきたところであり、その中で様々な価値観や立場からの幅広い意見があったことを真摯に受け止めつつ、今般、「原子力利用に関する基本的考え方」を策定することとしたとのことである。

　2016（平成28）年度版原子力白書の第2章では考慮すべき原子力を取り巻く環境変化について確認を行い、第3章では原子力関連機関に内在する本質的な課題について、原子力委員会の認識を示している。第4及び5章では、これらに基づく今後の原子力利用の基本目標を示した後、戦略的に取り組むべき重点的取組とその方向性を示している。

　詳細は、原子力白書に譲るが、2016（平成28）年以降毎年発行の原子力白書の内容は福

島事故以降の我が国の原子力利用の現状と課題を理解する上で参考になる。とくに以下のような事項は原子力全体を把握する上で参考になる。

①福島事故前後の原子力行政全体の体制変化を図解で示している。

②原子力発電以外の原子力利用の経済規模が約4兆3,700億円あり、医療・医学利用が44%、工業利用が51%、農業利用が5%あること。

③軽水炉長期利用、苛酷事故・防災、廃止措置・放射性廃棄物を3重点分野として原子力関係組織がそれぞれの重点分野の情報交換と作業のためのプラットフォームを形成し、全体を束ねる連携協議会を原子力委員会、電事連、電気工業会、原子力研究開発機構で構成して各省庁と情報共有し、予算の調整等を図る知識基盤の形成を提起している。

④日本は2018（平成30）年末時点で国内外において管理されている我が国の分離プルトニウム総量は約45.7トンであった。うち、約9.0トンが国内保管分で、約36.7トンが海外保管分である（使用済み燃料の再処理を委託した英仏両国からまだ返還されずに保管されている）。原子炉等規制法上の平和利用の観点からは、核兵器不拡散条約（NPT）の下、国内全ての核物質・原子力活動について国際原子力機関（IAEA）保障措置の厳格な適用を受ける等により、我が国の原子力の平和利用を担保している。これに加えて、政策上の平和利用の観点からは、プルトニウムに関しては、「利用目的のないプルトニウムは持たない」との原則を堅持していることから、原子力委員会は我が国の保有プルトニウム総量を増やさないように注意を喚起している。

我が国のプルトニウム管理状況（2019（令和元）年7月30日）については内閣府原子力政策担当室による次のURL参照

http://www.aec.go.jp/jicst/NC/iinkai/teirei/siryo2019/siryo28/05.pdf

⑤これからの原子力の課題として、高度な技術と高い安全意識を持った人材の確保、使用済み核燃料の再処理・放射性廃棄物の処理処分・廃止措置、東電福島の廃炉の確実な実施、原子力人材の育成と確保が必要である。しかし、原子力を志望する学生は1994年をピークに減少し、近年は750人程度の横ばいで推移している。工学系人材の原子力関連企業の合同企業説明会への参加者数や電力事業者における採用数は福島事故後減少したままである、と指摘している。

⑥高レベル放射性廃棄物処分については、NUMOが2002年12月から、全国の市町村を対象に「高レベル放射性廃棄物の最終処分施設の設置可能性を調査する地域」を公募しているが、最初の調査である文献調査の実施に至っていない状況である。

最終処分に関する政策の抜本的な見直しに向け、2013年12月に最終処分関係閣僚会議が創設され、国が前面に立って高レベル放射性廃棄物問題の解決に取り組むための方針の検討が始まった。これを受けて、総合資源エネルギー調査会電力・ガス事業分科会原子力小委員会の放射性廃棄物ワーキンググループによる最終処分政策の見直しの議論、地層処分

技術ワーキンググループによる地層処分の技術的信頼性の再評価が実施された。これらの検討結果を踏まえ、最終処分法に基づく最終処分基本方針が改定され、2015 年 5 月に閣議決定された。主な改定点は以下のようになっている。

- 現世代の責任として、地層処分に向けた取組の推進、可逆性・回収可能性の担保。
- 最終処分実現に貢献する地域に対する敬意や感謝の念、社会利益還元の必要性を国民で共有。
- 国による科学的により適性が高いと考えられる地域の提示。
- 信頼性確保のために、原子力委員会による継続的な評価の実施等。

　最終処分基本方針の改定に関して、原子力委員会は 2015 年 3 月に答申を行い、最終処分基本方針が概ね妥当であるとしつつ、最終処分基本方針に基づく取組の成果や最終処分計画等の定期的な報告を受け、意見を述べるなどの役割を果たしていくとしている。

⑦技術開発・研究開発に対する考え方として、電力自由化後の技術開発・研究開発のあり方をあげ、総括原価方式がなくなった現在、原子力発電方式は市場の需要によって決められるものであり、第 3 世代から第 4 世代へと直線的な移行が当然行われるとの認識や、一つの国際プロジェクトにコミットするあまりに長期にわたって我が国の技術開発・研究開発が柔軟性を失うことは避けるべきとしている。また、核燃料サイクル関連の技術開発・研究開発では、核燃料サイクルの実現には再処理施設を早期に稼働させ、まずは軽水炉を活用したプルサーマルの推進が現時点で最も市場の要請に合致した現実的手段であり、長期的柔軟性確保の観点から使用済燃料の中間貯蔵能力の拡大を喫緊の課題としている。

7.3　エネルギー基本計画にみる原子力発電の位置づけとその実現不確定性

　第 5 次エネルギー基本計画の詳細については資源エネルギー庁 URL に掲載されている。
　第 5 次エネルギー基本計画については資源エネルギー庁による次の URL 参照。
　https://www.enecho.meti.go.jp/category/others/basic_plan/

　これによると、長期的に安定した持続的・自立的なエネルギー供給により、我が国経済社会の更なる発展と国民生活の向上、世界の持続的な発展への貢献を目指す 3 E ＋ S の原則の下、安定的で負担が少なく、環境に適合したエネルギー需給構造を実現する、としている。そこでは「3 E ＋ S」から 「より高度な 3 E ＋ S」への展開を謳っている。これからの世界の情勢変化である、①脱炭素化に向けた技術間競争の始まり、 ②技術の変化が増幅する地政学リスク、 ③国家間・企業間の競争の本格化を勘案して、S については、安全最優先（Safety）＋ 技術・ガバナンス改革による安全の革新、3 E については ①資源自給率（Energy security）＋ 技術自給率向上/選択肢の多様化確保、②環境適合（Environment）

＋ 脱炭素化への挑戦、③ 国民負担抑制（Economic efficiency）＋ 自国産業競争力の強化を目指す、としている。

　2030 年に向けた対応については、温室効果ガス 26%削減に向けてエネルギーミックスの確実な実現を図るが現状は道半ばであり、計画的な推進、実現重視の取組、施策の深掘り・強化を図る。2050 年に向けた対応については、温室効果ガス 80%削減を目指し、エネルギー転換・脱炭素化への挑戦、可能性と不確実性に対して野心的な複線シナリオをたて、あらゆる選択肢を追求する。2030 年および 2050 年に向けて各エネルギーの主な方向を表 7-1 に示す。第 5 次エネルギー基本計画の、2030 年エネルギーミックスへの過去、現在、未来の政策目標の対比を表 7-2 に示す。

表 7-1　2030 年および 2050 年に向けて各エネルギーの主な方向

	2030 年	2050 年
再生可能エネルギー	・主力電源化への布石 ・低コスト化,系統制約の克服,火力調整力の確保	・経済的に自立し脱炭素化した主力電源化を目指す ・水素/蓄電/デジタル技術開発に着手
原子力	・依存度を可能な限り低減 ・不断の安全性向上と再稼働	・脱炭素化の選択肢・安全炉追求/バックエンド技術開発に着手
化石燃料	・化石燃料等の自主開発の促進 ・高効率な火力発電の有効活用 ・災害リスク等への対応強化	・過渡期は主力、資源外交を強化 ・ガス利用へのシフト、非効率石炭フェードアウト ・脱炭素化に向けて水素開発に着手
省エネ	・徹底的な省エネの継続 ・省エネ法と支援策の一体実施	・熱・輸送、分散型エネルギー ・水素・蓄電等による脱炭素化への挑戦
その他	・水素/蓄電/分散型エネルギーの推進	・分散型エネルギーシステムと地域開発 （次世代再エネ・蓄電、EV、マイクログリッド等の組合せ）

表 7-2　2030 年エネルギーミックスへの過去現在未来の政策目標の対比

年度		２０１０年度（震災前）	２０１３年度（震災後）	２０１８年度	２０３０年度（エネルギーミックス）
政策目標	エネルギー起源炭酸ガス排出量（GHG 総排出量）	11.4 億トン（13.1 億トン）	12.4 億トン（14.1 億トン）	10.6 億トン（12.4 億トン）	9.3 億トン（10.4 億トン）
	電力コスト（燃料費＋FIT 買取費）	5.0 兆円（5.0 兆円＋0）	9.7 兆円（9.2 兆円＋0.5兆円）	8.5 兆円（5.7 兆円＋2.8兆円）	9.2~9.5 兆円（5.3兆円＋3.7~4.0兆円）
	エネルギー自給率（1次エネルギー全体）	20%	7 %	12%	24%
取組指標	ゼロエミッション電源比率（再エネ＋原子力）	35%（9 %＋25%）	12%（11%＋1 %）	23%（17%＋6 %）	44%（22~24 % ＋22~20%）
	省エネ（原油換算最終エネルギー消費）	3.8 億 kl	3.6 億 kl	3.4 億 kl	3.3 億 kl

　第 5 次エネルギー基本計画での原子力の記述に限定すると、原子力への依存度をできるだけ減らすが、脱炭素化への重要なオプションとして位置づけされている。とくに 2030 年の原子力比率 20-22%の達成には、2030 年には 3 千万 KWe 前後の原発稼働が必要である。その根拠は再稼働申請中の原発 26 基が総て再稼働することを前提にしている。しかし現在の原発の再稼働状況では PWR 原発 9 基だけであり、この達成は再稼働をもっと加速しない限り目標達成は困難である。また再稼働原発の運転期間をすべて 60 年に延長しても再稼働した原発が 2040 年には運転寿命に達するため、今から再稼働原発のリプレース計画や新設計画がなければ 2030 年以降は、原子力比率がどんどん落ちる。

　第 5 次エネルギー基本計画では原子力比率が少なくなった分をどのようなエネルギーで代替するかを今から考えておく必要がある。そこでは火力で補うと炭酸ガス排出量が上がり、ゼロエミッション比率が下がり、燃料費が増える。再エネで補うと炭酸ガス排出量、ゼロエミッション比率は維持されるが FIT 買取費が上がって電力コストが上がる。尤も量産効果で再エネのコストが下がりそれほど上がらないかもしれない。

　以上のように、第 5 次エネルギー基本計画の達成上、原発の再稼働促進、新設ないしリプレースをどうするか、これが原子力の大変喫緊の問題である。さりながら、その実現は既に危ぶまれている。軽水炉の再稼働が進まないと、プルサーマルも進まず、したがってせっかく稼働が予定されている再処理工場や MOX 燃料工場の意味が問われかねない。そうすると使用済み燃料の中間貯蔵施設にまで問題が飛び火してくるだろう。

　尤も、原発の再稼働が進まなくても、再エネが成長してその分を代替すればエネルギー自給率もゼロエミッション比率も問題がなくなる。しかし、原子力は放射性廃棄物の処理処分問題を長い将来にわたって残すことになる。これは脱原発になっても依然として残る原子力の遺産である。

7.4　具体的展望なき新型炉と核燃料サイクル技術の研究開発計画

7.4.1　概況

　我が国の原子力研究開発の究極目標は、従来は高速炉―再処理を中心に核燃料サイクル技術を確立してウラン―プルトニウム資源による自己完結、エネルギー自給を達成することにあった。だが福島事故を経て約 10 年、軽水炉発電所の再稼働の遅滞とプルサーマルの遅れ、もんじゅの廃炉、遠のく高速炉実証炉開発等を見ると、青森県では 2023 年六ケ所村再処理工場の運転開始、MOX 燃料工場の運転開始等の核燃サイクル技術の進展はあるが、どこまで核燃料サイクル技術の将来展望があるのだろうか？　まして福島事故後、にわかに増えた老朽軽水炉の廃炉措置に伴う放射性廃棄物処理処分の増大がありながら、HLW だけでなく、使用済み燃料の中間貯蔵も含めて放射性廃棄物処分の用地問題の全体見通しが立っているとは言い難い。廃棄物処理処分問題はすでに第 6 章に述べたので、以下本節では新型軽水炉、高速炉と核燃料サイクル技術の動向を述べる。

7.4.2　新型軽水炉の方向

　日本では20世紀末に実用化された第3世代軽水炉のABWRやAPWRに続く、次の第3.5世代である新型軽水炉構想についてはどのようなものだったか？　それは福島事故の年の日本原子力学会誌に紹介されている（笠井滋・遠山眞・守屋公三明・飯倉隆彦（2011））。

　同解説によると、2030年前後に見込まれる既設軽水炉原発の代替炉建設需要の本格化を見込んで2008年度から海外市場も視野に入れた国際競争力のある次世代軽水炉の開発を官民一体で進め、2015年までに基本設計を終えるべく概念設計、要素技術の開発および試験を進めている、としていた。　具体的には、ABWRおよびAPWRをベースにそれの改良型という意味でHP（High　Performance）を冠した名称（HP-ABWR/HP-APWR）にして、その基本条件、安全性、経済性、社会的受容性、運営・運転・保守、国際標準についての開発目標を、表7-3に示すように設定している。

表7-3　次世代軽水炉の開発目標

項目	主な条件
基本条件	電気出力　170-180万KW　ただしこの大型出力設計と共通技術を採用した標準化効果を維持した電気出力80-100KWの要請にも対応できること
安全性	炉心損傷頻度CDF<10^{-5}／炉・年 格納容器機能喪失頻度CFF<10^{-6}／炉・年 苛酷事故対策を設計上考慮
経済性	建設単価：約13万円／KW（成熟後） 建設期間：30か月以下（岩盤検査〜運転開始）かつ工期が順守されること 時間稼働率：97%（寿命平均）、24か月運転 設計寿命：80年 発電コストが他電源に対し競争力を有すること
社会的受容性	事故時退避を要する確率：短期的避難≦10^{-6}／炉・年、長期的移住≦10^{-7}／炉・年 地震・津波：残余のリスクに対する裕度を確保 航空機落下、テロ、サボタージュ：欧米の航空機落下とサボタージュ対策に対応可能なこと 従業員安全：個人線量≦5mSv/年、年度線量≦0.1人・Sv／炉・年
運営・運転・保守	保守物量：現行プラントの50%削減、保守性向上、保守負荷の平準化 炉心設計：取り出し平均燃焼度70Gwd/t、全炉心MOXに対応可 新技術はプラント導入時までに十分な成熟度を有すること
国際標準	米国及び欧州の許認可、規格基準に十分対応可能なこと 立地条件によらない標準設計

　これを見ると福島事故以前のことながら、地震、津波、シビアアクシデント、テロ対策等、福島事故後の新規制基準にも十分対応する設計目標になっていた。

　しかし我が国では福島事故により、このような次世代軽水炉の開発どころではなくなった。一方、当時の世界的な動向では受動安全機能を大幅に取り入れて安全性を向上させた米国ウエスティングハウス社のAP1000やそれを考慮しつつ大型出力化を目指したフランスのEPR, 韓国のAPR1400が当時の原子力ルネッサンスを反映して着実に開発が進み、プラ

ント建設にも着手していた。

　福島事故前後から、日本の原子力メーカーは、米仏メーカーとの連係で海外輸出商戦に積極的に乗り出していた。その実例として、東芝は米国ウエスティングハウス社の買収によりAP1000，三菱はフランスのアレバ社との合弁でATOMEA、日立はGEとの合弁による米国・欧州型ABWR等であった。だが、それらは福島事故後の国際商戦でいずれも苦戦して結局どれも実らなかった（ABWRは台湾では建設された）。

　原子力ルネッサンスで新規原発建設が活発化しようとした米国では、その後メキシコ湾でのシェールオイルの発見で原発新設には慎重になり、今も建設途上のAP1000の後は、Nu　Scale社によるSMR（Small Modular Reactor）に関心が集まっている。そこで日本国内の原発推進派は、現在の軽水炉が一斉に廃止措置を迎える2030年代からの後継原発としてこのSMR導入に着目して調査を開始するとともに政府、エネルギー資源庁に運動しているようである。

7.4.3　SMR について

　世界的にはこのようなSMR（Small Modular Reactor）と呼ばれる出力30万キロワット以下の小型原子炉の開発が注目を集めている。米国では、エネルギー省（DOE）が官民折半によるSMR開発支援計画を2012年からスタートしており、Nu　Scale社によるSMRが脚光を浴びている。また中国は独自に開発した小型モジュール式PWRの安全性をIAEAの一般原子炉安全レビュー（GRSR）にかけると発表している。

　韓国では自主開発のSMRであるSMART（System-integrated Modular Advanced Reactor）2基の建設・試運用と第3国への共同輸出を推進する覚書をサウジアラビアと締結した。SMARTは、発電・海水淡水化装置の一体型PWRであり、発電と同時に4万トンの海水を淡水化でき、1基で10万人の都市に「電力と水」を供給できるとされる。またロシアでも原子力砕氷船に搭載された小型炉を転用し、僻地向けに中・小型の浮揚式熱電併給プラントの開発を積極的に進め、就航させている。

　SMRは、そのほとんどを工場で組み上げることにより品質の向上と工期の短縮ができ、低コスト化が図れるとされている。また安全性の面では原子炉出力が小さいことから冷却機能喪失時に自然冷却による炉心冷却が可能なことに加え、重力による冷却水の注水など受動的機器の採用により安全性が強化されている。更にいくつかのSMRにおいては燃料交換無しに数十年運転可能としており、核物質の取扱い・輸送を最小限にすることができることから、核セキュリティ・核不拡散の観点からも優れているという。その他、出力が小さいことから大規模なインフラ整備が不要であり、需要規模の小さい地域や未開発地、寒冷地、僻地、離島などでの利用に適しており、エネルギー需要の増加に合わせてモジュールを追加することも可能とされている。

　更には高温の排熱を利用し水素製造も可能な設計を目指しているプラントもある。SMRは出力が小さいことから初期投資額は小さいものの、スケールメリットの観点から発電コ

ストは大型原子炉に比べると高くなるため、経済性においては不利な点は否めない。しかし天然ガスや石油火力と比較すると十分競争力があるとされており、将来的に標準化・量産化により発電コストの低減も可能と期待されている。

7.4.4　高速炉の開発

　世界の高速炉技術の解説書（Alan Walters, Donald R. Todd and Paul V. Tsvetkov, 2012）が福島事故後の 2012 年に発行され、その日本語翻訳版（高木直行（2016））が 2016 年に出版されている。これによると最近の高速炉設計では、自然循環冷却などの固有の安全機能を採用して炉心溶融を起こさないようにする高速炉概念が発表されている（高木直行（2016）第 15 章　炉停止失敗事象 455-466 頁）。またシビアアクシデントに対する深層防護概念にそった安全設計と評価法の体系化も進んでいる（高木直行（2016）第 16 章　シビアアクシデントと格納容器の検討　469-491 頁）。

　我が国ではもんじゅに続く高速炉実証炉計画は、福島事故以前から民間主導で取り組まれていた。その実証炉 JSFR の設計についても上記の参考文献には付録で解説している（高木直行（2016）付録 C　ループ形ナトリウム炉（日本）　577-593 頁）。高速炉の研究では、液体ナトリウムを冷却材にするもの以外に、ヘリウムガス冷却高速炉（高木直行（2016）第 17 章　ガス冷却高速炉　495-518 頁）や、鉛・ビスマス冷却高速炉（高木直行（2016）第 18 章　鉛冷却高速炉　519-538 頁）がある。

　第 4 世代の原子炉とは、現在の軽水炉等に続く次世代の原子炉を言い、今後の世界のエネルギー需要に対応するため、安全性・信頼性、経済性、持続可能性、核拡散抵抗性等を総合して他のエネルギー源に対して十分な優位性を備えた原子力システムの創出を志向している。第 4 世代原子力システム国際フォーラム（GIF：Generation IV international Forum）では第 4 世代原子炉が備えるべき開発目標と設計仕様の例を表 7-4 のように設定している。

表 7-4　第 4 世代原子炉が備えるべき開発目標と設計仕様の例

	開発目標	設計仕様の例
安全性・信頼性	安全・高信頼な運転	通常運転時における高い安全性・信頼性
	炉心損傷の防止	事故頻度の最小化、事故時でも炉心損傷を発生させない設計
	施設外の緊急時対応が不要	放射性物質放出の可能性・量を最小化するようにシビアアクシデントの制御、緩和ができる安全系
経済性	ライフサイクルコスト	革新技術・材料によるコンパクトなプラントの追求、高燃焼度、高稼働率
持続可能性	放射性廃棄物最小化	マイナーアクチノイド燃焼、長寿命 FP 蓄積防止
	高い燃料利用率	マイナーアクチノイド燃焼によるウラン資源有効利用（軽水炉から高速炉サイクルへ）
核拡散抵抗性	核不拡散	核物質拡散や制度悪用に対する制度的、御術的対策
	核物質防護	IAEA 指針・法規、サイクル概念に適した防護システムの採用

　そしてこれらの目標に適合しうる概念として、次の表 7-5 に示すような 6 つの次世代原子炉の候補を選定して 2030 年代の実用化を目標にしている。

表 7-5　次世代原子炉の 6 つの候補

原子炉名	英文名（略称）	中性子スペクトル	冷却材	出口温度　℃	電気出力　MWe
ナトリウム冷却高速炉	Sodium-cooled Fast Reactor (SFR)	高速	Na	500-550	50-1,500
鉛冷却高速炉	Lead-cooled Fast Reactor (LFR)	高速	Pb	480-570	20-1,200
ガス冷却高速炉	Gas-cooled Fast Reactor (GFR)	高速	He	850	1,200
溶融塩炉	Molten Sal Reactor (MSR)	熱／高速	フッ化物塩	700-800	1,000
超臨界圧水冷却炉	Super-critical Water-cooled Reactor (SCWR)	熱／高速	水	510-625	300-1,500
超高温ガス炉	Very High Temperature Reactor (VHTR)	熱	He	900-1,000	250-300

　6 つの GIF の中では高速炉は、ナトリウム冷却高速炉（SFR）、鉛冷却高速炉（LFR）、ガス冷却高速炉（GFR）と 3 つがその候補となっている（佐賀山豊・安藤将人（2018））。

7.4.5　使用済み核燃料の分離変換技術に関わる基礎知識

　使用済み核燃料に生成されるマイナーアクチノイドの消滅をはかるために、高速炉を用いる新たな研究が日本をはじめ世界各国で取り組まれている。その理由は次の通りである。

　軽水炉の使用済み核燃料をそのまま地層処分する場合、放射能レベルが天然ウランの放射能レベルに減衰するのに 10 万年、使用済み核燃料を再処理して残った高レベル放射性廃棄物をガラス固化体にする場合でも 1 万年かかる。これは使用済み核燃料に残る極めて超長寿命のマイナーアクチノイドの存在のためである（それ以外に長寿命の核分裂生成物もある）。

　このマイナーアクチノイドを何らかの手段で消滅させることによって 300 年程度に短縮できる技術として、分離変換技術の研究が進められ、そこでは高速炉の利用が有望視されている。それには高速炉を用いる核変換システムと加速器駆動システム(Accelerator-driven System; ADS)を用いる核変換システムの 2 つがあり、これらの解説は（「放射性廃棄物の分離変換」研究専門委員会（2016））に詳しい。以下、使用済み核燃料の分離変換技術に関わる基礎知識を簡単に説明する。

（1）新燃料と使用済み燃料

　普通"使用済み"と聞けば、もう役に立たず捨てるだけだろうと思うが、"使用済み"核燃料はそれほど簡単でない。それを説明する前に、使用前の核燃料について述べるが、これは"新燃料"という言葉を使う。

　新燃料に含まれていた核燃料物質が原子炉の運転による"燃焼"（持続的核反応の継続）によって、使用済み核燃料は元の新燃料の同位体構成とは異なったものとなる。アクチノイドとは、原子番号 89 から 103 までの 15 元素(Ac、Th、 Pa、 U、 Np、 Pu、 Am、 Cm、Bk、Cf、Es、 Fm、Md、 No、Lr)をいう。使用済み核燃料中に含まれるアクチノイドのうち、存在量が多く主要な U と Pu はメジャーアクチノイドと呼び、存在量が少ない Np、Amおよび Cm はマイナーアクチノイド（Minor Actinide; MA）と呼ばれる。

（2）マイナーアクチノイドの消滅とは

　さてマイナーアクチノイド MA の消滅とはどういう意味か？　簡単にいえば使用済み燃料中の MA は放射能レベルが高く、またなかなか減衰しないので、"何らかの方法で MA を消滅"させて使用済み燃料の放射能レベルを下げ、その減衰も早くしてやれば HLW 問題も楽になる、ということである。

（3）分離変換技術とは

　分離変換技術とは、高レベル放射性廃棄物または使用済み燃料に含まれる種々の核種をいくつかのグループまたは元素に分離し、長寿命核種を短寿命核種ないし安定核種に核変換して、放射性廃棄物の処分の軽減を目指すものである。そもそも原子炉で一定の燃焼度まで運転して取り出した使用済み燃料は、そのまま地層処分(直接処分)して天然ウランと同等の放射能レベルに減衰するのに 10 万年を要する。

　第 1 章の図 1-2 に説明した核燃料サイクルの図で示した再処理工場では、この使用済み燃料を化学処理によって燃料として再利用できるウランとプルトニウム（これらはメジャーアクチナイドと呼ぶ）と再利用できない成分である核分裂生成物(Fission Product: FP)とマイナーアクチノイド(Minor Actinoid: MA) とに分離して、再利用できない成分を一緒くたにガラス固化体にしている。このガラス固化体は発熱が高く、放射能がなかなか減衰しないが、天然ウランのレベルに放射能が減衰するには使用済燃料の直接処分より短くなって約 1 万年である。これでも無害の天然ウランの放射能レベルに減衰するのに気が遠くなるほどの年月が掛かるのである。

　これをさらに何とか早く放射能を減衰させようというのが、ここでの第 2 段目の分離変換技術の狙いである。それにはまず FP 中で発熱が高いが減衰は比較的早い FP として ^{137}Cs（半減期 30.08 年）と ^{90}Sr（28.79 年）をまず分離し回収する。残りの長寿命核種の FP とMA を核変換により短寿命核種ないし安定核種にできれば残りの廃棄物は数百年程度で放射能レベルが減衰し、放射性廃棄物の処分で有害度の低減が図れる。残りの FP と MA を核

変換する方法として、高速炉を用いる核変換システムと加速器駆動システム（Accelerator—Driven System：ADS）を用いる核変換システムとが有望視されている。

　高速炉を用いる核変換システムでは、高速炉の炉心に MA の入った燃料を分散配置するものである。一方、加速器駆動システム ADS を用いる核変換システムでは、FP と MA の入った燃料体で未臨界の高速炉体系を構成し、その中心部にタングステンをおいて外側を液体ナトリウムで冷却する。そして加速器で高速化した陽子線を原子炉に導きタングステンに衝突させて核破砕で生成したたくさんの中性子によって原子炉内の FP と MA を短寿命核種や安定核種に変換させる。ADS で一定時間運転した後の燃料体中の FP や MA は核反応で短寿命核種や安定核種に変わっているのでガラス固化体より発熱も低く、放射能の減衰も早くなる。対象となる長寿命核種とその親物質は、^{237}Np(半減期214.4万年)、^{241}Am(半減期 432.6 年)、^{243}Am（半減期 7370 年）、^{244}Cm（半減期 18.11 年）のような MA 核種と、^{99}Tc（半減期 21.11 万年）、^{129}I（半減期 1570 万年）、^{135}Cs(半減期 230 万年)、^{93}Zr(半減期 161 万年)、^{107}Pd(半減期 650 万年)、^{79}Se(半減期 29.5 万年)などの FP 核種である。

7.4.6　高速原型炉もんじゅの挫折

　既に第3章 3.3.4 に述べたように、高速原型炉もんじゅはナトリウム漏れ事故以降の運転再開までに紆余曲折があり、福島事故前年の 2010 年にやっと運転再開するもすぐに別のトラブルで停止。とうとう 2016 年 12 月廃炉決定に至った（詳細な経過は後述）。

　もんじゅと同時期に同じ規模、同じループ型構成の高速炉原型炉として開発が進められていた米国 CRBR 炉および西ドイツ SNR300 炉も結局双方とも建設段階でプロジェクトは中断され、挫折している（CRBR は 1983 年キャンセル、SNR300 は 1990 年キャンセル）。これらに比較すると、もんじゅは合計 250 日という短期間であったが曲がりなりにも実際に発電するまで運転は経験し、その過程で得たいくつかの失敗による教訓も含めて貴重な財産が得られたといえよう。もんじゅ廃炉に至るまでの歴史的経過を表 7-6 にまとめる。

　もんじゅの廃炉が決まった背景には、福島事故以前から旧原子力安全・保安院に指摘されていたプラント保守点検の品質保証活動の不備が背景になっている。原子力規制委員会発足後ももんじゅはたびたび保全管理上の問題を起こし、原子力規制委員会からもんじゅの運転管理を日本原子力研究開発機構から他の運営主体に委ねるか、さもなければ、原子炉のリスクを低減する方策に改めるようにその監督官庁たる文部科学省に検討することを勧告された。原子力規制委員会のもんじゅの運営主体見直しの勧告が公表されるや電力事業連合会（電事連）会長は電力業界がもんじゅの運営主体になることを拒否する声明を発表した。

　原子力規制委員会による文部科学大臣へのもんじゅ運営主体の見直し勧告を受けて文科省において行われた有馬朗人元文部科学大臣を委員長とする有識者検討会では、経済産業省エネルギー資源庁からの委員参画はなく、また、原子力産業協会からの委員は電力事業界がもんじゅ運営の主体になることは議論しない、と釘をさした。

表7－6　もんじゅ廃炉に至るまでの経過

年月	事項	備考
1983（昭和58）年5月	設置許可	
1994（平成6）年4月	初臨界	
1995（平成7）年12月	40％出力試験中に2次系ナトリウム漏えい事故	初臨界から205日運転
2010（平成22）年5月	試運転再開	5月8日臨界
2010（平成22）年8月	炉内中継装置の落下トラブル発生	運転再開から45日運転
2012（平成24）年11月	日本原子力研究開発機構が約9000点の機器点検漏れを原子力規制委員会に報告	
2012（平成24）年12月	原子力規制委員会より日本原子力研究開発機構に保安措置命令	1回目
2013（平成25）年5月	原子力規制委員会より日本原子力研究開発機構に運転再開準備の停止を含む保安措置命令	2回目
2015（平成27）年11月	原子力規制委員会より文部科学大臣に対し勧告発出	
2015（平成27）年12月22日	文部科学省はもんじゅの在り方検討会設置	委員長　有馬朗人元文部大臣平成28年5月報告書提出
2016（平成28）年9月21日	第5回原子力関係閣僚会議にて「今後の高速炉開発の進め方について」決定	高速炉開発の司令塔機能を担う高速炉開発会議を発足
2016（平成28）年12月21日	第6回原子力関係閣僚会議にて「もんじゅ方針*」決定	原子炉として運転再開せず廃止措置に移行と決定
2016（平成28）年12月28日	原子力規制委員会勧告に対し部科学大臣より回答発出	機構に廃止措置計画の体制を発足、速やかに燃料を炉心から抜き取る廃止措置に規制委員会の協力を要請
2017（平成29）年6月	もんじゅの廃止措置に関する政府の基本方針をもんじゅ関連協議会において福井県知事、敦賀市長に説明	
2017（平成29）年11月	もんじゅ関連協議会において政府より廃止措置に係る工程および実施体制、地域振興策などを説明	
2017（平成29）年12月	日本原子力研究開発機構が福井県および敦賀市の間で安全協定を改訂し、廃止措置協定を締結 日本原子力研究開発機構が原子力規制委員会にもんじゅの廃止措置計画の認可申請	
2018（平成30）年3月	もんじゅ廃止措置計画が原子力規制委員会により認可	
2018（平成30）年8月	炉外燃料貯蔵槽からの燃料体取り出し開始	
2019（令和元年）年9月	原子炉容器からの燃料体取り出し作業開始	

　こういった制約から有識者検討会の審議は、文部科学省内に留まるもんじゅの代替運営体の条件提起に留まった（文部科学省（2016））。その中では、もんじゅのマネージメントについて以下の問題点を指摘している。①拙速な保全プログラムの導入、②脆弱な保全実施体制、③情報収集力・技術力・保守管理業務に係る全体管理能力の不足、④長期停止の影響、⑤人材育成に係る問題、⑥社会的要請の変化への適応力の不足、⑦原子力機構の運営上の問題、⑧監督官庁等との関係のあり方。そして答申ではもんじゅの運営主体が備えるべき要件として、運転・保守管理の適切な実施を組織全体の目標として位置付けたうえで、次の5つ

の要件を具備する組織であることが必要とした。①研究開発段階炉の特性を踏まえた保全計画の策定および遂行能力、②現場が自律的に発電プラントとしての保守管理等を実施するための体制、③実用発電炉に係るものを含めた有益な情報の収集・活用体制、④原子力機構により培われた技術の確実な継承と更なる高度化、⑤社会の関心・要請を的確に運営に反映できる強力なガバナンス。

この結果、文部科学省は政府内のもんじゅ関係閣僚会議に方針決定をゆだねた。世耕経産大臣を議長とする原子力関係閣僚会議では、そのような要件を備えたもんじゅの運営主体が見つからなかったこと、もんじゅを継続してさらに新規制基準に沿って設備改善し、審査に合格して運転再開に要するまでに要する年月とその予算額見積もり、もんじゅ運転再開により得られる成果を勘案して、もんじゅは廃止措置とし、もんじゅによって原型炉の運転経験は得られたので、原型炉をへずに国際協力により高速炉の実証炉建設の道を探る、地元に配慮して敦賀に高速炉研究の芽は継続する、という政治判断を行った（原子力関係閣僚会議（2016））。

このように政府はもんじゅ廃炉の方針を下した。日本原子力研究開発機構ではもんじゅ廃炉措置計画を立てて規制委員会に申請。これが規制委員会に認められて、もんじゅの廃炉措置計画はすでに始まっている。

「もんじゅ」廃炉計画と「核燃料サイクル」のこれからについては資源エネルギー庁による次の URL 参照。

https://www.enecho.meti.go.jp/about/special/johoteikyo/monju.html

7.4.7　もんじゅ廃炉に至った政府判断への原子力学会誌等にみる批判

もんじゅが廃炉に至ったことに対して、当時の日本原子力学会誌には多くの批判的記事が掲載されている。時期的には政府によるもんじゅ廃止措置決定時期の 2016 年 12 月号が第 1 段階で、次いで日本原子力研究開発機構（JAEA）において廃止措置が開始された時期の 2019 年 1 月号にも第 2 段階があるが、それ以外の巻号にもこの関連の記事が散見されるから原子力界には大きなショックだったのであろう。また、日本原子力学会誌ではないが、批判の中には規制委員会委員長だった田中俊一氏の退任後の発言（田中俊一、日本の原発はこのまま「消滅」へ、選択、URL　https://www.sentaku.co.jp/articles/view/19472）に対して、元原子力規制委員長という立場をわきまえていないと石井正則氏が非難している。（石井正則、田中前原子力規制委員長の不適切見解「原発は『消滅』」に反論、GEPR, URL http://www.gepr.org/ja/contents/20191207-01/）。

日本原子力学会誌 2016 年 12 月号ではもんじゅを特集号のテーマにとりあげ（日本原子力学会誌（2016））、さらに 2019 年 1 月号では核燃料サイクルの特集号としてもんじゅ問題を再度取り上げている（日本原子力学会誌（2019））。

これらの関連記事は、巻頭言、時論、座談会形式と特集号への寄稿記事に分類され、座談会参加者や記事の寄稿者は、元政府原子力機関経歴者、地元関係者、動燃 OB，新聞記者、

大学原子力関係者、核燃関係者等極めて多数である。2016年12月号では、この号全体が学会としての見解に始まり、様々な意見の寄稿で埋め尽くされている。それらは以下のように分類されるが、詳細は割愛する。

① 学会としての見解（2016年9月23日公表）
② 原子力学会の見解への異議
③ 地元の敦賀市民の声
④ かつて高速炉もんじゅの研究開発や安全規制、原子力政策に関わった有識者の意見
⑤ もんじゅ運転に実際に関わったOBの意見
⑥ 報道記者の意見
⑦ 原子力は専門でないエネルギー環境政策問題の有識者たちの意見
⑧ 高速炉そのものではないが核燃料サイクル事業の運営に携わったOBの意見

　ここで批判的意見の矛先になった規制委員会の文部科学省への勧告について本章の筆者のコメントを以下に述べる。

　高速炉を含めた新型炉の研究開発では、誰がどのようにそれを担うにせよ、単に設備というハードウエア面だけでなく、設備全般を運転管理するためのソフトウェアのあり方も事前に検討しておくことが、プロジェクトを円滑に達成するために必要である。原子力規制委員会が、もんじゅについて運転保守管理のあり方を問題にしたのはその意味では妥当だが、さらに踏み込んで適切な運営主体に交替することを監督官庁の文科省に勧告したのは驚きであった。

　原子力規制委員会の勧告の背景には、1990年代から高速炉の実証炉の研究開発は電力会社と原子力メーカの民間主体で行うこととしてFACTプロジェクトという名称で1999年から取り組んでおりJSFRという実証炉の設計研究を進める一方、もんじゅ運転には電力界から運転要員の派遣および資金的な援助も行っていたから、この勧告を機に高速炉開発導入を国策民営の実をあげて一層加速するために、もんじゅの運営主体としてJAEAから民間電力がより一層かかわりを深めて取り組むのがふさわしいのではないか、と原子力規制委員会は考えたのでないか？　しかし、電力事業連合会は、原子力規制委員会の勧告がでるや即刻もんじゅの運営主体への関与を否定した。

　また、原子力規制委員会は、JAEAに替る適当な運営主体が見いだされない場合には、もんじゅが有する安全上のリスクを明確に減少させるように、もんじゅという発電用原子炉施設のあり方を抜本的に見直すことも勧告していた。これに対して文科省側では特段検討せず、関係閣僚会議にその判断を任せた。これによってもんじゅを廃炉とし、高速炉研究開発についてはフランスによるASTRIDの研究開発プロジェクトへの参加を軸にしながら、JAEAの大洗での常陽や敦賀での高速炉研究の継続について決定された。ここでとくにASTRIDへの参加に対し国内の高速炉関係者から異論が噴出した。

　もんじゅの運営主体の見直しについて、本章の筆者には、原子力規制委員会は、もんじゅの再稼働申請が予想される中、旧原子力安全・保安院時代より続くもんじゅのプラントメンテナンス上の度重なる不備、トラブル続発がやまず度々の是正命令も実行されない状況のままで、JAEA からもんじゅの再稼働申請が提出されると、JAEA からは常陽の再稼働申請も出されるため、高速炉のシビアアクシデント対策を含めた新規制基準対応の妥当性も規制庁としては検討せねばならない。もんじゅの再稼働申請の審査では、この状況では技術的能力で"否"の判定をして再稼働申請を却下することになるから、それ以前に、もんじゅの発電炉としての運転保守上、品質保障上の適格性を著しく欠くことを取り上げてその監督官庁に、運営主体の見直しの勧告を三条委員会の権限を行使して行ったのであろう。

　筆者としては、本来国策民営と言いながら、国、電力事業者の連携に問題があり、せっかくの国策による ATR 原型炉ふげんの開発が電力事業者による ATR 実証炉建設に繋がらず、ふげんの廃止措置の決定によってそれまでのふげん運転による発電収入とプルサーマル実施の双方を失った過ちを、今回のもんじゅ問題ではもっと深刻さを増して再び繰り返しているように見えた。

　また、もんじゅ廃炉後の高速炉開発については、フランスの ASTRID 開発への参画を含めた高速炉開発会議の方針には、当時まで民間による高速炉の実証炉 JSFR の設計研究が進展していたわが国の高速炉実証炉開発の方向ともかけ離れたものであり、この方針決定の裏には、高速炉開発会議で JAEA と三菱重工の双方のトップが組んでフランスの ASTRID 開発計画に乗るように誘導した、という憶測が出されている。またフランス側の計画そのものが流動的であるからには、この方向ですんなり進むようにも思えない。

　エネルギー基本計画そのものはエネルギー政策全体に関わるもので、その中での原子力の役割は電力供給をどれだけの比率を担うかが中心である。一方、原子力政策は我が国の原子力発電だけでなく、核融合炉を含めた原子力基礎研究や医用、材料開発その他の研究開発も包含すべきものである。だが原子力政策全体を調整してきた原子力委員会はいつしかその役割が変貌した。原子力規制委員会は、原子力の安全規制に特化した三条委員会であり、原子力の研究開発応用における安全規制だけに特化するものである。エネルギー基本計画の論議では、核燃サイクル技術全体の研究開発が中心ではない。7.2 節に述べたように 30 年後には今の軽水炉は寿命が来てそれ以降はどうするのか？　原発の新設はどうするのか？と問題は指摘できても、こういう方向で原発の新設をやりなさいと決めるところではなさそうである。いずれにしても国会、政府のどこかが国としての原子力の今後の目標と研究開発の方向、国と民間との関わり等を決めていかないとますます混乱すると思われる。

7.4.8　もんじゅ後の高速炉計画

　もんじゅ廃炉決定により不透明になった高速炉開発と、プルトニウム余剰問題を抱えながらの六ケ所村再処理工場の運転開始という原子力の将来計画における矛盾をどうすべきか？　これも問題である。

　これからの高速炉研究開発では、高速炉は核燃サイクル技術の必須技術なのでこれの開発を止めると再処理により生成されるプルトニウムの将来の大きな使用先がない。現在のところ政府はもんじゅ廃炉にきめ、プルサーマルで余剰プルトニウムは増やさないとした。そして高速炉導入時期を50年先延ばしし、核燃サイクル政策は堅持とのことである。だが、高速炉の研究開発については大型発電炉として実用化を目標にいたずらに実現の先延ばしを繰り返すうちに人材の枯渇により技術継承が実質できなくなるだろう。

　常に研究者の世代交代と技術継承を絶やさないようにするには、むしろ現在の原子力に期待されている方向の高速炉応用に特化したらどうか？　それには 1 万年は要するといわれる高レベル放射性廃棄物を無害化するまでの放射能減衰時間を 300 年程度に短縮するために有望な新たな高速炉応用技術の開発に研究目標を変更する等、社会的により有益な方向に転換したらどうか？　それには一つは MA 専焼炉でもう一つは ADS である。それには不毛に終わった過去の国策民営路線を清算して日本原子力機構の茨城地区常陽施設や敦賀地区でのもんじゅ施設の活用を関連大学との協力により、新たな高速炉の研究開発に転換することが期待される。

7.5　原子力開発に協力してきた地元の望むことは何か？

　原子力開発に希望を抱いた日本の原子力開発の揺籃期を振り返ってみると、全国どこでも原子力施設に賛同していたわけでなかったことは、京大原子炉が立地で難渋したことでもわかる。

　1956（昭和31）年 11 月 30 日湯川秀樹教授を委員長として大学の共同利用研究所として関西研究用原子炉設置準備委員会が発足。設置場所は当初想定していた宇治の火薬庫跡から二転三転し、結局大阪府熊取町に立つことに決まり、建設開始は1962(昭和37)年、1963(昭和38)年 4 月京大原子炉実験所が正式に発足している。そのときの住民の反対運動は京都・大阪・宇治・神戸と関西一帯に広がった。万一原子炉が事故を起こすと放射性物質が淀川に流れ込み流域の上水道を汚染するというのが大きな反対理由だった。1959(昭和 34)年から京大で準備委員長を務めて熊取立地を取りまとめ、初代原子炉実験所長となった故木村毅一氏（木村磐根氏の実父）は、大学研究者は一般の人達の細やかな心理状態が十分分からなかったことや、日本が原子爆弾を受けているので、反対運動は理解できたと、父は記していると書いている。（木村磐根（2018））

　原子力に夢をいだいた時代の当時、大学の研究用原子炉設置に対してさえ一般市民の原子力への恐怖はこのとおりだったのだから、50 基もの原発の立地を引き受けたそれぞれの地元では原子力施設誘致に決断に至るまでそれぞれ大層な不安の思いであったろう。それぞれの原子力事業者は地元との共生に気を使ってきたが、地元が受け入れる前提は原子力施設が安全であること、不安な思いをしなくてよいことが最も大事なことだった。地元に様々な形で補助金が入り、原子力事業関係で地元の人が働く職場が増え、人の往来が増えて

ビジネス拡大に繋がる。これが原子力を誘致するメリットだった。これは地元にとってどんな種類の工場立地でも共通のことである。

　福島事故は、地元の福島県にとって原子力への信頼を完全に裏切った。福島県には東電の福島第 1 発電所と福島第 2 発電所が 20km 離れて立地している。地震・津波でメルトダウン事故を起こしたのは福島第 1 発電所の 6 基のうちの 3 基であり、福島第 2 発電所の 4 基は事故を免れた。

　原発が事故を起こすと地元にとってどういう事態をもたらすか？　この 9 年余の福島の被災者たちの生活状況を見てのとおりである。そして福島県は事故を起こした福島第 2 発電所だけでなく福島第 2 発電所もすべて廃炉を望んだ。もちろん福島事故でその年東京では原発反対のデモが盛り上がり、全国原発立地県でも原発反対デモがあったのではないかと思うが、事故当時の民主党政権時代には原子力規制改革と原子力規制委員会の発足、新規制基準の公表とつながるうちに、民主党から自民党に政権が変わり、自民党の安倍政権は再稼働の条件として新規制基準審査に合格し、地元の了承が得られた原発を政府として認めるという形にした。その後事業者の新規制基準への相次ぐ再稼働申請があって原子力規制庁による長い審査を経て再稼働する原発も 9 基になった。これらはすべて西日本にあるPWR である。BWR の 4 基は規制庁審査では合格になったが、地元の再稼働了解には至っていない。これに対して原子力推進派には国が運転を認可した原発を地元が運転を差し止める権限はないと非難する向きもある。

　福島事故のような事故が仮にドイツで起こっていれば、当然ドイツでは即刻全国いたるところで反原発デモが発生し、政府はたちどころに全原発を閉鎖、すべて廃止措置にしたと筆者は思うが、日本ではそのようにならなかった。それでも日本でも福島事故後世論の大勢は原発賛成から長い目で脱原発に転じた。だが日本では政治の場でドイツのような明確な脱原発への転換はない。反原発派は従来通り司法の場で再稼働原発に対して運転差し止めの訴訟を起こし、いくつかの訴訟で仮執行運転停止を得ている。これに対して原子力推進派には国が運転を認可した原発に対して運転を差し止める訴訟を裁判所に起こせないような仕組みを作れないかと模索していると聞く。

　さて話を依然変わらない原発を巡っての二項対立の姿から、これまで原子力に協力してきた立地地域の希望していることに話を移す。原子力事業者と原子力を誘致した地元の共生意識は強く、経済依存度も高くなっている。それでも福島事故は全国のどの立地地域でも、原子力界に対する信頼感を揺るがす事態だった。福島から距離が離れた地域では、原子力施設が稼働しないと地元の経済が回らない。これも原子力と共生を選んだところの宿命である。

　いずれにせよ全国の立地地域では、もともと立地地域は、国や自治体と事業者たちとの信頼関係に基づいて原子力推進に協力してきたことから、おのがまちの原子力施設の再稼働が一向に進まないなら信頼関係は損なわれる重大な事態に発展する、と一致して以下のような行動指針を出している。これは一般社団法人原子力国民会議が 2018 年 10 月末に主催

した「全国立地地域全国大会」で満場一致で採択した声明とのことである。(種市治雄(2019))

①新規制基準適合性審査の効率化
②原子力発電所の早期再稼働と長寿命化の促進
③プルトニウム利用の促進と核燃料サイクルの政策の堅持
④立地地域における地域振興策の強化
⑤エネルギー・環境教育とリテラシーの向上
⑥原子力人材の育成と強化

　種市治雄氏は青森県六ケ所村商工会会長であり、六ケ所村核燃事業の立場からバックエンドすなわち高レベル廃棄物処分場の決定が遅れれば遅れるほど青森県にとって全国の使用済み燃料が集中して核廃棄物のたまり場になりかねないと懸念している。原発と核燃施設が集中立地する青森県は、種市治雄氏の意見のように再処理工場の運転を止めるのなら全国原発の使用済み燃料を青森に持ってくるのはお断りだけでなく、再処理工場が動いても高レベル廃棄物処分場が決まらないなら、再処理後の HLW ガラス固化体の保管もお断りといっている（種市治雄 (2019)）。本章の筆者も気がつかなかったが、放射性廃棄物をいつまでも抱え込むのを忌避しているのは HLW 地層処分をどこの自治体でも引き受けたがらないのと心は同じなのである。
　また同じ原子力国民会議主催「全国立地地域全国大会」に出席した元高浜町議会議長の山本富雄氏は、2020 年の新型コロナウイルス蔓延の年、福井県若狭湾地域の意見を最近の原子力国民会議創刊誌に寄せている(山本富夫 （2020）)。山本富夫氏は、最近明るみに出た関西電力の金銭授受問題は、電力産業界への不信感を招来した莫大な負の遺産ととらえ、その由来を考察し、これを踏まえて電力事業者・行政・立地地域のあるべき関係を次のように論じている。

　　原発の誘致から運転に至るまで、地元の同意や国の安全規制の過程で、地元の多くの合意形成のための理解を得るため電力会社はその草の根活動で、原発を推進する住民、団体等の力を借りることが最善のやり方になっていった。関電では地元の理解を得るのに地域団体に何かと依存していたが、もんじゅのナトリウム漏れ事故、JCO 事故、関電美浜 2 号機事故、同 3 号機事故、動燃東海火災事故、東電福島事故と事故が発生し、これらによって地元が電力事業者に対して次第に上から目線の対応になっていって関電が地域団体の言いなりになっていた。
　　これが今回の関電問題の背景にあるが、昨今メディアを含めた日本の風潮として原発は危険で悪の根源と宣伝され、常に原発に非があると決めつけられている。だが民間事業としての原発のインフラは、立地地域には雇用、医療福祉、教育等で恩恵は計り知れず地域発展の相乗効果をもたらした。

　また、山本氏は「最近の原発世論の悪化、原発への逆風下、政治家が政治生命のために原子力に関わることを敬遠する傾向があるが、原子力は海外資源に頼る日本がオイルショックを克服してエネルギー安全保障の向上に貢献してきたことは事実である。これからの原子力は安全第一を柱にこれからもエネルギー安全保障面で日本の将来を支えていくべきであり、電力事業者・行政・立地住民の関係は誰が主で誰が従かというより、お互いに対等の立場で Win-Win の関係になるように努めるべきだ、そしてコロナのあと間違いなく襲う世界的不況に日本が賢明に対応するために原子力を活かすようにすべきだ。政治家には、原子力は今のままでは自然に無くなってしまうがそれで良いのか真剣に考えてほしい」と訴えている。

　茨城県東海村村長の山田修氏は、原子力学会誌の時論に寄稿して、日本の原子力発祥の地東海村、60 年前は寒村であった村が原子力と共生して目覚ましい発展を遂げ人口が急増した、元祖「原子力村」の自治体行政を預かる立場から原子力学会の会員に次のように言っている（山田修（2019））。

　山田氏は、「まず原子力はどうしてこんなにも嫌われてしまったのか？　人々にとって福島事故は大変衝撃的であり、不安と怒りが増幅されたことは間違いがない。科学技術を信頼していた人々を裏切ることなった度重なる失態が今の状況を作り出してしまったといえるかもしれない」と学会員に自分たちに問題があったことの反省を促している。

　山田氏は、現状の閉塞感を少しでも打開する契機になれば幸いと以下のようなコメントを寄せている。

①原子力事業者が厳しい世論の矢面に立っているが、自治体も同様に住民から様々な意見、要望を受け止めており、対応がなかなか難しいと痛感している。これは決して事業者と自治体の話でなく、そもそも国策として始まった原子力政策を今後どうしていくのかという方向性が問われている。そこには当然国の姿勢が重要であり、原子力に関わるすべての人がともに考え、答えを導き出していく必要があるのでないか？

②東日本大震災から 8 年が過ぎても原子力に対する国民の理解が得られていないと感じている。そこには福島事故の収束が思うように進んでいない。復興は少しずつ進んでいるが帰還への道のりが遠い。原発の安全対策が新規制基準に基づいて進んでいるが司法の判断が揺れている。自治体が取り組んでいる広域の避難計画の策定が困難を極めている。等々。とても国民に理解してもらうことが難しい。

③日本のエネルギー事情を考えると原子力発電は一定程度必要と認識している。原子力発電が動かなくても停電は起きないし困ることはないという人がいるが、自分の身の回りで不都合を感じていないだけであって社会インフラとしての電気を考えると決して安定しているわけでないでしょう。社会インフラとしての電気はより安定的に供給されなければならない。将来を見据えて社会全体が冷静に議論していくこ

とが必要だ。

④東海村はこれまでもそうであったように今後も研究開発の拠点であると認識している。その点原子力をエネルギーの側面のみでとらえる昨今の風潮には違和感をいだいている。原子力科学は基礎・基盤研究や物質科学研究など幅広い分野で活用が期待されている。この分野で活躍している研究者も多いと思うのでこういう観点からの原子力の有用性や可能性を国民に伝えてほしい。次の世代を担う学生にそういう魅力が伝わるように皆さんの発信力を期待している。

⑤原発問題はこれまで賛成派と反対派と言われる人達の間でお互いに自分たちの主張を繰返すばかりで何ら解決策を見いだせず、感情的な対立が深まっていると感じている。いろいろ課題があることは判っていても、結論を先送りにしているだけでは次の世代に対しての責任を果たしていることにならない。村長個人としては次の世代を担う 10 代や 20 代の若者たちとともに建設的に考えていく場を作りたいとかねがね考えていたが、最近新聞で読んで「自分ごと化会議 in 松江」に関心を持っている。自分ごと化会議とは、原発賛成反対両派の論客を呼んでお互いに非難し合う講演会に市民が受け身で聴講するより、原発問題を自分の問題として市民が講演会を自ら企画し、自分たちの考えを提言としてまとめていくというものである（「自分ごと化会議 in 松江」については次の URL を参照 http://midori-eneren.com/seminar/detail/1235）。

　日本の戦後原子力研究開始の発祥地の東海村は、日本原子力研究所を核に、動燃、原電東海発電所などが立地し原子力村として発展、再処理工場のアスファルト固化工場の火災やJCO 事故も経験。基礎的な原子科学研究から原発、核燃事業にまでまたがり原子力と共存する。東海村の村長さんは、福島事故以来、原子力を悪とする現在の風潮に心を痛め、次代へこれからのあるべき原子力の道を伝えていく自治体としてのコミュニケーション活動のやり方を模索されている。

7.6　日本学術会議の今後の原子力発電のあり方に関する提言

　我が国の原子力揺籃期に、1949 年設立の日本学術会議が原子力の研究開発利用のあり方について熱心な議論を行い、1955 年の原子力基本法制定に際して、日本学術会議が原子力利用を平和目的に限るとともに成果の公開、研究体制の民主的な運営、研究と利用に関する自主的な運営を進めるべきと提言し、原子力平和利用における民主、自主、公開の 3 原則で進めることが原子力基本法に盛り込まれたことは、本書の第 1 章でも述べた。

　その後、日本学術会議は 1974(昭和 49)年 6 月田中角栄内閣総理大臣に原子力平和 3 原則に関わる勧告として、とくに公開の原則が企業秘密の名を借りて行われていないことへの

注意喚起。1977(昭和 52)年 11 月宇野宗佑科学技術庁長官に対し原子力基本法の一部改正に際し、原子力の開発・利用の強力な推進のため、原子力規制をそれに従属させて規制の緩和を図ることはあってはならないとして、安全規制の重視を原子力の開発・利用に優先すべきと勧告している。その後も 1974 年原子力船むつの事件、1979 年米国 TMI-2 事故問題の際に申し入れや要望を発表している。

　しかし、1986 年旧ソ連チェルノビル事故やその後のシビアアクシデント対策の強化、2000 年前後から我が国原子力発電で頻発した不祥事やトラブル等の安全規制、原子力事業のありかたに対しては何ら格別の提言活動をせず、2011 年 3 月 11 日東日本大震災を契機に発生の東電福島事故を迎えた。それ以降は今日まで日本学術会議は、さすがに福島事故のもたらした様々な問題に対して活発な勧告や提言を行っている。とくに 2013 年 2 月原子力発電の将来検討分科会を発足させて様々な調査活動を行い、2017 年 9 月 12 日には「我が国の原子力発電のあり方について－東京電力福島第一原子力発電所事故から何をくみ取るか」と題する次のような提言を行っている（日本学術会議（2017））。

　　　日本学術会議は、1980 年以降原子力発電関連の事故頻発に際して安全性の観点から提言等を行ってこなかったことを強く反省するとともに、福島事故のもたらした問題を考察し、国民意識が原子力発電に否定的な方向にシフトしていること、原子力発電が特定の範囲の人々に犠牲を強いるシステムという社会的な倫理問題があり、立地地域、周辺地域、作業従事者等への危険の集中を如何に軽減するのか、将来世代への危険の持ち越しを如何にして避けるのか、こういった問題を考えていかなければ国民的合意を形成することは困難との観点から 10 項目の提言を行うとともに、今後は再生可能エネルギーの安定的かつ低価格での供給を基本とするエネルギー供給体制に向けた研究開発を進め、その実現を図ることが喫緊の課題としている。

　日本学術会議のこのような原子力に関わる提言では、福島復興のための事故炉の廃炉や高レベル放射性廃棄物の処理処分、原発の廃止措置に関わる技術高度化は今後も継続するのでその人材育成を挙げている。なお本提言を取りまとめた原子力発電の将来検討分科会は大西隆東大名誉教授を委員長がなっているが、提言作成のメンバーには原子力学会からの会員はどういうわけか参加していない。

7.7　これからの原子力界がなすべき努力の方向

　さて本書の終章に行くまでに、だんだん原子力の岐路の方向が見えてきた。

　エネルギー基本計画の見直しは始まっているがどう見ても 2030 年に、原子力の 20〜22％比率達成はできそうにない。原子力発電はその期待されている比率の達成なくしては将来その居場所はない。そのためにはまずは再稼働の着実な進展だ。いつまでたっても先が見え

ない高速炉の実証に幻想をいだかず、核燃サイクルには手を広げずに必要最低限の目標に絞ってください、と原子力委員会や総合エネルギー調査会の有識者たちは思っているようだ。

　そして福島事故を契機に、にわかに増えた使用済み燃料の中間貯蔵や放射性廃棄物の処理処分問題は、現在処分場の公募の始まっている高レベル放射性廃棄物の地層処分に加えて原子力にとって重要な課題となってきた。また事故を起こした福島第一原発の廃炉には技術的にチャレンジングな研究課題が多い。また超寿命の高レベル放射性廃棄物の放射能減衰時間を短縮する分離・変換技術も将来世代のために研究開発に挑戦すべき課題である。

　元々原子力に不安をいだく日本社会で、これまで原子力に協力してきた立地地域を忘れてはいけない。その地元を裏切ってはならない。今では3つのタイプの地元がある。まずは福島事故で迷惑をかけたところ。そこでは何をおいてもその復興に協力しないといけない。それ以外の地元は研究開発のあるところとないところの2つに分けられる。研究開発のあるところ（青森、福島、茨城、福井）は大学と連携して将来の人材確保に努める。そのためにそれぞれの特色に応じて、若い人に夢を持たせる将来性のあるテーマの教育と訓練により将来のキャリアパスに繋がるように、そのほかの原子力の立地地域、事業者の現場とも連携を図るべきである。

参考文献

川渕英雄・飯塚倫子・望月豊・辻政俊・曹佐豊（2018），今後の原子力利用に向けて，日本原子力学会誌，60（3），2018，pp. 138-151.

笠井滋・遠山眞・守屋公三明・飯倉隆彦（2011），解説 次世代軽水炉（HP-ABWR/HP-APWR）の開発状況 中間評価と今後の開発計画，日本原子力学会誌，53（3），2011，pp. 206-210.

Alan Walters, Donald R. Todd, Paul V. Tsvetkov（2012），Fast Spectrum Reactors, Springer US.

高木直行 監訳（2016），高速スペクトル原子炉, ERC 出版, 2016 年 11 月.

佐賀山豊・安藤将人（2018），第 4 世代原子炉の開発動向 第 1 回全体概要，日本原子力学会誌，60（3），2018，pp. 162-167.

「放射性廃棄物の分離変換」研究専門委員会（2016），分離変換技術総論, 日本原子力学会, 2016 年 9 月, 第 5 章 核変換システム, pp. 183-295.

文部科学省（2016），「もんじゅ」に関する原子力規制委員会からの勧告について，平成 28 年 1 月 12 日および平成 28 年 7 月 26 日.

原子力関係閣僚会議（2016），原子力規制委員会宛文部科学大臣松野博一発出 27 受文科開第 1322 号，平成 28 年 12 月 28 日，別添 「もんじゅ」の取り扱いに関する政府方針，平成 28 年 12 月 21 日.

日本原子力学会誌（2016），特集 1 もんじゅ，日本原子力学会誌，58（12），2016，pp.684-742.

日本原子力学会誌（2019），特集 核燃料サイクルを考える，日本原子力学会誌，61（1），2019，pp. 3-47.

木村磐根（2018），木村毅一に関する証言と回想，pp. 399-416, 政池明、荒勝文策と原子核物理学の黎明, 京都大学学術出版会, 2018 年 3 月 31 日.

種市治雄（2019），時論 立地地域の誇りと責任、そして覚悟，日本原子力学会誌，61（2），2019，pp. 82-83.

山本富夫（2020），原子力発電所と行政・立地地域のあり方について，季刊誌「原子力の新潮流」，Vol. 1, No.1, 2020 年 8 月 1 日，原子力国民会議, pp. 51-52.

山田修（2019），時論 原子力発祥の地から、今考えていること，日本原子力学会誌, 61 (8), 2019, pp. 572-573.

日本学術会議（2017），原子力利用の将来像についての検討委員会，原子力発電の将来検討会提言 我が国の原子力発電のあり方について―東京電力福島第一原子力発電所事故から何をくみ取るか, 2017 年 9 月 12 日.

第8章　規制と事業者による軽水炉原発安全性向上の課題

8.1　原子力事業者を取り巻く福島事故後の規制変化の概要

既に第1, 2章で述べたように、福島事故以前は我が国の原子力発電所の設置や運転、廃止措置は、経済産業大臣が「核原料物質、核燃料物質及び原子炉の規制に関する法律」（原子炉等規制法）に基づいて規制が行われていた。また、原子力発電所の工事計画認可や使用前検査、燃料体検査、溶接検査、定期検査などは、「電気事業法」に基づいて規制が実施されてきた。

2011年3月に発生した福島事故を契機に、これまでの原子力施設全般の規制が抜本的に改革された。2012年6月、電気事業法の規制（定期検査など）を原子炉等規制法に一元化する法改正が行われ、また、原子力利用の「推進」と「規制」を分離し、規制行政を一元的に担うため、環境省の外局に国家行政組織法第三条に基づく三条委員会として、原子力規制委員会が2012年9月19日に発足した。これまで原子力「利用」の推進を担ってきた経済産業省の安全規制部門であった原子力安全・保安院は廃止され、原子力規制委員会と事務局の原子力規制庁が、環境省の外局組織として新設された。各関係行政機関が担っていた原子力規制の事務、核物質などを守るための事務（核セキュリティ）が原子力規制委員会に一元化されるとともに、原子力安全委員会は廃止され、必要な機能も統合された。

さらに2013（平成25）年4月1日、文部科学省が担っていた核不拡散の保障措置、放射線モニタリング、放射性同位元素の使用などの「規制」に関連する機能も原子力規制委員会に移管一元化された。また、原子力安全保安院発足後、経済産業省外郭団体の原子力工学試験センターが廃止されて2003年10月1日に設立された原子力安全基盤機構（通称 JNES）は2014年3月1日に原子力規制庁と統合された。福島事故を契機に大幅に改正された原子力規制の体制変更を、図8-1に示す。

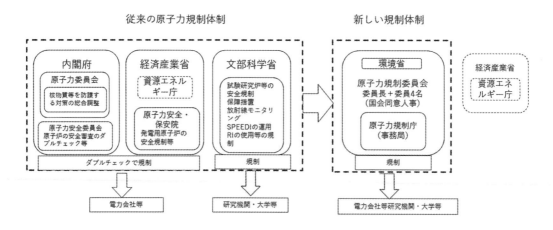

図8-1　福島事故を契機に変更された原子力規制の体制

　改正の要点は、以下の 2 点である。

（1）独立性の確保

　従来経済産業省の中に推進組織（資源エネルギー庁）と規制組織（原子力安全・保安院）が同居する体制が、経済産業省から分離して、環境省の外局として 3 条委員会として原子力規制委員会が新設された。

（2）規制事務の一元化

　従来原子力安全・保安院、内閣府の原子力委員会、原子力安全委員会および文部科学省に分散していた規制業務が、放射線のモニタリング、放射性同位元素の使用の規制、核不拡散の保障措置を含めた機能を含めて一元化された。

　なお、図 8-1 には原子力防災体制の変更は含めていない。これについては既に第 4 章に述べたとおりであるが、防災指針だけ原子力規制委員会が行い、それに沿って防災計画を立てるのは立地市町村である。

8.2　原子炉規制法の改正と再稼働審査過程で生じている課題

8.2.1　原子炉規制法の改正

　新しい原子炉等規制法は、福島事故の教訓や国内外からの指摘を踏まえ、主に次のような点が改正された。

①重大事故（シビアアクシデント）対策を規制の対象とする。

②すでに認可を得ている原子力発電所や核燃料施設などに対しても、最新の規制基準への適合を義務づける「バックフィット制度」を導入する。

③運転期間の延長認可に関する制度の規定を追加する。

　この原子炉等規制法の改正に基づき、原子力規制委員会によって原子力発電所の新たな規制基準が策定され、2013 年 7 月に施行された。また、原子力発電所以外の核燃料施設などについても新たな規制基準が策定され、同年 12 月に施行された。新規制基準の策定後も、原子力規制委員会では、国際原子力機（IAEA）が各国の規制の質の向上を目指して実施している統合規制評価サービス(IRRS)を受検した結果を踏まえ検査制度の見直しなどの取り組みを進めている。

8.2.1.1　新規制基準の基本的な考え方

　新規制基準では次の 4 つをその基本的な考え方として採用している。

（1）深層防護の徹底―IAEA による 5 層の深層防護概念に則し、目的達成に有効な複数
　　（多層）の対策を用意し、かつ、それぞれの層の対策を考えるとき、ほかの層での対策
　　に期待しない(IAEA による 5 層の深層防護概念については第 1 章 1.3.1 表 1-2 参照）。
（2）共通要因によって安全機能が一斉に失われることを防止するため、自然現象などに係
　　る想定の大幅な引き上げとそれに対する防護対策を強化 ―地震や津波の評価を厳格
　　化し、津波浸水対策を導入する。さらに、多様性と独立性を十分に配慮し、火山・竜巻・
　　森林火災の評価も厳格化する。
（3）自然現象以外の共通の要因によって安全機能が一斉に失われる事象への対策を強化
　　― 火災防護対策の強化と徹底、施設内の内部溢水対策の導入、停電防
　　止のため電源の信頼性を強化する。
（4）必要な「性能」を規定（性能要求）― 基準を満たす具体的な対策は、事業者がそれぞ
　　れの施設の特性に応じて選択する。

原子力発電所の規制基準について、従来の基準から新規制基準により強化されたポイン
トを図 8-2 に示す。

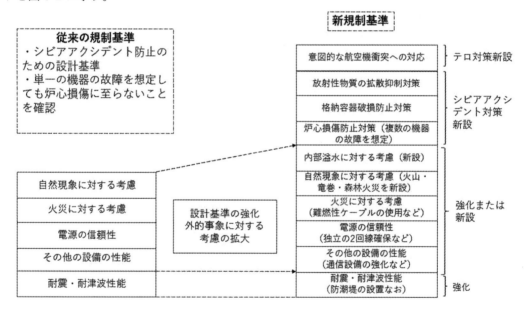

図 8－2　原子力発電所の従来の基準から新規制基準により強化されたポイント

8.2.1.2　原子力発電所の検査制度の見直し

　原子力発電所が安全に運転・維持されているかを点検する方法は、これまで検査日程や検
査項目などを事業者に事前に通告していたが、これを検査官がいつでも現場を自由に確認
でき、必要な情報等にも自由にアクセスすることができるように改正した。新検査制度は
2020 年度からの本格運用に向け、2018 年 10 月から試運用を開始し、制度運用に向けた問
題抽出と調整が進められた。

8.2.1.3　運転期間延長に関する認可制度の導入

　従来から原子力発電所の必要な機能や性能を維持できるよう、事業者は、最新の設備や機器に取り替えるなどの対策を講じている。蒸気発生器や炉心構造物などの大型の設備を交換している発電所もあるが、こうした対策を「高経年化対策」という。そこでは運転開始から 30 年がたつ原子力発電所に対して、以降 10 年ごとに機器などの技術評価を行い、長期保守管理の方針を策定することを法律で義務づけ、事業者はこれを施設の定期検査の申請時に提出する点検などの方法や実施頻度、時期の計画（保全計画）に反映している。

　福島第一原子力発電所の事故を受けて 2013 年に「運転期間延長認可制度」が導入された。これは原子炉を運転することができる期間を 40 年とし、その満了までに原子力規制委員会の認可を受けた場合には、1 回に限り最大 20 年延長することを認める制度である。事業者は、原子炉容器や格納容器などの重要施設の傷や腐食などを詳しく調べる特別点検を行い、原子力規制委員会へ申請をして審査を受けることになる。

　ここで福島事故後の我が国の原子力発電所の審査・検査の全体の流れを図 8-3 に示し、主なポイントを以下に述べる。

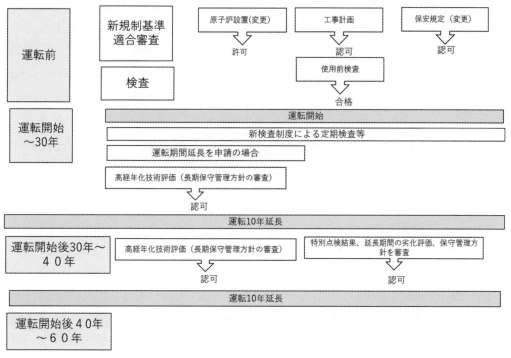

図 8-3　原子力発電所の審査・検査の全体の流れ

（1）福島事故で停止している原子力発電所はすべて運転前に新規制基準への適合性審査を受けて検査に合格しないと再稼働できない。審査については原子炉設置（変更）審査、工事計画および保安規定（変更）の 3 つが認可され、使用前検査に合格しないと運転を開始で

きない。シビアアクシデント対応が規制の対象になった新規制基準による再稼働審査の実際については 8.2.2 節に詳述する。

（２）運転開始後については、以前は電気事業法により 1 年運転継続後停止して定期検査を受けることになっており、①国が行う検査と事業者が行う検査が混在、②原子力事業者以外（下請メーカー）を対象とする検査も混在、③国の検査は、内容・実施時期が限定的、ハード／ソフト面を細切れで検査になっていた。IAEA は福島事故以前から原子力安全・保安院に日本の保全制度の改善を勧告していたが、福島事故後規制庁に組織変更後、IAEA から再び 2016 年に検査制度を改善して簡素化すべきとの勧告を受け、米国が 2000 年から運用している ROP(原子炉監督プロセス)をひな型にした新検査制度に 2020 年 4 月より移行した。これは事業者・国の双方の対応を強化するもので、①原子力事業者が自ら検査する仕組みを導入し、安全確保の主体を明確化、②国は事業者の全ての保安活動・検査の状況を総合的に監視・評価することになった。

①では、事業者によるパフォーマンスベースでリスクインフォームドな自主検査制度になった。

②では規制庁の検査官はいつでも施設に入れるフリーアクセスの権限のもと、従来の複雑化した検査を一本化した原子力規制検査となり、事業者の行う検査や改善活動などあらゆる活動をフリーアクセスで監視することとなった。

検査制度の見直しの説明については、原子力規制庁長官官房制度改正審議室による次の URL 参照。https://www.nsr.go.jp/data/000181864.pdf(2020.11.12)

なお米国等海外では福島事故以前から既に大抵の国で定期検査の合理化を進め、運転期間も既に 18 か月運転、24 か月運転を行っていたが、日本は福島事故後の再稼働でやっと運転期間も 18 か月、24 か月運転が可能となる。

パフォーマンスベースとは運転履歴の結果を目に見える指標で表すことを意味するようであり、一方、リスクインフォームドとは、保全活動に確率論的リスク評価手法（PRA）を導入することを意味する。つまり CDF（炉心損傷確率）や CFF（格納容器故障確率）のような PRA で計算される指標もパフォーマンスを示す指標の一部を構成するものである。米国では既に 2000 年前後からこのような検査制度を導入していたことは原子力安全・保安院時代から認識し、事業者と一緒にその勉強会を持っていたが、当時は実際に導入する機運からは遠かった。非効率でトラブルの多かった原子力発電所の運転管理も、福島事故が引き金になって再稼働が始まった原発の新検査制度適用で、改善の機運にある。

（３）原子炉の運転期間は原則 40 年と定められているが、これは寿命や耐用年数ではない。計画的な機器の交換や点検などの適切な保守管理を行い、さらに常に最新技術を取り入れることにより、高い安全性を確保できると考えられる。

　米国では既に運転期間 40 年満了後に更新認可できる制度があり、2018 年 8 月末時点で、稼働中 99 基のうち 93 基が 60 年までの運転期間延長を申請し、89 基が認可を受けている。さらに、2018 年 1 月にターキーポイント 3、4 号機（PWR、各 80 万 kW）、同年 7 月にピーチボトム 2、3 号機（BWR、各 130 万 kW）が 80 年までの運転期間延長を申請し、審査が進められている。

　日本では、2013(平成 25)年 7 月施行の原子力発電所の運転期間延長認可制度により、40 年の運転期間について認可を得れば 1 回に限り最大 20 年を加えた時期まで運転を延長できることになった。関西電力（株）の高浜発電所 1、2 号機と美浜発電所 3 号機および日本原子力発電（株）東海第二発電所は、運転期間が 40 年を超えたが、原子炉圧力容器や原子炉格納容器などの特別点検を実施して、60 年までの運転期間を想定しても問題がないことを確認し、原子力規制委員会へ運転期間延長認可申請を提出した。その後、原子力規制委員会の審査を経て、高浜発電所 1、2 号機は 2016 年 6 月 20 日に、美浜発電所 3 号機は同年 11 月 16 日に、東海第二発電所は 2018 年 11 月 7 日に、それぞれ認可を受けている。

　40 年を越える運転延長プラントについても新規制基準に適合するための安全性向上対策は必要であるが、建設当時の設備設計対応の違いから、高浜 1，2 号、美浜 3 号炉では非難燃ケーブルへの火災防護対策の実施に加えるに、自主的な対策として最新技術を適用した保守性向上等の観点から中央制御室を最新型のデイジタル方式に取り替えるとしている（南　安彦（2018））。

8.2.2　福島事故以後の再稼働審査とその過程で生じている課題

　福島事故以降停止していたのはすべての実用型原子力発電所ばかりでなく、JAEA や大学の試験研究炉もすべて停止していた。

　規制体制も改まり、原子力規制委員会により公表された原子力発電所の審査基準（新規制基準）も以前に比べると明らかに厳しくなった。そこではすべての停止中の原子力発電所、試験研究炉の所有者は運転を再開しようと、新規制基準適合審査への申請を検討したが、その申請書の準備も申請後の審査もそう簡単にはいかないことが理解されるようになって、福島事故当時の実用型原子力発電所も JAEA や大学の試験研究炉も運転を再開できるところは多くはなかった。

　ここでは実用型原子力発電所の再稼働だけに限定するが、その一番大きな理由は、規制庁により事前に公表された審査方法そのものにある。本節ではまずその規制庁により公表された新規制基準による審査申請書作成における要求事項と、申請書提出後の審査の流れの概要を述べる。そして IAEA の深層防護の第 4 層であるシビアアクシデント対応の安全性確認に関わり、新規制基準適合審査のために、PWR 申請者がどのように設計対応のために PRA を行い、シビアアクシデント対策をたてているかを紹介する。そして最後に申請者および規制庁における課題を述べる。

8.2.2.1 審査申請書作成における記載要求事項

(1)新たに要求された強化すべき安全機能

審査申請書作成における記載要求事項というのはとりもなおさず、新規制基準への適合性を満たすために、電気事業者が行うべき必要事項を具体的に規定するものである。とくに新規制基準になって新たに強化すべき機能は次の A、B、C の 3 つである。

A：耐地震と津波機能
B：設計基準として維持すべき機能
C：シビアアクシデントに対処するのに必要な機能（シビアアクシデント対策）。

規制要求として新たに A に対して 5 項目、B に対して 6 項目、そして C に対して 20 項目、合計 31 項目を指定している。これらのうち A と B に対して新たな要求事項とその対策例をそれぞれ表 8-1、表 8-2 に示す。

表 8-1　耐地震と津波への安全機能に対する新たな要求事項とその対策例

番号	新たな要求機能	対策の例
A.1	基準津波の襲撃に対する安全の維持	基準津波の確立。防潮堤とゲートの設置
A.2	津波保護施設の耐震抵抗性の強化	津波防護堤や津波観測施設の耐震抵抗性の維持
A.3	出来ることなら 40 万年以前から活断層のなかったことを立証すること	活断層がないことを立証する詳細現場観察試験
A.4	基準地震動をチェックするための地下構造の 3 次元把握	地盤に地震動を加えるための加振車による試験
A.5	明らかに活断層の痕跡のある地盤の上に安全上重要な施設を建設しないこと	

表 8-2　設計基準として維持すべき機能に対する新たな要求事項とその対策例

番号	新たな要求機能	対策の例
B.1	プラントの安全性が火山噴火、竜巻、外部火災で損なわれないこと	これらの効果の影響評価を実施し、必要に応じて補修工事を行う
B.2	内部溢水によってプラントの安全性が損なわれないこと	内部溢水の影響評価を実施し、必要に応じて補修工事を行う
B.3	内部火災によってプラントの安全性が損なわれないこと	防火、火災検知と消火、火災影響の軽減のための補修工事を行う
B.4	安全上重要な機能の高い信頼性を維持すること	安全上重要な配管の多重化など。
B.5	電気系の高い信頼性を維持すること	外部電源系統、スイッチヤード、非常用ディーゼル発電機の多重化。燃料タンクの耐震抵抗性の維持
B.6	最終的な熱吸収源への熱輸送系統の物理的防護	海水ポンプの物理的防護

　Ｃのシビアアクシデント対策の 20 項目については、原子炉の安全機能の強化、格納容器の安全機能の強化、緊急支援機能の強化、敷地周辺の安全機能の強化に対して新たな要求事項とその対策例を原子炉、格納容器、緊急支援、敷地周辺について表 8-3、表 8-4 にそれぞれ示す。

表 8-3　シビアアクシデントへの安全機能の強化に対する新たな要求事項とその対策例

対象	番号	新たな要求機能	対策の例
原子炉	C.1	原子炉停止機能	ボロン水注入施設
	C.2	高圧条件での原子炉冷却材冷却機能	原子炉隔離時の冷却を起動するために必要な弁操作のためのバッテリーの準備
	C.3	原子炉冷却材の圧力境界を減圧する機能	減圧のための弁操作のためのバッテリーの準備
	C.4	低圧状態での原子炉冷却材の冷却機能	常設及び可搬型の注水装置の準備
	C.5	シビアアクシデント防止のための究極的なヒートシンク機能	ヒートシンク機能を有する車載型装置
格納容器	C.6	格納容器の放射能を冷却し、減圧し、減少させる	格納容器スプレイシステムによる代替注水の準備
	C.7	格納容器の過圧破損を防止	格納容器からのフィルターベント系の設置（PWR）
	C.8	格納容器下部に落下した溶融炉心の冷却機能	格納容器下部への注水施設
	C.9	格納容器内での水素爆発防止機能	水素濃度制御装置の準備
	C.10	原子炉建屋での水素爆発防止機能（BWR）	水素濃度制御系ないし除去施設と水素濃度監視系の準備
	C.11	使用済み燃料プールでの冷却、遮蔽、未臨界度の維持	可搬型代替注水装置の準備ないし可搬型水スプレー装置の準備
緊急支援	C.12	水の支援システム	水源の用意。輸送ルートと輸送機械
	C.13	電気の支援システム	常設と可搬型の交流発電機の準備。常設の直流発電機の強化。可搬型直流発電機の準備
	C.14	制御室機能	炉心損傷条件での放射線被曝量の評価
	C.15	緊急時対応施設の機能	耐震、耐津波機能の維持。放射線被曝の評価。必要機材のストックと調達
敷地周辺	C.16	計装機能	プラント状態が通常の計装系の範囲を超えた時のプラント条件を推定する手段の準備
	C.17	監視機能	可搬型の代替監視装置の準備
	C.18	遠隔通信伝送機能	代替電源で給電される遠隔通信装置の準備
	C.19	プラントサイト外に放射性物質の放出を抑制する	可搬型放水設備の準備
	C.20	大規模自然災害ないしテロリストによる航空機の意図的な襲撃によって広範囲に破壊されたプラントへの放水機能	可搬型注水装置の電源と放水装置の分散配置によって自然災害や航空機による攻撃の効果を防ぐ

表 8-4　地震関係でおよび津波関係の審査事項

問題	事項
地震関係	プラントサイトと周辺の地下構造
	地震の震源を特定しての地震動
	地震の震源を特定せずに選択した地震動
	基準地震動
	耐震設計の原理
	サイトの地理と地形的構造
	地盤と斜面の安定性
津波関係	基準津波
	耐津波設計原理

　次いで設計基準事故（DBA）とシビアアクシデント（SA）に対するプラント全体の事故防止対策について表 8-5 に示す事項が審査される。

表 8-5　設計基準事故（DBA）とシビアアクシデント（SA）に対するプラント全体の事故防止対策

事故タイプ	事項
設計基準事故（DBA）	外部事象と内部溢水
	火災、竜巻、火山
	共通の装置
	受動的装置の単一故障
	保護的電源
	人的が後の防止
	安全な脱出経路と安全な保護回路
	原子炉冷却材圧力境界
	遠隔通信装置と監視装置
シビアアクシデント（SA）	確率的なリスク評価
	事故シーケンスの選択
	有効性の評価
	解析コード
	制御室
	緊急対応施設
	フィルターベント施設
	水素爆発防止

8.2.2.2　規制庁における申請書の審査の流れ

　原子力事業者の申請する原子力発電所は、福島事故以前は稼働しており福島事故によって停止状態が続いている。再稼働審査における規制庁での審査は、図 8-4 に示す流れによって行われる。新規制基準による審査にパスしないと運転は行えないのでまずはサイトの設備改造計画や解析書の作成など申請書作成が必要であり、一方、工事計画や保安規定の作成も必要である。

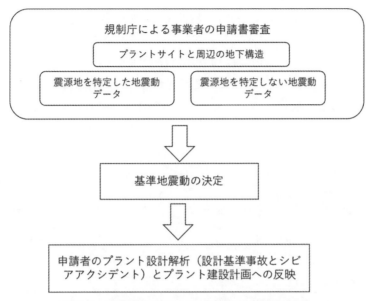

図 8-4　再稼働審査における規制庁での審査の流れ

　規制庁の審査において再稼働を許可するうえで重要なポイントは設計基準事故（DBA）とシビアアクシデント（SA）の 2 点である。それぞれ以下の(1)、(2)に示す考えかたで審査される。

(1) DBA の発生防止機能は改善されているか？
　DBA では次の 2 点が審査の重点である。①以前の受動型要素の単一故障を仮定していた場合よりどれだけ強化されているか、②新基準で新たに追加された内部溢水、火山、竜巻のような外的な自然事象の影響と対策の評価。

(2) SA 防止対策はシビアアクシデントの影響を十分小さくしているか？
　消防ポンプ車、発電機、フィルターベント、オンサイト緊急対策所、緊急対応手順などの新たに追加された装置や設備等によって安全基準をみたすことができるかどうかである。

　導入されたシビアアクシデント対策の有効性の評価は図 8-5 のような流れで行われる。ブロック A、B、C は申請者が行い、D は規制庁が基準を満たしているかどうかを判断する。ブロック A では申請者は、シビアアクシデント対策をしていないプラントに対して、シビアアクシデントをもたらす原因として内的事象（機械の故障や運転員の操作ミス）と外的事象（地震、洪水、火災、竜巻等の自然現象と航空機衝突やテロなどの人災）の双方を考慮した PRA を行う。ブロック B では実施した PRA の結果に基づいて危険なシビアアクシデント事態をもたらすような典型的な"事故シーケンス"をいくつか導出する。ブロック C では

典型的な事故シーケンスに対して導入しようとする SA 対策が有効であることを示す。そしてブロック D で規制庁はプラントへの SA 対策の導入が規制基準を満たすかを判断する。

　以上の全体の流れ図において SA 対策の有効性を示すための典型的な事故シーケンスは、①プラント運転中、②プラント停止時、③使用済み燃料プール、④異なったタイプのシビアアクシデント現象の 4 つの場合について、それぞれ表 8-6 に示すような事故シナリオを選定することを要求している。

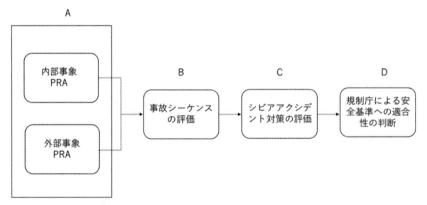

図 8-5　導入されたシビアアクシデント対策の有効性の評価

表 8-6　4 つの場合の SA に至る典型的な事故シナリオ

場合	典型的事故シナリオ
プラント運転中	高圧および低圧注水機能喪失
	高圧注水および減圧機能喪失
	全交流電源喪失
	崩壊熱除去機能喪失
	原子炉停止機能喪失
	LOCA 時注水機能喪失
	格納容器バイパス
プラント停止時	崩壊熱除去機能喪失
	全交流電源喪失
	原子炉冷却水喪失
	反応度誤挿入
使用済み燃料プール	燃料プールで冷却機能と注水機能の双方を喪失
	燃料プールで小さな水漏れで注水機能が喪失
異なったタイプのシビアアクシデント現象	過圧／過温による格納容器破損
	高圧溶融物質の放出による格納容器雰囲気の直接加熱
	原子炉圧力容器外での溶融燃料冷却材相互作用
	格納容器への直接接触（シェルアタック）
	溶融炉心コンクリート相互作用
	水素燃焼

8.2.2.3　申請者のシビアアクシデント防止対策の策定と検証

　ここでは再稼働審査に合格して既に稼働している四国電力の PWR である伊方 3 号炉についてそのシビアアクシデント防止対策と検証について参考文献（四国電力株式会社（2013）：原子力規制委員会（2015）：Hidekazu Yoshikawa（2016））をもとに述べる。

　四国電力は所有していた 3 基の PWR のうち、最も新しく出力も大きい伊方 3 号炉(1994 年 12 月 15 日運転開始、電気出力 890MW、3 ループ構成の PWR)のみ、2013 年 7 月に規制庁から発表された新規制基準による再稼働審査に 2014 年に申請し 2016 年 3 月に運転許可を得て運転を再開している（他の 2 基は福島事故後廃止措置を選択した）。

　伊方 3 号炉は既に運転していた PWR であるが、福島事故後の再稼働審査をパスするためにとくにシビアアクシデント対策のための安全システムを追加している。その安全性を強化したプラントの概要を図 8-6 に示す。図には記載していないが耐震対策、地津波対策、防火対策、竜巻対策等が強化されている。

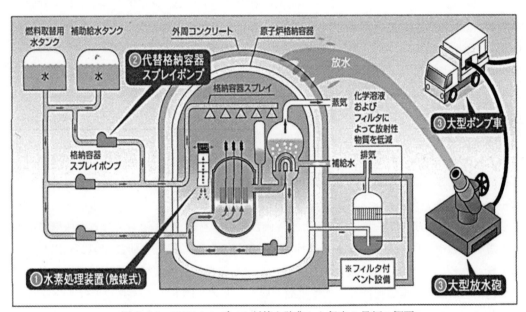

図 8-6 シビアアクシデント対策を強化した伊方 3 号炉の概要
（四国電力（株）伊方発電所の安全対策について
https://www.yonden.co.jp/assets/pdf/corporate/yonden/brochure/index/ikata
_safety_measure.pdf　8 ページ（令和 2 年 11 月 12 日現在）より抜粋）

　さて図 8-6 については本来以前からの制御系、安全系の構成から説明すべきであるが微細にわたり過ぎるので、ここではシビアアクシデント対策として追加された 6 項目を説明する。図 8-6 に番号を付した 3 つの項目のうち①の水素処理装置は、原子炉格納容器にたまった水素による爆発を防止するため触媒式と電気式により水素ガスを減少させるものである。②の代替格納容器スプレイポンプは、原子炉格納容器内に冷却水を散布し、格納容器

内圧の上昇を抑制する季節の格納容器スプレイポンプに加えて代替スプレイポンプを追加
設置した。③の大型放水砲、大型ポンプ車は、原子炉格納容器が万一破損した場合に、環境
への放射性物質の放出を抑制するために、水を破損部へ放水する大型の放水砲とポンプ車
を配備した。

　図 8-6 には記入されていないが、その他に④ホイールローダとバックは地震で損壊を受
けたサイト内でがれきを撤去して速やかに事故復旧を図るための工事用重機を配備、⑤緊
急時対策所は重大事故時の対応拠点として放射性の遮蔽設計と耐震性を向上させた対策所
を追加設置、⑥フィルター付ベント設備等の特定重大事故等対処施設は、航空機の衝突やテ
ロを想定して、既存の設備が使用不能の事態でも重大事故発生時の対処できるようにする
ものである。

　伊方 3 号炉が再稼働できるまでには、追加工事と解析、申請用図書の作成に時間、マンパ
ワー、費用を要したと思われるが、以下では審査をパスし、プラントを再稼働するまでに行
った実際の流れを、シビアアクシデント対策の導出について A、シビアアクシデント対応に
おける人的要因について B に簡単に紹介する。またその他の PWR や BWR の場合の補足を
C に述べる。そして新規制基準の審査に合格して再稼働した原発の安全性は向上している
のかどうかについて事業者や規制庁とは離れた立場からの見方を D に述べる。

A. シビアアクシデント対策の導出
(1)シビアアクシデント解析の実施による事故進展シナリオの導出

　まず PRA 対策をしない以前のプラント条件で、シビアアクシデントを起こす可能性のあ
る事故シナリオを調べる。そのためにはシビアアクシデント対策の有効性を検討するため
に用いるシビアアクシデント解析用計算コードをどのように選定するかの事前検討がまず
必要で、そのやり方で良いでしょうという評価は規制庁行うが、恐らくはこの段階で申請
側と規制庁のやり取りでモデルの妥当性や実験データによる検証で研究課題が続出したも
のと思われる。いずれにせよ現在の技術レベルで可能な最善の解析方法や解析コードで求
めた格納容器破損に至る可能性のある事故進展シナリオを図 8-7 に示す。なお、図 8-7 の最
上段には左から右に、炉心損傷以前、原子炉容器破損以前、原子炉容器破損直後、そのあと
の長時間後に時間帯を 4 区分し、図の下部にこの 4 段階に分類したときの重要な事故現象
とそれぞれの事象生起の前後関係を矢印で結んで示している。

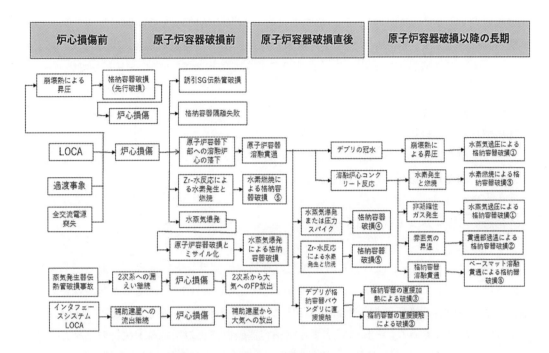

図 8-7　現在の技術レベルで可能な最善の解析方法や解析コードで求めた
格納容器破損に至る可能性のある事故進展シナリオ

（2）原子炉炉心損傷防止対策の有効性の評価

　まず内部事象 PRA と、地震と津波を考慮した外部事象 PRA とを実施した。ただし火災、洪水等のその他の外部事象については、標準の内部事象 PRA での起因事象として取り扱っている。図 8 - 7 に示した事故進展シナリオにそって多数の PRA を実施して多くの事故シーケンスグループを導出した。そして内部事象 PRA と地震と津波を考慮した外部事象 PRA の結果、最大の炉心損傷確率（CDF）の事故シーケンスは、原子炉補助冷却系の冷却機能喪失＋原子炉冷却ポンプシールからの LOCA の場合で CDF は 2.4x10^{-4}（事象／原子炉・年）で全 CDF の 91.2％であった。ここで共通要因故障とシステム間の依存性、余裕時間、装置の利用可能性、代表性を考慮して、この原子炉補助冷却系の冷却機能喪失＋原子炉冷却ポンプシールからの LOCA の場合の最も重要な事故シーケンスは、①外部電源喪失、②発電所内緊急交流電源喪失、③原子炉補助系による冷却機能喪失＋④原子炉主冷却ポンプのシール部からの LOCA である。このシナリオに対する有効な炉心損傷防止対策として、①二次系からの強制冷却、②空冷の緊急電源の使用、③自己冷却型の充填ポンプにより炉心に水の注入を行うものとした。

（3）格納容器破損防止対策の有効性の評価

　次に格納容器破損防止対策の有効性評価のために格納容器破損モードの選択とそのシナリオの導出を行う。このために 1．5 レベルの内部事象 PRA と、PRA では取り扱えない外

部事象の定量解析を実施している。ここでは炉心損傷開始の時点では想定していなかった格納容器機能として、格納容器バイパス現象と先行型格納容器破損現象も想定している。結果として導出した格納容器破損モードは図8-7のうちで次の6つのモードとしている。

①格納容器過圧破損（δ）
②格納容器過温破損（τ）
③高圧溶融物質放出／格納容器雰囲気直接加熱（μ、σ）
④原子炉容器外溶融燃料—冷却材相互作用（η）
⑤水素燃焼（γ、γ'、γ''）
⑥溶融炉心—コンクリート相互作用（ε）

これらの6つのモードに対する防止対策の有効性はプラント損傷程度を最も厳しく想定して評価したとしているが、最も大きな格納容器破損確率（CFF）は蒸気と非凝縮性ガスの蓄積による格納容器過圧破損の場合で CFF は 2.0×10^{-4}（事象／原子炉・年）で全 CFF の96.6%だったとしている。それに対応する格納容器破損防止対策は、①代替の格納容器スプレイポンプによる格納容器注水、②格納容器内での海水による自然対流冷却としている。

（4）有効性評価における解析コードの選択と結果の不確実性

有効性評価のための解析コードはどのように選択するかは既に(1)で述べた。シビアアクシデント対策の有効性はシビアアクシデント解析の信頼性に依存するが、それらには①図8-7に示した各シビアアクシデント現象生起の不確実性、②現象モデルの不確実性、そして③その解析計算コードの存在の有無とその使い方による不確実性がある（第3章 3.2.4.1 に述べたようにシビアアクシデント解析には研究課題がまだまだ残されている）。PWR 事業者がシビアアクシデント解析のために最も多くを依存したのは米国からの導入コード、とくに米国 INEL 開発の RELAP5、EPRI 開発の MAAP である。日本の PWR 事業者による再稼働申請のために米国からこれらの解析コードを導入し、整備して日本の PWR プラントのシビアアクシデントの解析と対策を検討した三菱重工等の重電メーカーは大変な時間を要したであろう。

B.シビアアクシデント対応における人的要因

原子力事業者は大地震や津波で地盤や道路が悪化した条件下でもシビアアクシデント対応設備を活用して炉心損傷や格納容器破損に至らないように対応しなければならない。そのためにプラント緊急時対応組織を設けて各原子炉、オンサイトセンターに要員を配置している。そのような緊急時対応の人的構成と役割の分担を図8-8に示す。

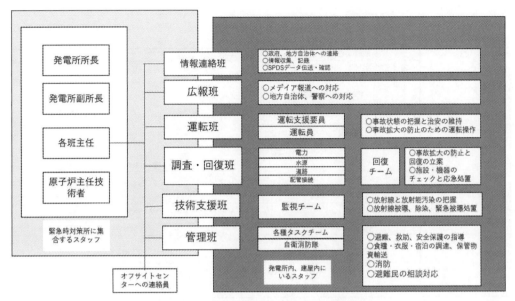

図 8-8　緊急時対応組織の班構成と役割の分担

　図 8-8 の右側は原子炉建屋の内部と外部に配置される緊急時対応組織の 6 つのグループ
で。それらは①情報・連絡、②広報、③運転、④調査・回復、⑤技術支援、⑥事務統括を担
当する。中央制御室の運転員は③に属する。一方、図 8-8 の左側はオンサイト緊急時対応セ
ンターに配置されるスタッフで、発電所長、副所長および原子炉主任技術者は、原子炉建屋
にいる上記の 6 グループの班長とともに全体の指揮をとる。プラント外のオフサイトセン
ターには、①の情報・連絡グループから連絡スタッフが派遣され、オンサイトセンターとオ
フサイトセンター間の情報連携を支援する。

　中央制御室とオンサイトセンターでのスタッフ用に以下の 5 種の緊急時対応マニュアル
が整備されている。中央制御室には、①設計基準事故に対応するためのマニュアル、②炉心
損傷を防止するためのマニュアル、そして③格納容器破損防止用の 3 種のマニュアルが用
意されている。一方、オンサイトセンター（緊急時対策所。福島事故の時吉田所長が事故対
応を指揮した免震重要棟である）には④緊急時対応手順書と⑤事故管理指針が用意されて
いる。④の緊急時対応手順書は、シビアアクシデントおよび施設の大破損時に原子炉施設の
安全を守るためのもので、原子炉炉心や使用済み燃料プールの燃料の顕著な損傷ばかりで
なく航空機衝突やテロリストの攻撃も想定したものとなっている。⑤事故管理指針は、中央
制御室の運転員が使用する③格納容器破損防止用マニュアルでは炉心損傷防止が対応でき
ないような場合の対応の仕方をまとめたもので、モニタリングをベースに対応するものと
事故進展の全体過程を把握するものとで構成されている。

　ここで伊方 3 号炉で最大の炉心損傷確率（CDF）をもたらす事故シーケンスである、原
子炉補助冷却系の冷却機能喪失＋原子炉冷却ポンプシールからの LOCA の場合に、事故の
進展に応じて、緊急時対応組織の各グループが重大事故の放射能影響が周辺地域に拡大し

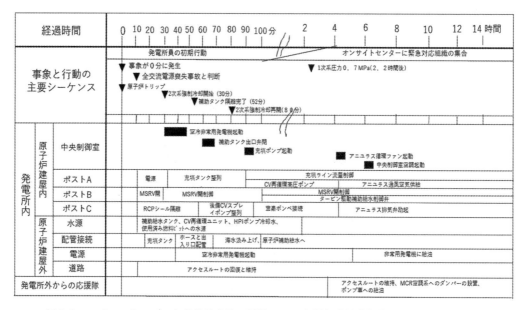

図 8-9　シビアアクシデント事故発生時の原発サイト内緊急時対応組織の班別行動のグラフ表示
（出典：Hidekazu Yoshikawa（2016）Reinforced measures of severe accident prevention for restarting Japanese PWR plants after Fukushima accident, Nuclear Safety and Simulation, 7(1), 2016, page　16　に掲載の Fig.10 を日本語化した）。

ないようにどのように対応するのかを図 8-9 に図解して示す。

　図 8-9 で、最上段は事故発生からの時間の経過を示し、100 分から 4 時間までの時間帯は当番でプラントに勤務する所員がそれぞれの分担のタスクを遂行するが、その時間帯以降は非番の所員が召集されてその職務を果たす。図 8-9 では時間経過にそって主要事象とシナリオに沿っての対応操作の概略が記載されている。事故発生と同時に原子炉はシャットダウン。10 分後に全交流電源が喪失。30 分後 2 次系からの強制冷却の開始。52 分後補助給水タンクの水枯渇。海水をポンプ車でくみ上げて補助給水タンクに補充。80 分後 2 次系からの強制冷却再開。2.2 時間後一次系圧力が 0.72MPa で落ち着く。その後は、プラントを温態停止状態から冷態停止状態に徐々に移行させる。図 8-9 の下部には、この間の緊急対応に当たる原子炉建屋の内部と外部に配置される各グループの所員が分担して行う作業のタイミングが記載されている。原子炉建屋内では中央制御室の運転員による制御操作、原子炉建屋内のポスト A、B、C における現場機器操作、原子炉建屋外では野外で給水を補充する給水班、ホース等を接続する配管接続班、非常用電源を操作する電源班、地震等で損壊した作業ルートを補修する工事班の作業に加えるにサイト外からのプラントへのアクセスルートの補修、中央制御室空調へのダンパーの接続、ポンプ車への燃料補給が記載されている。

　伊方原発では再稼働前に、緊急対応組織の現場実地訓練でこのシナリオで確実に対応できることを確認したとしている。なお、この訓練はプラント内だけで行われ、IAEA の深層防護の第 4 層に対応するオンサイトの対応だが、実際にこのような重大事故事態が生じた

場合には、原子力防災指針によれば地震ないし事故発生の発報、10 分後に全交流電源喪失の第 10 条通報を発電所から地元自治体および政府に連絡する。すると地方自治体の防災計画にそって 5 k m以内の PAZ、30km 以内の UPZ では市民の緊急避難行動が始まる。図 8-9 中には記載していないが、オフサイトの地方自治体と政府への連絡は、図 8-8 の情報・連絡班が対応する。

C. その他の PWR や BWR の場合の補足
　さて、8.2.1.1 に述べたように新規制基準ではその基本的な考え方の 4 番目の「必要な「性能」を規定（性能要求）」として「基準を満たす具体的な対策は、事業者がそれぞれの施設の特性に応じて選択する」となっている。したがって A、B に紹介した四国電力の伊方 3 号炉 PWR のシビアアクシデント対策とその規制庁による審査はその他の事業者の原子力発電所でもすべて同じわけではない。ここでは伊方 3 号炉より早く再稼働している PWR である九州電力川内原子力発電所と、規制庁による再稼働審査は既に合格している BWR である東京電力柏崎刈羽原子力発電所の安全対策の向上を紹介する。

（1）九州電力川内原子力発電所の安全性向上の評価
　川内原子力発電所第 1 号機は新規制基準審査に国内で初めて合格し、2015(平成 27)年 9 月 10 日に再稼働。その後約 13 か月間運転し、2016(平成 28)年 10 月 6 日から定期点検を開始、2017(平成 29)年 1 月 6 日に終了して通常運転に復帰した。再稼働したした原子炉は定期検査終了後 6 か月以内に安全性向上評価を行い、規制委員会に結果を届けることになっていることから、2017(平成 29)年 7 月 6 日にこれも国内初の安全性向上評価を届け出た。川内原子力発電所では 1 号機に引き続いて 2 号機が再稼働し、その後の定期検査を 2017(平成 29)年 3 月 24 日に終了したことから同様に安全性向上評価を 2017(平成 29)年 9 月 29 日に届けを出し、公表した。
　川内原子力発電所の 1 号機と 2 号機は同じサイトに隣接して建設されていることから双方の安全性向上評価の要点が参考文献（江藤和敏（2017））に報告されている。ここでの安全性向上評価は、まず、①保安活動の実施状況を調査し、施設の定期検査終了時点の発電所の状態を設備と運用について調査する。次いでこの調査結果に基づいて、②確率論的リスク評価（PRA）、③安全裕度評価（いわゆるストレステスト）等で保安活動の効果を評価するとともに、安全性向上対策を抽出する、という方法を用いている。
　PRA の実施では、炉心損傷頻度（CDF），格納容器機能損失頻度（CFF）を評価するとともにリスク重要度を活用して安全性向上対策を抽出している。そして内部事象 PRA、地震 PRA、津波 PRA の実施によって、シビアアクシデント対策の導入で CDF も CFF も改善されたこと、^{137}Cs の放出量が 100TBq を越える事故の発生頻度は CFF と同じと考えていること、炉心損傷後に格納容器の機能が維持されている場合 7 日間の発電所の敷地境界

における実効線量の評価では年間気象条件を網羅した全気象シーケンスの平均値は約 43 mSv となった、としている。

　安全裕度評価では、出力運転時の地震、津波に対するクリフエッジ事象はいずれもタービン動補助給水ポンプから蒸気発生器への給水が不能になることで、それぞれのクリフエッジとなる地震加速度と津波高さを示すとともに、クリフエッジになったときに回復策を示している。川内発電所では 1 号機と 2 号機が隣接していることから号機間の相互影響の安全裕度評価を行っている。双方の号機のクリフエッジとなる地震加速度と津波高さが異なることの影響、双方が同時に発災した場合に緊急時対応組織で対応可能かどうか、また、片方が定期点検で停止中、片方が運転中に構内が津波で浸水した時に開放中の停止プラントの補助建屋を介して運転中プラント補助建屋に浸水が及び、安全機能を損なうのを防止する方法を検討している。

（２）東京電力柏崎刈羽原子力発電所の安全性向上の評価
　東京電力柏崎刈羽原子力発電所は新潟県の柏崎市と刈羽村に跨って日本海沿岸に BWR 型の 1 号機から 7 号機が立地している。このうち 6 号機と 7 号機は、新型の BWR（ABWR）であり、この 6 号機と 7 号機のみ福島事故後の新規制基準による再稼働審査を申請し、2017(平成 29)年末に BWR では最初の BWR として審査に合格しているが、立地地域の自治体はまだ再稼働の合意に至っていない。東京電力は福島事故を起こした当事者であり、柏崎刈羽原子力発電所の再稼働申請においては同社の事故経験の反省を基に様々な検討を行っている。川村による参考文献（川村慎一、2017）をもとにその概要を紹介する。川村によれば、福島事故の教訓を踏まえた柏崎刈羽原子力発電所 6 号機と 7 号機の安全性向上策は、以下に述べる 5 つの対策である。

①外的事象に対する発電所の防護―福島事故の直接的な原因は地震による外部電源の喪失と津波による重要安全設備の機能喪失だったとして、IAEA のガイド等をもとに発電所への外的事象の影響を網羅的に再評価し自然現象として 40 事象、人為事象として 10 事象を取り上げて再評価した。

②安全機能の共通要因故障防止―共通要因故障の可能性を減少させるため多重化した装置間の物理的、電気的分離の徹底、対策の多様化を計っている。内部溢水対策として安全上重要な設備を設置する区間への浸水防止、水密扉、浸水防止ダンパー、壁貫通部の水密処理などを施工した。火災対策として、3 時間はもつ難燃性ケーブルの使用、原理の異なる火災感知器の設置で速やかに火災を検知し消火するようにしたこと、延焼防止用の壁にしたことをあげている。

③設計を超える事態における事故進展防止―設計基準事故に対処する安全設備とは独立で多様な対策をたてた。設計基準事故を超える事態の検討には PRA を用い、安全上の重要度を検討して代表的な事故シーケンスを選定した。

④放射性物質放出による影響の緩和—福島事故の際 2 号機から放出された放射性物質が最も大きな環境影響をもたらした。これは格納容器ベント不十分のための格納容器内の高温化した蒸気が格納容器上蓋フランジのシール材の復元力特性を劣化させたことが原因だったとして、そのシール材の材料の特性を改良して柏崎刈羽6、7 号機に反映した。重大事故時に格納容器を冷却する代替手段として、代替循環冷却系を新たに開発して 6、7 号機に導入した。またこれが使用できないときのために、格納容器内の粒子状物質、無機・有機ヨウ素の除染率が高い格納容器フィルターベントを開発して 6、7 号機に設置した。また、アルカリ薬液を格納容器に注入して格納容器内雰囲気をアルカリ性に保ち、気体ヨウ素の生成を抑制する ph 制御システムを設置した。

⑤設計を超える事態に対応できる緊急時能力—福島事故時には発電所所長にすべての判断と指示を集中させる方式だったため適切に対応できず結果として打つ手が後手後手になって事故を悪化させた。この問題点を改善するため、米国では自然災害対応の分野で発達している ICS（Incident　Command　System）と呼ばれる緊急時対応システムを参考にした発電所緊急時組織に編成替えした。また緊急時対応戦略の立案では、福島事故時の実態に鑑みて"フェーズドアプローチ"による事故対応、すなわち事故発生直後は時間的な余裕がない切迫した状況なのでプラントに恒常的に設けられている設備だけで対応し、時間が立って余裕が出てくると可搬設備も使用し、さらには所外からの設備追加で対応するものとした。

D. 再稼働する原子力発電所の安全性はどの程度向上しているのか？

原発は危険という信念の反対派は、国が規制制度を改め、審査基準や審査のやり方を厳しくしたからといっても、その信念を変えることはない。現に福島事故後の原発の再稼働後も反対派は何かと原発の運転差し止め訴訟を起こしている。そして裁判官によっては原告勝訴の判決も出している。マスコミはこれらをニュースとして報道しているが、安全性は向上しているかどうかはマスコミには報道対象になっていない。せいぜい賛成反対の双方の意見を並べて両論併記にする。要するに、第 4 章 4.1 に述べた昔の毎日新聞社論説委員横山裕道氏の報道姿勢と何ら変わらない。

とはいえ、国際原子力機関 IAEA や国会や政府による福島事故調査報告の勧告をもとに、規制制度も組織も全面的に変えて原子力施設の規制基準も一段と厳しくし、事業者の原発再稼働の申請を審査して合格し再稼働をしているからには、国や事業者の安全性向上への取り組み努力は評価しつつも、そこでは、①新規制基準をパスした原発の安全性は向上しているのか？　②またどの程度向上しているのか？　③またそのための尺度はあるのか？といった基本的な疑問を持つ国民は少なからず存在するものと思われる。これらの人達の疑問にまともに返事をするべき立場のものは、本来は原子力規制に当たっている規制庁や規制委員会のように思うが、さてどのように規制関係者は言っているだろうか？

　マスコミ報道によると、以前の安全審査基準を根本的に改めた新規制基準にして審査した田中規制委員長は、「規制基準を満たしたから合格にしたといっても絶対安全とは言っていません」と発言したと報道している。また原子力事業者は、あまり安全を強調するとかつての安全神話と変わっていないと批判されることを慮って「絶対安全とは言いません」という。これでは疑問への回答でないと不満も出てくるだろう。そこで、みずからをパブリックアウトリーチと称する諸葛氏が、上記の①、②、③の疑問に対する答を日本原子力学会誌に解説記事を寄稿している（諸葛宗男（2017））。そこでそれをもとに本章の筆者が補足して3つの質問の順番を変えて以下に述べる。

①新規制基準では原発の安全性を計る尺度はあるのか？

　諸葛氏の論文タイトル中の「安全目標」がそれである。しかし、新規制基準の中にはどこにも安全目標という言葉は使われていない。諸葛氏はいう。安全目標とは、規制委員会が規制の達成度を計る目安であって、事業者は規制基準に定められた安全対策を自ら工夫して実施し、向上すればよいのだ、と。

　安全目標という考え方のそもそもは英国で1980年代に始まっている。1986年のチェルノブイル事故ののち、IAEAのINSAGにおいて安全文化醸成活動の勧告の中にも安全目標の考え方も取り入れられて米国その他の諸国では原子力規制で1990年代に採用されている。我が国においては、旧原子力安全委員会が2003年我が国の安全目標案として、定性的目標と定量的目標を提起している。これによれば前者は、「原子力利用活動に伴って放射線の放射や放射性物質の放散により公衆の健康被害が発生する可能性は、公衆の日常生活に伴う健康リスクを有意には増加させない水準に抑制されるべきである」とし、後者は「原子力施設の事故に起因する放射線被曝による、施設の敷地境界付近の公衆の個人急性死亡リスクは、年あたり100万分の1程度を超えないように抑制されるべきである」としていた。規制委員会になってから2013年4月10日規制委員会決定として「この旧安全委員会の検討結果は原子力規制委員会が安全目標を議論する上で十分に議論の基礎となりうるものと考えられる」と記載されているが、同日田中委員長は「旧安全委員会の死亡リスク目標は採用しない」と言明。

　というわけで、原子力規制委員会は安全目標ということばは明文化していないが、新規制基準による審査過程の実態から、諸葛氏は「周辺に放射能影響を及ぼすシビアアクシデントの発生確率を100万年に1回以下、その事故で放出される放射能量は1週間で100TBq以下」を安全規制の目標としているようであり、これがとりもなおさず目下の我が国の安全目標と説明している。

②新規制基準をパスした原発の安全性はどの程度向上しているのか？

　諸葛氏は、新規制基準審査で当時合格していた11原発の申請書中に記載されているシビアアクシデント対策を行う以前のプラントに対するPRAの結果と、安全対策を実施後のPRAの感度解析結果を用いて、11原発の平均値として安全対策前のPRA結果は1.9×10^{-4}

（回／原子炉・年）であり、安全対策後の PRA 結果は 8.9x10^{-5}（回／原子炉・年）となっている。つまり約 2.4 分の 1 に低下している、としている。諸葛氏は、さらに九州電力が 2014 年広報資料で、PRA 結果による 100 万炉年に 1 回起こる事故で 1 週間に放出される放射能量は 5.6TBq は、福島事故で放出された 10,000TBｑの 1,800 分の 1（規制委員会のいう安全目標の）100TBｑの 18 分の 1 と述べている。

③新規制基準に合格するためにどの程度事業者は費用をかけているのか？

　諸葛氏は、新規制基準に対応するための費用について 2 つの資料を引用している。一つは 2015 年 5 月 26 日の資料「長期エネルギー需給見通し小委員会に対する報告」の p.58 に記載の「追加的安全対策費の最新の見通し（計 11 項目）を聞き取りした結果、約 1,000 億円／基　程度と見込まれる」というものである。一方の資料は報道資料で核燃料サイクル事業の日本原燃の 7,500 億円を含めて合計約 4 兆円となっているが、原子力発電所に関する費用は 26 基分合わせて 3 兆 2,500 億円となることから、1 基当たり約 1,250 億円となる、としている。

8.2.2.4　ここまでのまとめ

　福島事故の直後、原子力発電をどうするかに大きな岐路があった。だが第 2 章で民主党野田政権のところで述べたように当時は原子力発電を継続することを政府は選択し、その後の自民党安倍政権もそれを継承した。ドイツのように脱原発に決めるのも一つの決断である。でもそれですべてが解決ではない。脱原発しても残る放射性廃棄物処理処分問題の難問は放置できないことを第 6 章で述べた。

　その後、原子力発電所の運転再開には、国の規制改革を経て世界の動向に合わせてシビアアクシデント対策を規制対象に含めた新規制基準の審査に合格しないと再稼働を認めないことになった。事業者においては新規制基準に合格するように追加投資をするのは残りの運転可能期間を考えると無駄な投資になる、と老朽化した原発は廃止措置の方を選んだ。すべての原発ではないが再稼働を選んだ原発は、その後規制審査に合格し立地地域が合意したものは運転を再開している。

　さて、規制委員会はどのような考えで規制の目標を設定し、規制基準を考えたのか？　またその規制の効果である安全性の向上はどの程度なのか？　再稼働に事業者はどの程度追加投資を必要としたか？　本章ではこういった観点での安全性向上の見方も紹介したが、実際はこれからの再稼働の進展で変わっていくだろう。

　いずれにせよ、福島事故以前事業者は規制当局を虜にして、我が国の原発の信頼性技術は完成しているのでシビアアクシデント対策は不要、その検討に不可欠なシビアアクシデントの研究や PRA も必要ない、としてきたが、福島事故後新規制基準が公表されたのちは再稼働に向けてそれに対処するために、この方面の技術整備を大急ぎで進めたし、シビアアクシデント対応や人的要因対策にも急遽取り組んだ。電力事業者全体が福島事故後にあらた

な組織を発足してさらに取り組みを強化している状況については次の 8.3 に述べることにする。

8.3　原子力事業者の安全性向上への研究開発への新たな取り組み

8.3.1　原子力安全推進協会（JANSI）

　福島事故のような事故を二度と起こさないため、民間の第三者機関が原子力事業者をけん引してさらなるエキセレンスを自主的に追及する仕組みとして、原子力産業界が 2012 年に自主規制機関である原子力安全推進協会（JANSI）を発足させた。役職員数約 200 名。JANSI では発電所組織の事業運営のあり方を同業の国際専門組織によるピアレビューで業務改善につなぐ活動の一方、福島事故の反映として緊急時対応力向上のため職種各層の幹部のリーダーシップ能力向上のための研修サービスに努めている(一般社団法人原子力安全推進協会の URL 参照　http://www.genanshin.jp/)。

　2018 年度から米国の発電運転協会（INPO）エグゼクティブ・バイス・プレジデントのウィリアム・エドワード・ウェブスター・ジュニア氏を JANSI の会長に招聘し、日本の原子力事業を世界的なエキセレンスレベルに向上させる戦略的な活動として原子力事業者間の国際機関 WANO、米国の INPO,国際原子力機関としての IAEA、OECD/NEA などとの連係を強めて、2019 年度から 10 年スパンで次のような活動を行っていくとしている。

　　①発電所ピアレビューの効果的・効率的実施と支援活動
　　②発電所パフォーマンスの定常的な状況把握と情報発信の強化
　　③緊急時対応力の向上のためのリーダーシップ研修及び防災訓練支援の実施
　　④安全文化診断手法の高度化と実施

　上記の④に関わり、JANSI の久郷氏は新検査制度の導入では組織の安全文化の監視もスコープに入っていることから、「原発の安全性に「絶対はない」として不確実なリスクにも対応できるように安全性の向上を常に目指す姿勢を持つこと」がどのようにすれば可能かを考察している(久郷明秀（2019）)。久郷氏は、それは「未知のリスクに備える心理的備えを強化すること」として、人には確証バイアス、正常性バイアス、ヒューリステイック、過去事例による認知バイアスが働いて安全思考の陥穽に陥りやすい。また、組織文化のあり方も関わっていると、福島事故の背景を日本社会の文化的要因から論じ、日本社会には、「不確かな情報で動くことを避けたいという意識」「目に見える結果を重視する意識」が強く、「ルールメイキング重視、体制構築、形式主義に陥りやすい特性」があるとしている。

　一方、日本とは組織文化の違う米国流のオーバーサイトやピュアレビューの導入にあたっては「ネガティブなことをフィードバックするときに相手に気遣って曖昧な表現で伝えようとする社会、他者から面と向かって課題を指摘されることを良しとしない社会」ではせ

っかくの仕組みも機能せず、形式化してしまうと危惧している。JANSI がこれから取り組む「安全文化診断手法の高度化と実施」が久郷氏の日本の組織文化の考察をもとに原子力組織の安全文化向上に寄与することを大いに期待したい。

　また、JANSI の上記の③の取り組みに関連して、株式会社原子力安全システム研究所では彦野氏、松井氏らは緊急時の発電所指揮者クラスのリーダーシップにノンテクニカルスキル向上に着目した「たいかん訓練」という研修カリキュラムを現場と連携して研究を発展させている(彦野賢・松井裕子・金山正樹・吉元怜毅・富士岡加純 (2018))。
「たいかん訓練」とは「耐寒訓練」ではない。同氏らによれば、①実践演習を通じた「体感」による気づきを得る訓練、③緊急時対応の核すなわち「体幹」となる人間力の鍛錬、そして③広い視野とチーム全体を掌握する「大観」を持つための訓練という3つの意味が込められている。なるほどこのような訓練で鍛えれば人間どこにいっても世の中がどのようになってもたくましく生きていけそうだ。

8.3.2　原子力リスク研究センター（NRRC）

　電力中央研究所には、確率論的リスク評価(PRA)、リスク情報を活用した意思決定、リスクコミュニケーションの最新手法を開発し用いることで、原子力事業者及び原子力産業界による、原子力施設の安全性向上のためのたゆまぬ取り組みを支援することを使命として、原子力リスク研究センター（NRRC）が 2014 年 10 月に発足した。所員は約 150 名。所長には PRA の世界的権威者の元米国原子力規制委員会委員だったジョージ・アポストラキス MIT 名誉教授をいただき、顧問に元米国原子力規制委員会委員長 R.A.メザーブ博士の他、米仏の著名エキスパートらを技術諮問委員会に招いて、NRRC は PRA 手法及びリスクマネジメント手法の国際的な中核的研究拠点（センター・オブ・エクセレンス）となり、それによって、あらゆる利害関係者から信頼を得ることを目指している。
　電力中央研究所原子力リスク研究センターの活動については、次の URL を参照。
https://criepi.denken.or.jp/jp/nrrc/intro/roadmap.html

　NRRC の 2020 年 7 月からの研究ロードマップによると、全体のスコープは、以下のようにまとめることができる。研究開発項目として（1）事象評価技術、（2）リスク評価技術、(3)リスクコミュニケーションの3領域がある。
　事象評価技術では、①シビアアクシデント、②活断層、③地震動、④断層変位、⑤地盤・斜面・土木構造物耐震、⑥建屋・機器耐震、⑦津波、⑧火山、⑨内部火災・内部溢水の 10 項目、リスク評価技術では①PRA 手法（内的・外的事象）、②人間信頼性 (Human Reliability Analysis: HRA)、③環境放出時影響の3項目がある。これらはまさに新規制基準になってから再稼働に要求されている安全審査項目すべてを包含している。これらは福島事故後の新規制基準への適応のための対策追加や改良工事等に反映され、再稼働のためのリスク評価への PRA 実施に貢献し、再稼働して安定運転にはリスク情報を活用したリスクマネージ

メント、リスク低減と深層防護の確保による安全性確保策の強化を通じて継続的安全性の向上に貢献する。そして原子力事業の組織内部におけるリスクコミュニケーションの改善と原子力事業界が外部のステークホルダーとのリスクコミュニケーションの向上に取り組んでいくとしている。

NRRC研究ロードマップによると、2020年まではとくにこれまでの再稼働審査対応における国内のPRA技術は国際レベルに達していなかったことから、伊方3号炉と柏崎刈羽7号炉をそれぞれPWRとBWRのパイロットプラントに選定して海外エキスパートによるレビューによって国内PRA技術の底上げに注力するとともに国内各社がその知見を反映できるようにPRA標準やガイド類の整備を行っている。

NRRCでは、2020年度からが世界的なセンター・オブ・エクセレンスを目指しての本格的な発展を期しているが、事象評価技術と内的・外的事象を考慮したPRA手法の高度化を進め、様々なシビアアクシデントシナリオ時の環境放出時影響を予測評価できるように向上していくことを期待したい。

HRAの研究では2021年度からOECD/ハルデンのMTO（Man-Technology-Organization）プロジェクトとの共同研究を計画している。OECD/ハルデン炉プロジェクトへの日本からの参加窓口は、筆者の現役時代には日本原研が担当していたが、日本原研の予算が打ち切られた後は旧原子力安全・保安院傘下のJNESが引き継いでいた。筆者が最近聞くところではOECD/ハルデン炉は廃止措置になるためハルデン炉を用いる燃料材料試験はできなくなる。だがOECD/ハルデンでのマンマシンラボやVRセンターを用いるMTOプロジェクトにはこれから電中研NRRCが参画すると知り、現役時代にMTOプロジェクトと研究交流の思い出がある筆者自身は今後NRRCのこの方面でも活躍を大いに期待している。

一方リスクコミュニケーションでは、原子力は若年層および女性層との接点が不足していることが社会から疎外されている原因との思いからSNS等を活用した地域対話活動の新たな場の提供を2021年度から取り組むとしているのも、原子力の社会との交流という意味で大いに注目される試みである。

最後に様々なシビアアクシデントシナリオ時の環境放出影響の予測評価ができるようになれば、これと周辺住民の避難行動シミュレーションと組み合わせて、周辺住民の被曝影響や周辺環境の放射性物質のフォールアウト量を予測し、このようなシビアアクシデントによる被曝リスク、フォールアウトリスクを極力低減化するプラント側のシビアアクシデント時プラント操作法の向上に反映できる。また、万一の事故発生時の環境放射性物質放出量を推定して原子力災害損害賠償スキームの改善に活かすことも考えられる。

8.4　まとめ

以上本章では、福島事故のもたらした規制組織の変革と原子炉規制基準の抜本的な改革と再稼働審査、再稼働原発の安全性の向上、さらなる安全性向上を目指しての事業者の代表

的な研究開発の一端を紹介した。

　今振り返るに原子力規制の改革は、原子力安全・保安院時代の 10 年間に既にその萌芽が芽生えていたが、問題はその芽を摘む反動的な勢力ないしシステムが変革を阻害していた。これが原子力安全神話の蔓延であった。原子力界では規制にも事業者にも福島事故のショックは、我が国の幕末から明治維新への変革の引き金となった黒船、敗戦後の進駐軍と同じようなインパクトだった。そのもたらしたものは"国粋的排外主義＝日本が最も優れているから外国のいうことは聞く必要なし"から、"福沢諭吉の文明開化＝欧米に学べ"、へのまさに 180 度転換である。だが問題は、それが国民の原子力への信頼回復につながるかどうかである。それは今後、再稼働がどれだけ進展し、制度変革の効果が国民の目にみえてくるかどうかにかかっている。

参考文献

南安彦（2018），原子力発電所の長期運転（運転期間延長）への対応について，日本原子力学会誌, 60 (2), 2018, pp. 82-84.

四国電力株式会社（2013），伊方発電所 3 号炉重大事故対策に係る事故シーケンスグループ及び重要事故シーケンス等の選定について，平成 25 年 12 月.

原子力規制委員会（2015），四国電力株式会社伊方発電所の発電用原子炉設置変更許可申請書（3 号炉施設の変更）に関する審査書（核原料物質、核燃料物質及び原子炉の規制に関する法律第 43 条の 3 の 6 第 1 項第 2 号（技術的能力に係るもの）、第 3 号及び第 4 号関連），平成 27 年 7 月 15 日.

Hidekazu Yoshikawa（2016），Reinforced measures of severe accident prevention for restarting Japanese PWR plants after Fukushima accident, Nuclear Safety and Simulation, 7 (1), 2016, pp. 1-21.

江藤和敏（2017），川内原子力発電所の安全性向上評価について，日本原子力学会誌, 60 (2), 2017, pp. 85-88.

川村慎一（2017），福島事故の教訓と新規制基準を踏まえた柏崎刈羽原子力発電所の安全性向上について，日本原子力学会誌, 60 (2), 2017, pp. 78~81.

諸葛宗男（2017），再稼働する原子力発電所の安全性―新規制基準と安全目標の関係―，日本原子力学会誌, 60 (2), 2017, pp. 89-91.

一般社団法人原子力安全推進協会, URL http://www.genanshin.jp/.

久郷明秀（2019），不確実なリスクに備える組織文化―福島第一原子力発電所事故の教訓を踏まえて―，日本原子力学会誌, 61 (8), 2019, pp. 587-591.

彦野賢・松井裕子・金山正樹・吉元怜毅・富士岡加純（2018），ノンテクニカルスキルに着目した緊急時対応訓練システムの開発(3)―「たいかん訓練」における評価に向けた課題―, Journal of the Institute of Nuclear Safety System, Vol. 25, 2018, SR-4, pp. 31-48.

第9章　社会の原子力への信頼回復への課題

9.1　はじめに

　福島事故によって原子力は社会の信頼を失い、規制の制度を変えていくら原発の審査基準を厳しくしても現実の原発再稼働は福島事故から約 10 年を経ても一向に進展していない。本書の第2章では、それまでは原子力推進を支持していた世論が福島事故によって脱原発に傾いたことの理由の一つとして、科学ジャーナリストたちが原子力界の倫理のあり方を批判していることを紹介した。また、第3章では、福島事故の招来に過日の原子力規制の失敗があり、その根本に原子力村は安全神話の流布でシビアアクシデントへの備えをおろそかにすることを正当化していたことを論じた。

　原子力の今後には様々な難問があることは既に前章までに論じたが、今後の道をたとえ脱原発に決しても今後も原子力と関わりを持たざるを得ない。それは今後も危険な原子力施設や放射性物質を放置することはできないからである。ところが原子力に反対し、声高に脱原発を主張してきた人達は脱原発をするためにしなければならないことを考えてもいないし、考えようともしない。もちろん原発反対派にも脱原発後にどんなことをすべきか理解しているひともいるだろうが、それを今言いだすと政治運動の仲間から原子力推進側に妥協的とみられて糾弾されると慮って言いだすことはないだろう。またマスコミはこういったことは指摘しない。マスコミの使命は「社会の木鐸」であり、世間に表れているあるいは隠れた新規な事象を見いだしてカンカンと木を叩いて知らせるだけが仕事であり、原子力は行き詰っていると世論を煽ることだけがビジネスである。だから原子力関係者は、脱原発になっても自らの責務の重要性を認識して社会の合意をはかり職責を果たしていくべきであり、それを認識すべきである。

　そこでこのような背景も考えて社会の信頼回復の第一歩としての原子力関係者の倫理問題を本章で論じたい。

　その前提は、副島事故を招来した安全神話が、原子力村の中で安全規制に関わる専門者たちによってどのように作られ、それが原子力村から日本社会全体に流布され、どのような社会的弊害を招いたか、その真摯な反省である。これは社会一般にある、専門性の高いものはすべて専門家に任せておけばよいという発想からの転換である。またこれは専門家から見れば、第1章の日独比較論で少し述べたワインバーグによるトランスサイエンス（科学が質問を発することはできるが、科学のみでは答えることができない境域がある）との認識である（Alvin M. Weinberg,（1974））。

　専門家に任せるとどうなるか、福島事故で見てのとおりである。ベックがその著『危険社会』（ウルリッヒ・ベック（1988））の主張になぞらえると、原子力村の原子力官僚のサブポリテイックスに原子力を任せては危険なのである。そこで横山禎徳氏は、その著で次のような持論を展開している（横山禎徳（2019）228-235 頁）。

　"従来の経験を重んじる徒弟制度で維持される伝統的技術社会は、20 世紀の科学の長足な進展で、科学と技術の関係が逆転した。現代の技術社会の形成に大きく影響しているものに 3 つあり、原子力（量子力学と素粒子物理）、バイオテクノロジ（遺伝子組み換え技術）、コンピュータサイエンス（情報理論、演算理論、半導体理論）である。これら 3 つに共通するのは、科学が理論に基づいた法則を発見し、そこから技術が開発されるところである。このような 20 世紀に新たに出現した科学、そこから派生した技術に対してその効能や影響をどのように判断したらよいのか一般の人々にはよく分からないものである。とくに原発はどう判断してよいか難しい。だからといって専門家に任せておこうというのではすまない。一旦ことをおこしたら個人の問題で済まず、多くの人が迷惑を被るのである。"

横山氏はさらに持論を続ける。

　"原発というテーマへの対応では『技術のロジック』と『社会の価値観』の関わり方の複雑度が最も高い。そしてそれぞれの一方の側からのみ声高に主張する人達がいてお互いの意見がかみ合わない状況が続いている。そしてとやかくいっても始まらないから専門家に任せたらよいという大勢がいる。だからこそトランスサイエンスの発想をもとに立場の違う人達が議論を率直に戦わせ、当事者意識をだんだんと醸成していかないとならない"。

　横山禎徳氏は、ワインバーグ提唱のトランスサイエンスについて図 9-1 に示すような理解から、原子力を良循環にするサブシステムとして「市民、官僚、政治家、企業人、研究者の参加による公開討議システム」を提起している（横山禎徳（2019））。

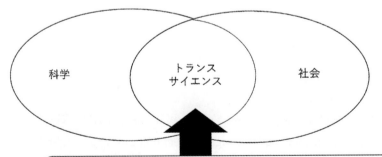

図 9-1　ワインバーグ提唱のトランスサイエンスの横山禎徳氏による説明図
出典：横山氏著書（横山禎徳（2019））中の 230 頁図 6-1　を一部修正

　本章では、今後も原子力の専門家だけに任せることが社会の信頼回復に繋がるかどうかを考えるために、まず、日本原子力学会の技術倫理綱領に見る倫理意識を考察する。ついで最近科学技術と社会との関わり方の研究で注目されている ELSI （Ethical, Legal and Social Implication）からの示唆 を紹介する。そして最後に横山氏がその著（横山禎徳（2019））で提唱する原子力を良循環にするサブシステムとして「市民、官僚、政治家、企業人、研究者の参加による公開討議システム」の形態に近いステークホルダー・リスクコミュニケーション活動の国際的な取り組み状況を紹介する。

9.2　日本原子力学会の技術倫理綱領に見る倫理意識

　原発は周辺住民が避難しないといけないようなシビアアクシデントを起こすと社会に迷惑を及ぼし、原子力への社会の信頼も一挙になくなる。つまりその電力会社だけでなく原子力業界全体の存亡に関わる事態になり、これは絶対に避けなければならないことは原子力発電に関わる全員が共有すべき不文律ではないのだろうか？　そういう認識が原子力業界の学術団体である日本原子力学会の倫理規定策定の過程であったのかどうか？（残念ながら当時だけでなくいまだにどうもそうでもなさそうだが）この疑問を調べることが本節の主題である。その当初の意図から経緯、とくに福島事故後どうなったかなどに着目して調べた結果をまとめると以下のとおりである。

9.2.1　学会が倫理綱領策定に取り組んだ当時の社会的背景

　日本原子力学会の技術倫理綱領策定の取り組み開始は、1990 年代後半であった。その当時、日本の多くの工学系学会において倫理規定策定の動きが進んでいた。その理由の一つに、技術者資格の国際化への対応があった。具体的には 1995 年 11 月大阪で開催の APEC（アジア太平洋経済協力，Asia Pacific Economic Cooperation）首脳会議で国際的な技術移転のために国境を越えた技術者の移動促進が決議され、技術者資格の相互承認制度の検討が開始された。

　APEC　大阪会議については、次の URL を参照。http://www.ckp.jp/apec/indexj.html（As of 2020.4.18）

　米国では大学の工学教育カリキュラムを認定する民間組織 ABET（米国工学技術教育認定委員会 Accreditation Board for Engineering and Technology）によって認定されたカリキュラムを修了した学生に PE（プロフェッショナルエンジニア Professional　Engineer）資格取得の第一段階である FE（ファンダメンタルエンジニア　Fundamental　Engineer）受験資格が与えられる。

　ABET については、次の URL 参照。https://www.abet.org/（As of 2020.4.18）

　日本ではこのような技術者資格制度として技術士制度の改革が行われ、米国の ABET にならって JABEE（日本技術者教育認定機構 Japan Accreditation Board for Engineering Education）が 1999 年 10 月に設立された。

　JABEE については次の URL 参照。https://jabee.org/(As of 2020.4.18)

　技術者資格の国際化に対応するために、JABEE によって資格認定上要求される技術者の能力の一つに、「社会に対する責任を自覚する能力」の育成が明記された。国内の各大学では JABEE に認定されるために技術倫理教育が必須になる一方、各工学系学会においては各工学分野で要求される倫理観を明確にするために倫理規定の制定が進められた。

　以上のような国内の各工学系学会の取り組みの現実的な背景には、日本企業が米国の連邦プロジェクトに国際応札する際にプロジェクトを担当する技術者が PE や FE 資格を取得していないと入札に参加できないという制約を米政府に課せられたことがあげられる。そこで日本政府の主導のもとに JABEE が設けられ、そして各工学系学会は PE や FE に相当する国際的エンジニア認定のため、概分野の倫理規定を設け、各大学の該当学科の教育カリキュラムにそれを反映してもらおう、というように話が繋がっていった。

　国際的な技術者資格の要件はなにも倫理規定だけではない。そもそも電気、機械、土木、建築、等々の技術者資格の国際化では、それぞれの専門分野で要求される必須科目について一定レベルの知識・能力を備えていることが要求される。だから大学の学科ではそれぞれの学科で基本的な科目群で JABEE の認定に適合できるように教科内容の充実も必要とされた。

　欧米では大学の国際ランキングを専門とする民間会社がいくつもあり、それらによって世界中の有力大学の国際ランクが毎年発表される。日本でもそれがマスコミにニュースとして取り上げられて東大、京大など日本のトップ大学の国際順位が落ちてきたなどと世間をにぎわしている。このような国際間比較以外に、米国では電気、機械、化学、土木といった各大学工学系学科の国内ランクも毎年発表されている。筆者も米国の各大学の原子力工学科国内ランクを聞いているが、中国でも米国に似たランキングシステムを既に導入していて、各大学各学科の順位表が毎年公表される。中国では毎年 6 月上旬に行われる全国一斉の統一大学入学資格試験の結果に応じて、この順位表を参考に各受験者が希望する大学と学科への入学申請を行っている。

　要するに、国際化の進展に伴って、専門能力および倫理的素養の国際標準への適合が日本の大学教育と技術専門職に求められるようになって、日本でもその国際標準に適合した専門職教育、言い換えれば人材育成、研修プログラムの整備が求められているわけである。

9.2.2　日本原子力学会での倫理規定制定の取り組み

　日本原子力学会での倫理規定制定に向けての取り組みは 1998 年 11 月に学会の理事会での議論から始まった。

　日本原子力学会倫理委員会ホームページの次の URL 参照。

http://www.aesj.or.jp/ethics/02_/02_21_/(As of 2020/04/13)

　日本原子力学会では 1999 年 9 月に倫理規定制定の準備会が行われ、倫理規定制定委員会を発足させて 1999 年 10 月 22 日に第 1 回の委員会会合が開催されている。当初は米国 ABET がホームページに公開している倫理綱領を参考にして原子力に流用可能な憲章として部分的に修正することも考えたが、委員会では憲章の各条文から掘り下げて議論することから始めた。その背景には当時日本の原子力界で多発していた各種不祥事やトラブルによって原子力関係者の倫理が問われていたことが、日本原子力学会の倫理規定の検討の一つの動機になったとのことである。これらの不祥事として 1995 年 12 月の高速炉もんじゅのナトリウム漏れ事故、1998 年 10 月の東電等での使用済み燃料輸送容器のデータ改ざん、1999 年 9 月 30 日の東海村 JCO 事故が挙げられている。

　倫理規定制定委員会では、前文・憲章・行動の手引きの各部から構成される倫理規定を策定し、2 度の会員へのアンケートと回答によるフィードバックを得て成案を確定し、2001 年 6 月 27 日に前文と憲章、同年 9 月 25 日に理事会で行動の手引きが承認された。

　以上のような最初の倫理規定の作成に至る経過とその内容の概略は、倫理規定制定委員会のメンバーによって日本原子力学会誌 2001 年 8 月号の後付けとして掲載されている（日本原子力学会倫理規定制定委員会 (2001)）。　同参考文献によれば、今後に向けての活動として、以下のような活動を期待している。

①規程の実施と運用のための組織の倫理規程を運用する方策（エシックスプログラム）の構築・・・委員会で提起した倫理規程の中の行動の手引きでは本倫理規程を見直していくことを約束している。具体的にはエシックスプログラムを実行し、よりよい倫理規範としていくため、学会内にエシックス委員会を常置することを提案している。この委員会の主要任務は、倫理規程の遵守状況のフォロー、常に変化する社会状況に合致した合理的な規程の維持を主眼とするものであり、委員会は組織として権威を持ち、構成と運営方法にはできるだけ会員の総意が反映されるべきである。

②大学や企業内教育での教材としての活用・・・大学では JABEE の活動が始まっている。原子力学科での技術倫理教育や原子力企業での倫理教育に、本規程の行動の手引きの活用を期待している。

③事例の集成・・・工学倫理教育の本質は特定の価値観を教え込むことでなく、専門家として物事の選択や判断をする基準を個々の技術者の中に形成することである。このためには講義、演習、実験のような従来の教育方法では不十分で、事例教育が適している。事例集の作成は倫理案件の発生を未然に防止するため重要であり、とくに安全性については法令的には合法であっても道徳的に疑義のある問題を抽出し、整理しておくことは違法行為を未然に防止するために重要である。原子力の分野で経験した事故・故障の中から専門家集団の倫理に悖る事例を整理する、あるいは仮想的事

　例を作成することが必要である。

　日本原子力学会では 2001 年 11 月 27 日の理事会決定で倫理委員会を発足させ、倫理規定
制定委員会の活動はこの倫理委員会に引き継がれて第 2 回目以降の改定を行っている。な
お第 2 回目から規定を規程と名称変更しているが、倫理規程の改訂はその都度学会の理事
会の承認を経て公表されている。

　日本原子力学会のホームページに掲載の倫理規程委員会のページをみると、現在に至る
までの改訂のおおよその経過をたどることができる。そこで同学会ホームページ記載の情
報から初版から 2007 年版、および 2009 年版から 2014 年版についてそれぞれの背景とな
った主な出来事と改定におけるポイントをまとめ、表 9-1 及び表 9-2 に記載する。

表 9-1　日本原子力学会倫理規程の初版から 2007 年版までの改訂の経過

版の名称 （発行年）	背景	策定・改定の時期とポイント
初版（2001）	技術者資格の国際化への対応。 原子力事業における不祥事案が多発、原子力界の倫理性が問われていた。	前文、憲章、行動の手引きで構成。 2001 年 6 月 2 7 日に前文と憲章、同年 9 月 25 日行動の手引きが承認された。 2001 年日本原子力学会誌 8 月号に解説記事掲載。
03　年　版 （2003）	2002 年 8 月 29 日　東電原発点検データ改ざん・トラブル隠ぺい。	2003 年 1 月 28 日理事会改定承認。 行動の手引きに所属組織内で構成員が倫理に関わる問題を自由に話し合う体制になっているか、なっていないときには組織変革に努力するよう追加。
05　年　版 （2005）	倫理研究会参加者に 03 年版への意見の提出を求め、出された意見をもとにどのように改定するかアンケートを繰り返して集約し、投票を行って改定案をまとめた。	2005 年 11 月 25 日理事会改定承認。 200 5 年日本原子力学会誌 7 月号に解説記事掲載。
07　年　版 （2007）	07 版への理事会および委員からのコメント項目への委員会内で討論し、意見集約を行って改定案をまとめた。 2004 年 8 月に発生の関電美浜発電所 2 次系配管破損事故を倫理規定にどのよう盛り込むかの議論。 地球温暖化防止への原子力の貢献の半面、放射性廃棄物の発生の取り扱いにおける世代間倫理の議論。	2007 年 9 月 19 日理事会改定承認。 美浜事故については労働災害防止という観点を意識して行動の手引きに付加した。 地球環境保護との調和は原子力技術そのものの倫理性の議論に関連すると認識を喚起するため行動の手引きにおいて言及した。

表 9-2　日本原子力学会倫理規程の 2009 年版から 2014 年版までの改訂の経過

版の名称 （発行年）	背景	策定・改定の時期とポイント
09 年版 （2009）	有識者を招いた倫理研究会の開催によって得た知見を参考に 07 年版の見直しを行った。 委員会内で 20 項目程度を取り上げてアンケート形式の投票で意見集約して規程の改訂案をまとめた。 研究者倫理の倫理規程への取り組みを検討したが、編集委員会における論文投稿校閲における倫理指針が検討中につき、それを待つこととした。	2009 年 11 月 26 日理事会改定承認。 エネルギーの安定供給に原子力が不可欠との認識、核セキュリティ確保への注意の喚起、放射性廃棄物の処理処分が大きな課題との認識、コミュニケーションの重要性、グローバルな視点の重要性などの明示と時代認識を書き加えたものとなっている。 前文、8 項目の憲章、前文と憲章柱の項目の各々に紐づけされた行動の手引きの構成は 07 年版と同様であるが、検討項目の追加を反映して全体として内容は豊富になっている。 とくに倫理規程の前文に、現代が科学技術を社会に結びつける企業、行政、教育研究機関に倫理的な活動と説明責任を果たす活動を求めている時代であるとの認識を付け加えている。
14 年版 （2014）	2011 年に倫理規程の定期的見直しを行うべきところ、2011 年 3 月に発生の東電福島第一事故により、その教訓を倫理規程に反映することは困難を極めたが、倫理規定の全面見直しは 2014 年 3 月 12 日の委員会で議論を終えた。 その案をホームページに公開して得られた 3 件の意見を参考に修正を加えた 2014 年改訂案を理事会に諮って 5 月 28 日承認された。	学会ホームページに掲載の倫理規程は 2018 年 1 月 31 日理事会改定承認となっている。 前文、憲章、行動の手引きは、以前の規程と構成の形式は踏襲しているが、全面的に変更されている。 とくに憲章の項目数が以前の 8 項目から 7 項目になっている。 そしてそれぞれの項目に見出し語を新たに加えている。

　第 2 回の倫理規程改定に際しての概要紹介と意見公募を規程の初版から倫理規程策定に参画した倫理委員会幹事の班目春樹氏が日本原子力学会誌 2005 年 7 月号に解説記事を寄稿している（班目春樹（2005））。同解説では、倫理規定は誰が対象か、誰がどこまで守るべきか、倫理規定は論理的矛盾がないのか、本学会の倫理規程の特色は何か、原子力とはなにか、といった基本的な観点で議論が戦わされたことが紹介されている。また、同解説の発行後に会員外から寄せられた「会員の誇り」に関する意見を巡って、規程委員会内部の議論が 05 年版改定の経緯として規程委員会のホームページに記載されている。

日本原子力学会倫理委員会ホームページ　規程改定の経緯（０５年版）次の URL 参照。
http://www.aesj.or.jp/ethics/02_/02_23_05_/ (As of 2020/04/13)

　それによれば、学会定款では、会員は原子力の開発発展に寄与することに賛同することとしているが、原子力の開発をやめさせたい、その勉強のために入会しているものに「会員の誇り」を求めるのはそのような会員に退会させる踏み絵とならないか、いや脱原発を望むものが入会していることも自然でないか、との意見があって会員内に原発についての多様な

考えの存在も許容することで双方をまとめるのに時間を要したとしている。

9.2.3　日本原子力学会倫理規程考察の視点

　前節では、日本原子力学会倫理規程がどのような経過で策定され、ほぼ定期的に改訂されてきているかをまとめた。表 9-1 に示したように 2001 年に初版が制定されて以来 2 年毎に改定されていたが、2011 年に福島事故が起こった結果、その以後は改定が停滞し、表 9-2 に示すように 2014 年度に改訂版が公表されてそれが本章執筆時の 2020 年 10 月まで維持されている。本章の筆者の 1 人（吉川）は、日本原子力学会における倫理綱領の策定活動の経過に対し、以下のような点に疑問を持った。

①そもそも JABEE の要請である、原子力技術者が具有すべき「社会に対する責任を自覚する能力」は日本原子力学会の倫理規程のどこに反映されているのか？

②倫理規程委員会はどうして 2 年毎に規程を改定してきたのか？　それはなんのためか？

③作成された倫理規程は今までどこに活用されてきたのか？　制定当初の社会的要請からみれば日本の大学での原子力学科でのカリキュラムで活用されているのか？

④2009 年版までは原子力事業界が国内で社会から倫理性を問われるような不祥事の発生に応じて漸進的に規程の改良を重ねてきたように思われる。一方、2014 年版は 2011 年 3 月の福島事故により、それまでの規程を全面的に改訂したとのことである。そこで普通に考えると、何故福島事故が起こったのかの教訓をどのように倫理上の改訂に反映したかが 2014 年版からわかるだろうか？

　初版の倫理規程を作成した規定作成委員会が今後に期待する活動として挙げた学校教育や企業内教育での行動の手引きの教材としての活用や事例集の作成は大変有用な提案だが、日本原子力学会規程委員会のこれまでの活動を見るとそのような方向の取り組みはしていなかったようである。また ABET への対応を期待する JABEE の要請への対応は直接には大学の教育カリキュラムに工学倫理の科目が設けられれば済むことである。事実、各学会の倫理規程の有無やその内容の如何にかかわらず、既に各大学では工学倫理の教育カリキュラムへの反映は実施されている。

　そこで以下ではまず京大工学部、工学研究科での原子力に関わる工学倫理の科目構成がどのようなものかを紹介し、次いで日本原子力学会の福島事故以前の倫理規程である 2009 年版と福島事故以後の 2014 年版とを対比検討し、最後に筆者自身の考察をまとめる。

9.2.4　京大工学部、工学研究科での原子力に関わる工学倫理の科目構成

　京大では以前は工学部原子核工学科だったが、最近では工学部物理工学科原子核工学コースに変わっている。大学院では工学研究科原子核工学専攻のままである。

　インターネットで公開されている工学部シラバスによれば全学科共通科目として「工学

倫理」がある（京都大学工学部 Syllabus（2018））。4 回生前期配当 2 単位で 15 回講義があり、到達目標は「工学倫理を理解し、問題に遭遇したときに自分で判断できる能力を養う」となっている。講義は 1 回ないし 2 回を工学部各学科教員ないし他研究科の倫理学を専門とする教員が担当し全体として 15 回の講義で構成されている。成績評価は平常点およびレポートによるものとしている。講義ごとに講義資料を配布の他に 4 点の参考書が上がっている。15 回の講義の項目、担当教員の所属、講義内容は表 9-3、表 9-4 のとおりである。

　京大の大学院修士課程原子核専攻の修士課程カリキュラムでは、前期に「研究倫理・研究公正（理工系）」が配当され、高等教育院の教員分担となっている。

表 9-3　京大工学部の「工学倫理」の内容（その 1：第 1 回から第 9 回まで）

回数	項目（担当教員の所属学科、研究科）	内容
1	工学倫理を学ぶ意義（地球工学科）	工学倫理とはなにか、なぜ倫理を学ぶ必要があるのか、交通分野の過去のトラブル等事例をあげて解説する。
2	情報技術からみた情報化社会における倫理（情報学科）	PC,スマートフォンなどの情報機器、SNS などのウエブサービスは便利な反面で使い方によって危険な目に合うリスクがある。情報化社会を安全に生活するための知識や行動規範を述べる。
3	応用倫理学としての工学倫理（文学研究科）	工学倫理の基本的考え方を他の応用倫理との比較で検討し、現代科学技術の特殊性を哲学的、倫理学的に考察する。合わせて高度情報化時代の工学倫理は、それ以前に比してどこが同じでどこが異なるか事例をもとに考察する。
4	工学倫理に関わる倫理学の基礎理論（文学研究科）	工学倫理の基礎理論として役立ちそうな倫理学理論（功利主義、義務論、徳倫理など）を具体例を用いて解説する。
5	建築分野における倫理問題（建築学科）	建築分野で過去に社会問題となった生コンへの加水問題、耐震強度偽装問題、施工不良、建築士資格詐称問題などの実例を取り上げ、行動を選択する規範を議論する。
6	構造物の維持管理における工学倫理（物理工学科）	多大な労力と費用が掛かるプラントや航空機などの構造物に適切な維持管理を行わないと起こりうる損害は計り知れない。その狭間で技術者に必要とされる工学倫理を議論する。
7	研究者・技術者の倫理（地球工学科）	社会で研究、技術開発に携わる人の倫理感について、「李下に冠を正さず」以上に必要な公平性や公正な評価の重要性について議論する。
8	特許と倫理（第 1 回）（電気電子工学科）	研究成果の発明を保護する特許制度と特許を巡る倫理問題を学習する。第 1 回では、特許を巡る倫理問題の理解のため、日本の特許制度について世界の主要国での制度や国際枠組みと対比しながら講義する。
9	特許と倫理（第 2 回）（電気電子工学科）	第 2 回では、第 1 回で学習した特許制度の知識を前提にして特許を巡って生じる倫理問題、法律問題について実例を含めて講義する。

表 9-4　京大工学部の「工学倫理」の内容（その 2：第 1 0 回から第 1 5 回まで）

回数	項目（担当教員の 所属学科、研究科）	内容
10	先端化学に求められる 倫理（工業化学科）	技術者、研究者は先端化学のもたらす危害を防ぐ最前線にいる。化学物質と環境問題との関係、ナノ材料の危険性回避への取り組みなどを通して技術者、研究者に求められる社会的役割や倫理を考究する。
11	原子力における 工学倫理（物理工学科）	原子力技術は大きな価値をもたらす一方で、原発事故に見るような大きな災禍を招く可能性がある。原子力工学分野における事例をもとに工学倫理を考える。
12	生命工学における 倫理（工業化学科）	近年の生命科学の劇的な進展に伴い、再生医療やゲノム編集、クローン技術といった医療や食糧生産の革新的方法が技術的に可能になってきた。それに伴い安全性や倫理に関して社会的に熟考し対応すべき問題が多数発生している。そこで生命工学技術の現状と近い将来直面する倫理的問題を概説する。
13	ゲノム工学と幹細胞 研究の倫理（工業化学）	ゲノム編集技術と幹細胞工学の急激な発展でこれまで不可能だったヒトの世代をまたいだゲノムレベルの操作が可能になってきた。そこでこれらの最新技術を紹介し、これらの技術発展に伴う倫理的な問題を概説する。
14	エンジニアリングにおけるアート視点（物理工学科）	人を対象とする工学においては「生活の質」の考察が必要である。そこで医療や福祉などの実例を提示して質の評価について機能最適化とアートの双方の視点から考察する。
15	土木工学における倫理 （地球工学科）	土木技術者は、自然災害から人々の生活を守り、社会・経済活動を支えるための社会基盤の整備を担う。その社会基盤整備の実例を交えながら工学倫理について講義する。

9.2.5　原子力学会倫理規程（2009 版）の考察

　京大工学部の講義科目「工学倫理」で学生に示している到達目標「工学倫理を理解し、問題に遭遇したときに自分で判断できる能力を養う」からみると、原子力学会倫理規程（2009版）は原子力分野で技術者だけでなく一般職、管理職、経営者になったときに遭遇する問題の全体と望まれる対処の方向性は網羅されているように思われる。個別問題に遭遇した時にどう具体的に対処すべきかについて例示してあれば問題の本質が理解しやすいように思われる。

　しかし、学会倫理規程の当初の解説（日本原子力学会倫理規定制定委員会（2001））で今後の課題としていた教育用テキストや事例集の作成にはいまだ取り組まれていない。原子力では過去に数々のトラブルや不祥事に遭遇して社会に倫理面で問題視されてきたことが日本原子力学会で倫理規程の策定に取り組む大きな動機だったのであれば尚更具体的な事例が行動の手引きに取り上げられていると実際の教育や会社での実務現場で役に立つように思われる。

　学会倫理規程の2009年版には、その後に原子力事業界で発生した倫理上に悖る事案への対応についての行動の手引きは既に包含されている。例えば最近のK社におけるM助役事案も行動の手引きの"7-2.　報酬等の正当性"、"8-2.　指導者の規範"に正に対応するものである。また福島事故が起こった後に各種事故調で指摘されている原子力安全規制の失敗の根

本にあったシビアアクシデント対策の不備についても、憲章2に関わる行動の手引きでの条文である、"2-8. 技術成熟の過信の戒め"や"2-10. 会員の安心の戒め"などはまさに正鵠を得ている。さらにシビアアクシデント対策の不備を指摘し、改善を求める意見が組織内で取り上げられて検討されなかったなら、それは行動の手引き"5-7. 組織文化の問題"の条文で取り上げている。さらに"8-4. 社会からの付託"は、原子力技術を扱う集団、技術者として一般社会から無言の信託を受けているからには特別の責任と倫理感が求められていることを念頭にして行動しなければならないとしている。

　学会倫理規程の当初の解説（班目春樹（2005）で今後の課題としていた教育用テキストや事例集の作成にはいまだ取り組まれていない。原子力では過去に数々のトラブルや不祥事に遭遇して社会に倫理面で問題視されてきたことが日本原子力学会で倫理規程の策定に取り組む大きな動機だったのであれば尚更具体的な事例が行動の手引きに取り上げられていると実際の教育や会社での実務現場で役に立ったのでないかと思われる。

　こうしてみると、原子力学会の倫理規程の内容そのものは良かったのだが、問題はそれが原子力界全体に浸透して、実践活動に活かせなかったか、無視されてきたところに原子力界の問題があったと考えられる。

9.2.6　福島事故後の構成が変わっていることの考察

　それでは福島事故という大事故の後、日本原子力学会は倫理規程についてはどう考えているのであろうか？　そこで2014版の倫理規程を2009年版と対比して考察する。

　まず、2014版の倫理規程は2009版から内容が大幅に変更されていることに気が付く。前文、憲章、行動の手引きの構成で、憲章の条文が1つ減って7つにされているとともに、憲章のそれぞれに対応する行動の手引きの条文が大幅に移動され、新規に条文が挿入される一方で、削除された条文がある。しかし、このような大幅な修正がどのような考えでされたのかの説明がないので、どういうコンセプトに基づくものか分からない。福島事故によって原子力界に様々な批判が投げかけられ、その後、政府、国会等の事故調査も行われて報告書の発表も行われた。2014年に改訂された日本原子力学会倫理規程には、これらの事故調報告書が指摘する倫理的な問題点をどのように受け止めて改定に反映したのか、これを説明することは倫理委員会が第一になすべき"説明責任"ではないか？　そもそも"説明責任"は原子力学会の倫理規程の初版から2014年版に至るまで憲章の条文に一貫して掲げられている。

　それが実行されていないことにも気づかずして委員会の改訂を承認している原子力学会理事会も倫理を語る資格がないことを物語るのでないか？　とくに福島事故の後の今回の改訂によって前文に新たに挿入された以下に示す第2パラグラフの文章は、一体どういうつもりでわざわざ入れたのか、説明があって然るべきである。

　　　"現代は，人類生存の質の向上と地球環境の保全が課題となっており，さまざまな技術が

開発され進歩している。しかし，どのような技術にも必ず正の側面と負の側面が存在している。会員は，自らの携わる技術が，正の側面によってより社会貢献するために，原子力事故をはじめとして，自らの携わる技術特有の社会に及ぼす影響等負の側面について，絶えず思い起こすと同時に，技術だけでは解決できない問題があることを，強く認識する。もって常に現状に慢心せず，広く学ぶ姿勢と俯瞰的な視野を持ち，チャレンジ精神と不断の努力をもって，より高い安全を追求し，豊かで安心できる社会の実現に向けて，積極的に行動する。"

9.2.7　考察とまとめ

　福島事故後の 14 年改訂版の作成に関与した倫理委員会の人たちは，あまり，原子力の研究、開発、運転と管理、教育の現場において実務経験がなかった人達か、実際の経験で何らの倫理面の葛藤にさらされたことのなかった人達のように思われる。何故そういう人達が倫理規程を改定しているのか不思議だが、福島事故後の改訂は、全面的に作成し直すことが必要と思われる。その際の参考に個人的な感想を以下に記す。

　まず、2009 版行動の手引きの最後に次の条文"8.4 社会からの付託" がある。

　　会員は，原子力という技術を扱う集団・技術者として，一般社会から一種の付託を受けている。それは，一般社会との無言の契約が成立していることであり，その契約のもとに，会員に特別の責任・倫理観を求めていることを常に念頭に置き，行動しなければならない。

この条文は、福島事故後の 2014 年版にも残っている。しかし、福島事故後の再稼働への世論の動向をみるとどうみても原子力関係者への一般社会の無言の付託はなくなっているように思われる。

　一般社会から高い信託を受けていたと自負する原子力学会会員なら、筆者が最も痛感するのは、福島原発事故時に現地の緊急時対応で事故収束に献身的な作業にあたった人達、全国から駆け付けてボランテイア活動に協力してくれた人達への感謝と、サイト内作業で犠牲になった人達への哀悼、避難生活や放射能汚染で苦難を受けた人達への謝罪の言が先にあって然るべきでないか？　そのうえで福島事故当時から約 10 年もたった現在までを振り返って、どこに倫理上の瑕疵があったかを深く反省し、そこから倫理上の問題点を導き出し、それを規程の全面的な改定の出発点にすべきでないか？

　安全が大事なこと、組織文化のあり方、社会の信頼をうることなどの記載があるが、これらは別に原子力だけでなくどの分野にも言える共通なことである。筆者が大学院にはいって学部専門の電気工学から原子力工学という分野に入って原子力の研究に取り組むときに考えた、電気電子工学とは異なった"原子力"のイメージでは、とくに原爆、水爆、原潜、原子力空母といった兵器としての"軍事利用"の強烈な印象である。だから「平和利用に限定し

た原子力の教育研究」では、研究用原子炉、原子力発電や放射線応用といったこれ自身は軍事利用にも共通する利用の仕方を、"平和利用"として区別する視点の言及があるべきであるのにそれが全くない。これではわが日本国特有の平和利用に徹するという倫理面の歯止めが効かないのでないか？（中国の大学の先生方には、人民解放軍から軍事科学研究の支援があって、原子力の軍事科学研究をしているのが普通である。米国の大学でも同様で連邦政府による国立研究所とタイアップして軍事研究をしている。原子力工学科の先生には、原子力艦艇の設計や軍務経験のある人が多い）。

　工学的安全という観点から見たときの原子力分野の基本的特徴は、原子核反応という現象の学理の応用（物質の根源の原子核構造を操作し、生体を含めた物質と放射線との相互作用をおこさせる）から生じる結果の莫大なエネルギー放出、強力な放射線の発生の制御を誤るとどういう結果を生じるか、また放射性物質が環境に放出されるとどのような放散挙動をして環境汚染上の問題が生じるか、放射線が人体にどういう影響を与えるかについての原理知識を体得していることが求められることである。

　また発電プラントや反応器を構成する上での熱工学、伝熱工学、流体工学、化学反応のような機械工学、化学工学および放射線遮蔽の知識と高温、高圧、高電圧を取り扱う上での安全上の原則も必要である。原子力の工学倫理の基本として、原子力の専門家としてわきまえるべき知識とそれの利用においてどういう危険性があるのか、どういう現象に気を付けるべきか、どういう操作をしてはいけないのか、についてまず体得しなさいという言及があって然るべきと思いきや全然ない。

　シビアアクシデントはどんな深刻な問題を起こしうるか。このことは福島事故で分かったはずだと思うのだが、2014 年の改訂版においてもそれには何ら言及せずに、福島事故以前と同じように、"安全が大事"というだけですべてをかたづけていることに大変奇異さを感じる。原子力を専門にする倫理規程なら上記のような科学技術の専門上の"安全"に関わるものにどんなものがあるのかきちんと規定してそれの体得に留意させることは大事ではないか？

　次いで　原子力に誇りを持って専門性を高めよ、社会規範や規制を守る組織文化だとか、説明責任等々、どの技術分野でも出てくる安全管理の話がでてくる。その一方で規範は時代によって変わってくるだの、行動の手引きにたくさん並んでいる条文の全部はとても理解できない、相互に矛盾が生じている、と規範を作った本人自身が言っているようでは、倫理規程を真面目に読む人達にはこれではどこが期待される倫理なのか分からなくなる。さらに具体的な事例集を作る労力も払わずに、歴史的な不祥事件や失敗例を積み重ねて教訓集にすると良い、そこには成功事例もあると良いといったふうに口だけで説明されても、それでは儒教、道教、仏教から集めた種々雑多の人生訓を雑然とならべた中国の菜根譚のようである。

　また、肝心の"社会の信頼を得なさい"といわれてもどうしたらよいか分からない。外部から見たときの信頼を得るための"望ましい倫理的特性"はどんなものか？　学会の倫理規程で

は社会の信頼に並べて一緒に出てくるキーワードに“説明責任”（英語の accountability に対応させている）があり、“分かり易く説明する責任があること、さらにそのようなコミュニケーション能力、それもタイミングが大事だ”、と初版から一貫して行動の手引きに書いている。こういう言い方をされると、説明の仕方が社会の信頼獲得上の決め手だな、と思う。それは大事なコミュニケーション技術だが、それは英語 accountability　の本来の意味とは違っているようだ。実際、米国で在住経験の長い黒川清氏（国会事故調元委員長）は、英語の accountability とは“やったことに対して結果責任を負う”という意味だ、日本では間違った理解が流布されている、と指摘している（黒川清 (2016)）。原子力学会の倫理規程のさらなる見直しでは、ぜひとも“説明責任”の意味について英語の accountability の原義に沿ったものに統一してほしい。

　福島事故後の国会、政府、その他の各種事故調で多かれ少なかれ指摘している“原子力村の悪しき集団思考＝安全神話の無批判な受け入れ”への言及が、福島事故後の倫理規定の改定においてどこにもないことには非常に奇異に感じる。福島事故調報告で指摘されていることがどこにも書いていない。それでは、倫理規定にそういうことを書けないようなこの学会特有のゆがみを感じる。

　集団力学の大家の杉万俊夫先生のいう、“組織の存続にかかわることは絶対犯してはならないことが全員に共有されている”という「不文律のノルムの生成、共有」はこういった倫理規定の記述からは読み取ることはできなかった。

9.3　ELSI の紹介

　新しいテクノロジーを、「いつ」社会で議論するかは悩ましい問題である。テクノロジーの応用が現実的になり、その有用性やリスクの具体像が明らかになった頃には、いくら議論しても技術の方向性を変えにくい状況となっている。他方、テクノロジーが誕生した直後では、テクノロジーの将来像にあまりに多くの不確実性が含まれるため、実のある議論を展開しにくい。議論の先送りもある種の合理性を持つようにみえるだろう。社会的議論は、それを行う時期が初期であっても成熟期であっても、それぞれに難しい。このような萌芽的技術をめぐるジレンマは、「コリンリッジのジレンマ」として知られている（David Collingridge (1981)）。

　ゲノム科学とともに生まれた ELSI（Ethical Legal Societal Implications; 倫理的・法的・社会的課題）プログラムは、コリンリッジのジレンマを解決すると期待された。ELSI の根幹には、科学の専門知のみでは解決できない「トランスサイエンス」領域への気づきがある。これが制度化されたのは 1980 年代、ヒトゲノムに関する巨大研究プロジェクトにおいてである。プロジェクトの中に社会的インパクトを事前に検討するプログラムを必ず含めよ（さもなければ研究助成を行わない）、というルールが設定された。研究費配分のうち 3% を社会的課題の研究にあてるべきとされ、15 年間で 3 億ドルの予算がついた。今日でもアメリ

カの ELSI プログラムは活発であり、ナノ科学や合成生物学も含めると 317 億ドルの研究予算が ELSI 研究に費やされてきたという（綾野博之（2001））。自然科学と人文社会科学が分離されてきたそれまでの状況からすると、ELSI の実践はきわめて画期的であった。

ELSI の具体的な活動には、テクノロジーアセスメントがある。予測不可能な新技術のおよぼす影響を測り、社会でそれを対話する場づくりを進めてきた。ELSI のねらいは「予期をするタイプの知的活動の母体をつくる」「人々の関与の母体をつくる」ことにあり、これが萌芽技術のジレンマへの 1 つの対応策になると期待されたのだ。

表立っては期待の寄せられる ELSI プロジェクトだが、他方、ELSI はコンセプトが誕生した当初より、（ゲノム科学の）賛同者からも反対者からも批判を受けてきた。一部の科学者は、ELSI の取り組みが科学の進展を抑えるものだと警戒した。他方、ゲノム科学の急激な発展や生命の資源化を危惧する立場は、ELSI が反対派の「ガスぬき」となり、ヒトゲノムプロジェクトそのものの吟味をできない限界を厳しく指摘した。

上記のように批判も多く、プロジェクトを実際に担う人々（研究者）には多くの負荷がかかるようだ。その一つの原因は、ELSI プロジェクトに大規模な予算が費やされる点にあるのかもしれない。合成生物学の大型 ELSI に携わる研究者らのワークショップに参加した際も、彼らは巨額の予算をまわすのがいかに大変だったのか、いかに議論をしても科学の進行に何も反映されないかの徒労を述べていた。他方、別の参加者からの「対話というものは基本的に無駄と言われるもので、民主的な議論は支持されないのが本質である」という趣旨のコメントも印象に残った。

原子力技術の領域にもすでに対話実践の長い蓄積がある。リスク・コミュニケーションに関してはむしろゲノム科学より長い歴史を持つといっていいだろう。上に述べたように、「ゲノム ELSI」と「原子力対話」は、ビッグサイエンスの潮流に翻弄されるという点でむしろ共通の悩みを抱えている。両者とも、テクノロジーへの賛同者からも反対者からも批判されがちで、試行錯誤によって進んでいる。とするならば、今までのゲノム ELSI ではなく、これからのゲノム ELSI が取り組もうとしている活動にヒントがあるかもしれない。下記は、ゲノム（含むさまざまな生命医学系の）ELSI の新しい流れを、筆者の解釈を含めながら整理したものである。

①技術予測が難しくなる現在、従来型の研究だけではなく、アート等による「表現」も、知の形態として重視する。
②テクノロジーをめぐる倫理的・法的課題は、既存の倫理・法がテクノロジーを制約する図式とするのではなく、両者をともに生成していく新しいルールメイキングがカギとなる。

社会の目からもとめられる「倫理」とはどのようなものか？　こうした問いについての直接的な正解を ELSI は持たないし、今もまだ模索中である。正解がなく分からない中でも模

索を続ける底力が問われているのだと思うし、その中から、社会状況にあった創意工夫が生じていくのだとも期待される。

そこでまた原子力問題に戻って「対話」に着目して、元々はお互いに接点のなかった話者たちが対話によってどのように変容していくかを実験する試みを次に紹介する。その変容が社会の目から求められる「倫理」をもたらすようになるかが興味のあるところである。

9.4　対話実践・研究の事例

本節では、原子力発電と萌芽的技術に関連する対話実践・研究についてそれぞれの事例を紹介する。ここで、対話とは双方向のやり取りにより、両者が変わっていくプロセスである。

まず、対話実践は、東京電力福島第一原子力発電所事故の後、日本原子力研究開発機構（以下、JAEA）が現地で行った対話活動（杉山顕寿・菖蒲順子・高下浩文・山本隆一（2016））を紹介する。JAEA は、原子力に関する日本の総合的研究開発機関である。東京電力福島第一原子力発電所事故では、多くの放射性物質が放出され、広い地域で通常時に比べて高い放射線が観測された。特に事故の影響が強い福島県では、放射線による人体への影響を心配する声が高まった。一方で、JAEA では、2001 年からリスクコミュニケーションに関する調査研究・実践が行われており、2011 年時点で JAEA 内にコミュニケーターとして約 130 名の養成・登録があった。これらを踏まえ、福島県内の保育園、幼稚園、小中学校の保護者と先生を主な対象として、「放射線に関するご質問に答える会」が 2011 年 7 月より開始された。

同様の試みは、茨城県では、「放射線に関する勉強会」として実施された。コミュニケーターは、JAEA の研究者・技術者等であった。JAEA によるそれまでのリスクコミュニケーションの経験に基づき、一方向的な講演会・説明会ではなく、質問に答えるという参加者との双方向性を重視したプロセスが採用された。2012 年末までに合計で 220 回実施、参加者18,000 人強となり（日本原子力研究開発機構（2019））、その後も要請に応じて継続されている。

参加者は「見えないし、感じないし、においわないけど、なんとなくあぶない」、そして、「説明を聞いても難しくて理解できない。なんとなくこわい」とコミュニケーターに伝えた。また、「事故の直後に放射性物質で汚染された。外から帰ってきたときにどうすればよいか」「砂遊びするけれど大丈夫か」「家の庭先に砂利がまいてあるけど、大丈夫か」等の質問が出てきた。それらの対話から、必要な情報が十分に浸透していないことがコミュニケーターに伝わった。そして、参加者がコミュニケーターに対して、「あなたは（個人として）どう思うの？」と問う場面が何度かあった。エネルギーに対する方針は行政の対応となるが、技術の内容とリスクを含めた危険性を正しく伝え、現地の人々の不安と疑問に答えることがコミュニケーターの役割であった。コミュニケーターからの回答により、「そうすればいいんですね」「そういうことだったんですね」「不安が楽になった」と参加者からの意見が得られ、「聞けてよかった」という表情が見られた。それが、コミュニケーターの活動の次につ

ながっていった。

　上述の実践において、東京電力福島第一原子力発電所事故後の放射線という1つの問題に対しても長期間の対話の実践が必要であった。原子力システムと制度等のさらに複雑な問題に関して対話することは、さらに困難を伴う。そこで著者らは萌芽的技術と原子力発電等のリスクを伴う技術のシステムの社会導入を対象に対話実験を行ってきた。その例を以下に2つ紹介する。

　対話実験の第1例は、萌芽的技術の社会導入の際の一般の人々による意見表明方法を対象としている（山本怜・伊藤京子・大西智士・西田正吾（2011））。萌芽的技術は一般の人々には理解が難しく、そのため、その可能性やリスクを判断すること、そして社会導入の是非を意見表明することは容易ではない。しかし、社会的受容性の観点からは早い段階での一般の人々の意見表明は必要である。この研究では、萌芽的技術の社会導入に向けて、一般の人々が意見を表明できる手法を心理面から検討し、以下を具体的に提案して一般の人々が適切な意見表明ができる可能性を示した。

　①双方向性を部分的に制限すること。
　②)自分が表明した意見が他者の目に触れることを意識できること。
　③他者の考え方を知ることができること。
　④他者の意見に影響を受けないこと。

　対話実験の第2例は、「原子力発電の是非」をグループで議論する際の参加者間の印象形成を対象としている（伊藤京子・山本怜・西田正吾（2011））。多様な論点を持つ複雑なテーマをグループで議論する際、そのテーマの内容だけでなく、他の参加者への印象形成や場の雰囲気が、議論の内容やその結論に影響を与えることがある。そのような印象形成と議論のプロセスとの関係の分析を試みた。具体的には、「日本で原子力発電を利用すべきである」に対して、賛成・反対のどちらかに合意形成を行うグループ議論実験を実施した。結果として、参加者の印象形成が合意形成のプロセスや結果に影響を与える可能性は示された（伊藤京子・西田正吾・持田康弘・今田美幸（2014））が、まだ結論は出ていない。

　著者らは以上のような研究を通して、リスクコミュニケーションにおける対話のあり方についての指針を出すことを目指している。最後に、対話実践・研究の事例から今後課題として考えたことを2点述べる。

　1点目は、一般の人々の発言だけではなく、感性面への着目の重要性である。上述の対話実験のように、参加者の発言は、参加者間の印象形成や、対話の環境設定によって容易に影響を受ける。しかしながら、人々の発言だけから、人々の態度の要因を推察することは容易ではない（樽本徹也（2014））。対話の場の参加者が聞いている時、見ている時、話している時、どう感じたのか、それらを考えることが重要と考えている。

　2点目は、日本の原子力発電所の継続の是非について、日本国民は意思決定していく必要

がある。その際に、前述の JAEA の対話実践の活動を発展させ、対話者双方の変容が社会の目から求められる「倫理規範」をもたらす意思決定につながるような対話活動にもっていくことが望まれる。そのためには、これらの活動を継続的に行うと同時に、活動の発展についても取り組む必要がある。

9.5 社会の原子力への信頼回復への課題―ステークホルダー・リスクコミュニケーションの国際的な取り組みから

9.3 節では日比野から ELSI（Ethical Legal Societal Implications; 倫理的・法的・社会的課題）プログラムの一般的な紹介をした。冒頭で日比野は次のように述べている。

"新しいテクノロジーを、「いつ」社会で議論するかは悩ましい問題である。テクノロジーの応用が現実的になり、その有用性やリスクの具体像が明らかになった頃には、いくら議論しても技術の方向性を変えにくい状況になっている" 。

日本では、原子力は既に現実的技術になっていて久しく、2000 年当時の原子力安全神話隆盛の原子力界では、「安全性は達成された。シビアアクシデントリスクはない」と、その可能性を否定するのが通弊であった。そこでは ELSI が流布されにくい状況だった。だが、福島事故後は放射能リスクの具体像が一般市民に明らかになると同時に、原子力発電が脱落した結果、計画停電や電気代高騰をもたらした。そこでは経済界には我が国特有のエネルギー安全保障面の弱点から原子力発電の有用性が改めて認識された。そういうわけで福島事故後は今日に至るも原発再稼働と脱原発のせめぎ合いをしている。こういう状況になると社会的には ELSI の観点から原子力が改めて問い直される。

次いで 9.4 節では伊藤から、福島事故後に日本原子力研究開発機構内に養成されていたリスクコミュニケーターたちが福島被災地の一般市民の中に入って放射能に汚染された土壌のリスクを伝える活動や、福島事故後の原子力に関する市民の意思決定におけるリスクコミュニケーションのやり方の指針作りの実験研究の紹介があった。

福島事故の最中やその後の除染を巡って放射能による環境汚染のもたらす問題での社会的な混乱を想起するとき、これからの原子力と社会の関わりでは事実や現実を踏まえてのリスクコミュニケーションのあり方が改めて社会的に重要となってきた。

そこで本節では、筆者（吉川）が OECD/NEA 主催の国際ワークショップに参加して原子力の実際の場での世界でのリスクコミュニケーションの活動を展望する。

9.5.1 ステークホルダー・リスクコミュニケーション活動とは
2019 年 9 月末、OECD/NEA 主催で「リスクコミュニケーションに関わる関係者の放射

線リスクの理解共有のための対話」を主題とする国際会議がパリの OECD/NEA 本部会議センターで 9 月 24-26 日開催され、筆者（吉川）も参加した。参加者は約 300 名だった。ワークショップの企画と実施は OECD/NEA の「放射線防護・公衆健康」委員会で、この委員長マイケル・ボイド氏（米国環境保護庁放射線防護科学技術センター部長）が今回のワークショップの議長である。

　議長のマイケル・ボイド氏によれば、このワークショップの背景と目的は、原子力安全規制者、政府関係者、原子力事業者その他のエネルギー分野の者は、科学的、技術的、規制上の情報を関係者で共有する役割と責任がある。それには放射能に関わるリスク情報を一般大衆や関係者と共有することも含まれる。OECD/NEA は、その参加各国のリスクコミュニケーション活動の有効性を改善するのを支援するため、今回この国際ワークショップを開催した。参加各国間でリスクコミュニケーションへの認識を共有し、得られた教訓を記録として残すための良い機会を提供すること、放射能に関するリスクの理解共有とその改善の機会の同定の実践の仕方に役立つことを期待しているとのことであった。

　開会プレナリで OECD/NEA 事務局長マグウッド氏が冒頭挨拶をした。マグウッド氏は米国の前大統領のオバマ氏と同様、有色民族出身、福島事故に大変関心を持ち、被災地福島にもたびたび来られて福島復興に惜しみなく協力されている。今回の国際ワークショップは本部で開催のため、OECD/NEA 加盟国からの発表者と参加関係機関の参会者以外に、OECD/NEA に加盟している国、機関から派遣されている本部職員が多数参加して、国際ワークショップの運営全般を支えていた。その中に筆者の京大退職時の大学院エネルギー科学研究科出身の若いスタッフがいた。就職先の K 電力会社から OECD/NEA 本部に派遣されているとのことだった。また中国清華大学卒の若い中国人スタッフがいたので中国は OECD/NEA に加盟していないはずと不審に思って聞いたところ、最近準加盟国になったとのことだった。香港からも女性スタッフ 2 名が参加していたが、香港政府の放射線安全部門の人達だった。香港の対岸の深圳は中国有数の原発サイトで多数の原子力施設が立地していることもあろうが、二人は事務局長マグウッド氏に誘われて参加していると言っていた。

　さて何故筆者がこのような国際ワークショップに参加したのか、それを先に述べておこう。それは、福島事故を起こした日本での原子力関係者一般（規制者、事業者、研究者・教育者）に一貫する一般社会へのコミュニケーションの姿勢への疑問からである。原子力の事業に携わる者が社会一般と放射線リスクについて知識を共有してそれぞれの活動の改善に活かす実践活動を鼓舞して、原子力開発に関わる国々を支援しようとする OECD/NEA の実践指向の隔てのない活動に興味をもって参加した次第である。

　以下、ワークショップの概要を筆者の目で紹介し、今後の日本の原子力界が市民とリスク情報を共有する実践活動によってどのようなアプローチをするのが良いかを考察し、提言に資する。なおこのワークショップのプログラムと発表された PPT はすべて下記に記載のURL から入手できる。

NEA workshop on Stakeholder Involvement: Risk Communication —Dialogues Towards a Shared Understanding of Radiological Risks, 24-26 September 2019, OECD Conference Centre, Paris, France（URL: http://www.oecd-nea.org/civil/workshops/2019/stakeholder/）

9.5.2　ワークショップの概要

　ワークショップの概要を実質 2 日間のプログラム進行に組み替えて筆者の補足を含めて述べる(初日はワークショップ実施関係者の準備会合であり、筆者には関係がなかった)。

　第 1 日は、「場の設定」という位置づけで、放射線リスクに関わるステークホルダーのリスクコミュニケーションに関与する参加者たちがどのような事柄を理解し、認識を深めてそれぞれの活動に反映すべきか、というくくりでのプログラムになっていた。以下それを紹介する。

（１）プレナリでの講演「リスクとリスクコミュニケーションに関する調査結果」

　OECD/NEA 事務局長ウイリアム・マグウッド氏は、ワークショップ冒頭の開会プレナリで、OECD/NEA が 2019 年 9 月 3 日から実施中のリスクとリスクコミュニケーションに関する調査結果の速報を行った。33 か国・地域から 208 件の回答で回答者の内訳は規制当局 25%、その他政府機関 15%、原子力事業者 20%、一般公衆 30%、NGO 団体 10%である。回答件数から見てバイアスのない調査結果といえるかどうかは別にして公衆を含めた関係者のリスクコミュニケーションに関与するものには参考になると考えて、これを含めてマグウッド氏講演の概要を紹介する。

設問 1：あなたはリスクという言葉で何を連想しますか？

　結果は、図 9-2 のように頻度の多い語彙ほどサイズを大きくして表示している。図中の

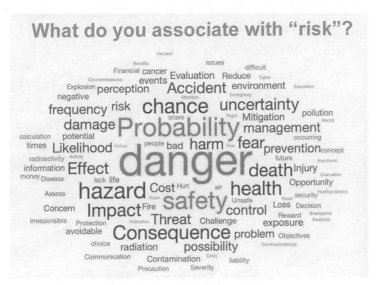

図 9-2　リスクで連想する言葉
(出典：プレナリでの OECD/NEA 事務局長ウイリアム・マグウッド氏の講演「リスクとリスクコミュニケーションに関する調査結果」で使用の PPT)

語彙数は実に 100 語を超えていてリスクには多様な側面があることを示しているが、最も大きな語彙は「危険」であり、「確率」と「安全」がそれに次いでいる。これは回答者に原子力関係者の比率が高いことから、多分確率論的安全評価という原子力規制でなじみのある専門用語が浸透しているためかもしれない。

設問2：リスクコミュニケーションは何のためにするのかあなたはどのように理解していますか？（5つの選択肢から複数選択可、多い順）

　①教え知らせるため（88%）、②心配を減らすため（64%）、

　③人々の安全を守るため(43%)、　④行動を変えるため（38%）、

　⑤見方を変えるため（37%）

設問3：日常生活でリスクについて聞いたり読んだりするときに、あなたにとって最も重要なものは何ですか？（5つの選択肢から複数選択可、多い順）

　①事実（90%）、②伝える人の信頼性(76%)、③そのことの以前の理解（49%）、

　④友達や身寄りのものの考え(5%)

設問4：日常生活でリスクについて情報をさがすときに、あなたにとって最も重要な情報源は何ですか？（9つの選択肢から複数選択可、多い順）

　①政府の専門家（78%）、②インターネット（69%）、③新聞（40%）、④NGO(34%)、

　⑤自治体当局（24%）、⑥テレビ（22%）、⑦友人・家族（15%）、⑧ラジオ（14%）、

　⑧社会メディア（14%）

設問5：原子力施設の正常運転時、原子力の安全性に関わるリスクについてどんな情報を希望しますか？（4つの選択肢から複数選択可、多い順）

　①放射線リスクのレベル(68%)、　②緊急時対応計画の詳細（57%）、

　③どのように被爆から保護できるか（52%）、④あなたが話すことのできる人（36%）

設問6：あなたにとって原子力界での有効なリスクコミュニケーションの主な障害は何ですか？（3つの選択肢から複数選択可、多い順）

　①話題が恐ろしい（人が学びたがらない）（52%）、

　②話題が複雑すぎる（人が学ぶ時間がない）（50%）、

　③規制や当局が隠している・誠実でない(人が信用していない）（39%）

設問7：設問6で公衆の回答（3つの選択肢から複数選択可、多い順）

　①話題が複雑すぎる（人が学ぶ時間がない）（52%）、

　②話題が恐ろしい（人が学びたがらない）（49%）、

　③規制や当局が隠している・誠実でない(人が信用していない）（46%）

　OECD/NEA事務局長ウイリアム・マグウッド氏は、設問2から7までのアンケート回答から全般的に、原子力のリスクは複雑で理解不能と思われていること、リスクに関わる情報源として政府の専門家が最も期待され、次いでインターネットの重要度が増していること、また政府の専門家による隠しごとのない、事実に基づいた説明が大事であること、正常運転

にあってもその放射線リスクのレベルや緊急時対応計画の詳細についての情報提供が大事である、と要約した。そしてこのリスクコミュニケーションの関係者のワークショップでは、関係者に役に立つ専門情報がどの様なものであり、各国で実際に原子力規制に関わっている専門家にそれぞれの課題知識や経験知識を発表してもらってから、参加者には事例研究に関するグループ討議で知識を深める機会として欲しいと、基調講演を締めくくった。

　以下の第 1 日目の第 1 セッションから第 4 セッションまでは、ワークショップ参加者の知見を広めるためのものであり、それぞれセッションの構成とまとめを述べる。

（2）第 1 セッション　リスクコミュニケーションとは何か、また何故か
　以下の 3 つの話題提供がそれぞれの国の専門家からあり、最後に質疑応答があった。

　①放射線リスクの概念を伝えるには―事実を憶測から分離する困難さ（アルゼンチン原子力規制庁）、
　②LNT リスクモデルと放射線防護―よりよいリスクコミュニケーションのための主要な理解事項（ICRP およびフランス IRSN）、
　③リスクコミュニケーションに対する原子力規制者の洞察（スペイン原子力委員）。

　なお②の講演は 100mSV 以下の低線量被曝が人体に及ぼす確率的健康影響についての LNT リスクモデルと、関連する ICRP 勧告に関する解説である。ワークショップ議長マイケル・ボイド氏は、第 1 セッションの要点を次のように要約した。

　①「放射線防護・公衆健康」に関わる専門家は、リスクコミュニケーションにおいては被曝がどんな個々の影響をもたらすのか、被曝にはどんな集団効果があるかをよく理解しておくことが基本である。
　②疫学研究ではLNTモデルが他のモデルよりデータをよく説明している。被曝影響に関するリスクは 50 mSV以上では統計的に有意である。
　③福島事故によって規制上の緊急時コミュニケーションについて顕著な経験が得られた。規制者は関係者との対話を制度化しておかないといけないし、コミュニケーションのために資源が必要であり、コミュニケーションのスキルも高めなければならない。
　④安全とリスクは関連性のある概念である。リスクは定量化が可能だが、リスクの受容度や状況を安全と考えるかどうかは主観的な判断に属する問題である。

（3）第2セッション　リスクコミュニケーションの方法開発と導入
　以下の 4 つの話題提供がそれぞれの国の専門家からあり、最後に質疑応答があった。

　①放射線のコミュニケーションの15年間の経験から（米国NPA）

②リスク認知と公衆の認識についての教訓（フランスASN）

③RAIN:公衆との放射線リスクのコミュニケーションのための新たな指標（韓国KINS）

④恐れている問題を伝える方法と評価―フランスの鉄道安全の事例（フランス鉄道省）

ワークショップ議長マイケル・ボイド氏は、第2セッションの要点を次のように要約した。

①信頼されるには成功するようにコミュニケーションしないといけないし、成功するようにコミュニケーションするには信頼されなければならない。

②「安全ですか？」というのは重要な質問だ。それには状況の広い文脈と防護策の選択肢の可能性の理解に焦点をおいて説明することが有益である。知らせることによってよりよい意思決定をしてもらうには伝える側に知識が必要である。

③メッセージは明確であるべきで心配を表明している聞き手に向けるべきである。

④感情的要因はメッセージが理解され、記憶にとどめられるうえで極めて強力である。

⑤簡単で目に見える放射能の尺度があれば、有益なツールになるだろう。

（4）第3セッション　リスクコミュニケーションにおける関与者、役割、責任の理解

　　これはOECD/NEAの原子力法委員会議長をモデレーターに、オーストリアの連邦持続性・観光局、カナダのオンタリオ湖環境保護委員会、フィンランドの経済雇用省主任技師、IAEA原子力安全・保障局アウトリーチコーデイネーターの4人のパネリストによる討論であった。ワークショップ議長マイケル・ボイド氏は、第3セッションの要点を次のように要約した。

①迅速に対応する、個人的関係を築く、事前にネットワークを整備しておくことが大小いずれの事象に対応するうえでもキーポイントである。

②ソーシャルメディアはキーツールの一つである。それをモニターする必要があるが、リソースを消費する。

③リスクよりむしろインパクトと効果に重点をおくべしとの提案があった。

④広範な政府機関が原子力のリスクに、国内と国境を越えてのコミュニケーションに関わっている。規制当局は一般的にリスクコミュニケーションを実施しているといえる。

⑤ソーシャルメディアは政府の公衆とのコミュニケーションを可能にし、事前に心配されていることを同定できる。良く準備されれば信頼を築くのに役に立つ。

⑥NGOは特別で地方によって変わる知識と理解の仕方を反映している点で、規制当局に基本的な情報を与えてくれる。意思決定とコミュニケーションに必要な特定の状況の生のデータにアクセスするうえでNGOは重要な要素になりうる。

（5）第4セッション　非原子力からの教訓

以下の3つの話題提供（(1) 世界保健機構 WHO、(2) 欧州食品安全機構、(3) 国際航空機構および欧州航空管制)がそれぞれの国際機関の専門家からあり、最後に質疑応答があった。ワークショップ議長マイケル・ボイド氏は、第4セッションの要点を次のように要約した。

①迅速で正しくて信頼されること。もし許容されるなら不確実性をコミュニケーションすることも OK である。

②関係する自治体と信頼関係を築くために、コミュニケーションすること、関与する戦略をミックスすること。

③公衆の情報をモニターすべきだ。コミュニケーションと優先度の選択に反映すべきだ。ソーシャルメディアは現実の状況に適応して用いるべきである。

④食品の安全に関わる状況は複雑で不確実で情動的になりがちだ。パーセプションと価値の認識が必要である。

⑤食品の安全はハザードとリスクに関わりがちである。

（6）番外の福島セッション

夕方のレセプション前に福島事故に関わる日本人による 2 件の発表があり、部屋を替えてレセプションがあった。

①福島現地での地元市民とのコミュニケーション－原子力損害賠償・廃炉等支援機構理事により、事故原発の廃炉と福島の復興は地域自治体の理解と協力なしには進められないとの趣旨から、廃炉についてのタイムリーで正確で適切な情報提供と地域住民の心配する声や疑問を聞き、対話によってそれに答えるために、2016 年から廃炉に関する国際ワークショップを毎年現地で行っているとのことで、学生のグループワーク（1 枚の大きな模造紙を用いて KJ 法による図式表現で議論のポイントを図示するブレインストーミングを用いている）、地域住民との対話セッションの概要が発表された。

②福島事故の現地被災者の経験発表－富岡高校の元校長先生と生徒さんにより、福島事故の避難民としての事故直後の避難、避難先での生活、被災後の富岡町の姿と現在の住民の避難状況について自己体験に沿った発表があり、最後に避難を経験した住民として、「原発事故のリスクは身体に及ぼす放射能影響よりも人生を根こそぎ変えてしまったこと、除染で線量は下がっても人生は取り戻せない。人の心の復興にはまだまだ時間がかかる」と締めくくった。

③レセプション－福島の食品を味わうレセプションでは、日本側から福島の清酒に、豆腐やチーズのみそ漬け、桃の缶ジュース、桃のゼリー、クッキーの差し入れがあった。北欧の女性にこれら福島の食品にはキノコ製品はないかと聞かれたのでなぜかと質問したところ、東欧や北欧の参加者はチェルノブイリ事故の記憶からキノコにはとくに放射

　　性セシウムが残るので心配といっていた。

　第2日は、「経験と方法の共有」として、ワークショップ参加者全員が、グループにわかれて積極的にディスカッションを行う実践ベースのプログラムであった。

（7）第5セッション　リスクコミュニケーションの事例研究と討論
　6つの事例研究を3つずつの並行サブセッションAとBに分ける。ワークショップ参加者は一人当たりA、Bで1つずつ合計2つの事例研究の討論に参加する。それぞれのサブセッションではまず3つの事例研究について 1 件ずつ話題提供があり聴講。その後、各事例研究にグループメンバーが分かれて討論する。各ケースの話題提供の概要を以下に記す。

サブセッションAの事例研究（話題提供者）
ケース1：　通常運転中のリスクコミュニケーションの事例研究—Seabrook 炉の運転免許更新（米国規制庁）
　1990 年運転開始の PWR である Seabrook 炉は 2010 年に 40 年間の運転免許更新の申請をしたが、申請後に格納容器のコンクリートがアルカリシリカ反応で劣化し微細クラックが生じていることを発見。NRC は 40 年運転延長への影響を申請者に評価させ、コンクリートは劣化するが 40 年運転延長しても格納容器機能は持つための対策をたててその検証結果を提出。NRC は申請者の評価を専門家に委嘱し、また NRC 部内で評価活動を 8 年間行って運転延長を認可する方針にしたが、その後その方針のマスコミへの公表、Web 公知、立地地域市民との集会や公衆への広報などのアウトリーチ活動を行った。この間 NRC は関係者に常に新しい情報を知らせること、技術スタッフが分かり易い言葉を使って説明するようにさせたこと、メディア記者が正しい記事を書くように更新手続きや技術的問題を理解してもらうように努めること、関係者一般に複雑な技術的、規制手続き上の問題を説明することに努めたが、公衆の原子力安全への認知に対して福島事故の衝撃が無視できなかった。いずれにせよこのような関係者とのコミュニケーションにはグラフィックス技術や WEB 技術の利用、タイミングを逸しない集会の設定、広告を打つなど NRC スタッフには広報部門以上の時間とコストがかかった。NRC が正しい決定をしていると人々に納得させることはできないが、NRC が決定に至った理由やその基盤となる知識を人々に理解させることはできた、というのが学んだ教訓である。

ケース2：　カナダにおける遺産の管理—Port Hope 地域での活動（カナダ原子力公社）
　カナダのオンタリオ州 Port Hope と Clarington 地域で 20 世紀に行われた過去のラジウムとウランの製錬によって生じた汚染土による歴史的な低レベル放射性廃棄物の除染と安全管理が事例研究の対象である。カナダ原子力公社所有の産業地域と何百もある個人所有住宅地の除染活動における公衆のリスク認知への外部からの影響や誤った情報に科学

的な反論などのコミュニケーション上の問題点を紹介した。

ケース 3 ：　アイルランドにおける自然のラドン被曝（アイルランド環境保護庁）

　アイルランドでは自然のラドン被曝により、毎年 300 人もの肺がん患者が発生している。これには公衆のラドン被曝リスクに対する態度変容を促すリスクコミュニケーション活動が肝要である。とくに住宅所有者に家を調べてリフォームを促すことなどだが、ラドンは自然界に発生していて無色で味もにおいもないから公衆はなかなかこのラドン被曝リスクに注意しない。環境保護庁では健康問題の心理学者の勧告も得て、市民へのラドン被曝リスク認知の啓蒙活動を行っている。

サブセッション B の事例研究（話題提供者）
ケース 4 ：　原発新設プロジェクト（英国 Horizon Nuclear Power 社）

　英国 Horizon Nuclear Power 社は新設プラントの Wylfa Newydd の建設で関係者への活動を進めている。立地予定地は英国ウェールズ北西の Anglesey でここには以前マグノックス炉があったが既に廃炉。新たに日立 GE の ABWR2 基の新設プロジェクトが日英両国政府の支援下に進行していたが、最近資金計画の高騰で日立 GE が撤退という背景がある。発表者によれば、プラント開発そのものは進んでいたがここにきてプロジェクトの進展が暗礁に乗り上げていることから、新設炉の厳しい問題として、①プロジェクトに時間が長くかかり、その過程での不確実性がつきものである、②技術的だけでなく計画の合意過程も複雑、③初期段階での立地自治体の外部の会社に対する疑い、④プロジェクトからの利益への期待が高い一方で建設段階での巨大な労働力導入で立地自治体が崩壊することに寛容でないこと、⑤原子力の場合例えば再生可能エネルギーのコスト低下など予想外の問題の発生をあげた。Horizon Nuclear Power 社は、それだけでは地元が納得しない公的な交渉プロセス以外に非公式な交渉、地元会社を作って雇用を増やす等の地域での存在意義の向上に莫大な投資をして、関係者ベースでは圧倒的な支持を得てプロジェクト再開のための協力者ネットワークを築いてきた。

　発表者は主な教訓として、①プラント新設にはプロジェクト開始前から多くの推進者や仲介者を必要とする。そのため政党間に渡る政治的協力を得た。②地元に原子力に対する好意的な親密感があることがカギになる。それには以前の原子力プラントによる安全運転、オープンな姿勢、地元との仲間意識、仕事や職場の提供の遺産がプラスに働いた。③公式のコミュニケーションプロセスは最低の基本条件に過ぎない。地元の真の仲間としての存在感の確立が大事である。そのために"あなたの大使"にひと肌脱いでもらうことだ。④最も重要なことは科学知識の伝達に頑健であることは大事だが、放射線に関する教育が黄金解と思わない方がよい。人々が最も心配することは何かを理解し、それを我々のプロジェクトが解決してあげると伝えることが肝要だ。

　発表者は最後に、原子力のルネッサンスを実現するために、リスクコミュニケーションの

文脈では何にチャレンジすべきか？ 放射性安全、廃炉、地層処分のトピックで自己満足してはいけない。様々の多様なリスクパーセプションと上昇する建設コストを前提に、新たなエネルギーの文脈で新しい原子力をどう構築するか、事例研究してほしいと述べた。

ケース5： 原発緊急事態（フランス ASN）

　フランスでは原子力発電所の事故が終わった段階（Post-accident phase）での管理に関するステアリング委員会を CODIRPA と命名して 2005 年発足し、活動してきている。この発表では、Post-accident phase 活動に関わる関係者に提供すべき新たな情報を導出するため、Post-accident phase のさまざまな"健康問題"に関わる専門家で構成するワーキンググループを CODIRPA にどのように組み込むかが主題であった。このワーキンググループの目的は、原子力事故の前線で対応する健康問題の専門家への情報を多数決手法によって提供することにある。これによって前線の健康問題の専門家が状況をうまく管理し、事故後の段階で被災者である公衆に適切な情報提供するためである。発表者は、健康問題の専門家に提供すべき支援情報としての文書をどのようにして多数の関係者の参加による合意ベースで生成するのか、その決定プロセスを検討し、提起している。なおこの文書は CODIRPA の Web を通じて国家レベルで公表し、関係者に周知されるとのことであった。

　この発表では抽象的な健康問題という言い方だったが、福島事故後の避難民への被曝量モニタリングとスクリーニング、ヨウ素剤服用、除染、水・食品の放射線モニタリングと摂取制限、出荷制限、汚染土壌のモニタリングとクリーニングなどの取り扱い要領を定めようとしていると理解しやすい。

ケース6： 長期放射性廃棄物管理のリスクコミュニケーション（ドイツ連邦政府核廃棄物安全局）

　ドイツでは 2011 年に脱原発を決定したことがドイツにおける数十年に渡る対決と不信の核廃棄物処分問題の新たなスタートとなった。高レベル放射性廃棄物の安全な地層処分の新たな立地選定手順は 2017 年に開始された。その手順は①白紙から出発、②議会の決定と併せた段階的なプロセス、③透明、④公衆参加を基本とし、3 段階で 2031 年には最善の安全性を備えたサイトを決定することを目標にしている。現在は潜在的なサイトの地域を同定するための初期段階である(2020 年には中間レポートをまとめる予定)。サイト決定の主要アクターは、①核廃棄物管理安全性のための連邦事務局 BfE(規制者であり、公衆参加への責任を持つ母体)、②放射性廃棄物処分のための連邦会社（施設建設者）、と③国家助言団体 NBG （独立の助言者で、仲裁者）の 3 者である。

　サイト決定の最初のステップは全国自治体との対話活動であり、そのための方法として情報提供、対話の実施と助言の仕組みを用意している。2019 年 1 月ドイツ全土をカバーする 4 つの地域でワークショップを実施した際のやり方の詳しい説明があり、自治体との対

話活動へのフィードバックと成果から、これまでの対話活動からの教訓として、次の4つを
あげた。①信頼を築くためにできるだけ早く主要アクターの顔を見せた方がよい、②期待し
ていることを早くから明確に示した方がよい、③内密の場を設けることが自治体の代表た
ちにも望まれている、④責任を明確にするためすべての主要アクターがプロセスの手順を
知らせ合うのが良い、⑤微妙な事項ではあるがサイト選定手順の初期段階から地域への補
償の考え方を用意することが重要である。

（8）第6セッション：事例研究の討論と結果の報告
　6つの事例研究のテーマごとに10〜12名のグループで事例研究の討論をすることとして、
ワークショップの参加者は、前半の3つから1つ、後半の3つから1つの事例研究のグル
ープ討論に参加した。それぞれのグループには、討論をリードする司会者1名と討論の進
行を支援し、記録するサポーター2名が既に指名されているので、1グループあたり13〜15
名でグループ討論をする。1テーマのグループ討論は2時間半あるので、結構各人の発言時
間は取れる。他人の顔ばかりうかがって積極的には発言しないのが習性の日本人ばかりだ
と司会者も困るだろうが、世界各国から参加者がいる国際ワークショップでは発言が途切
れることもなく、結構、盛り上がったグループ討論であった。グループ討論の終了後、事例
研究チームごとに司会者がサポーター2名と一緒になってグループ討論の結果を10分程度
で発表した（発表時間合計60分）。
　各事例研究グループは、次の2つの質問にスライド1枚ずつで討論結果を要約する。

　Q1：最もチャレンジングな問題を2つ上げてそれぞれへの対応の仕方を示すこと。
　Q2：将来の改善のため最も重要な2つの課題を示すこと。

　要するにブレインストーミングである。なお、事例研究の話題提供者は、グループ議論に
は加わらないので、グループ議論の対象は話題提供者の"現実の悩み"とは必ずしも一緒では
ない。そこで事例研究のグループ議論のテーマについては、それぞれの議論の焦点を注記し、
Q1とQ2への回答は筆者により若干書き直して、表9-5、表9-6に記載した。

表9-5　事例研究のテーマと対処におけるポイント（その1：ケース1から3まで）

事例研究テーマ （グループ議論の焦点）	Q1最もチャレンジングな 問題を2つ	Q2改善のため 最も重要な2つの課題
ケース1：通常運転中のリスクコミュニケーションの事例研究 ―Seabrook炉の運転免許更新 （注：立地自治体の関係者や住民との対話のあり方の改善を討論している）	1. 誰が聞き手で何を聞きたがっているかを把握し、それに応じてやり方を変える。 2. 信頼の構築には明晰で透明なコミュニケーションを心掛けたうえで十分な時間を掛けること。	1. 企業、規制・国の機関などの主要プレイヤーと一緒に定例的な公開フォーラムを行い、地元や関係者に安心させる。 2. 時間外の会合、インターネット、VRなどの情報表示の利用等、ターゲットの聞き手にコンタクトする手段を増やす。

事例研究テーマ （グループ議論の焦点）	Ｑ１最もチャレンジングな 問題を２つ	Ｑ２改善のため 最も重要な２つの課題
ケース２：カナダにおける遺産の管理—Port Hope 地域での活動 （注：放射能に汚染された土地の所有者に除染に協力してもらうようにするにはどのように説得したらよいか）	１．相手の信頼を得ること、相手の心配を理解すること。すべての寄せられた意見は平等に判断；信頼は透明で開かれた態度、聞こうとする態度で得られる。政府への信頼は公衆を信頼することで得られる。 ２．リスクだけを取り上げず、"大きな絵"を示す。選択肢とそれぞれの結果を示し、その中にリスクのありかが見えるようにする。	１．ソーシャルメディア（ＳＭ）の使い方のガイダンス：関連機関は雇用者にＳＭの使用を勧める。そしてどんなモニタリングとガイダンスが必要か、どの段階にＳＭを用いるべきか、キーメッセージを予め用意しておく、 ２．放射能レベルが簡単に直感的にわかるグラフィック表示を開発したらどうか。
ケース３：アイルランドにおける自然のラドン被曝 （注：公衆のラドン被曝リスクに対する態度変容を促すリスクコミュニケーションの仕方）	１．ラドンの有無でどんなリスクがあるか、ラドンのリスクを喫煙や胸部Ｘ線となぞらえる。 ２．地形的なラドンのありかだけでなく住民の分布構成に留意してラドンの影響を受けそうな住民の検討をつけて注意を促す。	１．ソーシャルメディアを利用して関係者との双方向のコミュニケーションを用意する。室温があれば必ず返事すること。 ２．児童への教育に注力する。医師が健康情報を提供する。放射線防護を教育コースに入れる。

表9-6　事例研究のテーマと対処におけるポイント（その２：ケース４から６まで）

事例研究テーマ （グループ議論の焦点）	Ｑ１最もチャレンジングな 問題を２つ	Ｑ２改善のため最も重要な ２つの課題
ケース４：原発新設プロジェクト （注：原発新設プロジェクトの達成は大変年月を要し、決定には極めて沢山の関係者が関与し、時間の経過に従って初めの状況が逆転する事態が起こる。とくに立地地域の関係者に積極的にプロジェクトに関わってもらうためのコミュニケーションのやり方を議論）	１．意思決定過程に関係者を関与させ影響力を与えることが難しい。経済的および社会的な問題の方が放射線問題より重要だ。 ２．地域の"大使"に働きかけて良い関係を築く。彼らに情報提供を密にすることを約束して関係者との対話を拡大してもらうことで、資源利用も改善できる。	１．プラント新設の意思決定過程の一部として社会的経済的なインパクト評価の価値を高める。 ２．問題に興味のなさそうな中間派が積極的に関与するやり方を取り入れる。例えば新しいコミュニケーション手法の使用など。
ケース５： 原発緊急事態 （注：グループ討論では　Post-accident　response　のためのシステム全体のあり方を議論している）。	１．キーアクターを含め公共コミュニケーションやソーシャルメディアを使用して対応システムの効果を高める。このシステムの使用を準備段階、対応期と回復期に導入するには、訓練と健康問題の専門家の質問に対応できるようにする。健康問題の専門家を医療関係団体から採用する努力が必要。 ２．立地自治体を巻き込み、地域の言葉を使うようにすることが必須だ。	１．事故に影響される住民に首尾一貫した情報を与えることと、住民と対応システムのメンバー間に信頼関係を構成するため、対応システムのメンバーには医師を入れるようにすること。 ２．ソーシャルメディアは多くの潜在的なチャレンジを克服するための有用なオプションだが、準備段階で医療メディアの機能が対応状況で確実に働くようにしておくことを確認すべきだ。

事例研究テーマ （グループ議論の焦点）	Q 1 最もチャレンジングな 問題を 2 つ	Q 2 改善のため最も重要な 2 つの課題
ケース 6：長期放射性廃棄物管理の リスクコミュニケーション （注：長期放射性廃棄物の管理施設 の立地問題の解決のためのよりよい リスクコミュニケーションのやり方 を議論）	1．公共での感情的な議論が、科学的 な事実や規制上の手続きより優勢に なる。NGO がこのような感情的な表 現を表に出して議論を支配しようと する。誘致に積極的な自治体も政治 的に問題を進展できなくなる。 2．実際の施設が考えられない未来 まで存在しなければならない。そん な遠い将来のことを意思決定するの を助けるための基礎はあるのか？ 物語、仮想現実のモデリングはその 施設がどのようなものか人々にイメ ージを与えられるかも。	1．若い世代にバーチャルリアリテ ィを用いる共同プロジェクトに参加 してもらう、学校のカリキュラムに 核のライフサイクル全体を取り入れ る。 2．長期プロジェクトの意思決定過 程に価値観を導入する。例えば問題 解決は将来世代に押し付けずに現在 世代が決めねばならないと議論を進 めるなど。

9.5.3　ワークショップ参加を振り返って

　既に紹介したようにワークショップ議長マイケル・ボイド氏は、"このワークショップの背景と目的は、原子力安全規制者、政府関係者、原子力事業者その他のエネルギー分野の者は、科学的、技術的、規制上の情報を関係者で共有する役割と責任がある。それには放射能に関わるリスク情報を一般大衆や関係者と共有することも含まれる"と述べた。このワークショップは目的志向型で内容も充実したもので、リスクコミュニケーションを担当すべき原子力安全規制者、政府関係者、原子力事業者その他の原子力の実務者のための認識と経験の共有、今後の活動への礎を築くための相互学習の良い機会であった。

　6 つの事例研究と相互討論も（再稼働における社会対応、福島における除染と廃棄物処分、プラント新設の地元対応、高レベル放射性廃棄物の地層処分場の問題など）日本の原子力界がまさに関わっている問題であった。このワークショップ全体のプログラムを振り返ってみると、日本からの参加は番外の福島セッションだけであり、何となく"日本の失敗に学ぶ"という位置づけに見えた。事実、その他のセッション発表者はよく福島の教訓、福島のインパクトと口にしていたので、筆者は事例研究でのグループ討論の際に、「日本国内では、福島の教訓は安全神話の呪縛で安全規制がおろそかになっていた、というようにとらえられているが、皆さんからみると福島の教訓、福島のインパクトとはどういう意味ですか？」と何人かの参加者に聞いてみた。海外の参加者が一番あげていたのは「地震と津波の恐ろしさ」だったが、チェルノブイリ事故の影響を受けた北欧の参加者は、「ロシア人があのような事故（チェルノブイリ事故のこと）を起こしたのは近隣国民として日頃知っているロシアの国民性からよく理解できる。だが日本のように国民性が真面目で勤勉で先端技術の国があのような事故を起こしたことはとても信じられなかった」といったことは印象的だった。

　日本国内では昔から「国土が狭く、災害が多く、資源に乏しい国。世界の先進国に伍していくには、科学技術の発展によって国を豊かにするしかない」という伝統的な考えが身につ

いていて、豊かさを得るために科学技術振興に期待をかけているが、その ELSI の側面には今まであまり注意を払うことはなかった。遺伝子工学や人工知能のような先端技術にも当てはまるのだろうが、福島事故後の原子力においては、原子力関係者は社会の信頼性の回復のためにも ELSI の側面をよく認識してそのリスクコミュニケーションの改善に注力すべきではないかと考えた。

　福島セッションを締めくくるレセプションでは、富岡町の被災者の方々の、大地震と津波の被災に追い打ちをかけるような原発爆発。取りあえずの避難と思いきやその後もずっと避難先での長期に渡る集団生活。その体験のプレゼンを聞き、福島食品の差し入れを賞味する機会を得た。いまだに残る福島産食品に対する海外諸国の輸入制限やトリチウム水の海水放出への近隣諸国の反対の中、風評被害に関わるリスクコミュニケーションも OECD/NEA の開催するこのような国際会合の中で取り上げることも、被災地域の復興の上からも重要なテーマではないかと個人的には思った。

9.6　まとめと提言

　本章では、原子力の社会の信頼回復への第一歩として、倫理とリスクコミュニケーションを主題に多々論じた。初めに日本原子力学会の倫理綱領を取り上げた。これは学会によるこういった倫理規定の策定が業界の根幹を揺るがす事態発生の未然防止に必ずしも貢献するものではないことを示すためであった。むしろ 2000 年代前後から遺伝子工学や人工知能などの先端科学技術の社会的導入における ELSI (Ethical Legal Societal Implications; 倫理的・法的・社会的課題) プログラムに着目した。原子力は ELSI 以前の 20 世紀中葉から先端科学技術として社会に導入されていたものである。日本では既に福島事故によって原子力という先端技術の数々の負の側面を顕在させてしまったあとだが、それだからこそ ELSI の精神をどのようなやり方で活かせるかという問題意識をもって OECD/NEA の主催する放射線リスクに関するステークホルダー・リスクコミュニケーションワークショップに参加した。

　この国際ワークショップでは、ステークホルダー (原子力安全規制者、政府関係者、原子力事業者その他のエネルギー分野の者) は、科学的、技術的、規制上の情報を関係者で共有する役割と責任がある。それには放射能に関わるリスク情報を一般大衆とも共有することも含まれる"、とするもので、OECD/NEA 参加国のこのようなステークホルダーたちが一堂に集いあって 2 日間各国の関係者の経験と知見を交換し合い、その後各国に持ち帰ってそれぞれの国でのリスクコミュニケーション活動の実践のための礎にするものであった。

　日本では福島事故後、「規制の虜」という言葉が独り歩きし、原子力規制庁の担当官は"業界に取り込まれてはいけない＝面談にも応じてはいけない"と、"陳情を否定する孤高の人"、"説明を拒む権力者"というイメージを原子力事業者に与えている。これも良くないが福島事故後もいつまでも国策民営の原子力村＝官尊民卑、官僚専横、情報ねつ造・隠ぺい、賄賂横

行、・・・・といったイメージのままではこれからの原子力の将来はありえない。

　本章の筆者は、このステークホルダーリスクコミュニケーションに関する国際ワークショップのやりかたを過日の共同研究者の杉万俊夫先生によるグループダイナミックスのアプローチで日本化して、これからの原子力界が関わるさまざまな社会的課題に対して、横山禎徳氏の提唱する原子力を良循環にするサブシステムとしての「市民、官僚、政治家、企業人、研究者の参加による公開討議システム」として構想し、導入していくことが、原子力への社会の信頼の回復に繋がるのではないかと期待している。その具体的なやり方としては、第 7 章 7.5 節で紹介した東海村村長山田修氏が注目している、市民が中心になって企画し、市民からの提言をまとめていく「自分ごと化市民会議」のような場に、原子力界の JAEA、電中研等のステークホルダーリスクコミュニケーターあるいは大学界など専門家のパブリックアウトリーチが加わって協働していくのはどうだろうか？

参考文献

Alvin M. Weinberg (1974), Science and Trans-Science, Minerva, 10 (2), pp. 209-222 (1974).

横山禎徳 (2019)，社会システム・デザイン 組み立て思考のアプローチ 「原発システム」の検証から考える，東京大学出版会, 2019 年 2 月 5 日.

ウーリッヒ・ベック (1988)，ウーリッヒ・ベック著、東　廉　監訳, 危険社会, 二期出版, 1988 年 9 月 3 日.

日本原子力学会倫理規定制定委員会 (2001)，原子力学会倫理規程の制定にあたって（憲章、行動の手引き），日本原子力学会誌, Vol. 43, No. 8,（後付），2001 年 8 月.

班目春樹 (2005)，原子力学会倫理規程第 2 回改訂にあたって 今までの議論と意見公募について，日本原子力学会誌, Vol. 47, No. 7, (2005), pp. 458-462.

京都大学工学部 Syllabus (2018)，工学部共通型授業科目 工学倫理.

黒川清 (2016)，規制の虜 グループシンクが日本を滅ぼす，講談社, 2016 年 3 月.

David Collingridge (1981)，The Social Control of Technology, Palgrave Macmillan, 1981.

綾野博之 (2001)，アメリカのバイオエシックス・システム, 2001 年 2 月, 文部科学省 科学技術政策研究所 第 2 研究グループ.

杉山顕寿・菖蒲順子・高下浩文・山本隆一 (2016)，東京電力福島第一原子力発電所事故後のリスクコミュニケーションの実践 ―「放射線に関するご質問に答える会」における核燃料サイクル工学研究所の対応―, JAEA-Review 2015-013, 2016.

日本原子力研究開発機構 (2019)，平成 30 年度 研究開発・評価報告書 評価課題「福島環境回復に関する技術等の研究開発」（中間評価），JAEA-Evaluation 2019-008, 2019.

山本怜・伊藤京子・大西智士・西田正吾 (2011)，萌芽的科学技術の社会導入に向けた公共心を有する意見表明手法の提案，電気学会論文誌 C（電子・情報・システム部門誌），Vol. 131, No. 4, pp. 880-889, 2011.

伊藤京子・山本怜・西田正吾 (2011)，意見表明システムの利用方法の検討－「IC タグ技術の社会導入」実験の結果より，社会技術研究論文集, Vol. 8, pp. 159-169, 2011.

伊藤京子・西田正吾・持田康弘・今田美幸 (2014)，印象変化に着目したグループ議論実験，電子情報通信学会技術研究報告, Vol. 113, No. 426, pp. 31-36, 2014.

樽本徹也 (2014) , ユーザビリティエンジニアリング(第 2 版)—ユーザエクスペリエンスのための調査、設計、評価手法—, オーム社, 2016.

第 10 章　大学における原子力人材育成と課題

　本章では、大学、特に国立大学の改革の変遷を整理し、国立大学の置かれている現状を述べ、大学における原子力人材育成や社会へのアウトリーチ活動における課題を考察する。

10.1　新制大学の発展と改革

　大学は研究機関であるとともに、高等教育機関として一般社会に認識されている。大学の改革は社会の情勢や経済、また、国民の価値観などと密接に関連している。本節ではまず、新制大学の歴史を振り返り、我が国の社会や経済の変化とそれに伴って実施されてきている大学（特に国立大学）の改革の流れや近年新たに行われるようになった評価制度について整理する。その上で、1980 年代に新制大学卒業の筆者が大学教員の立場から感じた大学改革の功罪や企業の大学新卒者に求めた能力についても触れる。

10.1.1　新制大学への転換・発展と大学改革

　日本では今次大戦の敗戦後、GHQ（General Headquarters、連合国軍最高司令官総司令部）による占領政策の一環として、教育改革が実施された。1947 年 3 月に教育基本法が制定（2006 年 12 月全面改正）され、その下に学校教育法、社会教育法、教育委員会法などが制定され、戦後教育体制の基本規定が整備された。それに伴い、学校体系がいわゆる六・三・三・四制に改革された。戦前は多様な高等教育機関が設けられていたが、新制大学は四年制大学として統一され、戦前の旧制大学もこの新制度に組み入れられた。また、短い年限での高等教育のための短期大学の設置が 1949 年に認められた一方で、四年制大学を卒業した学生が更に学ぶための大学院が設けられて、現在の大学制度の骨格が構築された。

　新制国立大学の設置においては、CIE（Civil Information and Education Section 、GHQの部局の 1 つ）の一府県一大学の要請により、文部省は特別の地域（北海道、東京、愛知、大阪、京都、福岡）を除いて一府県一大学とするなどの 11 原則を決定し、全国の各県（大阪や京都に距離的に近い奈良県を除く）に国立の総合大学が最低 1 校配置されるようになって結果として新制大学が 69 校設置された。これは憲法第 26 条で保証されている国民が等しく教育を受ける権利も踏まえたものと思われる。設置年は 70 校が 1949 年で、それら以外の 2 校は 1951 年と 1952 年に設置された。なお、1953 年の新制大学数は、国立 72 校、公立 34 校、私立 120 校であった。

　1968 年に東京大学医学部の研修医問題に端を発した紛争は、当時の中国文化大革命や欧米諸国でのベトナム反戦運動もあいまっての世界的な学園紛争蔓延の中、我が国の全国の大学で学生運動に大きな影響を及ぼし、大学紛争は全国に波及して過激化・長期化していった。これにより大学における教育・研究への支障をきたすとともに社会的に大きな不安を与

えたために、その収束のために「大学の運営に関する臨時措置法」が1969年5月に国会に提出され、8月には5年の時限立法として制定、施行された。このような大学紛争の拡大、長期化は、大学の自治に関する様々な議論を引き起こし、それまでの高等教育に対する考え方や制度的枠組みを変革して時代の要請に応える大学改革の必要性の1つの理由として認識された。大学紛争そのものは、警察力によって暴力を排除するようになって次第に沈静化した。

1970年頃までの高度経済成長期には、新制大学（以後、大学と表記する）は量的に拡大した。1953年の大学数226校、短期大学数228校が、1971年には大学数389校、短期大学数486校となっている。この間、科学技術の振興と技術者養成の社会的要請が高まったことにより、工学部の拡充が図られた。また、科学技術の革新と経済発展に伴う社会の急激な変化は、大学改革の大きな理由となった。なお、大学の量的拡大期において私立大学は高等教育で重要な役割を果たした。私立大学学生数の全学生数に占める割合は、1953年の57%から1971年の76%となっている。

学校教育法に明記された「学術の理論および応用を教授研究し、その深奥をきわめて文化の進展に寄与することを目的とする」大学院は、国立大学を中心に発展した。当初は研究水準維持のためのかなり制限的な方針が採られたが、修士課程については次第に多くの大学に設置されるようになった。1971年現在では、389校のうちの188校に大学院が置かれていた。

大学改革の検討は文部大臣の諮問に応じて1967年から開始され、1971年6月に答申された。その答申では、高等教育の大衆化と学術研究の高度化の要請や内容の専門化と総合化の要請に対応するために、高等教育の多様化と開放、高等教育機関の規模と管理・運営の合理化などが提案されている。そして、高等教育に関する総合的かつ大綱的な目標を定めた基本計画を策定し、それに基づいた高等教育の整備・充実を推進することとしている。この一環として、新構想大学として、1973年には東京教育大学を母体として筑波大学、1976年には豊橋と長岡に科学技術大学、1983年には放送大学が設置された。

以上の経緯については、文部科学省学制百年史編集委員会による学制百年史での以下の5つの記事を掲載するURLを参照した。

①総説 六 戦後の教育改革,
　https://www.mext.go.jp/b_menu/hakusho/html/others/detail/1317571.htm,（2020.10.12）
②第二編第一章第四節 三 新制大学の発足,
　https://www.mext.go.jp/b_menu/hakusho/html/others/detail/1317752.htm,（2020.10.12）
③第二編第二章第四節 七 学生運動と学生活動,
　https://www.mext.go.jp/b_menu/hakusho/html/others/detail/1317826.htm,（2020.10.12）
④第二編第二章第四節 八 大学紛争から大学改革へ,
　https://www.mext.go.jp/b_menu/hakusho/html/others/detail/1317827.htm,（2020.10.12）
⑤第二編第二章第一節 六 高等教育の発展と整備,

https://www.mext.go.jp/b_menu/hakusho/html/others/detail/1317798.htm,　（2020.10.12）

10.1.2　経済成長期における企業が大学新卒者に求めた能力

本章の筆者は 1981 年 3 月に大学の学部を卒業した。その後、博士後期課程の 1 年次まで進学し、運よく助手の職を得た。この頃はまだバブル経済の前であったが、経済は堅調であり、丁度パーソナルコンピュータが普及する時期であり、振り返ると社会に活気があった時代であった。大学や大学院を卒業／修了した新入社員に求める能力も、現在とは大きく異なっていた。

当時は最先端技術についてはまだまだ米国等の技術へのキャッチアップが続いていたと思うが、鉄鋼、自動車や電化製品で激しい日米貿易摩擦が発生しており、コンピュータでも摩擦や事件が発生するなど、一般人向けの先端製品で日本が躍進しており、日本企業は技術に自信を深めていった時代であった。

大企業では新人研修を約 1 年かけて行う時代であり、工学系学部を卒業した新人は数学と物理さえ出来れば専門科目の勉強していなくても良い、いやむしろ、大学は専門を教えないで欲しいと言い切った企業関係者もいた。当時は、筆者の学んだ電気工学の分野では、集積回路技術が急速に発達してコンピュータのダウンサイジングが始まり、オペアンプも普及期に入り、機械工学、電気工学、電子工学、情報工学を融合したメカトロ（Mechatronics）技術も一般的となり、技術的知識の陳腐化も加速し始めた時代であった。また、企業の新人研修が充実していることは聞いていたので、その言葉から企業は新人を立派な企業人として鍛え上げる自信があると理解したものであった。

しかしながら、バブル崩壊後の経済停滞期が長期化している現在の日本では、欧米的な能力伸長は個人的な問題との価値観の広がりもあって、企業は最近の大学に専門教育の充実から批判的思考能力や文章表現能力を伸ばす教育まで求めるようになってきている。

10.1.3　大学設置基準の大綱化

日本の経済が高度に成長するに伴って大学への進学率が上昇し、高等教育に関して規模が拡大するとともに社会からのニーズが多様化してきた。

これに対応するため、1984 年に設置された臨時教育審議会は、1986 年に高等教育の個性化・多様化を求める答申（「教育改革に関する第二次答申」）を行い、この後に設置された大学審議会の 1991 年 2 月の答申（「大学教育の改善について」）では、高等教育制度全般にわたっての改革方策が提言された。この流れにより、1989 年大学院設置基準の改正、1991 年学校教育法等の改正、大学設置基準・学位規則の改正等が行われた。

以上の経緯については、（臨時教育審議会（1986））および大学審議会の審議経過を掲載する以下の 2 つのＵＲＬを参照した。

①文部科学省学制百二十年史編集委員会，学制百二十年史：第三編第一章第三節　三　臨時教育審議会の答申，

https://www.mext.go.jp/b_menu/hakusho/html/others/detail/1318297.htm,
(2020.10.12)

②大学審議会, 大学審議会答申・報告−概要− 高等教育の一層の改善について, (1997),
https://www.mext.go.jp/b_menu/shingi/chukyo/chukyo4/gijiroku/attach/1411733.htm,
(2020.10.12)

特に大学設置基準の改正（清水一彦（1994））では、「個々の大学が、その教育理念・目的に基づき、学術の進展や社会の要請に適切に対応しつつ、特色ある教育研究を展開し得る」ために、大学設置基準が大綱化されて、文部省の大学に対する規制が大幅に緩和された。校地・校舎、専任教員数などのハード面は従来通り原則として定量的に規定されたが、教育内容・方法などのソフト面については定量的規定を極力少なくして大学の自主性に委ねる方向で行われた。規制の緩和においても教育水準を維持・向上するために、自己点検・評価が取り入れられた。その後各大学では、大学院重点化が行われ、カリキュラムおよび教育方法の改革、単位制度の弾力化、教養部等の改組、自己点検・評価、などが進行した。

10.1.4　バブル崩壊と国立大学の法人化

高度経済成長期ののち、1980年代後半には地価が高騰するいわゆるバブル経済を日本社会は謳歌したが、1991年頃から日本経済は停滞期を迎え、潰れるはずがないと信じられていた大手金融機関や大企業の倒産が相次いだ。また、長年にわたりデフレーション基調の経済状況が続き、2000年代初めは就職氷河期と呼ばれる採用抑制期が数年続いた。

21世紀を前にして、少子化による18歳人口の減少、社会人学生や留学生の増加による学生の多様化、卒業後の進路が多様化してきた。また、学問の進展による教育内容の高度化・専門化に加えて、社会・経済がグローバル化し、生涯学習ニーズも高まってきた。これらを背景として、大学審議会は1997年12月には、大学ごとの理念・目標の明確化、教養教育の重要性の再確認、学習効果を高める工夫、教育活動の評価の在り方など、高等教育の質の一層の充実を図るための方策を答申した（文部科学省, 答申「21世紀の大学像と今後の改革方策について」(1998) の主な提言内容については、次のＵＲＬを参照：
https:www.mext.go.jp/b_menu/hakusho/image/hpab200301/fb1020102.gif, (2020.10.12)）。

さらに、1998年10月には「21世紀の大学像と今後の改革方策について」の答申がされ、競争的環境の中で個性が輝く大学のための大学改革の4つの理念(①課題探求能力の育成、②教育研究システムの柔構造化、③責任ある意思決定と実行、④多元的な評価システムの確立) に沿った大胆な教育研究の見直しによる新しい高等教育システムの構築の必要性が強調された。2000年11月の「グローバル化時代に求められる高等教育の在り方について」の答申では、我が国の高等教育の国際的な通用性・共通性の向上と国際競争力の強化のための改革の重要性が述べられ、そのための教育の充実の方向性が示された。2001年6月には「大学の構造改革の方針」が出され、国立大学の大胆な再編・統合、国立大学への民間的発想の

経営手法の導入、大学への第三者評価による競争原理の導入が謳われた。

　以上の大学の構造改革の方向性については、次の 2 つの URL を参照した。

①大学審議会, グローバル化時代に求められる高等教育の在り方について（答申）, (2000),
　https://www.mext.go.jp/b_menu/shingi/chukyo/chukyo4/006/gijiroku/020401bd.htm,
　（2020.10.12）

②文部科学省, 大学（国立大学）の構造改革の方針（2001）,
　https://www.mext.go.jp/b_menu/shingi/gijyutu/gijyutu8/toushin/attach/1331038.htm,
　（2020.10.12）

　これに基づき、21 世紀 COE プログラムが研究拠点形成費等補助金として 2002 年度から 3 年間措置されて、世界最高水準の研究教育拠点を形成して、研究水準の向上と世界をリードする創造的な人材育成のために、5 年間の重点的な支援が行われた。なお、「21 世紀 COE プログラム」の評価・検証を踏まえ、その基本的な考え方を継承しつつ、国際的に卓越した教育研究拠点をより重点的に支援する、というグローバル COE プログラムが 2007 年度から 3 年間措置されて、5 年間の支援が行われた。

　以上の 2 つの COE プログラムについては、次の 2 つの URL を参照した。

①日本学術振興会, 21 世紀 COE プログラム, https://www.jsps.go.jp/j-21coe/,（2020.10.12）

②文部科学省, 平成 19 年度「グローバル COE プログラム」公募説明会の開催について, (2006),
　https://www.mext.go.jp/a_menu/koutou/globalcoe/06121402.htm,（2020.10.12）

　1952 年設置の中央教育審議会を母体にして 2001 年に文部科学省に設置された現行の中央教育審議会は、2002 年 2 月に行った「新しい時代における教養教育の在り方について」の答申で、「新しい時代に求められる教養の全体像は、変化の激しい社会にあって、地球規模の視野、歴史的な視点、多元的な視点で物事を考え、未知の事態や新しい状況に的確に対応していく力として総括することができる」ものとした。そこでは、国立大学の運営には多額の税金が投入されていることから、研究成果の社会への還元、社会的要請に基づいた改革と社会への説明責任が求められている。

　またバブル経済の崩壊とともに少子化による 18 歳人口の減少に対応するために、1999 年 4 月に国立大学の独立行政法人化を検討して 2003 年までに結論を得ることが閣議決定され、2000 年 7 月に調査検討会議による検討が開始され、2002 年 3 月には、調査検討会議は「新しい『国立大学法人』像について」の最終報告が取りまとめた。そこでは、大学改革の推進、国立大学の使命、自主性・自律性を前提として、①個性豊かな大学づくりと国際競争力ある教育研究の展開、②国民や社会への説明責任の重視と競争原理の導入、③経営責任の明確化による機動的・戦略的な大学運営の実現、の 3 つの視点により、組織業務、人事制度、目標・評価、財務会計制度、大学共同利用機関などに対する改革を提言している。これに基づき、11 月に世界最高水準の大学を育成するために国立大学法人化などの施策を通して大学

の構造改革を進めることとなり、2003 年 7 月には国立大学法人法案等関係 6 法案が国会で成立して 10 月に施行され、国立大学は国立大学法人に 2004 年 4 月に移行した。

　以上の国立大学の独立行政法人化に至る一連の経緯については、次の 3 つの URL を参照した。

①中央教育審議会，新しい時代における教養教育の在り方について（答申），
　(2002),https://www.mext.go.jp/b_menu/shingi/chukyo/chukyo0/toushin/020203/020203a.htm#03，(2020.10.12)

②文部科学省，国立大学の法人化の経緯，
　https://www.mext.go.jp/a_menu/koutou/houjin/03052701.htm，（2020.10.12)

③国立大学等の独立行政法人化に関する調査検討会議，新しい「国立大学法人」像について，
　(2002.3.26), https://www8.cao.go.jp/cstp/siryo/haihu16/siryo2-2.pdf，（2020.10.12)

10.1.5　大学の質の保証のための評価制度

　特に大学における教育の質を保証するために、いくつかの認可や評価の制度が設けられている。まず、新たな大学の設置や、大学の組織を大きく変更（新しい学部・研究科の設置や改編・統合）する場合には、文部科学大臣の認可が必要である。このために大学設置・学校法人審議会（設置審）にて、教育課程やそれを実施する教員組織、大学の設備等について、大学設置基準に適合しているかの審査が行われる。そして、文部科学大臣は設置審の答申に基づいて設置認可を行う。審査は関連する分野の委員会で行われ、審査の過程では様々な意見が設置者（大学）に伝達され、それらへの対応を説明した補正申請書が設置審で認められないと設置等が認可されない。また、学科の新設など教育の内容を大きく変更しない場合には、文部科学大臣に届出を行い、文部科学省から変更内容について「書類の受理報告」が行われれば変更できる。なお、設置認可あるいは届出後には設置計画履行状況等調査が行われ、計画内容が適切に実施されているかが確認され、設置計画の確実な履行が求められる。

　2004 年度から全ての大学、短期大学、高等専門学校は、教育研究、組織運営および施設設備の総合的な状況を 7 年以内ごとに、文部科学大臣の認証する評価機関（認証評価機関）が実施する評価（大学機関別認証評価）を受けることが義務付けられた（学校教育法第 109 条）。大学の機関別認証評価機関には、独立行政法人大学改革支援・学位授与機構（機構）をはじめとして 5 機関ある（2020 年 4 月 1 日現在）。機構が実施する大学機関別認証評価の目的は、「①大学の教育研究活動等の質を保証すること、②大学それぞれの目的を踏まえて教育研究活動等の質の向上及び改善を促進し、個性を伸長すること、③大学の教育研究活動等の状況について、社会の理解と支持が得られるように支援すること」とされている。大学機関別認証評価は「大学の学位課程（学士、修士及び博士の学位並びに専門職学位を授与するための課程）における教育活動を中心として、大学設置基準等の法令適合性を含めて、大学として適合していることが必要と機構が考える内容を示した」大学評価基準に適合しているかどうかの判断を中心に実施される。評価項目の重点は時期によって多少異なって

いるが、2019 年度から行われている 3 巡目の評価では内部質保証の体制と手順が重視されている。

さらに、国立大学法人化に伴い、文部科学省に置かれた国立大学法人評価委員会による国立大学法人評価を受ける制度（法人評価）が導入された（国立大学法人法第 35 条）。法人評価の目的は、「評価により、大学の継続的な質的向上を促進すること。評価を通じて、社会への説明責任を果たすこと。評価結果を、次期以降の中期目標・中期計画の内容に反映させること。評価結果を、次期以降の中期目標機関における運営費交付金の算定に反映させること」とされている。国立大学は、文部科学省から提示された中期目標、認可された中期計画、届出を行った年度計画に従って、法人の業務を実施する。中期目標及び中期計画の期間は 6 年間、年度計画の期間は 1 年間である。

国立大学は、中期目標期間の評価として、中期計画の実施状況等について自己点検・評価を行い、各種評価書（業務実績報告書、中期計画の達成状況報告書、学部・研究科等の現況調査表、学部・研究科等の研究業績説明書）を、国立大学法人評価委員会あるいは大学改革支援・学位授与機構へ提出し、学識経験者で構成する第三者評価機関である国立大学法人評価委員会において評価が実施される。なお、法人評価のうち、教育研究状況に関する評価については、その特性に配慮して、国立大学法人評価委員会から、大学改革支援・学位授与機構に評価の実施が要請されている。

中期目標期間評価の中間評価として 4 年目終了時評価が、第 1 期中期目標期間（2004 年 4 月～2010 年 3 月）と第 3 期中期目標期間（2016 年 4 月～2022 年 3 月）に行われ、第 2 期中期目標期間（2010 年 4 月～2016 年 3 月）は最終評価のみが行われた。

また、法人評価では、年度計画の実施状況について、当該年度の業務実績報告書を国立大学法人評価委員会に提出して、学長・機構長等へのヒアリングや財務諸表の分析も踏まえて、実施状況の評価を受けている。

国立大学は国から配分される運営費交付金等によって運営されている。これらのうち運営費交付金は、活動や成果指標の評価に基づいた配分方法が近年導入されてきている。2016 年度からは、機能強化に向けた取り組みを支援するために、地域貢献等、専門分野等、世界・卓越等の 3 つの枠組みごとの重点支援評価に基づく配分が導入された。これらに加えて、2019 年度の配分における「令和元年度国立大学法人運営費交付金における新しい評価・資源配分の仕組みについて」では、成果を中心とした実績状況に基づく配分の仕組みが創設された。ここでの配分に活用する 5 つの指標は、会計マネジメント改革状況、教員一人当たり外部資金獲得実績、若手研究者比率、運営費交付金等コスト当たり TOP10%論文数（試行）、人事給与・施設マネジメント改革状況である。評価対象経費の変動幅は 90～110%の範囲内の傾斜配分とされたが、今後はこの制度の強化が予想される。

以上の大学評価に関わる事項については次の 5 つの URL を参考にした。

①文部科学省，主な認可・届出事項一覧，

　https://www.mext.go.jp/component/a_menu/education/detail/__icsFiles/afieldfile/2020/0

4/16/1368921_02.pdf, （2020.10.12)

②文部科学省，認証評価機関の認証に関する審査委員会 認証評価機関一覧（令和 2 年 4 月 1 日），

https://www.mext.go.jp/b_menu/shingi/chukyo/chukyo4/houkoku/1299085.htm, （2020.10.12)

③大学改革支援・学位授与機構，大学機関別認証評価 実施大綱，(2004, 2020 改訂)，

http://www.niad.ac.jp/n_hyouka/daigaku/no6_1_1_daigakutaikou31.pdf, （2020.10.12)

④大学改革支援・学位授与機構，大学機関別認証評価 大学評価基準，(2004, 2018 改訂)，

http://www.niad.ac.jp/n_hyouka/daigaku/no6_1_1_daigakukijun31.pdf, （2020.10.12)

⑤大学改革支援・学位授与機構，国立大学法人評価制度について，

http://www.niad.ac.jp/sub_file/H16_hyoka/kokuritu/si01_05.pdf, （2020.10.12)

10.1.6　国立大学の独立行政法人化以降の大学の改革と支援制度

　バブル経済崩壊後 10 年程度を経てようやく日本経済が回復基調となり、団塊世代の一斉退職もあって、2005 年頃からは求人倍率は上昇したが、リーマン・ショック（2008 年）に端を発する世界規模の金融危機のあおりで企業は採用人数を絞った。2010 年過ぎからは経済は緩やかな上昇基調であるが、2020 年の新型コロナウィルス感染症の世界的蔓延に伴って、特に観光、交通、飲食宿泊業界は大打撃を受けており、2021 年以降の就職戦線は予断を許さない。

　2005 年 1 月の「我が国の高等教育の将来像」の中央教育審議会の答申においては、21 世紀の「知識基盤社会」への対応への高等教育の重点施策として、社会のニーズに対応した人材養成、出口管理の強化、充実した教養教育と分野ごとのコア・カリキュラムの策定、大学院教育の実質化、世界トップクラスの大学院の形成など 12 の施策が提言された。

　我が国の高等教育の将来像（答申）（2005)については文部科学省の次のＵＲＬを参照した。 https://www.mext.go.jp/b_menu/shingi/chukyo/chukyo0/toushin/05013101.htm, （2020.10.12))。

　グローバル COE プログラムによる支援が終了を迎える 2011 年度からは、博士課程教育リーディングプログラムとして、「産・学・官の参画を得つつ、専門分野の枠を超えて博士課程前期・後期一貫した世界に通用する質の保証された学位プログラムを構築・展開する大学院教育の抜本的改革を支援し、最高学府に相応しい大学院の形成を推進する事業により最大 7 年間の支援が展開された。

　博士課程教育リーディングプログラムについては、日本学術振興会による次のＵＲＬを参照した。https://www.jsps.go.jp/j-hakasekatei/, （2020.10.12)

　話題は逸れるが、大学に対する近年の風当たりにも関連するので、2009 年 11 月に開催さ

れた行政刷新会議（事業仕分け）についての個人的感想を述べる。ここでは、予算編成において国民への透明性を確保しながら財源の捻出と政策、制度、組織等について今後の課題を摘出しようとした。すべての分野で潤沢な財源を充てることはもはや無理であることは日本の財政状況を考えると明らかであるので、このような活動は必須であると考えるが、マスコミでも大きく報道された印象的な出来事があった。

　（産経ニュース，【名言か迷言か】事業仕分けの透明性は看板倒れ？　産経新聞記事
　　（2009.11.28)参照　：
　　https://web.archive.org/web/20091201044322if_/http://sankei.jp.msn.com/politics/
　　policy/091128/plc0911282041009-n2.htm,　（2020.10.12))

　それは、ある国会議員がスーパーコンピュータについて「世界一を目指す理由は何か。2位ではだめなのですか」と発言した時に、文部科学省から明確な回答がなかったことである。大学の研究、特に基礎研究にもこれと似たような側面があり、人類文明の何にどの程度貢献するかを明確に説明することは困難である。専門的知見からも正論であるとされるが、夢を砕くような質問に国民は批判的であった。例えば、文部科学省が「では、オリンピックで金メダルを目指さなくても良いのですね」と回答していれば、もう少し有意義な議論が展開されていただろうと思うと残念である。

　文部科学省は 2012 年 6 月に「大学改革実行プラン」を公表した。ここでは、大学改革の方向性を、「①激しく変化する社会における大学の機能の再構築、②大学の機能の再構築のための大学ガバナンスの充実・強化」としている。これを受けて、2013 年 5 月には国立大学協会から「「国立大学改革」の基本的考え方について」が公表され、国立大学の自主的・自律的な機能強化のための 5 つの方策として、①各大学の個性・特色の明確化と不断の改革の実行、②教育研究等に関する内部質保証システムの確立と質の向上、③厳格な自己評価と大学情報の積極的開示、ステークホルダーに対する説明責任、④国内外の教育研究機関との連携の推進、⑤大学運営の効率化・高度化の推進及び多様な資金の獲得と有効活用、を表明した。また、国立大学の充実や評価システムの改善などの 5 つの役割を政府へ要望した。文部科学省からは、2013 年 6 月に「今後の国立大学の機能強化に向けての考え方」（2014年 7 月に改訂）が出されて、2013～2015 年度の「改革加速期間」において、①社会の変化に対応した教育研究組織づくり、②ガバナンス機能の強化、③人事・給与システムの弾力化、④ 人材・システムのグローバル化による世界トップレベルの拠点形成、⑤イノベーションを創出するための教育・研究環境整備、理工系人材の育成強化の観点での機能強化が指向された。同年 11 月には、「国立大学改革プラン」が出され、国立大学の第 3 期中期計画・中期目標機関に目指す国立大学の在り方として、「各大学の強み・特色を最大限に生かし、自ら改善・発展する仕組みを構築することにより、持続的な『競争力』を持ち、高い付加価値を生み出す国立大学へ」が示された。そして、各大学の強み・特色・社会的役割が整理してミ

ッションの再定義として公表され、改革を実施する大学に対しての重点支援が行われることとなった。

以上について、次の5つのURLを参照した。

①文部科学省,「大学改革実行プラン～社会の変革のエンジンとなる大学づくり～」説明スライド,（2012),

　https://www.mext.go.jp/b_menu/houdou/24/06/__icsFiles/afieldfile/2012/06/05/1312798_01_3.pdf,（2020.10.12）

②国立大学協会,「国立大学改革」の基本的考え方について,（2013),

　https://www.janu.jp/pdf/kyoka_04.pdf,（2020.10.12）

③文部科学省, 今後の国立大学の機能強化に向けての考え方,（2014),

　https://www.mext.go.jp/b_menu/shingi/gijyutu/gijyutu4/034/shiryo/__icsFiles/afieldfile/2014/09/11/1350774_04.pdf,（2020.10.12）

④文部科学省, 国立大学改革プラン,（2013),

　https://www.mext.go.jp/component/a_menu/education/detail/__icsFiles/afieldfile/2013/12/18/1341974_01.pdf,（2020.10.12）

⑤文部科学省, ミッションの再定義,

　https://www.mext.go.jp/a_menu/koutou/houjin/1418118.htm,（2020.10.12）

2014年には、大学の国際競争力の強化や国際展開の推進と次代を担うグローバル人材の育成のために、スーパーグローバル大学（SGU）として、世界レベルの教育研究を行う大学（タイプA：13校）と日本社会のグローバル化を牽引する大学（タイプB：24校）が選定され、最大10年間の支援を受けて、徹底した国際化と大学改革を断行している。（スーパーグローバル大学については、日本学術振興会によるスーパーグローバル大学創成支援事業についての次のURL参照 https://www.jsps.go.jp/j-sgu/,（2020.10.12））

2015年6月には「国立大学法人等の組織及び業務全般の見直しについて」の文部科学大臣決定が公表され、第3期中期目標・中期計画の策定を見据えて第2期中期目標期間終了時までに行うべき見直し内容として、「国立大学法人には多額の公的な資金が投入されていること、成果等が社会に還元されるべきものであることを十分認識」して、全ての組織を見直しの対象としながらも「特に教員養成系学部・大学院、人文社会科学系学部・大学院については、18歳人口の減少や人材需要、教育研究水準の確保、国立大学としての役割等を踏まえた組織見直し計画を策定し、組織の廃止や社会的要請の高い分野への転換に積極的に取り組むよう努めることとする」とされ、社会的に大きな反発を呼んだ。文部科学省は「新時代を見据えた国立大学改革を公表し、教員養成系・人文社会科学系で見直しに取り組むことの必要性として、現実的課題への対応や体系的カリキュラム編成における問題が各種の学術審議会等で指摘されていることを挙げている。

以上については、次の4つのURLを参照にした。

①文部科学大臣（通知），国立大学法人等の組織及び業務全般の見直しについて，(2015)，
https://www.mext.go.jp/component/a_menu/education/detail/__icsFiles/afieldfile/2015/1
0/01/1362382_1.pdf，（2020.10.12）

②大学ジャーナル ONLINE，経団連が国立大野文系見直しに反対声明，(2015.9.13)，
https://univ-journal.jp/1654/，（2020.10.12）

③内田樹，国立大学改革亡国論「文系学部廃止」は天下の愚策，プレジデント Family 2015 年
春号，https://president.jp/articles/-/15406，（2020.10.12）

④文部科学省，新時代を見据えた国立大学改革，(2015)，
https://www.mext.go.jp/component/a_menu/education/detail/__icsFiles/afieldfile/2015/1
0/01/1362382_2.pdf，（2020.10.12）

　2017 年には国立大学法人法の一部を改正する法律が施行され、指定国立大学法人の制度
を新設し、世界最高水準の教育研究活動の展開が推進されることとなった。
　国立大学法人法の一部を改正する法律については、次のＵＲＬを参照した。
https://warp.ndl.go.jp/info:ndljp/pid/11373293/www.mext.go.jp/b_menu/houan/kakutei/de
tail/__icsFiles/afieldfile/2016/09/02/1374391_02.pdf，(2020.10.12)

　そして 2018 年度からは、卓越大学院プログラムとして、「これまでの大学院改革の成果
を生かし、国内外の大学・研究機関・民間企業等と組織的な連携を行いつつ、世界最高水準
の教育力・研究力を結集した 5 年一貫の博士課程学位プログラムを構築する」ことで「人材
育成・交流及び新たな共同研究の創出が持続的に展開される卓越した拠点を形成する取組
を推進する事業」により 7 年間の支援が始まっている。
　文部科学省，卓越大学院プログラムについては次のＵＲＬを参照した。
https://www.mext.go.jp/a_menu/koutou/kaikaku/takuetudaigakuin/index.htm，（2020.10.12））

　中央教育審議会は「2040 年に向けた高等教育のグランドデザイン」を 2018 年に答申し、
それを受けて文部科学省は 2019 年 6 月に「国立大学改革方針」として 7 つの方向性を示し
た。ここでは、国立大学という知のプラットフォームを発展・活用するとともに、7 番目の
方向性として国立大学の適正な規模の設定の必要性が示された。これを受けて、第 4 期中
期目標・中期計画の策定プロセスとして各国立大学の特色・機能をさらに発展・明確化する
ために、各国立大学と徹底対話が実施された。2020 年 3 月には、文部科学省、内閣府、国
立大学協会の連名で「国立大学法人ガバナンス・コード」が公表された。ここでは、「今後、
国立大学法人が自主的に改革・発展し、目指すべき姿に近づくためには、国から安定的な基
盤的経費を得つつも、またさらに多様な財源確保を図る必要がある。
　そのためにも、国立大学法人は強靭なガバナンス体制のもとで成果とコストを意識した
戦略的な法人経営を行い、また社会に対する説明責任を果たすことで、社会からの信頼と理

解を得ることが不可欠である」との必要性の下で、①ビジョン、目標・戦略の策定と自主的・自律的に発展・改革し続けられる体制の構築、②法人の長の責務等、③ 経営協議会、教育研究評議会、学長選考会議及び監事の責務と体制整備、④社会との連携・協働及び情報の公表に関する 4 つの基本原則とそれらを基にした諸原則が明記された。このように、近年では矢継ぎ早やに国立大学改革が求められ、改革を推進する大学への支援が実施されている。

以上において、次の4つのURLを参照にした。

① 中央教育審議会，2040 年に向けた高等教育のグランドデザイン（2018.11.26）
  https://www.mext.go.jp/content/20200312-mxt_koutou01-100006282_1.pdf,(2020.10.12)

②文部科学省, 国立大学改革方針, (2019.6.18),
  https://www.mext.go.jp/a_menu/koutou/houjin/__icsFiles/afieldfile/2019/06/18/1418126_02.pdf, (2020.10.1)

③文部科学省, 国立大学改革方針（概要）, (2019.6.18)
  https://www.mext.go.jp/a_menu/koutou/houjin/__icsFiles/afieldfile/2019/06/18/1418126_01.pdf, （2020.10.12)

④文部科学省、内閣府、国立大学協会, 国立大学法人ガバナンス・コード, (2020.3.30)
  https://www.mext.go.jp/content/20200330-mxt_hojinka-000006299_2.pdf, （2020.10.12)

10.1.7　原子力関連学科・専攻の変遷

前節まで、戦後の新制大学の設置と改革、国立大学の独立行政法人化とその後の大学改革の流れを全般的に概観した。原子力については、その間、原子力の平和利用として日本に原子力発電が導入され、それに応じて日本の大学に原子力関連の学科や専攻が設置された。社会の変動の影響により様々な変遷があったが、原子力人材を輩出して日本の原子力産業の発展を支えてきた。国立大学における原子力関連学科・専攻の変遷をまとめると以下のようになった。

北海道大学
　　原子力工学科設置（1967）、機械知能工学科（他 3 学科）に改組（2005）
　　原子力工学専攻設置（1971）、量子エネルギー工学専攻（他 2 専攻）に改組（1996）、エネルギー環境システム専攻（他 15 専攻）に改組
東北大学
　　原子核工学科設置（1962）、量子エネルギー工学科に改組（1996）、機械知能・航空工学科／量子サイエンスコースに改組（2004）
　　原子核工学専攻設置（1958）、量子エネルギー工学専攻に改組（1996）
東京大学
　　原子力工学科設置（1960）、システム量子工学科に改称（1993），システム創成学科に改組（2000）

　　原子力工学専攻設置（1964）、システム量子工学専攻に改称（1993）、システム創成学
　　専攻に改組（2008）
　　原子力国際専攻、原子力専攻（専）設置（2005）
東京工業大学
　　原子核工学専攻設置（1957）、工学院原子核工学コースに改組（2016）
長岡技術科学大学
　　原子力システム安全工学専攻設置（2012）
総合研究大学院大学
　　数物科学研究科設置（1988）、高エネルギー加速器科学研究科に改組（2004）
名古屋大学
　　原子核工学科設置（1966），物理工学科に改組（1997）
　　原子核工学専攻設置（1970），マテリアル理工学専攻（他 11 専攻）に改組（2004）
福井大学
　　原子力・エネルギー安全工学専攻設置（2004）、安全社会基盤工学専攻原子力安全工学
　　コースに改組（2020）
京都大学
　　原子核工学科設置（1958），物理工学科に改組（1994）
　　原子核工学専攻設置（1957）
大阪大学
　　原子力工学科設置（1962）、電子情報エネルギー工学科に改組（1996）、環境・エネル
　　ギー工学科（他 1 学科）に改組（2006）
　　原子核工学専攻設置（1957）、原子力工学専攻に改称（1967）、環境・エネルギー工学
　　専攻（他 6 専攻）に改称（2005）
九州大学
　　応用原子核工学科設置（1967）、エネルギー科学科に改組（1998）
　　応用原子核工学専攻設置（1971）、エネルギー量子工学専攻に改組（1998）

　　ここでは、文部科学省科学技術・学術審議会原子力人材育成作業部会による、原子力関連学科・
専攻の変遷（2015.7.7）についての次のＵＲＬ
https://www.mext.go.jp/b_menu/shingi/gijyutu/gijyutu2/079/shiryo/__icsFiles/afieldfile/2015
/08/03/1360236_3.pdf，（2020.10.12）
および、各大学の 2020 年 7 月現在での Web ページを参考にした。
　　国立大学の原子力関連の学科、専攻の変遷を概観すると、日本での原子力の黎明期にあた
る 1950 年代後半から 1960 年代にかけて、旧帝国大学と東京工業大学に順次設置されて原
子力分野の人材を輩出し、日本の原子力発電所の建設や運転、また放射線の医療応用等に貢
献してきた。しかしながら、1986 年 4 月の旧ソビエト連邦チェルノブイリ原子力発電所の

事故により我が国でも反原子力運動が高まった。また 1990 年代に入ると太陽光発電パネルが販売開始され、様々な再生可能エネルギーの実用化研究への期待が高まった。

これらの影響により、1990 年代から「原子力」の名称を外す国立大学が続出した。その一方で、大気中の CO_2 濃度の増加による地球温暖化問題がクローズアップされるようになり、運転時には CO_2 を排出しない原子力発電が見直された。全国に建設された原子力発電所の運転や保守を担う技術者の育成が必要であることから、2004 年には福井大学の大学院博士前期課程に原子力・エネルギー安全工学専攻が設置された。また、米国や旧ソビエト連邦の原子力発電技術の停滞もあり、日本が国際的に原子力分野で貢献すべきとの機運から、2005 年には東京大学に原子力国際専攻が設置された。

ところが、2011 年 3 月の東日本大震災において、地震動による送電網への被害と大津波により東京電力（株）福島第一原子力発電所事故が発生した。この事故の社会的影響は大きく、事故が発生した 3 ユニット以外に運転／点検停止中であった全国の原子力発電所の 54 ユニットすべてが長期間の停止を余儀なくされた。その後特に地震に対する安全基準が格段に厳しくなった新規制規準が制定され、廃炉が決定された 21 ユニット以外は再稼働を目指している。事故後に運転を再開した原子力発電プラントは全て加圧水型であり、これまでに 9 ユニットが運転を再開した（関西電力(株)高浜 3、4 号機、大飯 3、4 号機、四国電力(株)伊方 3 号機、九州電力(株)玄海 3、4 号機、川内 1、2 号機）が、2020 年 10 月 5 日時点で運転中の原子力発電プラントは 3 ユニット（関西電力(株)高浜 4 号機、大飯 4 号機、九州電力(株)玄海 4 号機）である。なお、建設中の原子力プラントは 3 ユニットある。

福島事故後の変化では、原子力発電所のように社会にとっては重要な社会技術システムの安全性を一層高める必要性が認識され、2012 年には長岡技術科学大学に原子力システム安全工学専攻が新設されている。

10.2　大学の現状から見た高等教育の課題

現役の国立大学教員として教育研究の末端を担っている筆者の知る範囲で、主に国立大学の独立法人化後の国立大学における教育・研究の環境の変化と現状についてまず述べ、次いで原子力の教育研究や人材育成の課題について考察する。

10.2.1　国立大学の法人化とその後の国立大学改革の功罪

国立大学の法人化は、各大学の置かれた状況を踏まえて個性を伸張させる名目で実施されたが、筆者の目からはその必然性は薄く、むしろ国家公務員削減のための手段の一環として実施されたと思っている。特に工学系においては、専門的には元々日本全体や世界を向いており、卒業生や修了生も世界的に展開している企業に就職する場合が多く、個性の伸長や地域貢献と言ってもあまりピンとこなかった。特に、原子力分野においては、技術者としての就職先企業が限られており、原子力発電所は人口が少ない地域に設置されていることか

ら、地元就職は少ない状況である。たとえ地元に電気を供給する電力会社に就職したとして
も、大学の学部や大学院を卒業／修了した技術者の勤務地は都市エリアが多かったと聞い
ている。また、これは筆者だけかもしれないが、「教官」から「教員」への名称変更の落差
を感じた。すなわち、「教官」の名称には国を背負うといった特殊なニュアンスがあるとそ
れまでは意識していたが、「教員」となると教える人といった意味合いが強くなった印象で
あった。

　法人化とその後の大学設置基準の大幅な緩和により、確かに国立大学の運営における裁
量は大きくなったし、大学経費の使途が弾力化されたことは経費の無駄遣いを減らす点で
は大きい。筆者にとって印象深かったのは、勤務する大学では、独立法人化以前は旅費が別
枠として設定されており、筆者が旅費の残額が交通費（JR や高速バスの運賃）に満たない
場合には出張が認められず、また飛行機での出張が認められる地域が厳密に規定されてい
たが、最近では大学が基準とする JR 運賃より安い場合には安い交通費で高い場合には差額
を自身で補充すれば出張できるようになった。

　しかしながら、独立行政法人化前にはあった国立大学の人事でのネットワークが細くな
ったと感じる。特に、近年は様々な評価、補助金、ランキングによる序列づけにより国立大
学同士を競わせるようになってきていることから、国立大学は学術的あるいは経営的に優
秀な教員を囲う傾向にあり、大学教員の人事交流の点では課題が多い。大学教員は一般的に
研究を指向しているが、法人格を与えられたが故に法人として必要な業務が加わったにも
かかわらず教職員数は法人化前の定数を基本としたために、相対的に大学教員の業務は増
加している。さらに、近年の運営費交付金のマイナスシーリングは教員を支援する職員の削
減につながり、国立大学の教育・研究の質の保証のための評価制度への対応や、優秀な学生
の確保を名目とした留学生の増加に伴って英語での指導や学生支援の業務も増加し、研究
に割くことのできる時間は年々減少していると感じている。

　国立大学の法人評価制度は新しいものであるが故に評価方法も試行錯誤されており、評
価の観点や評価調書の様式等も毎回異なっており、第 3 期の中期計画期間の評価では実績
としての数値データ等に基づくように改善されたが、国立大学の教職員の負担感は大きい。
しかも、日常的に行っている教育活動が中期目標の項目に掲げられることは少なく、常に何
らかの形での改善点のみが評価されて時間的・労力的には相当程度割いている日常的な教
育活動が軽視される傾向にある点にも疑問を感じている。また、大学には大学設置基準を満
たしているかを審査される機関別認証評価の受審も義務づけられており、その周期が 7 年
以内と法人評価の 6 年と異なっていることや、評価の観点が類似してはいるが異なる項目
もあり、国立大学にとっては二度手間感がある。最近の機関別認証評価や第 3 期の法人評
価では、一方の評価結果を活用して大学の現状を説明できるように改善されてきているが、
評価の時期の相違による修正等も必要なことから負担感が残る。国立大学に対しては、教職
員の時間的無駄、2 回の評価のための経費増加を軽減するために、法人評価と機関別認証評
価を一本化することが求められる。

　近年では、徐々に評価に基づいた運営費交付金の配分がされるようになってきている。成果を中心とした実績状況に基づく配分制度により、国立大学は今後文部科学省が設定する指標と運営費交付金の傾斜配分方法に戦々恐々とすることとなると容易に予想される。このため、これまで掲げてきた国立大学の個性あるビジョンとミッション定義に基づく自主的な改革が出来なくなる恐れがあり、また国立大学の特徴の一つであった自由な研究の気風が減退して、外部資金の獲得があまり見込めない基礎的な研究活動が阻害されるとともに、国民への高等教育の機会均等が失われる懸念が大きい。

　以前の研究費のいわゆるバラマキ政策から重点配分への移行についても、確かに成果を意識して研究に邁進するようにはなった。しかしながら、それまでは教官が持つ興味や信念に基づいて行っていた研究が、教員個々人の価値観の下で説明し易い研究成果を意識して活動するようになった印象である。このため現在の教員には、ライフワークとする研究と短期的成果の出る研究のバランスを取りながら、並行して進める能力が必要になったと感じる。しかも、年々増加する評価や改革のための教員にとっては雑用に過ぎないデスクワークをこなす必要がある。いわば、敵の戦闘機に狙われつつ森林に身を潜める敵を攻撃する爆撃機のようである。

　このように教員の雑用が格段に増加したことにより、本来重要な顧客である学生と向き合う時間が減少し、教育上大きな問題となっている。しかも、近年は欧米の証拠主義が大学の教育・研究の様々な面で導入されてきているが、学生の学習到達度をルーブリックと呼ばれる複数の評価基準に基づいてきめ細かく評価することが求められる傾向にあり、これまで通りに大人数教育を前提として定員が決められている大学に対して、少人数教育で効果のある方法を性急に導入しようとしていることも、教員のデスクワークが増加する原因になっている。

　一方、大学改革により学長権限が大きくなり、教授会の権威が失墜した。かつて、教授会は中小企業の社長の集まりの感で、教授それぞれの利益の追求のために組織的な活動は皆無で、教授会も紛糾することが多かったと聞いている。しかしながら、現在はほとんど全ての事項は学長が組織する大学執行部の意向に従って決定され、会社組織の形式は整った。その一方で、学長の意向によって現場は右往左往することにもなり、また、教授会はルーチン的な事項の協議や大学の動きの部局長による報告に終始することとなり、部局の将来構想について自由な意見を言う雰囲気が希薄になっている。

10.2.2　学生の知力の低下

　筆者が学生の頃から学生の学力が低下していると言われ続けている。確かに、最近の学生は筆者の前の世代からは学力が落ちたと言われる筆者から見ても、ひ弱で自分で物事をよく考えていないように見える。しかしながら、筆者の時代に比べても大学入試問題がやさしくなったわけではなく、論理的な解釈と思考の能力の必要性が叫ばれて久しいことから、筆者が受験した時代よりも問題が難しくなった部分も多い。特に、単に知識を問うだけでなく

相互や因果の関係性を理解していないと解けない問題が増えたように感じる。

　しかしながら、何故ひ弱そうに見えるのか、何が物事を十分に考えないようにさせているのかの疑問が湧く。ひ弱さを感じるのは、研究において課題を分解して進め方を一緒に検討するときと、何か問題が発生して研究が停滞した時である。一般に研究は大きなテーマの解決に向かって試行錯誤を繰り返しながら少しずつ進めていくものであるので、これまでの学術分野での研究成果と自身の知識や技術を考慮して中期的な目標に分解し、それをまた短期的な目標に分解して取り組むが、このテーマの分解と自身が取り掛かりやすい分解された目標の選別が不得意なようである。また、当面の目標の見極めが甘いこともあり、決して知識が無い訳でも情報検索能力が低い訳でも無いのに、研究上で問題が発生した場合に途方に暮れてしまう場合が多い。これらはまるで、城攻めにおいて、敵方の城の特徴や防御体制と味方の攻撃体制を踏まえて作戦計画が立てられず、また、攻めかかった時に敵方からの反撃に適応できずにその場で立ち止まってしまうかのようである。これは学生の学力ではなく知力が低下しているためであろう。知力は知恵の働き、知的な能力とされる。

　知力については、goo 辞書、知力については次のＵＲＬを参照した。

https://dictionary.goo.ne.jp/word/知力/,（2020.10.12）

　研究者の知力とは良い研究を行う能力、実務者においては立派な業務を行う能力と言えるであろう。良い研究を行うには、学術への強い興味、自然界や人類社会に潜む課題への気づき、既往研究の調査による未知（未解決）な領域の見極め、課題解決への強い意志、適切な方法の考案と選択などが必要であり、実務上においても、目的意識を持って問題の分析や解決策の検討を様々な視点から行うことが重要である。これらの能力は、子供の頃から子供社会や大人社会へ入っていく際の経験によって徐々に向上していくものと思われるが、早い時期から受験を意識させられ、また初等・中等教育での痒い所に手が届くほどの丁寧な指導が災いしているものと考える。子供達自身で問題解決のために知恵を絞る機会が少なくなっていることが問題と思われる。しかも携帯電話やパソコンのような情報検索ツールの発達により、知識だけでなく問題解決の方法を丁寧に説明している Web ページも多数あり、そちらを参照する方が相当なレベルまでの課題の解決には圧倒的に効率的である。大学で磨くべき能力は、「これこれの個別的な学問知識を学ぶよりは、普遍性の方へと自らの言語を開いていく仕方や作法を身につけることの方が、はるかに肝要」（小林康夫（ 1994））との指摘がある。しかしながら、上記の事情のためか、最近 5 年間で急増してきたと感じる傾向であるが、研究計画において、自身で理解を深めて突き詰めて考えることはせずに Web で論文検索に明け暮れ、研究課題に関して過去の研究論文が見つかってその通りに研究しますので卒論・修論は大丈夫ですと胸を張る学生が続出するという、笑うに笑えない喜劇が続出することになる。しかも工学系（機械システム系）の学生にもかかわらず、なかなか試作してくれないし、そうかと言って理論的分析をしている訳でもないのが理解に苦しむところである。

　学生の知力の低下の原因には、上述した親切な手ほどきとともに、成功させることだけが目的で成功の道筋とそれを自ら見つけることの重要性を教えていないことによると考える。近年、安全工学の分野では、これまでは失敗（事故）に着目していた失敗対応（事故対応）に加えて、社会技術システムの正常運用では人間の柔軟な対応が必須であるとして成功にも着目する必要性がレジリエンス・エンジニアリングの分野で指摘されている（Erik Hollnagel, David D. Woods, Nancy Leveson 編著，北村正晴 監訳（2012））が、教育現場でよく行われている箱庭的な成功体験により学習意欲を高めるだけでなく、失敗をさせてその原因と対応策の考察をさせることも，失敗への耐性を高めるためにも重要ではないかと考える。

10.3　原子力の教育研究・人材育成の課題

10.3.1　近年の原子力分野の研究の変遷

　まず、原子力分野における日本での研究の傾向を把握するために、春と秋の年 2 回学術講演会が行われている日本原子力学会における、2000 年春の年会から概ね 5 年毎の春の年会での分類項目（区分）別の発表件数の推移を表 10−1 に示す。なお表 10-1 の作成では次の 5 つの日本原子力学会予稿集を基にした。

　　(1)2000 年春の年会要旨集（第 II 分冊）、日本原子力学会(2000)
　　(2)2006 年春の年会要旨集（CD-ROM）、 日本原子力学会(2006)
　　(3)2010 年春の年会予稿集（CD-ROM）、 日本原子力学会(2010)
　　(4)2015 年春の年会予稿集（CD-ROM）、 日本原子力学会（2015）
　　(5)2019 年春の年会予稿集（Web）、日本原子力学会(2019)

　分類項目（区分、コード、専門分野）は時代に応じて見直されて改編されているが、総論以外の区分では専門分野の名称は大きな変化はなく、研究の傾向を把握することはできよう。ただし、専門分野によって発表件数やその年代による変化傾向が異なっていることを注記しておく。

　分類項目は 2018 年 4 月に大きな見直しがあり、核分裂工学の区分は、核分裂工学と原子力プラント技術の 2 つの区分に分かれ、名称が変更になった区分もある。総論以外は概ね分野に応じた名称がつけられているので、どのような専門分野が分類されているかが想像し易いが、総論の区分は時代を反映して専門分野が異なっているので、表 10-2 に総論の区分に含まれる専門分野を列挙する。また、新しい区分では以下のようになっている。

核分裂工学　　　　　　　炉物理、核データの利用、臨界安全
　　　　　　　　　　　　炉設計と炉型戦略、核変換技術
　　　　　　　　　　　　研究炉、中性子応用

　　　　　　　　　　　　　　新型炉システム

　　　　　　　　　　　　　　原子炉計測、計装システム、原子力制御システム

　　　　　　　　　　　　　　遠隔操作、ロボット、画像工学

　　　　　　　　　　　　　　ヒューマンマシンシステム、高度情報処理

　　　　　　　　　　　　　　伝熱・流動（エネルギー変換・輸送・貯蔵を含む）

　　　　　　　　　　　　　　計算科学技術

原子力プラント技術　　　　原子炉機器、輸送容器・貯蔵設備の設計と製造

　　　　　　　　　　　　　　原子炉の運転管理と点検保守

　　　　　　　　　　　　　　原子炉設計、原子力発電所の建設と検査、耐震性、原子力
　　　　　　　　　　　　　　　　船

　　　　　　　　　　　　　　原子力安全工学（安全設計、安全評価、マネジメント）

　　　　　　　　　　　　　　リスク評価技術とリスク活用

　　　　　　　　　　　　　　核不拡散・保障措置・核セキュリティ技術

　　　　　　　　　　　　　　核物質管理

　表 10-1 と表 10-2 から、原子力分野での最近の 20 年間は、年代に応じて多少の変化はあるものの、原子力分野がカバーすると認識されている専門分野に関しては大きな変化はなく、また、研究発表件数は「核燃料サイクルと材料」と「核融合工学」の分野が徐々に減少しているが、大きくは変化していない。ただし、原子力学会での発表は、原子力分野に特有のテーマが多く、他の技術分野と共通のテーマ（最近では、人工知能やロボット工学の応用）についての発表は多くはない。2010 年頃からエネルギーの長期ビジョン、安全文化、原子力の社会的受容や、人材育成が強調されるようになってきている。また、筆者の印象としては、近年は大学からの発表が減少し、研究者や技術者の高齢化が進んでいる。

表 10-1　日本原子力学会春の年会における分類項目別発表件数

区分		2000 春の年会	2006 春の年会	2010 春の年会	2015 春の年会	2019 春の年会
2018.4 以前	2018.4 改定後					
総論	総論	32	32	31	23	20
放射線工学と加速器・ビーム科学	放射線工学と加速器・ビーム科学および医学利用	138	84	103	86	121
核分裂工学	核分裂工学	290	219	225	235	138
	原子力プラント技術					41
核燃料サイクルと材料	核燃料サイクルと材料	295	225	214	188	180
核融合工学	核融合工学	90	66	70	52	45
保健物理と環境科学	保健物理と環境科学	30	25	22	43	36

表 10-2 区分のうちの「総論」に分類された「専門分野」

2000 春の年会	2006 春の年会	2010 春の年会	2015 春の年会	2019 春の年会
原子力の哲学と倫理	原子力の哲学と倫理	エネルギー、環境、長期ビジョン	エネルギーセキュリティと環境・社会情勢	エネルギーセキュリティと環境・社会情勢
原子力の法学と政治学、国際関係	原子力の法学と政治学、国際関係	原子力の法工学と政治学	原子力の法工学と政治学および地域社会	原子力の法工学と政治学および地域社会
原子力の経済学と社会学	原子力の経済学と社会学	原子力の品質保証と安全文化	原子力の安全文化とリスクマネジメント・品質保証	原子力の安全文化とリスクマネジメント・品質保証
エネルギーと環境	エネルギーと環境	原子力の経済学	原子力の経済学	原子力の経済学
原子力教育	原子力教育	パブリック・アウトリーチと社会意識	対話・コミュニケーションと社会意識	対話・コミュニケーションと社会意識
原子力情報	原子力情報	エネルギー・原子力教育と人材育成	エネルギー・原子力教育と人材育成	エネルギー・原子力教育と人材育成
核不拡散、保障措置	核不拡散、保障措置	原子力の倫理・社会科学	原子力の哲学・倫理	原子力の哲学・倫理
		核不拡散、保障措置	核不拡散、保障措置・核セキュリティ	核不拡散、保障措置・核セキュリティ

10.3.2　原子力の教育研究・人材育成の現状と課題

　原子力技術は様々な学術分野の知見や技術を活用した総合技術である。しかも、機械製造、食品、建築・土木などの工業分野に比べて、核分裂性物質を扱う点が異なり、また航空分野のように格段の安全性が要求される分野である。このため、原子力施設特に原子力プラントの建設、運転、保守のために様々な新規技術の開発が行われるとともに、各分野の最新の技術の適用が考慮されてきた。

　その一方で、原子核反応を応用する炉物理、燃料棒や構造体などのための材料工学、建屋の耐震・免震構造、構造物の材料、水などの伝熱特性や流動特性を扱う伝熱工学や流体工学、運転・制御のための様々な計測技術や制御工学、ヒューマン・マシン・インタフェース技術、システムの安全性を高める安全工学やヒューマンファクター、また複雑で大規模な原子力発電所の設計や核反応や流動を詳細に解析するための計算機技術などの分野では、原子力応用が学術の進歩や技術開発を方向付けてきたとともに、それらの分野の人材育成にも貢献してきた。原子力プラントには更なる安全性向上への要求が強いことから、今後もこれらの分野の技術開発の人材育成が重要である。

　廃炉措置に関しては、日本では日本原子力開発機構の「ふげん」などで廃炉技術の開発が行われてきた。東京電力ホールディングス福島第一発電所の事故プラントに加えて、現在日本で運転中あるいは運転停止中の原子力プラントは 1990 年代に建設されたものが多いので、あと 10 年経つと運転開始後 30 年を経過するものが続出することとなり、廃炉技術の確立は急務である。廃炉においては放射線環境下での作業となるため、できるだけ人が関与しない方法が必要で、近年実用化レベルに達しつつあるロボット技術の応用が期待される。このため、大型構造物を柔軟に扱うロボットの開発を担う人材の育成が必要である。

　文部科学省では「原子力人材育成に関する現状と課題を踏まえた今後の原子力人材育成に係る政策の在り方について、調査・検討を行うため」科学技術・学術審議会の下に原子力人材育成作業部会が 2015 年 7 月に設置された。そして 2016 年 8 月には中間取りまとめを発表している。

　文部科学省, 原子力科学技術委員会 原子力人材育成作業部会については、文部科学省による次のＵＲＬを参照した。

https://www.mext.go.jp/b_menu/shingi/gijyutu/gijyutu2/079/index.htm, （2020.10.12））

　中間取りまとめについては、次のＵＲＬを参照した。

https://www.mext.go.jp/component/b_menu/shingi/toushin/__icsFiles/afieldfile/2016/08/29/1375812_2.pdf, （2020.10.12））

　それによると、「原子力分野における優秀な人材の確保が厳しい状況にある」との認識の下、「学界や産業界等の現場から寄せられる声を踏まえながら、必要な取組を継続的に進めることが肝要」としている。また、「文部科学省の学校教員統計によると、原子力分野を専門とする大学教員の数は、平成 16 年度の調査では総数 438 人であったのに対して、平成 25 年度の調査では 345 人と減少している」としている。そして、原子力分野の人材育成に関する基本的な考え方として、東京電力(株)福島第一原子力発電所事故も踏まえた原子力分野が抱える課題である事故プラントの廃止措置、既設プラントの安全性の維持・向上、原子力発電所の廃止措置、放射性廃棄物の減容化と有害度低減、国際貢献、2030 年度の電源構成での原子力依存度の実現、核燃料サイクルへの取り組みとともに、原子力分野への社会的受容性の確保を強化する、としている。そして、国および地方公共団体、大学等の教育機関、および、産業界がそれぞれの役割を担い、原子力人材育成ネットワークや学協会も含めて積極的な活動を期待するとしている。この際、人材の量や質の最新のニーズを踏まえて、分野横断的で継続的な取組の必要性と育成のプラットフォームとしてのホットラボ、RI 施設、研究炉等の重要性が指摘されている。

　原子力に限らずどのような分野にも共通するが、良い人材を輩出するには、その分野が若い世代にとって魅力的であることが重要である。宇宙科学のように夢があることも魅力の 1 つであるが、人類社会の発展への貢献や人類社会が抱える課題の解決といった使命や責任感に関係することも魅力となり得る。この意味では、新しいことや未知なことに対しては不安にもなるが魅力も感じる。また、社会に貢献できることも自身の存在の社会的意義を確認できることから魅力の 1 つであると考えられる。

　若い世代への魅力の点では、残念ながら現在の原子力分野には魅力が少ないと感じる。まず、新しいことが出来ない。すなわち、人類が手に負える部分はすでにやり尽くした感がある。手に負えない部分として代表的なものには、廃棄物処理と放射線防護がある。放射線防護は宇宙空間での生活では重要であるにもかかわらず、不思議なことに宇宙開発に対する一般人の目は熱い。しかし原子力に対してはそうでないようだ。そこには、原子力反対派が

主張する安全が確保され廃棄物ゼロを求める絶対安全確保思想ばかりがメディアで拡散され、原子力関係者には無力感が漂っているのも事実である。

　筆者にはそこで繰り広げられる絶対安全確保思想の主張には、絶対安全は無いことを分かっていながら原子力技術を批判する態度と見える。それは、原子力事業や国の安全規制に関わる責任者が原子力の反対派の主張に"対抗"するため"原子力安全神話"を社会的に宣伝したのと丁度"裏返し"で相手を論難する態度のように筆者には見えるが、実際に研究開発の現場に携わる原子力技術者においては原子力技術が絶対安全ではありえないとの前提は共通の認識であった。そこでは巨大な自然災害になっても原子炉災害の発生を制約し、影響を軽減できるようにどのように技術的安全システムを導入すべきか検討評価するためリスクの概念を導入した確率論的リスク評価法を研究し、評価法を確立して、このような方法を安全規制のベースにすることの重要性を指摘（小島重雄（2003））している。

　しかしながら、福島事故後にはこういうことを指摘する原子力技術者に対して、未だ安全神話を吹聴している、とステレオタイプの批判が強く残っている。また福島事故で世間に流布された「原子力村」という言葉も、福島事故後は原子力技術に関わる人や企業を「原子力村」の住民と悪者扱いして日本社会から排除（村八分）するようになっている。

　こういった社会風潮は、「自分の思いや主義主張によって『情報自体を歪める』」新聞という病（門田隆将（2019））に通じる面がある。このような「新聞という病」によってあらゆる近代技術を否定し、隠者の前近代的自給自足の田園生活を慫慂する一方で、「あらゆる近代技術は、危険な物を安全に利用する知恵だと言い換えてもよい」（中村収三，(2003)）との指摘もある。遺伝子工学やAIのような情報技術という新しい近代技術の開拓に挑戦する人に使命感や責任感を引き起こす。そういう点では、新聞で悪者扱いされる原子力技術にも次代の人材には挑戦するだけの魅力はまだあるであろう。

10.3.3　今後の原子力研究の方向性

　夢のあるテーマは基礎研究にある場合が多く、筆者が思いつくものを以下に述べる。放射性廃棄物は人体への致命的な放射線の影響があり、その影響が無視できる程小さくなるまでに何万年という途方もない年月を必要とするために人類の手に負えないとされ、原子力技術は「トイレ無きマンション」と揶揄されているが、見方を変えれば、それほど長期間にわたってエネルギーを出し続けられる物質は地球上には放射能以外には存在せず、放射能は無限のエネルギー源とも考え得る。発想を転換して、廃棄物として長期間保管を考えるのではなく活用を考えてはどうだろうか。素人目過ぎるかもしれないが、同じ電磁波である光を利用した太陽光発電が実用化されており、またエネルギーハーベスティングと呼ばれる微小なエネルギーを回収する技術が盛んに研究されていることから、放射能を管理する際の排熱と呼ばれるレベルの低い熱エネルギーを活用する技術も考えられよう。

　また、技術的に可能と思われるものに、原子力発電所の発電効率の向上がある。新鋭火力発電所は様々な技術的な開発によりエネルギー効率が50%を超えているが、原子力発電所

の構造は原子力発電の導入時に比べて革新はなく、発電効率は相変わらず 33% 程度である。都市部への送電ロスも考えると、発電効率の向上は急務であると思われる。しかしながら、排熱回収技術以外は、今の原子力分野やそれを取り囲む日本の社会や大学の状況でそれができるかは疑問である。

　近年は、ICT 技術の発展に基づく遠隔操作や自動化が種々の技術分野で適用され、人工知能技術の急速な発展やロボット技術が実用段階にきている。コンピュータの処理速度の向上、データストレージの小型大容量化、無線ネットワーク技術の普及による処理とデータ保存のためのクラウド技術の発展により、高度な知的動作を行うロボットも開発されつつある。

　原子力分野でもこれらの新しい技術を活用することにより、原子力発電の高度化とともに、トラブルや事故による人間社会への影響を緩和することが求められている。このためには、運転・保守や廃炉の作業の無人化が望ましく、ICT 技術に支えられたロボット技術の一層の発展が必要である。しかも無人化作業技術は人が立ち入れないような災害現場や宇宙空間などの極限空間での作業ロボットへも適用できるであろう。そのため、溶融核燃料の取り出しと除染という原子力プラント特有のタスクだけでなく、近年多発する自然災害の復旧作業も視野に入れた知的ロボットとそのための ICT 技術の開発は他分野へも波及効果が大きいと考えられる。

　放射線の医療分野への応用も人類社会にとっては必要であり重要である。これまで、X 線レントゲンの人体透視技術に始まり、ガンマナイフや近年開発が進められている BNCT（Boron Neutron Capture Therapy）などのガン治療技術への応用のように、人類は危険な放射線を巧みに活用している。今後は、ICT 技術やロボット技術も応用することにより、異なる計測特性を持つ X 線レントゲン、超音波、MRI などによる測定結果の融合や、放射線照射精度の向上や放射線治療計画の高度化などの研究が可能となる。

　世界的に見れば、まだまだ原子力人材の育成が必要であり、日本も人材育成に貢献すべきであろう。実際、産学官連携原子力人材育成ネットワークが構成され、IAEA とも連携を取りながら様々な活動が行われている。（原子力人材育成ネットワークについては、次の産学官原子力人材育成ネットワーク, 原子力人材育成ネットワークとは,の次のＵＲＬ参照 https://jn-hrd-n.jaea.go.jp/objectives.php,（2020.10.12 現在））

　文部科学省も 2010 年より「国際原子力人材育成イニシアティブ事業」を展開している。10.1.7 節でその変遷を概観したように、大学の原子力関連の学科や大学院が縮小する中で、日本全体として如何に教育レベルを維持するかを考えた場合、ICT を活用した人材育成は魅力的である。日本全国に分散する原子力関連分野の大学教員や原子力関連研究機関や企業の技術者による遠隔でのオンライン講義や VR（Virtual Reality）技術を用いた臨場感のある教育素材の開発、充実が求められる。

10.4 専門家の市民レベルの知識啓蒙のためのアウトリーチ活動

　材料工学の地道な進展、ミクロやナノのレベルの技術の発達、点から面への計測技術の発展、コンピュータや通信ネットワーク技術の急速な発展による計算機シミュレーションとデータ処理技術の高度化により、技術システムの複雑化や小型化が急速に進んだ。また、国立大学が独立行政法人化される前後から、科学・技術に関する研究の一端を担う大学の説明責任が問われるようになってきた。これらのことから、高度な科学や技術を研究者や技術者は市民に分かり易く説明することが求められるようになった。

　科学・技術はこれからも単調に進歩を続けるであろうし、高度な科学・技術に基づいた製品やシステムは技術の進歩により価格が低下し、より高度な工業製品やシステムが市民の身近になるであろう。これにより必然的に、工業製品やシステムは市民の理解できるレベルからのギャップが増大することになり、市民の理解レベルが成長しない場合には専門家の説明努力も増大する。

　上述の観点から、「分かり易い説明を専門家に求める」日本の最近の風潮に対して、筆者は教育の視点として、市民こそが新しい技術を理解できるように努力する社会的意識の醸成が必要と考えている。日本原子力学会誌の巻頭言にも、放射線に対する過度の恐怖からの脱出のためには一層の科学的知識の普及の必要性が主張されている（高嶋哲夫 (2018)）。このことについて興味深い経験がある。日本の航空会社の機内誌の内容は、観光名所の文化や料理に関する記事がほとんどであり、技術的内容に関する記事はほとんど無く、僅かに安全に関するコラムが数ページあるだけである。これに対して科学や技術の発展が近年著しい中国の航空会社の機内誌に、2017 年頃であったと思うが、ボーイング社とエアバス社のコックピットの設計思想の相違（ボーイング社は手動操縦を重視し、エアバス社は自動操縦を重視）を詳細に説明した記事があった。中国語と英語で説明があり、ヒューマン・マシン・インタフェースに関して研究している筆者にとっても知識を整理する意味でよく書けている記事であり、科学や技術に対して市民が熱い視線を向けていることが伺える記事であった。ただし、その後はあまりそのような記事を見かけなくなったのが残念ではあるが。

　市民が専門的な内容を詳細に理解する必要性はあまり無いとも言えるが、新しい技術に基づいた製品が次々に世の中に出てくる現代にあっては、以下の 2 つの事項に関する理解力と応用能力が高度技術社会に生きる市民には必要であると考えている。

　まず 1 つ目として、リスクに対する理解を深める教育が必要である。リスクの語源は「岸壁の間の水路を船で行く」こととされ（柚原直弘・氏田博士 (2015)）、リスクとは不確定なことについて確率的に計測できるものとされる（酒井泰弘 (2012)）。岸壁の間を航行する場合には、岸壁に衝突したり、川にある岩に船底を削られたり、急流で転覆したりするなどの可能性があり、しかしながら、岸壁の間を航行しない場合にも何らかの都合の悪い帰結の可能性があることである。しかしながら、日本では天気予報で「河川の氾濫のリスクが高まっている」などと報道されることが多いが、この場合は可能性や確率と言い換えれば済む。

河川の氾濫とそれによる被害の可能性が大きくなっていることを言いたいのだと思うが、リスクの使い方に違和感を覚える。工学的には、リスクは事象の発生確率とその事象が発生した場合の影響の度合いを総合的に評価したもの（通常は積で評価）と定義されているが、天気予報では氾濫した場合の被害の程度まで見積もっているとは思えないし、そもそも影響も意識しているなら、確率は無次元であるので結果の次元は被害の程度と同じとなるはずで、「高まっている」ではなく「増加している」あるいは「大きくなっている」との表現が適切であろう。

　リスクの概念を理解することは、安全はタダでは手に入らない、すなわち、全ての人工物は危険であることを理解するために必要である。例え椅子であっても凶器になり得ることは、プロレスでは相手を攻撃するアイテムとして用いられるし、高い所にあるものを扱う時の高齢作業者の落下という産業事故が多発していることからも明らかである。したがって、飽くなき安全性向上の追求とともに、適切に怖がって活用する態度が肝要である。

　もう一つ市民の基本的能力として重要と考えていることは、現象のモデル化と簡易計算の能力である。判断には情報やデータが必要である。日本人は一般的にお上意識が強く、上からの指示に従い、他人に倣う傾向があり、不都合なことが発生すると政府に責任を帰する傾向にある。世界に流布しているジョークとして、船が沈没しそうになり、乗客に速やかに海に飛び込んでもらわないといけない場合に、日本人に言う言葉として「皆さんが飛び込んでいますよ」がある（早坂隆（2011））ことからも、日本人特有の傾向であることが理解される。

　また、近年は、「口コミ」と呼ばれる噂で行動する人が多く、飲食店やホテルから企業に至るまで、評判を集めた Web ページも多数開設・運営されている。確かに体験していないことに対する他人の情報は有用ではあるが、悪意での情報発信でないか十分吟味する必要もある。その一方で、経験に基づく感覚的吟味も役立つ場面が多いが、有益な結論を引き出すには失敗していることも必要である。これは近年盛んに適用されている機械学習において、成功事例だけを学習すると過学習に陥ることが多いことからも分かる。自身の経験や体験を有効に活用するためには、科学的方法に従って意思決定することが重要である。すなわち、発生したことを注意深く観察し、それを説明できるモデル（簡易モデル）を構築し、モデルを基礎とした論理的考察に基づくことが、妥当な意思決定につながると考える。ただし、2 つのうちのどちらか一方といった二元的な扱いでは極端な結論に至り易いので、簡易モデルではあっても定量的な要素を含めることが重要である。

　これらの 2 種類の能力の向上のためには、科学リテラシーに関する専門家のアウトリーチが必要である。ただし、アウトリーチ活動は支援を求めている人に対しては、専門家は対処し易いが、現在の日本の状況は科学リテラシーを求める市民が多くないように感じることが問題である。社会全体として科学リテラシーの重要性を醸成することが必要であり、この点でのマスメディア、特に公共的役割を期待されている日本放送協会の番組作りに期待するところである。現状では、結論を専門家が分かり易く説明する番組が多いが、専門的話

題については結論が専門家同士でも相違することが多く、データを示して専門家の見解を併記するような番組があっても良いし、近年のアウトリーチ活動では一般社会からのフィードバックによる双方向性の対話が重視されていることから、一般市民が参加して市民目線での素朴で鋭い質問に答える形式の報道や番組があっても良いと考えている。

参考文献

臨時教育審議会（1986），教育改革に関する第二次答申，大蔵省印刷局,(1986).

清水一彦（1994），大学設置基準の大綱化と大学の変貌，日本教育行政学会年報, 20 巻, pp. 25-37 (1994).

小林康夫（1994），第 1 部 学問の行為論 誰のための真理か，知の技法, p. 5, 東京大学出版会,(1994).

Erik Hollnagel, David D. Woods, Nancy Leveson 編著, 北村正晴 監訳（2012），レジリエンスエンジニアリング 概念と指針, 日科技連,(2012).

小島重雄（2003），原子力分野におけるリスク管理−確率論的リスク評価の適用，システム／制御／情報, Vol. 47, No. 8, pp. 381-386 (2003).

門田隆将（2019），新聞という病, 産経セレクト, p. 7, (2019).

中村収三（2003），実践的工学倫理, 化学同人, p. 14, (2003).

高嶋哲夫（2018），今、本当に求められるもの −科学的知識の必要性，日本原子力学会誌, Vol. 60, No. 7, p. 373, (2018).

柚原直弘・氏田博士（2015），システム安全学−文理融合の新たな専門知−，海文堂, p. 51, (2015).

酒井泰弘（2012），フランク・ナイトの経済思想−リスクと不確実性の概念を中心として−, Discussion Paper No.J-19, 滋賀大学経済学部附属リスク研究センター,(2012).

早坂隆（2011）, 100 万人が笑った！「世界のジョーク集」傑作選, 中公新書ラクレ, pp. 150-151, (2011).

終　章

　終章では、本書を全体として振り返り、それをもとに今や岐路に立つ原子力の今後の方向への提言を述べて、本書を終えることにしたい。

　本書では、まず第1部1章と2章で、我が国の原子力開発の過去から現在を振り返り、福島事故によって何がもたらされ、我が国の原子力の今後にどんなことが問題になっているか俯瞰した。その主な観察は以下のようなものであった。

（1）核兵器禁止と平和利用への考えはきちんとしているのか？
（2）国策民営とは何だったのか？
（3）安全神話はだれがなんのために作られ、流布されたのか？
（4）原子力界には倫理面で問題があったのではないか？
（5）原子力規制の改革とそれが再稼働等にもたらしている問題
（6）原子力防災の問題点
（7）原子力賠償の問題点
（8）複雑化した放射性廃棄物の処理処分問題
（9）全体として福島事故のもたらした現実を俯瞰すれば、今後の日本のエネルギー計画と原子力政策をどのようにするのがよいのだろうか？

　これらは福島事故が残した原子力発電の主要アポリア群だが、後続の第Ⅰ部では、第3章で安全神話の由来と功罪、第4章で原子力防災の問題点、第5章で原子力賠償制度の問題点、第6章で増加した廃炉と複雑化した放射性廃棄物の処理処分問題を仔細に論じ、第Ⅱ部での脱原発への岐路にある原子力の重要課題として、第7章では原子力の将来像変化、第8章では再稼働を進めている現行の軽水炉原子力発電の安全性向上への規制と事業者双方の課題、第9章では社会の原子力への信頼性回復のための課題、第10章では大学における原子力人材育成と課題を論じた。各章ではそれぞれ広範に課題を論じている一方で、上記の9つのアポリア群すべてをカバーしているものでもない。

　終章においてはこれらを背景にしながら岐路に立つ原子力の今後の方向への示唆を導くため、次の4つのテーマについて、それぞれの論点や提言をまとめて本書を総括する。

（1）原子力安全神話の由来と功罪
（2）福島事故がもたらした影響

（3）脱原発するしないにかかわらず原子力が取り組まなければならない課題

（4）そのための取り組み方の提言

（1）原子力安全神話の由来と功罪

　戦後日本の原子力の研究開発は平和利用に未来の夢を託して始まった。だが、原子力研究や発電のための施設の立地を受け入れる自治体を見いだすことはどこでも難しかった。世界唯一の被爆国として国民には放射能への恐怖感や原子力に対する拒否感が強かった。その過程で科学者や法曹者の中には信条的に原子力を嫌って、原子力に不安を抱く市民たちを（彼らの考えに共鳴するように）啓発し、市民の原子力反対運動を支援し、組織化する人達が現れ、原子力施設の安全性を問う様々な形の訴訟が反対運動の有効な手段として展開されていった。

　このような社会風潮の中で原子力事業を推進する側（原子力村）では、特に原子力発電所の建設を国策民営事業としてスムーズに進めるための方策として、電源三法による補助金などの立地地域の財政的優遇策以外に、原子力界に原発の「安全神話」が流布されていった。これは立地対策のためであり、訴訟対策のためであった。

　原発技術の米国からの導入当初は、「安全神話」は原子力先進国の米国原発は安全性が確立された完成技術であるという触れ込みだったが、70 年代以降にあっては 1979 年米国 TMI-2 事故、1986 年旧ソ連チェルノビル事故を経て原発の安全性が世界的に問題視されるように変化した時代には「安全神話」も変化して、次のようになっていった。「技術を導入し、国産化した日本自身の原発技術は、米国やソ連より信頼性が高く、あのようなシビアアクシデントを起こさない」という、日本人の優越意識をくすぐるような論理を社会に浸透させることに努力が払われた。その裏付けとして当時の欧米原発の運転成績と日本製原発との比較で、日本原発の稼働率や故障率が優れていることから、安全神話は裁判官を含めて国民各層に浸透していた。

　しかし 90 年代に入り、日本の原発でも経年劣化による故障や事業者による故障隠しなどが生じるようになってきた頃から、マスコミに原発の安全性が問われるようになってくると、今更シビアアクシデント対策が不備、防災対策が不備とは立地地域でいいだせない。しかしそれでは訴訟で反対派に言い負かされる懸念が出てきたことから、原子力界の言論統制をはかるようになった。それは事業界の実状について不用意な発言をマスコミに漏らすな、という原子力界の専門家たちへの発言統制や反原発派とのレッテル貼りなどであったが、それは結果として自由な討論、民主的な手続き、情報の公開といった本来原子力の平和利用を始める際の民主・自主・公開の 3 原則をないがしろにするものだった。それがため業界の倫理的退廃を招き、安全性改善に繋がる芽を摘み、技術的に海外に後れを取っていった。

　国の原子力安全行政を総攬する立場の原子力安全委員会は、IAEA の安全文化醸成の取り組みを慫慂し、学術研究を進める人達の交流の場である日本原子力学会では倫理綱領の策

定に取り組んだ。だがそれらは実際の事業を規制する機関、設備を運用する事業者には浸透せず、原発の重大事故の未然防止という点では何ら効果がなかった。

　我が国では不祥事発生やトラブル発生のたびに、規制の組織体制の変更、具体的には推進と規制の分離、二重規制による相互監視、といった組織面での手直しに終始し、その結果、体制の複雑化と責任の分散を招いた。それらの結果が東京電力福島第一発電所において東日本大震災によって引き起こされた巨大津波への有効な備えを欠いて、3基の原子炉でメルトダウン事故を連鎖的に引き起こし、環境放射能災害を起こすことに繋がった。

（2）福島事故がもたらした影響

　東日本大震災時全国で54基あった原子力発電所（さらに研究用原子炉を含むすべての原子力施設）の運転が停止した。このことは全国（就中、関東地域）の電気供給に影響を与え、福島事故直後は関東地域では計画停電が行われた。福島事故後、全国の原発が動かない分を火力で代替のため、燃料費が上がり、電気代が高騰する原因になった。このことは我が国のGDPや貿易収支に多大な影響を与えている。

　その後、原子力発電所の規制機関と規制基準が変り、原子力防災指針も変わった。このことは事故後ほどなく全部停止した原子力発電所のどれを再稼働させるか、廃炉処分するか、に影響した。結果として原発の再稼働が進まない分、ベストミックスを目指す日本の電力需給体制が悪化してエネルギー基本計画の度重なる変更が余儀なくされている。このことは地球温暖化防止のための我が国の炭酸ガス削減の計画と実施を非常に困難にしている。

　福島事故の結果、原子力発電推進に対する国民の世論も変化し、いまだに約6割の国民が原発再稼働反対に転じて定着している。政府はエネルギー基本計画の改訂において廃炉処分になった軽水炉原発以外は再稼働する前提で2030年の原子力比率を20〜22%としたが、今の再稼働実績ではこの数字の達成も悲観的である。次のエネルギー基本計画の見直しでは、新エネ、再エネ比率を高める等の方針の中で原子力にどのような方向を期待するか関心のあるところである。だが原子力にいくら高い期待をしてもその実現性が乏しいことは変わらないだろう。

　一方、我が国の従来からの原子力政策における軽水炉原発で使用済みの核燃料の全量再処理、使用済み核燃料の再処理によるガラス固化体の地層処分、高速炉導入によるエネルギー国産率向上のための核燃料サイクル確立にも、福島事故は影響を及ぼしている。もんじゅの廃炉決定と高速炉計画のとん挫、再処理工場の2022年操業開始の計画も、軽水炉でのモックス利用の見通しが少ないことから、プルトニウム使用計画の見通しを一層困難にしている。使用済み燃料の保管先としての中間貯蔵施設の立地問題、増加した解体廃炉処分による放射性廃棄物の処分問題が、従来からのNUMOによるHLW地層処分場の決定とともに大きな問題となってきた。

　福島事故をもたらした原因として、安全神話の流布以外に、元々海外先進国からの完成技術導入を前提にした安全規制の法的体系の限界が挙げられる。それは設置審査をする前に、

既に事業者がすべて完成品としての技術基準を準備しているという事業者中心ですべてがお膳立てされていて、国の規制はそれを追認するだけというシステム。これが国策民営による我が国の近代技術導入の姿であった。お膳立てを準備する事業者は、海外の導入先のやり方を調べて日本語に翻訳してお役人に教える。実際は民が主で、国が従という形だったわけである。このやり方だと海外の導入元の方で、やり方を変更されるたびに、日本の方でその都度後追いで修正する。だがシビアアクシデント対策の導入では、立地対策や訴訟対策の安全神話の都合上、「欧米が変えました。それに倣って我が国も変えます」とは言えなかった。（日本の方がよいといっていたのだから矛盾を来すわけだ）。

　もともと欧米諸国でも大地震や巨大津波にはそれほど十分に安全対策は考えていなかった。つまり、欧米諸国にも日本が手本にすべき安全基準もなかった。ところが、その大地震と巨大津波のせいで福島事故が起こったあと、日本で原発を再稼働させるにはこれなら大丈夫という安全基準を自分自身で作らないといけなかった。必要以上に厳しすぎると批判もあったし、逆に緩すぎるという批判もあったが、以前より格段と基準が強化されたこと自体は誰しも否定しなかった。就中、新基準を満たさない限りいずれの原子炉も運転できないという"バックフィット"が適用された。これは我が国の国策民営の原子力事業の歴史で画期的だった。そのためそれまでは運転されていた原発はすべて運転免許取り消しになり、日本中の全部の原発は運転停止された。原発を再稼働したい事業者には新規制基準とそれを適用する審査を通過することが大変なハードルで、再稼働を見送る原発が続出する一方で、再稼働審査をパスしても立地自治体が再稼働を了承することも福島事故後はすんなりいかないようになった。

　立地自治体で原発再稼働の了承が容易でなくなった理由の一つに原子力防災指針の強化が立地自治体の防災計画に影響を与えていることがあげられる。福島事故ではせっかくのJCO 事故後導入の原子力防災法がお膳立てした仕組みはすべて失敗だらけ。原子力規制庁は事故後、IAEA 勧告のにわか勉強で指針を強化して原子力防災法を改訂し、緊急事態対応組織も変更した。だが立地地域で混乱を生じているのは防災計画を適用される範囲が 10 km から 30 km に拡大した点にある。つまり人口密度が高い日本では事故時の住民避難の範囲が拡大すると住民が被曝しないための避難計画の設定が困難になるのである。

　福島事故で避難した被災者の救済のための原子力事故損害賠償に係る法体系が改訂され被害者への賠償の取り扱い方が新たに導入された。福島県県外にも及んだ放射能汚染区域の除染と地域復興のための対策、事故を起こした原発の解体と廃炉技術の開発。これらにはすべて資金がいる。これを財政的にどう賄うのかも待ったなしの問題であり、今後数十年は継続する問題である。福島事故を起こした東電は、実質は政府が管理する法人として、福島廃炉と被災者への損害賠償を実行しているが、その資金は国から債券で支給され、東電は将来にわたってその売電収入で借入金を返済する。他の電力会社も福島事故後開始の発電事業者も東電に協力金を払う義務がある。この仕組みは一見電気事業者が賠償金を負担するようにみえるが、実際は国民全部が納税者として、また電力代の一部として負担する仕組み

である。

（３）脱原発する、しないにかかわらず原子力が取り組まなければならない課題

　本書では調査していないが、福島事故の結果、原子力に配分されている国家予算は、従来の原子力発電振興のための予算とは様変わりしているに相違ない。ひょっとしたら火事場泥棒的に原子力予算が肥大しているかもしれない（原子力に批判的な文系学者、学術団体にはこの問題の調査を行って調査成果を公表すればこれも世の中のためによいだろう）。

　ところで、原子力の範囲はなにも原子力発電関係（A）だけでない。原子力関連の大学や研究所での原子力基礎研究（B）、放射線の医療や産業応用に関する研究開発（C）は、原子力分野の活動で大きな比率を占めているし、成果をあげている。例えば原子核物理学分野での日本人のノーベル賞受賞者輩出、放射線医学の進歩による日本国民の健康増進がそれを裏付けている。それでも福島事故の結果、原子力が毛嫌いされて、B や C までも否定されるのは大変問題である。

　したがってここでの脱原発する、しないにかかわらず原子力が取り組まなければならない課題の検討対象は、A の原子力発電に関連したものに限定する。ここでは福島事故後も脱原発に傾いている国民世論を尊重すれば、原子力推進者が主張しているような、高速炉の開発や新型軽水炉の開発は無理である。しかし、原子力を毛嫌いし脱原発を主張する人々は放射性廃棄物の処分問題の解決すら否定し、取り組みに反対する。だからこの両極端の人々に任せても方向が決まらない。

　福島事故でもはや原子力立国どころではない。原子力関係者がなすべき役割は、<u>放射能汚染された環境修復、福島の事故原発の廃炉に関する技術開発を含む解体処分、放射性廃棄物の処理処分技術、高レベル放射性廃棄物の減容・短寿命化、原発保全技術の高度化、放射線計測技術の高度化</u>といったものであろう。これらに誠実に取り組んで成果を出し、原子力への国民や社会の信頼の回復を期待したい。

（４）そのための取り組み方の提言

　原子力で取り組むべきテーマは(3)に提起した。次はそれを誰がどのようにするかである。現在の原子力事業が立地している地域と、原子力の大学、研究所の立地している場所との関係をうまく組み合わせることが、ニーズとシーズ、それに人材育成の面で良いのではないか？　原子力事業が立地しているところでは、これまでの歴史から原子力を受け入れ、原子力事業と共生しようという意識も強く、原子力事業の存在がその人材受け入れ先の確保につながり、その地域に一生住む、定住することに繋がる。

　本書の第 10 章では我が国の原子力関係の大学がどのような地域にあるか示している。この双方を結びつけると、どの地域にどのようなテーマの事業を展開させるのがよいか、以下のように考えられる。

①福島事故の被災地では、福島の復興と地域再生、地域のイノベーション創生に繋がる事業を実施する。

②JAEA 関連の研究施設の立地する茨城、福井、青森などでは原子力発電所や事業者の研究施設も立地している。廃棄物処理処分技術の高度化、計測技術、保全技術の高度化を含めた原子力の基礎研究を関連大学との共同で進める。

③原子力発電施設だけで国立の原子力研究所や大学のない立地地域では、上記②の大学や研究所と協力関係を結んで、人材の育成と確保、事業者の技術力維持向上に資する。

④以上のような立地地域でのプロジェクトの推進では、第2章で横山氏が提唱するすべてのステークホルダーが参画して良循環を生み出すシステムを構築すべきである。(第2章の図 3-7 中の「世界に開かれ、多様な人材を引き付ける廃炉技術開発・運営システム」を参照。ただし関与するステークホルダーは、地域住民、地方自治体、大学・研究機関、関連企業を中心にする)。

第10章によれば日本の原子力関係の大学学科は原子力発電所の立地地域とは関係のない大都市の総合大学にあるところが多い。そのような大都市の総合大学の原子力学科の学生定員の総数はかなりの数になっているが卒業後の進路は従来から原子力離れが多く、原子力関係に就職しないで他業種に行くことが半数以上と聞く。また、原子力関係に就職するものも公務員や電力会社の本社勤務やメーカーの大都市事業所ではないかと思われる。このような各大学の原子力学科は他学科、あるいは他大学原子力学科と整理統合する方がよい。

従来から原子力工学科は、工学部の専門の異なる各学科の寄せ集めで総合性が特色と言われて久しい。しかし、原子力学科としては、原子力規制、放射線化学や放射線計測などの実社会の需要の多い専門性を強調したコースを強化する方がよいのでないか？

国際原子力機関への人材育成あるいはリスクコミュニケーション技能の養成を謳うようなものは将来のキャリアコースの道も狭いのでわざわざ大学の原子力関連学科としては必要がないように思われる。これらは基本的に文系学科での演習等で人材を養成できるのではないか？

元々脱原発路線にあったドイツでは、2000 年来の欧米での原子力ルネッサンスの動きに 2010 年原発維持に方向転換したメルケル政権は、2011 年3月日本の福島原発事故の報を受けて、直ちに脱原発のエネルギー転換を行い、それをドイツの将来進むべき道と決めた。ドイツでは目立った原子力事故は経験していないが、米国 TMI-2 事故や旧ソ連チェルノビル事故の影響を受けて、原子力には相当に敏感な国、用心深い国であった。

日本は大戦終期に原爆投下の経験がありながら、戦後は原子力の平和利用を始めて有数の原子力発電国に成長した。だが原子力安全に慎重さを欠き、原発メルトダウン事故を起こした。その後、原子力は退潮しながら 10 年経ってもまだ明確な方向を打ち出せず、それでも政府は原発は重要な基幹電源の一つとして一定程度は維持するとしている。だが、既に核燃料サイクル技術を完成してエネルギー自立を確立するという路線はほころびがでている。

本書では、その現実から我が国は今後脱原発に進むであろうが、原子力界がなすべき道を、現実の状況をベースに提言した。

あとがき

　2011年3月11日午後2時半過ぎ、私は東京日比谷通り二重橋前のとあるビルの9階で日本電気協会原子力規格委員会のメンバーたちの座談会に参加していた。当時私はその委員会で安全設計規格の分科会長だった。

　大きな地震のゆれで部屋の電気は消え、館内放送があり、皆はテーブルの下に入って揺れがおさまるのを待った。天井が落ちて来たらこんな折り畳みパイプ脚のテーブルの下ではお陀仏だなと思ったが2分半一寸で揺れは収まった。そこで全員で階段を歩いて降り、地上階に着いたところで座談会は終了ということで解散。その時、ポケベルで原子力緊急助言組織に集合すべしとの連絡が入ったと、東京大学の原子力の若い教授のAさんは、急遽タクシーを拾って経産省に向けてでかけた。今考えると不思議に思えるが、地震直後はタクシーが拾えたのである。

　私は耐震規格の分科会長だった東京理科大のBさんと一緒に東京駅までいこうと歩き出した。しかし東京駅に着くとすべてのJR、私鉄、地下鉄の電車はとまっているとのこと、Bさんは神楽坂の東京理科大まで歩いていくという。私はこれでは郷里の大津には帰れそうにない。歩いていけそうなホテルに泊まろうかと電話したが、その頃はもうどこのホテルにも電話がつながらない。仕方ない、当面東京駅で仮住まいかとコンビニに弁当を買いに行ったがすでに売り切れ。残っていたスナック類とペットボトルの飲料を買って地下改札のテレビ前の人だかりに加わって実況を見ると、仙台、三陸沖方面の町々が大きな津波に飲まれていく風景が映っていた。テレビを見ている人の中には「あの町も流された。帰れない」と動転しているひともいる。津波の実況には茨城や千葉方面も出てくるので銚子を越えてもし東京湾に津波が入ってきたら、浅草や深川のような低地の地下鉄入り口から津波が浸入するだろうし、地下街は東京駅でも危ない、東京駅もホームの方が高くて安全かな、などと考えているうちに、構内放送で東海道新幹線は午後8時以降には動き出す予定との案内があった。急いで新幹線改札を通ってホームに行くが既にどの列車も満員。やっとグリーン車に1つ空き席が見つかりそれに座って、やれやれこれで何時発車するかわからないが、新幹線ホテルは確保できたと、携帯ラジオで地震情報を聞いた。午後11時頃に東京駅を発車した列車は、一寸走っては停まり、の繰り返しだったが、翌朝5時には京都駅に到着した。しかしまだこの間、福島で何が起こっているのか、気にはなったが何もニュースはなかった。

　翌日は朝からテレビで地震の実況に釘づけだった。そしてその日の午後、東電福島第一発電所1号機の爆発のニュース。夕方からのNHKテレビには昨日の座談会で一緒だった東大

のＡさんたちが、連日原発事故の解説者として画面に登場するようになる。そして、1号機の遠景と事故前の遠景とを比べて、何が起こったのでしょうとしきりにテレビのニュースキャスターが解説者に質問している画面を見ていた時に、突然私の自宅に、Ｂ新聞社のＣさんという女性記者から電話がかかってきた。ニュースキャスターと同様、Ｃさんも、何が起こったのですか？　と聞く。はっきりした情報を持たない私がいい加減な答えをしてもいけないと思い、「そのうち東電や政府からちゃんとした発表があるでしょう。ＮＨＫテレビでも解説者の東大の先生方が説明しますよ」と答えた。ところがＣ記者は、「東電や政府に聞いても回答がない、ＮＨＫテレビでも東大の解説者も黙っている。だから手分けして他の原子力関係の先生達に聞いているのです。先生の推測で良いから考えられることをお話しください」という。私はいい加減なことを口に出すのも考え物だなと思い、Ｃ記者に「政府ないし東電の発表を待ったらどうですか」と言ったら、「それがなかなか発表がないので、先生方に電話しているのです。先生も想像がつかないのですか？　分からないのですか？」と畳み込まれ、とうとうＣ記者にこういった。「状況から見ての私の推測だが、原子炉の中で起こったジルカロイー水反応で出来た水素が原子炉建屋にたまって着火して爆発したと考えるのが最もよく説明がつきますね。東電や政府にそうではないですか、とお聞きになればよいですよ」（注：ジルカロイー水反応で水素発生ということは、原子炉が溶融するシビアアクシデントが起こったことを意味する。福島事故当時東電は“原子炉溶融”をなかなか認めたがらず、それを公式に認めたのは2011年5月になってからである）。

　私は別に原子力工学科の出身ではなく、もとは電気工学の出身であり、原子力関係の知識は自学自習に近い。それでもこれくらいのことはすぐに想像できたのに、東電や政府機関等には原子力工学科出身の専門家はたくさんいるのに、新聞記者に聞かれると発表出来ないのはどうしてなのか？　知らなかったのか、知っていても言わないのか、何か裏に事情があるのか、とても不思議に思えたのである。これが本書をなぜ出版すべきだと私が考えた原点である。

　本書でも説明しているように、原子力「安全神話」は、福島事故をもたらした原子力界の集団思考の産物である。それは何に由来するのか、どんな機能を果たしたのか？　その功罪（もとは原子力推進にとって必要なものとして生みだされたが、今となってはその後者の罪がひときわ目立つ）を考察し、現在の原子力の置かれた状況を総合的に俯瞰することなしには、これからの原子力のあるべき道を考え、判断することはできない。本書は、そうした広く社会的な議論の一助とすべく出版を企画したものである。さて、本書を読んで安全神話の功罪を理解いただいたでしょうか？

　実は、私自身、現役時代の経歴から、当然、原子力村の住民と見なされていた。だから福島事故の起こった年、中学時代のクラス会で、恩師に「あんたも福島事故に責任があるのと違うか？」といわれ私は絶句した。なかなか弁解できずにいるうちに、恩師は既に他界されたが、私も既に後期高齢者。この際弁解じみたことだが、記しておく。

　福島事故の起こる4年前の2007年、東電福島第一原子力発電所を杉万俊夫先生と一緒に

訪問したときのことは、本書の序章に記載しているが、実はそのあとで私は、経産省原子力安全・保安院の原子炉安全小委員会や、日本電気協会の原子力規格委員会の席上で我が国の原発でのシビアアクシデント対策のあり方や内容上の懸念について何度か発言した。原子炉安全小委員会の時には、後日原子力安全委員長になった班目氏は、民間の自主保安に任して規制対象にしていないシビアアクシデント対策は現在原子力安全委員会内で取り扱いを検討中と、その状況の説明があった。（班目氏は原子力安全委員長に就任後率先してシビアアクシデント規制の見直しに着手したが福島事故には間に合わなかったと国会事故調査委員会の聴聞で答えている）。一方、原子力規格委員会ではそれでは危険と私が疑問に思った全交流電源喪失事態も「1時間半で回復すると、原子力安全委員会は認めています。日本の電力系統の信頼性は高いのでご心配は無用です」と電力事業者の委員から受け流された（東日本大震災時に1時間半で電力系統が復旧していたら福島事故は起こらなかった）。まあ福島事故のようなことが実際に起こる前には、そんなのでは危ないのでないか、と指摘してもなかなかその意見は通らないのが現実であり、そして実際に福島事故が起こった後は、あのような事故はもう起こさないようにしっかり対策をしました、といってもなかなか信用されないのも現実である。

福島事故から10年、原子力発電は福島事故を契機に凋落し、再稼働は進まず、廃炉が増えてこれからは放射性廃棄物の処理処分問題が急を告げるようになっている。一方、高速炉を含めた核燃料サイクル技術の開発政策も矛盾を抱える。

原子力に対してどのような立場をとるにしても、福島事故のもたらした現実、原子力が残した負の遺産をどう処理するかは喫緊の課題である。本書では、全体としてどのような問題を残しているのかを俯瞰し、今後は世論の動向に従い、脱原発に進むであろうが、今後の原子力に期待される使命とその取り組み方を提起した。

ここで私と本書の共著者との関係を簡単に紹介しておこう。私と私の1世代下の五福明夫さんは、もとは京都大学原子エネルギー研究所の同じ研究室の出身である。恩師の若林二郎先生が退職されたときに、我々二人は、これらからどのような方向で原子力の研究を進めるのがよいかを相談した。そして何より安全性の問題とくに重大事故の問題と、高レベル放射性廃棄物の処理処分の問題が重要と考えたが、研究室が原子炉計測工学部門であったことから、重大事故の予防診断の問題で新しい研究を行うことにした。五福明夫さんはその後岡山大学に移り、機械システム工学の分野で新たな研究科や専攻の創成に展開されている。五福明夫さんには、大学の教育研究の中での原子力像について執筆を分担いただいた。

日比野明子さんと伊藤京子さんは世代が若い。お二人は私が京大を退職する前、当時京都大学人間・環境学研究科で社会心理学を講じておられた杉万俊夫先生らと一緒に取り組んだ原子力分野の安全文化醸成に関する共同研究に参画し学位研究をまとめられた。それがその後の社会心理学やヒューマンインタフェース分野でのキャリアに繋がっている。お二人には先端科学の社会とのかかわりにおけるELSI（倫理的法的社会的関わり）について寄稿いただいた。

　そして田邉朋行さんは、京大エネルギー科学研究科で社会人ドクターとして日本の原子力安全規制の法制のありかたをテーマに学位を取得された。そのとき、学位論文の副査を私が担当したことで知遇をえた。田邉さんは原子力法制の研究を専門とされ、電力中央研究所社会経済研究所や大阪大学で広く学域を展開された方であるが、本書においては、とくに福島事故のために生まれたたくさんの被害者に一体どのように賠償するのかという問いに答える章を担当して下さった。

　いずれにしても福島事故のあとでは、覆水盆に返らず。もはや昔通りの国策民営で原子力立国＝軽水炉原子力発電と核燃サイクル技術の確立でエネルギー自立と安全保障の達成＝"これぞ日本が進める原子力平和利用の精華の姿"、の道に戻ることはなかなかできないだろう。福島事故後 10 年、日本では相変わらず大地震、火山噴火、台風と毎年天災は尽きず、2020 年来世界中が新型コロナウイルス感染症の蔓延で世界中の国々、人々の接触、交流、交易が制約されるという、思いもしなかった時代のさなかにある。

　岐路にある我が国の原子力をこれからどうするのか？　脱原発するにしても、再稼働するにしても、なすべきことは何か？　これが本書の主題であった。著者たちの考えは終章にまとめている。原子力推進を信条とする人、逆に原子力が大嫌いな人、いずれの側からも本書の書いていることには多分不快なところが多々あり、双方とも異論があることとは思う。だがその双方のいずれかの意見だけで今後の日本の原子力の方向を決めるべきものでもない。やはりこれは社会全体として問題の在り処を理解して、賢明な方向を決めなければならない問題である。現役時代以来長年原子力にコミットしてきた筆者自身としては、過去の原子力の誤りは率直に反省し、社会の期待する方向で清算しなければならない課題に向き合い、努力することが次代の社会の発展に貢献し、将来の原子力の発展の道に繋がることを念願している。

　令和 3 年 3 月　　　　　　　　　　　　　　　　　　監修者　吉川　榮和

索　引

■執筆者紹介

吉川　榮和　（よしかわ　ひでかず）

京都大学名誉教授。

京都大学大学院工学研究科博士課程電気工学第2専攻修了（京大工博）、シンビオ社会研究会会長。

専門分野（原子炉計測制御、原子力安全、エネルギー情報学）

監修者
執筆：序章、第1章、第2章
第3章、第4章、第6章、第7章
第8章、第9章、終章

田邉　朋行　（たなべ　ともゆき）

（一財）電力中央研究所社会経済研究所副研究参事。

京都大学大学院エネルギー科学研究科博士後期課程修了、京都大学博士（エネルギー科学）。

専門分野（原子力法、核セキュリティ、企業倫理）

執筆：第5章

五福　明夫　（ごふく　あきお）

岡山大学大学院ヘルスシステム統合科学研究科教授。

京都大学大学院工学研究科博士前期課程1983年3月修了、工学博士（京都大学）。

専門分野（工学プラントのヒューマン・マシン・インタフェースやヒューマンファクタ、球面モータ、医療支援システム）

編著者
執筆：第10章

日比野　愛子　（ひびの　あいこ）

弘前大学人文社会科学部准教授。

京都大学大学院人間・環境学研究科博士後期課程2006年3月修了。博士（人間・環境学）。

専門分野（社会心理学、萌芽的テクノロジーの社会的成立過程に関する研究）

執筆：第9章9.3

伊藤　京子　（いとう　きょうこ）

京都橘大学工学部情報工学科教授。

京都大学大学院エネルギー科学研究科博士後期課程2004年3月修了。博士（エネルギー科学）。

専門分野（ヒューマンインタフェース、コミュニケーションデザイン）

執筆：第9章9.4

■ 監修者紹介

吉川　榮和　（よしかわ　ひでかず）

　　京都大学名誉教授。
　　京都大学大学院工学研究科博士課程電気工学第 2 専攻修了
　　（京大工博）、シンビオ社会研究会会長。
　　専門分野（原子炉計測制御、原子力安全、エネルギー情報学）

岐路に立つ原子力を考える

2021 年 8 月 20 日　初版第 1 刷発行

■ 監 修 者 ──── 吉川榮和
■ 発 行 者 ──── 佐藤　守
■ 発 行 所 ──── 株式会社 大学教育出版
　　　　　　　　〒 700-0953　岡山市南区西市 855-4
　　　　　　　　電話（086）244-1268 ㈹　FAX（086）246-0294
■ 印刷製本 ──── サンコー印刷㈱

ISBN978 − 4 − 86692 − 144 − 0